普通高等教育"十四五"规划教材

冶金工业出版社

金属矿床工艺矿物学

王恩德　主编

U0323166

北　京

冶金工业出版社

2021

内 容 提 要

本书系统阐述了矿物的化学组成、晶体结构、晶体形态、物理性质、成因产状、基本用途；介绍了金属矿物的种类及其典型图，以及岩浆岩、沉积岩、变质岩、矿石类型、矿石结构、矿石构造等。根据金属矿床的分类，介绍了金属矿床成矿作用、典型矿床特征；针对金属矿产资源的特点，在工艺矿物学的粒度分析、嵌布特征等内容基础上，重点介绍了工艺矿物学中的元素赋存状态、显微镜鉴定基础、X射线鉴定、电子显微鉴定等现代方法，为开展微细矿物鉴定、稀有稀土元素分布与赋存状态研究提供基本手段。书后附有百余种矿物图片和矿石结构构造图。

本书为高等院校矿物加工、金属矿产资源勘查专业以及相关学科教材，也可供相关领域的工程技术人员参考。

图书在版编目(CIP)数据

金属矿床工艺矿物学/王恩德主编 . —北京：冶金工业出版社，2021.3

普通高等教育"十四五"规划教材

ISBN 978-7-5024-8770-6

Ⅰ.①金… Ⅱ.①王… Ⅲ.①金属矿床—工艺矿物学—高等学校—教材 Ⅳ.①P618.2

中国版本图书馆 CIP 数据核字（2021）第 050930 号

出 版 人 苏长永
地　　址 北京市东城区嵩祝院北巷 39 号 邮编 100009 电话 （010）64027926
网　　址 www.cnmip.com.cn 电子信箱 yjcbs@cnmip.com.cn
责任编辑 高 娜 宋 良 美术编辑 吕欣童 版式设计 禹 蕊
责任校对 郑 娟 责任印制 禹 蕊
ISBN 978-7-5024-8770-6
冶金工业出版社出版发行；各地新华书店经销；三河市双峰印刷装订有限公司印刷
2021 年 3 月第 1 版，2021 年 3 月第 1 次印刷
787mm×1092mm 1/16；24.25 印张；4 彩页；601 千字；375 页
60.00 元
冶金工业出版社　投稿电话　（010）64027932　投稿信箱　tougao@cnmip.com.cn
冶金工业出版社营销中心　电话　（010）64044283　传真　（010）64027893
冶金工业出版社天猫旗舰店　yjgycbs.tmall.com
（本书如有印装质量问题，本社营销中心负责退换）

前　　言

　　本书是在编者多年讲授"结晶学与矿物学""工艺矿物学"课程基础上，为适应教学改革新要求而编写的，目的是为矿物加工工程专业及其相关专业的学生更好地学习掌握矿物学基础、矿产资源基础、工艺矿物学技术方法等相关知识。工艺矿物学分析是指导矿物加工试验和工业生产的重要基础性工作，要求学生能够运用所学的知识和技能，就工业固体原料与产品的矿物组成与影响、制约生产工艺指标的矿物性状给出科学的判断与解决，建立科学的选矿工艺流程和方法。在多年教学工作中，发现学生对于工艺矿物学的方法掌握得较好，但矿物学基础薄弱，制约了选矿工艺流程及其参数的科学制定，也影响了矿产资源的综合利用。

　　本书课程体系以矿物学基础、矿产资源类型、金属矿物显微镜鉴定、工艺矿物学技术方法为主线。全书分3篇12章，第Ⅰ篇为矿物学基础，包括晶体对称、矿物化学与晶体结构、矿物晶体形态、矿物的物理性质、矿物晶体化学分类与主要矿物鉴定特征；第Ⅱ篇为金属矿床，包括矿石与岩石、金属矿床；第Ⅲ篇为工艺矿物学方法，包括样品采集方法与试样制备、矿石矿物显微镜鉴定、矿物嵌布粒度及矿物解离度分析、矿石的矿物组成定量分析、元素赋存状态分析。书中列有常见金属矿物的鉴定特征、显微镜特征、简易化学试验、用途方面的内容，书后附有金属矿物鉴定表，常见矿物、金属矿矿石、矿石典型结构构造的彩色照片。

　　学生通过本课程的学习，能够掌握矿物的晶体结构、化学组成、形态、物理性质、化学性质，掌握主要金属矿物鉴定特征，获得金属矿床形成的地质作用、矿床类型、矿石特征等有关知识；掌握矿物的测试与分析技术和解决某个问题必须进行的试验内容；形成综合运用多种技术方法的能力。

　　本书由王恩德教授担任主编，姚玉增、王丹丽、付建飞、尤欣慰、宋坤等参加了部分编写工作。在编写过程中，参考了相关文献，东北大学教材出版基金对本书出版提供了资助，谨此一并致谢。

　　由于编者水平所限，书中不足之处，诚请读者批评指正。

编　者

2020 年 10 月

目　　录

Ⅱ　金属矿床

Ⅲ 工艺矿物学方法

绪　　论

工艺矿物学是以研究矿物处理和矿物原料加工过程为主要内容的学科。金属矿床工艺矿物学主要研究矿石的物质成分，矿石的矿物组成，矿石的结构和构造及其物理、化学性质和矿物在选矿过程的行为，为揭示选矿机理、制定选矿工艺方案和实现选矿过程优化提供矿物学依据。

工艺矿物学的基本研究内容可概括为：（1）研究矿石与产物中的矿物组成和数量；（2）研究矿石与产物所含元素的赋存状态及其配比；（3）研究矿石结构和构造、矿物粒度分析与单体解离度；（4）研究矿石和矿物表面性质、物理化学性质与选矿工艺的关系；（5）研究矿石化学成分、矿物组成、矿石的元素赋存状态及其分配规律，预测选矿理论指标；（6）矿物在选矿过程中的行为和选矿产品的矿物学分析；（7）工艺矿物学的研究方法；（8）尾矿与固体废弃物综合利用的可能性。

学习工艺矿物学的目的，是通过对矿石的矿物组成、元素赋存状态、形态、物理性质、化学性质的分析研究，建立科学的选矿工艺流程和方法，贯穿资源利用的全过程。矿产资源是在现有经济技术条件下可被开发利用的有用矿物堆积体。矿物是矿产资源的基本组成，是地质作用形成的具有一定化学成分和晶体结构的化合物与单质。矿产资源开发利用主要是依据矿物中的元素和矿物的物理化学性质，用地质学方法观察矿物在矿床中的产状、矿石类型、成因；再运用工艺矿物学方法研究矿物中元素的组成及其赋存状态、晶体形态、颗粒大小、嵌布特征、矿物物理化学性质等，为选矿冶炼工艺提供基础。

我国金属矿产资源呈现出贫、细、杂的特性，矿石的分选加工对于选矿工作者来说存在着越来越大的挑战。矿业固体废弃物资源化利用作为生态环保领域的重要工作，工艺矿物学的作用更加重要。工艺矿物学创造性地运用现代地质成矿理论、矿床矿物学、结晶矿物学、成因矿物学、实验矿物学、实验岩石学等学科的研究成果，揭示了矿石中矿物间相互关系的内在规律。应紧密结合矿物加工工程（选矿）、冶金等选冶工艺，定量分析测定各元素在矿石中的赋存状态，各元素载体-矿物之间的相互嵌布关系，集中和分散系数及工艺粒度，为矿物加工工程（选矿）的工艺流程制定提供定量的基础资料；并在选矿工艺流程试验中追踪目的矿物的走向和分布规律，确定选矿工艺流程的科学性。在冶金工艺中，应及时追踪元素的走向和分布规律，运用热力学原理和元素相变机理，较精确地提供工艺要求的各项参数，以使冶炼工艺趋于最大的合理性，并为选冶联合工艺中新方法、新技术的研究提供指导性的基础资料。

工艺矿物学在以下几方面将有更深入的研究：（1）矿石物质组成及其性质的研究。系统分析矿石特性及其对矿物分选的影响和内在联系，建立划分各种类型矿石的工艺类型分类体系，为选矿研究、设计、生产提供科学的、系统的基础资料；（2）矿物在选矿工艺过程中的变化及其对工艺效果的影响的研究，着重研究天然矿物及工艺产品分选性质，从矿物学角度定量地分析和评定分选效果；（3）对选矿包括化学选矿的中间产品和尾矿的矿物组成及其性质的研究，以及对有用组分合理的综合回收和扩大资源利用途径的探讨；（4）研究矿物解离，建立矿物解离数学模型。应用现代固体物理的新成就，研究各类典型矿石中各种矿物的解离特性，探讨矿物粒度特性与矿物解离的关系等，为选矿方法的选择和破碎机理提供依据；（5）研究矿物表面性质和晶体构造及其与工艺性质的关系。应用现代科学理论和技术方法深刻地揭露矿物表面微量成分和物化性质、晶体内部特征以及与晶体外部场的相互作用和影响的规律性，为选矿基础理论研究提供资料；（6）工艺矿物学研究方法趋向于集成化、自动化、智能化。基于微细矿物的鉴定、稀有金属、稀土元素、分散元素的分析鉴定，分析测试设备的精细化、集成化、自动化准确性将得到提高；（7）将矿物的晶体化学、矿物物理学、量子矿物学与工艺矿物学紧密结合，不仅为选、冶、加工等工艺中提取某种有用元素提供基础，也会促进新兴的矿物材料及其技术的发展。

　　通过本课程的学习，学生能够掌握矿物的晶体结构、化学组成、形态、物理性质、化学性质，掌握主要金属矿物鉴定特征，获得金属矿床形成的地质作用、矿床类型、矿石特征等有关知识；掌握矿物的测试与分析技术和解决某个问题必须进行的试验内容；提高综合运用多种技术方法的能力。

　　工艺矿物学分析是指导矿物加工试验和工业生产的重要基础性工作，要求学生能够运用所学的知识和技能，就工业固体原料与产品的矿物组成与影响、制约生产工艺指标的矿物性状，给出科学的判断与解决方法，建立科学的选矿工艺流程。

Ⅰ　矿物学基础

1　晶　体　对　称

1.1　晶体与晶体性质

1.1.1　晶体与非晶体

晶体是内部质点在三维空间周期性排列构成格子构造的固体物质；非晶体是不具格子构造的固体物质。自然界中的矿物大多数是晶体（图1-1）。根据结晶程度，分为显晶质、隐晶质和非晶质。

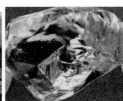

(a)石英晶体　　　　(b)金刚石晶体　　　　(c)片状方解石　　　　(d)黄铁矿
(常林钻石158.768克拉)

图1-1　晶体

从 SiO_2 的晶体与非晶态的结构（图1-2）中比较可以看到，在 SiO_2 晶体的内部结构中 Si—O 构成的四面体有规律地排列，具格子构造；SiO_2 非晶体的内部结构质点排列是不规律的，不具格子构造。

晶体与非晶体在一定条件下可以互相转化。由非晶态转化为晶态的过程称为晶化或脱玻化。如火山岩中的 SiO_2 玻璃质在漫长的地质年代中，其内部质点缓慢调整，趋于规则排列，成为石英晶体。晶化过程可以自发进行。晶体因内部质点的规则排列遭到破坏而转化为非晶态的过程称为非晶化。非晶化一般需要外能。一些含放射性元素矿物晶体受到放射性蜕变发出的 α 射线的作用，晶体遭到破坏转变为非晶态。

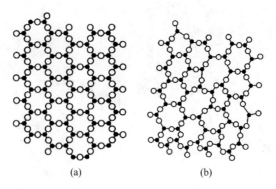

图 1-2　SiO_2 晶体 （a） 与非晶体 （b） 结构示意图

1.1.2　晶体的性质

晶体具有 6 个基本性质：

（1）自限性。晶体在适当条件下可自发地形成规则几何多面体外形的性质。晶体的多面体形态是其格子构造在外形上的直接反映。

晶体面角守恒定律：同种矿物的晶体，其对应晶面间的角度守恒。面角是任意两晶面法线之间的夹角，其数值为晶面夹角的补角。面角恒等是晶体格子构造的必然结果。如图 1-3 所示石英晶体的晶面形态大小不同，晶体外形也不同，但它们具有相同格子构造，具有相同晶面夹角。

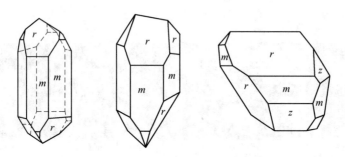

图 1-3　不同石英晶体相应面角相等

$r \wedge m = 141°47'$，$m \wedge m = 120°$，$r \wedge z = 134°$

（2）均一性。同一晶体的各个部分的物理性质与化学性质是相同的。

（3）异向性。晶体的性质随方向的不同而有所差异的性质。如矿物蓝晶石在平行晶体延长方向（图中纵向）的硬度小于垂直于晶体延长方向（图中横向）的硬度（图 1-4 （a））。像云母、方解石等矿物晶体，在一定结晶学方向上具有完好的解理（图 1-4 （b）），而沿其他方向则不发育解理。

（4）对称性。晶体相同的性质做有规律地重复。晶体的对称性是晶体格子构造质点重复规律的体现。

（5）最小内能性。在相同的热力学条件下，同种物质的晶体与非晶质体、液体、气体相比较，晶体的内能最小。

(a)蓝晶石的硬度异向性　　　　　　(b)云母一组解理

图1-4　晶体的异向性

（6）稳定性。在相同的热力学条件下，具有相同化学成分的晶体比非晶体稳定，非晶质体有自发转变为晶体的必然趋势。晶体的稳定性是晶体具有最小内能性的必然结果。

1. 2　晶体宏观对称

晶体对称性是晶体的固有性质之一。晶体的对称具有3个特征：

（1）所有的晶体结构都是对称的。晶体内部的格子构造本身就是质点在三维空间周期性排列的体现，通过对称操作，可使相同质点重复出现。

（2）晶体的对称既有几何意义，也有物理性质意义。

（3）晶体的对称是有限的。晶体的对称受格子构造规律限制，只有符合格子构造规律的对称才能在晶体上出现。

1. 2. 1　晶体宏观对称要素

晶体宏观对称是晶体相同部分（晶面、晶棱、角顶以及物理性质等）有规律重复的现象。晶体宏观对称操作有反映、旋转、反伸和旋转反伸。相对应的对称要素有对称面、对称轴、对称中心、旋转反伸轴和旋转反映轴。

（1）对称面（symmetry plane）。在晶体中的一个假想的平面，通过对此平面的反映，将图形平分为互为镜像的两个相等部分（图1-5（a））。非对称面也把图形平分为两个相等部分，但这两者并不是互为镜像（图1-5（b））。在晶体中可有一个或若干个对称面，或没有对称面，最多不超过9个对称面。对称面出现在晶体的垂直且平分晶面、垂直且平分晶棱和包含晶棱的位置。

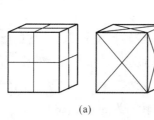
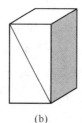

(a)　　　　　　　　　　　　　(b)

图1-5　晶体中对称面（a）与非对称面（b）

（2）对称轴（symmetry axis）。对称轴是一假想的直线，围绕此直线旋转一定角度 α，可使相同部分重复出现，旋转 360° 重复出现 n 次（图 1-6）。α 是重复时旋转的最小角度，称为基转角；n 为旋转 360° 相同部分重复的次数，称为轴次，两者之间的关系为 $n = \dfrac{360°}{\alpha}$。对称轴用 L^n 表示。

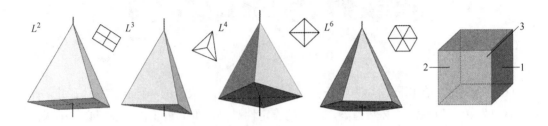

图 1-6 各种对称轴、横断面与可能出现位置

1—晶面中心；2—晶棱中点；3—角顶

晶体对称定律（law of crystal symmetry）：晶体中出现的对称轴是一次轴、二次轴、三次轴、四次轴和六次轴（$n=1$，2，3，4，6），不能出现五次轴及高于六次轴的对称轴。

一个晶体中，既可以没有对称轴，也可以有一种或几种对称轴，且每一种对称轴也可以有一个或多个。如在一个晶体中有 6 个二次轴、3 个四次轴，分别写为 $6L^2$、$3L^2$。在同一方向只能有一种对称轴。对称轴出现在晶体的晶面中心、晶棱中点和角顶的位置。不同对称轴不能出现在同一方向上。

（3）对称中心（center of symmetry）。对称中心是一假想的点，通过该点反伸，可在一直线上等距离的位置上，必定能找到对应点（图 1-7）。对称中心用符号 C 表示。在晶体中，若存在对称中心时，必然有两两平行且同形等大的晶面，其相对应的面、棱、角都体现为反向平行。

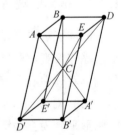

图 1-7 晶体对称中心（C）

（4）旋转反伸轴（roto-inversion axis）。旋转反伸轴（L_i^n）是一假想的直线，晶体绕该直线旋转一定角度 α 后，再对此直线上的一点进行反伸，可使相同部分重复；旋转 360° 倒转 n 次，相同部分重复出现 n 次。对称操作是旋转+反伸的复合操作。用符号 L_i^n 表示，轴次 $n=$ 1、2、3、4、6。具有旋转反伸轴的晶体没有对称中心。图 1-8 所示为旋转反伸轴 L_i^4 的操作。可以证明，$L_i^1 = C$；$L_i^2 = P$，$L_i^3 = L^3 + C$，$L_i^6 = L^3 + P_\perp$。

（5）旋转反映轴（roto-reflection axis）。旋转反映轴为一假想直线，图形围绕该直线旋转一定角度后，并对垂直它的一个平面进行反映，可使图形的相等部分重复。相应的对称操作是旋转与反映的复合操作，用符号 L_s^n 表示，s 代表反映，n 代表轴次。旋转反映轴有 L_s^1、L_s^2、L_s^3、L_s^4（L_4^2）、L_s^6（L_6^3）相应的基转角为 360°、180°、120°、90°、60°。可以证明，$L_s^1 = P$，$L_s^2 = C$，$L_s^3 = L^3 + P$，$L_s^4 = L_i^4$，$L_s^6 = L_i^3 = L^3 + C$。

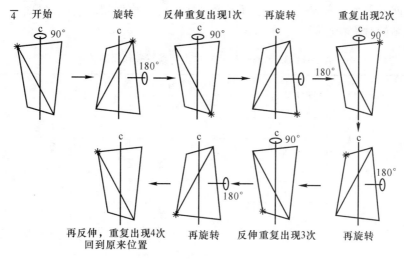

图 1-8　四次旋转反伸轴（L_i^4）操作过程

1.2.2　32 种对称型

1.2.2.1　对称要素组合定理

在晶体中对称要素并不是孤立存在的，对称要素的组合也可导出新的对称要素。对称要素的组合服从以下定理：

【定理 1-1】 如果有一个二次对称轴（L^2）垂直 n 次对称轴（L^n），则：（1）必有 n 个 L^2 垂直 L^n，即 $L^n \times L^2_{(\perp)} \to L^n nL^2$；（2）相邻两个 L^2 的夹角为 L^n 的基转角的一半。

【定理 1-2】 如果有一个对称面 P 垂直于偶次对称轴 L^n，则在其交点存在对称中心 C。$L^n \times P_{(\perp)} = L^n \times C \to L^n PC$（$n$ = 2，4，6）。

【定理 1-3】 如果有一个对称面 P 包含对称轴 L^n，则：（1）必有 n 个 P 包含 L^n，（2）相邻两个 P 的夹角为 L^n 的基转角的一半。$L^n \times P_{(/\!/)} \to L^n nP$。

【定理 1-4】 如果有一个二次对称轴 L^2 垂直于旋转反伸轴 L_i^n，或者有一个对称面 P 包含 L_i^n，当 n 为奇数（n = 3）时必有 n 个 L^2 垂直 L_i^n 和 n 个 P 包含 L_i^n；即 $L_i^n \times P_{(/\!/)} = L_i^n \times L^2(\perp) \to L_i^n nL^2 nP$。当 n 为偶数（4、6）时必有 $\dfrac{n}{2}$ 个 L^2 垂直 L_i^n 和 $\dfrac{n}{2}$ 个 P 包含 L_i^n，即 $L_i^n \times$

$P(/\!/) = L_i^n \times L^2(\perp) \to L_i^n \dfrac{n}{2} L^2 \dfrac{n}{2} P$。

1.2.2.2　对称型及其分类

晶体中全部对称要素的组合称为对称型。在晶体形态中，全部对称要素相交于一点（晶体中心），在进行对称操作时该点不移动，各对称操作可构成一个群，符合数学中群的概念，所以称为点群。根据晶体中可能存在的对称要素及其组合规律，晶体中可能出现的对称型（点群）有 32 种。

将晶体的 32 种对称型划分为 3 个晶族 7 个晶系。把没有高于二次轴的对称型划为低级晶族，有三斜晶系、单斜晶系、斜方晶系。把有一个高次轴的对称型划为中级晶族，有三方晶系、四方晶系、六方晶系。把有多个高次轴的对称型划为高级晶族，有等轴晶系。各晶族、晶系的对称特点见表1-1。

表1-1　32种对称型及其申夫利斯符号和国际符号

晶族	晶系	对称特点	对称要素组合	对称型符号		晶类名称	代表性矿物
				申夫利斯符号	国际符号		
低级晶族	三斜晶系	无 L^2 无 P	1. L^1	C_1	1	单面晶类	高岭石
			2. C	$C_i = S_2$	$\bar{1}$	平行双面晶类	钙长石
	单斜晶系	L^2 或 P 不多于1个	3. L^2	C_2	2	轴双面晶类	铅矾
			4. P	$C_{1h} = C_s$	m	反映双面晶类	斜晶石
			5. L^2PC	C_{2h}	$\dfrac{2}{m}$	斜方柱晶类	石膏
	斜方晶系	L^2 或 P 多于1个	6. $3L^2$	$D_2 = V$	222	斜方四面体晶类	泻利盐
			7. $L^2 2P$	C_{2v}	$2mm$	斜方单锥晶类	异极矿
			8. $3L^2 3PC$	$D_{2h} = V_h$	mmm	斜方双锥晶类	重晶石
中级晶族	四方晶系	有1个 L^4 或 L_i^4	9. L^4	C_4	4	四方单锥晶类	彩钼铅矿
			10. $L^4 4L^2$	D_4	42（422）	四方偏方面体晶类	镍矾
			11. $L^4 PC$	C_{4h}	$\dfrac{4}{m}$	四方双锥晶类	白钨矿
			12. $L^4 4P$	C_{4D}	$4mm$	复四方单锥晶类	羟铜铅矿
			13. $L^4 4L^2 5PC$	D_{4h}	$\dfrac{4}{m}mm$	复四方双锥晶类	锆石砷
			14. L_i^4	S_4	$\bar{4}$	四方四面体晶类	硼钙石
			15. $L_i^4 2L^2 2P$	$D_{2d} = V_4$	$\bar{4}mm$	复四方偏三角面体晶类	黄铜矿
	三方晶系	有1个 L^3	16. L^3	C_3	3	三方单锥晶类	硫砷铅矿
			17. $L^3 3L^2$	D_3	32	三方偏方面体晶类	α-石英
			18. $L^3 3P$	C_{3m}	$3mm$	复三方单锥晶类	电气石
			19. $L^3 C = L_i^3$	$C_{3i} = S_6$	$\bar{3}$	菱面体晶类	白云石
			20. $L_i^3 3L^2 3P$	D_{3d}	$\bar{3}m$	复三方偏三角面体晶类	方解石
	六方晶系	有1个 L^6 或 L_i^6	21. L_i^6	C_{3h}	$\bar{6}$	三方双锥晶类	磷酸氢银
			22. $L_i^6 3L^2 3P$	D_{3h}	$\bar{6}mm$	复三方双锥晶类	蓝锥矿
			23. L^6	C_6	6	六方双锥晶类	霞石
			24. $L^6 6L^2$	D_6	62（622）	六方偏方面体晶类	高温石英
			25. $L^6 PC$	C_{6h}	$\dfrac{6}{m}$	六方双锥晶类	磷灰石
			26. $L^6 6P$	C_{6d}	$6mm$	复六方单锥晶类	红锌矿
			27. $L^6 6L^2 7PC$	D_{6h}	$\dfrac{6}{m}mm$	复六方双锥晶类	辉钼矿
高级晶族	等轴晶系	有4个 L^3	28. $3L^2 4L^3$	T	23	五角三四面体晶类	香花石
			29. $3L^2 4L^3 3PC$	T_h	$m3\left(\dfrac{2}{m}3\right)$	偏方复十二面体晶类	黄铁矿

续表 1-1

晶族	晶系	对称特点	对称要素组合	对称型符号		晶类名称	代表性矿物
				申夫利斯符号	国际符号		
高级晶族	等轴晶系	有 4 个 L^3	30. $3L_i^4 4L^3 6P$	T_d	$\bar{4}3m$	六四面体晶类	黝铜矿
			31. $3L^4 4L^3 6L^2$	O	43（432）	五角三八面体晶类	赤铜矿
			32. $3L^4 4L^3 6L^2 9PC$	O_h	$m3m$	六八面体晶类	方铅矿

1.2.3　对称要素的符号

采用对称轴次与数目、对称面数目、对称中心直接表述的晶体的对称型符号为一般符号，如等轴晶系的 $3L^4 4L^3 6L^2 9PC$。这种表达比较直观，易于接受，但没有方向性。表征晶体对称型的符号有国际符号和申夫利斯符号。

国际符号（international symbol）既能够表明晶体的对称要素组合，也能表明对称要素的方位。在国际符号中以 1、2、3、4、6 和 $\bar{1}$、$\bar{2}$、$\bar{3}$、$\bar{4}$、$\bar{6}$ 分别表示各种轴次的对称轴和旋转反伸轴，以 m 表示对称面。在国际符号中有 1~3 个序位，每一序位中的一个对称要素符号可代表一定方向的、可以互相派生（或复制）的多个对称要素，即在对称型的国际符号中凡是可以通过其他对称要素派生出来的对称要素都省略了。

若对称面与对称轴垂直，则对称轴与对称面垂直写成分数，如 L^2PC 以 $2/m$ 表示，L^4PC 以 $4/m$ 表示。若对称轴与对称面 m 为包含关系，如 $L^3 3P$ 写成 $3mm$，$L^4 4P$ 写成 $4mm$ 等，则表示该对称轴是直立的主轴，各有两组的对称面和它平行。若有三轴方位存在对称轴，如 $3L^2$ 写成 222，$3L^4 4L^3 6L^2$ 写成 432 等，表示这 3 组轴彼此相交成一角度；二次轴通常是与垂直主轴正交，三次轴多为斜交。若有旋转反伸轴、对称轴和对称面一起写成乘数，如 $L_i^4 2L^2 2P$ 写成 $\bar{4}2m$，表示主轴 L_i^4 与一组二次轴垂直，与一组对称面平行；如 $3L_i^4 4L^3 6P$ 写成 $\bar{4}3m$，表示主轴 L_i^4 与一组三次轴斜交，与一组对称面平行。

申夫利斯符号（Schoenflies symbol）是根据对称要素组合规律建立的。相关符号的意义如下：C_n 表示 L^n 单独存在；C_{nh}（h—水平的）表示水平的对称面与对称轴相互垂直；C_{nv}（v—直立的）表示有对称面与对称轴平行关系；D 表示有两组二次轴与一个 n 次轴垂直；D_n 表示 n 次对称轴与 L^2 垂直；D_{nh} 表示 $L^n + L^2 + P = L^n nL^2 (n+1) P$；$D_{nd}$（d—对角线的）表示对称面不包含 L^2 而是处于平分 L^2 的夹角位置。下标 i 表示反伸中心；s 表示反映；T 表示四面体中对称轴的组合；O 表示八面体中对称轴的组合。

1.3　晶体定向与晶面符号

1.3.1　晶体定向

晶体定向就是以晶体中心为原点建立一个由 3 根晶轴或 4 根晶轴组成的坐标系，选取轴单位和轴夹角，建立晶体坐标系统，从而对晶体中各个晶面、晶棱以及对称要素在坐标系统中标定方位。

在等轴晶系、四方晶系、斜方晶系、单斜晶系和三斜晶系中，采用三轴定向，即以晶体的中心为原点选择 3 根互相垂直或尽可能互相垂直的 x、y、z 轴，以 z 轴直立上方、x 轴前方、y 轴右方为正方向，3 根晶轴正向之间的夹角分别表示为 α（$y\wedge z$）、β（$z\wedge x$）、γ（$x\wedge y$）（图 1-9）。

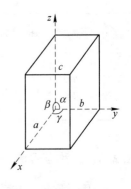

图 1-9　晶体三轴定向

对于三、六方晶系的晶体采用四轴定向法，即以晶体的中心为原点选出 4 根晶轴，即 z 轴直立，在与 z 轴垂直的平面上选 3 根轴为 x、y、u 轴，使正向（$x\wedge y$、$y\wedge u$、$u\wedge x$）的夹角 $\gamma=120°$，使 α（$y\wedge z$）、β（$z\wedge x$）为 90°。这种定向也称为六角坐标系，即 H 坐标系，也称布拉维定向。

（1）晶轴的选择原则是：1）符合晶体的对称特点，晶轴选择在对称轴、对称面法线或平行晶棱的方向上；2）在遵循上述原则的基础上尽量使晶轴夹角等于 90°。7 个晶系的晶轴选择与定向见表 1-2。

表 1-2　各晶系选择晶轴的具体方法及晶体常数特点

晶系	选轴原则	晶体几何常数特点	定向特征
等轴晶系	以 3 个互相垂直的 L^4 或 L_i^4 或 L^2 为 x、y、z 轴	$a=b=c$，$\alpha=\beta=\gamma=90°$	
四方晶系	以 L^4 或 L_i^4 为 z 轴，以垂直 z 轴的并互相垂直的 2 个 L^2，或对称面法线方向，或互相垂直的晶棱方向（当无 L^2 或 P 时）为 x、y 轴。在 $L_i^4 2L^2 2P$ 中以 2 个 L^2 为 x、y 轴	$a=b\neq c$，$\alpha=\beta=\gamma=90°$	
三方晶系	以 $L^3 L_i^3$ 为 z 轴，以垂直 z 轴的并彼此相交为 120° 的 3 个 L^2 或 P 的法线或晶棱方向为 x、y、u 轴（四轴定向）。在三方晶系用菱面体坐标系，称为 R 坐标系，三轴定向	$a=b\neq c$，$\alpha=\beta=90°$，$\gamma=120°$	
六方晶系	以 L^6、L_i^6 为 z 轴，以垂直 z 轴的并彼此相交为 120° 的 3 个 L^2 或 P 的法线或晶棱方向为 x、y、u 轴。在 $L_i^6 3L^2 3P$ 中以 3 个 L^2 为 x、y、u 轴	$a=b\neq c$，$\alpha=\beta=90°$，$\gamma=120°$	

晶系	选轴原则	晶体几何常数特点	定向特征
斜方晶系	以互相垂直的 3 个 L^2 为 x、y、z 轴。在 $L^2 2P$ 中以 L^2 为 z 轴，P 的法线为 x、y 轴	$a \neq b \neq c$，$\alpha = \beta = \gamma = 90°$	
单斜晶系	以 L^2 或 P 的法线为 y 轴，以垂直 y 轴的晶棱方向为 z、x 轴	$a \neq b \neq c$，$\alpha = \gamma = 90°$，$\beta > 90°$	
三斜晶系	以不在同一平面内的 3 个晶棱为 x、y、z 轴	$a \neq b \neq c$，$\alpha \neq \beta \neq \gamma \neq 90°$	

（2）晶体几何常数（crystal constants）。把表征晶体坐标系统的轴角 α、β、γ 和轴率 a、b、c 称为晶体几何常数。在晶体坐标系中，3 根晶轴 x、y、z 正端之间的夹角 α、β、γ 称为轴角。在不同晶系中轴角不同。轴率 a、b、c 是表征 3 根晶轴上轴单位之间关系，用 3 个晶轴轴长的比率 $a_0 : b_0 : c_0$ 得到的。7 个晶系的晶体几何常数见表 1-2。

晶体几何常数可以确定晶体的形状，同一晶系的晶体几何常数具有相同规律，不同晶系晶体的几何常数不同，晶体形态特征也不同。晶胞参数可确定晶胞大小与形状，尽管不同矿物晶体的晶胞大小形态不同，但在同一晶系中晶胞的形态规律是相同的。以等轴晶系的晶体为例，晶轴 x、y、z 为彼此对称的行列，它们通过对称要素的作用可以相互重合，它们的轴长是相同的，即 $a_0 = b_0 = c_0$。所得轴率为 $a_0 : b_0 : c_0 = 1 : 1 : 1$；即 3 根晶轴的轴率相等，晶体几何常数为 $a = b = c$，$\alpha = \beta = \gamma = 90°$。如方铅矿的晶胞参数 $\alpha = \beta = \gamma = 90°$，$a_0 = b_0 = c_0 = 0.594$nm；闪锌矿的晶胞参数为 $\alpha = \beta = \gamma = 90°$，$a_0 = b_0 = c_0 = 0.540$nm。作为等轴晶系的方铅矿、闪锌矿，两者的晶胞参数表现为等轴晶系晶胞特点，为 $\alpha = \beta = \gamma = 90°$，$a_0 = b_0 = c_0$；从晶体宏观对称，两者晶体具有相同晶体几何常数：$a = b = c$，$\alpha = \beta = \gamma = 90°$；晶体形态表现为三向等长的立方体，体现了等轴晶系晶体的对称规律。

1.3.2　晶面符号

通过晶体定向，就可以根据晶体的晶面与晶轴的关系确定其在空间的相对位置。把用于表征晶面空间方位的符号称为晶面符号（crystal symbol）。

（1）Miller 符号。米勒（W. H. Miller，1839）采用某晶面在 3 根晶轴上的截距系数的倒数比，得到晶面在空间方位的一组无公约数的整数，称为米氏符号（Miller symbol）。

获得晶面符号的具体方法如下：设有一晶面 ABC 在 3 个结晶轴 x、y、z 轴上的截距分

别为 OA、OB、OC，已知 3 个轴的轴率分别为 a、b、c，晶面 ABC 在晶轴 x、y、z 上的截距系数 p、q、r 分别为：$p=\dfrac{OA}{a}$，$q=\dfrac{OB}{b}$，$r=\dfrac{OC}{c}$，根据米勒符号的定义，截距系数的倒数比为：$\dfrac{1}{p}:\dfrac{1}{q}:\dfrac{1}{r}=h:k:l$。去掉 $h:k:l$ 的比例号，并置于圆括弧中，写为 (hkl)，即构成晶面的米氏符号。h、k、l 为晶面指数。米氏符号按 x、y、z 顺序书写，不得颠倒。

在图 1-10 中，设定一晶面在 x 轴截距为 $2a$，y 轴为 $3b$，z 轴为 $6c$，则截距系数分别为 2、3、6，按照米勒符号的定义有 $\dfrac{1}{2}:\dfrac{1}{3}:\dfrac{1}{6}=3:2:1$，则（321）为该晶面的晶面符号，其结晶学意义表示该晶面截于 3 根晶轴的正方向。

若晶面平行于某晶轴，则晶面在该晶轴的截距系数为 ∞，截距系数为 0。晶面截于晶轴的正方向，晶面指数为正；截于晶轴负向，晶面指数为负，负号写于上方。如 $(\bar{h}kl)$ 表示该晶面截于 x 轴负向和 y、z 轴的正向。

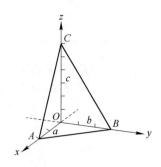

图 1-10　晶面的米氏符号
（三轴定向）

（2）整数定律。晶体晶面符号的晶面指数为简单整数比。

立方体的晶面分别与 3 个晶轴垂直，晶面符号分别为（图 1-11（a））（100）、（010）、（001）、（$\bar{1}$00）、（0$\bar{1}$0）、（00$\bar{1}$）。八面体的晶面与三根晶轴斜交（图 1-11（b）），晶面符号分别为（111）、（$\bar{1}$11）、（1$\bar{1}$1）、（$\bar{1}\bar{1}$1）、（11$\bar{1}$）、（$\bar{1}$1$\bar{1}$）、（1$\bar{1}\bar{1}$）、（$\bar{1}\bar{1}\bar{1}$）。从中可以看到，一个晶体的晶面指数的绝对值相等，但正负号相反，反映了晶体对称规律。

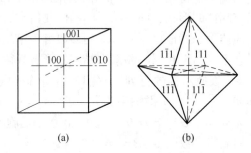

(a)　　　　　　　　　(b)

图 1-11　立方体（a）和八面体（b）的晶面符号

晶体四轴定向的晶面符号用 $(hkil)$ 形式表达，指数以此与 x、y、u、z 轴相对应，并且存在 $h+k+i=0$。六方柱的四轴定向的晶面符号分别写成（10$\bar{1}$0）、（01$\bar{1}$0）、（$\bar{1}$100）、（$\bar{1}$010）、（0$\bar{1}$10）、（1$\bar{1}$00）（图 1-12）。

1.3.3　晶棱符号与晶带定律

晶棱符号是表征晶棱（直线）方向的符号，它不涉及晶棱的具体位置，即所有平行棱具有同一个晶棱符号。晶棱符号一般表达式为 $[rst]$，其中数字称为晶棱指数。

在晶体中交棱相互平行的一组晶面的组合称为一个晶带。表示晶带方向的一根直线，即该晶带中各晶面交棱方向直线，并移至过晶体中心，称为晶带轴。晶带轴的符号就是晶棱符号。通常以晶带轴符号来表示晶带符号，如晶带 [001]，表示以 [001] 直线为晶带轴的一组交棱相互平行的晶带（图1-13）。

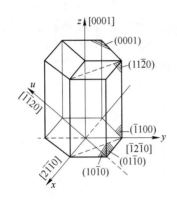

图1-12　六方柱的晶面符号
（（ ）为晶面符号，[ ]为晶棱符号）

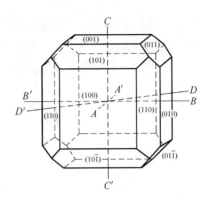

图1-13　晶体形态上晶面组成的晶带

在实际晶体上，晶面都是按晶带分布的，由网面密度较大的面网组成，晶体上出现的实际晶面的数量是有限的。相应地，晶面的交棱是平行结点分布较密的行列，这种行列的方向也是为数不多的。所以晶体上的许多晶棱常具有共同的方向且相互平行。

晶带定律（zone law）：任意两晶棱（晶带）相交必可决定一可能晶面，而任意两晶面相交必可决定一可能晶棱（晶带）。属于同一晶带 [uvw] 的晶面（hkl），必定存在以下关系：$hu+kv+lw=0$，该方程也称为晶带方程。根据晶带定律可由已知晶面和晶带推导晶体上一切可能的晶面位置。

1.4　空 间 格 子

1.4.1　平行六面体

晶体内部质点（原子、离子、离子团或分子）在三维空间作周期性排列是客观存在的。空间格子（空间点阵）是表示这种周期性重复规律的几何图形。如在 NaCl 晶体结构中的所有 Na^+ 和 Cl^- 分别在三维空间上有规律重复。图1-14 分别用 Na^+ 或 Cl^- 在三维空间排

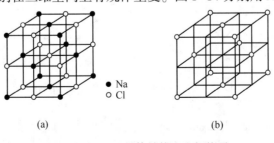

(a)　　　　　　　　　　　　　(b)

图1-14　NaCl 晶体结构和空间格子

列构成的三维空间格子，显示晶体结构中质点重复排列的几何规律。

（1）结点，是空间格子中的几何点，在实际晶体中结点代表着类型相同、周围环境和位置相同的点（相当点）。如石盐晶体结构中所有 Na^+ 的种类相同、位置相同，除去其具体的空间属性，是在空间格子中的一组几何点——结点，而 Cl^- 所占据的位置为另一组结点。

（2）行列，是结点在直线上的排列。任意两个结点联结起来就是一条行列（图1-15）。一条行列中相邻结点间的距离称为该行列的结点间距。在同一行列中结点间距是相等的；平行的行列上结点间距也是相等的；不同方向的行列其结点间距一般是不相等的。

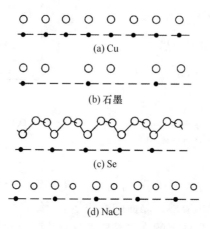

图 1-15　不同矿物晶体结构中的行列
（一维周期排列的结构及其行列（黑点代表点阵点））

（3）面网，结点在平面上的分布构成面网。空间格子中不在同一行列上的任意 3 个结点可以联结成一个面网，即任意两个相交的行列就可决定一个面网（图1-16）。单位网面积内的结点数称为网面密度。两相邻面网间的垂直距离称为面网间距。相互平行的面网，网面密度相同，面网间距必定相等；互不平行的面网，面网密度及面网间距一般不同。

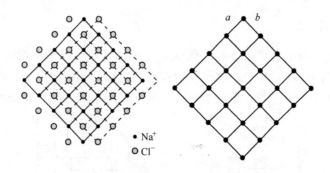

图 1-16　NaCl 结构中抽象出的 Na、Cl 面网

（4）平行六面体（parallel hexahedron），是由三组两两平行的面网构成的三维空间图形，是空间格子的最小重复单位。在 NaCl 晶体结构中按相当点连接的平行六面体以一定

规则相连形成的空间格子如图 1-17 所示。

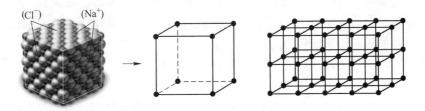

图 1-17　晶体结构中的空间格子
（NaCl 中 Na、Cl 的排列，抽象出平行六面体构成的三维空间格子）

同一晶体中以不同套相当点画出的空间格子是完全相同的，如在 NaCl 中以钠离子或氯离子作为相当点都会得到相同的空间格子。对于矿物的晶体结构，找出相当点，确定行列、面网和平行六面体，抽象出空间格子（点阵），晶体结构的重复规律就清晰地表达出来了。

1.4.2　晶胞参数与结晶系统

在实际晶体结构中的最小重复单位称为晶胞。其大小形状相当于空间格子中的平行六面体。晶体结构可看成晶胞在三维空间平行地、毫无间隙地重复累叠而成。晶胞的形状与大小是由 3 个彼此相交的行列结点间距 a_0、b_0、c_0 和它们之间的夹角 α、β、γ 确定，称为晶胞参数（图 1-18）。根据晶胞参数（a_0、b_0、c_0；α、β、γ）不同，可划分为 7 个晶系：

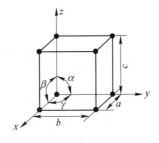

图 1-18　晶胞参数

（1）等轴晶系：$a_0=b_0=c_0$，$\alpha=\beta=\gamma=90°$；

（2）四方晶系：$a_0=b_0\neq c_0$，$\alpha=\beta=\gamma=90°$；

（3）六方晶系、三方晶系（采用六角坐标，即 H 坐标系，四轴定向，布拉维定向）：$a_0=b_0\neq c_0$，$\alpha=\beta=90°$，$\gamma=120°$；

（4）三方晶系（菱面体坐标系，R 坐标系，三轴定向）：$a_{rh}=b_{rh}=c_{rh}$，$\alpha=\beta=\gamma\neq90°$，$60°$，$109°28'16''$；

（5）斜方晶系：$a_0\neq b_0\neq c_0$，$\alpha=\beta=\gamma=90°$；

（6）单斜晶系：$a_0\neq b_0\neq c_0$，$\alpha=\gamma=90°$，$\beta>90°$；

（7）三斜晶系：$a_0\neq b_0\neq c_0$，$\alpha\neq\beta\neq\gamma\neq90°$。

1.4.3　十四种布拉维格子

在晶体结构中，空间格子是描述格子构造的几何图形。平行六面体是格子构造的最小重复单位。结构中质点（或相当点）分布是客观存在的，平行六面体的选择须遵循一定的原则：

（1）所选取的平行六面体应能反映结点分布整体所固有的对称性；

（2）在上述前提下，所选取的平行六面体中棱与棱之间的直角关系力求最多；

（3）在满足以上 2 个条件的基础上，所选取的平行六面体的体积力求最小。

上述条件实质上与晶体宏观形态上选择晶轴的原则是一致的。在宏观晶体上选晶轴和在内部晶体结构中选空间格子 3 个方向的行列，都是要符合晶体固有的对称性。晶体宏观对称与内部微观对称是统一的，所以选择的原则就是一致的。这也就导致了宏观形态上选出的晶轴（x、y、z）恰好与内部结构空间格子中选出的平行六面体三根棱（行列）相一致。

在晶体结构中，结点（相当点）有规律的排列构成空间格子。结点分布有 4 种可能的情况，与其对应可分为 4 种格子类型（图 1-19）。

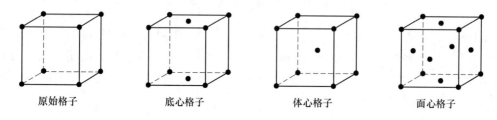

原始格子　　　　　底心格子　　　　　体心格子　　　　　面心格子

图 1-19　四种空间格子类型

（1）原始格子（primitive lattice，P）：结点分布于平行六面体的 8 个角顶上。7 个晶系的空间格子的形状和大小可有 7 种原始形状，也称为原始格子。

（2）底心格子（base centred lattice，C）：结点分布于平行六面体的角顶及某一对面的中心。有 A 心格子、B 心格子、C 心格子，分别为垂直于 x 轴的一对面心、垂直于 y 轴的一对面心和垂直于 z 轴的一对面心。

（3）体心格子（body-centered，I）：结点分布于平行六面体的角顶和体中心。

（4）面心格子（face-centered，F）：结点分布于平行六面体的角顶和三对面的中心。

综合考虑空间格子的形状及结点的分布情况，布拉维（A. Bravais，1848）最先推导出在矿物晶体结构中只能出现 14 种不同形式的空间格子，称为 14 种布拉维格子（表 1-3）。

表 1-3　十四种空间格子在各晶系的分布

晶系	晶胞参数	原始格子（P）	底心格子（C）	体心格子（I）	面心格子（F）
三斜晶系	$\alpha \neq \beta \neq \gamma \neq 90°$ $a_0 \neq b_0 \neq c_0$		$C = P$	$I = P$	$F = P$
单斜晶系	$\alpha = \gamma = 90°$ $\beta > 90°$ $a \neq b \neq c$			$I = C$	$F = C$

续表1-3

晶系	晶胞参数	原始格子（P）	底心格子（C）	体心格子（I）	面心格子（F）
斜方晶系	$\alpha=\beta=\gamma=90°$ $a\neq b\neq c$				
四方晶系	$\alpha=\beta=\gamma=90°$ $a_0\neq b_0\neq c_0$		$C=P$		$F=I$
三方晶系	$\alpha=\beta=90°$ $\gamma=120°$ $a_0=b_0\neq c_0$		不符合对称	$I=R$	$F=R$
六方晶系	$\alpha=\beta=90°$ $\gamma=120°$ $a_0=b_0\neq c_0$		不符合对称	不符合空间 格子条件	不符合空间 格子条件
等轴晶系	$\alpha=\beta=\gamma=90°$ $a_0=a_0=a_0$		不符合对称		

14种布拉维格子表明：

（1）某些类型的格子彼此重复并可转换。如三斜底心格子可转换为原始格子，四方底心格子可转变为体积更小的四方原始格子，三方面心菱面体可转变为体积更小的三方原始菱面体格子。

（2）一些不符合某晶系的对称特点的格子不能在该晶系中存在。如等轴晶系的立方格子中有一对面中心安置结点，则完全不符合等轴晶系具有$4L^3$的对称特点，故不可能存在立方底心格子。

1.5 晶体内部微观对称类型

晶体内部微观对称是空间格子的质点在三维空间周期性排列的体现，通过对称操作，可使相同质点重复出现。晶体宏观对称与晶体内部微观结构对称具有统一性，晶体宏观的对称要素在晶体内部结构微观对称同样出现。晶体微观对称也具有其特殊性。首先，在晶体结构中平行于任何一个对称要素有无穷多的和它相同的或相似的对称要素。其次，在晶体结构中出现了一种在晶体外形上不可能有的对称操作——平移操作。晶体微观对称特有的对称要素有平移轴、螺旋轴和滑移面，对应对称操作有平移、螺旋、滑移反映。最后，晶体宏观对称要素交于一点，微观对称要素不须交于一点，可在三维空间无限分布。

（1）平移轴（translation axis）。平移轴为晶体结构中一条假想直线，图形沿此直线移动一定距离，可使相等部分重合。在晶体结构中沿着空间格子中的任意一条行列移动一个或若干个结点间距，可使每一质点与其相同的质点重合。因此，空间格子中的任一行列就是代表平移对称的平移轴，空间格子即为晶体内部结构在三维空间呈平移对称规律的几何图形。

（2）螺旋轴（screwrotation axis）。螺旋轴为晶体结构中一条假想直线，当结构围绕此直线旋转一定角度，并平行此直线移动一定距离后，结构中的每一质点都与其相同的质点重合，整个结构自相重合。螺旋轴的国际符号一般写成 n_s，n 为轴次，只能是 1、2、3、4、6；相应基转角 $\alpha = 360°$、$180°$、$120°$、$90°$、$60°$。s 为小于 n 的自然数，若沿螺旋轴方向的结点间距为 T，则质点平移距离（螺距）$t = \left(\dfrac{s}{n}\right)T$。例如六次螺旋轴 6_1，6 表示为 6 次螺旋轴，质点旋转 $60°$ 后，沿螺旋轴方向质点再平移螺距 $t = \dfrac{1}{6}T$。当 $s = n$ 时，平移距离 $t =$ 结点间距，相当于在一行列上平移一个周期 T，肯定有相同质点重合，不需要发生螺旋 t 的平移，相当于对称轴。螺旋轴据其轴次和螺距，共有 11 种，分别为 2_1（图 1-20），3_1、3_2（图 1-21），4_1、4_2、4_3（图 1-22），6_2、6_3、6_4、6_5（图 1-23）。

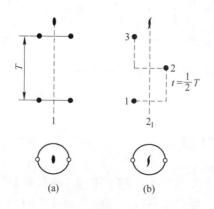

(a)   (b)

图 1-20 二次轴 L^2（a）和二次螺旋轴 2_1（b）

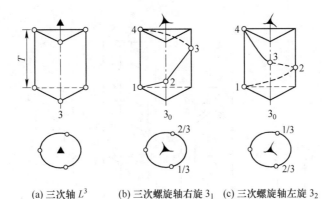

(a) 三次轴 L^3 (b) 三次螺旋轴右旋 3_1 (c) 三次螺旋轴左旋 3_2

图 1-21　三次轴 L^3 与三次旋转轴

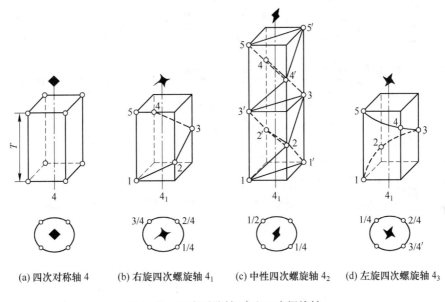

(a) 四次对称轴 4   (b) 右旋四次螺旋轴 4_1 (c) 中性四次螺旋轴 4_2 (d) 左旋四次螺旋轴 4_3

图 1-22　四次对称轴 L^4 和四次螺旋轴

　　螺旋轴据其旋转的方向可有右旋螺旋轴（逆时针旋转，旋进方向与右手系相同，将右手大拇指伸直，其余 4 指并拢弯曲，则大拇指指向平移方向，4 指指向旋转方向）和左旋螺旋轴（顺时针旋转，旋进方向与左手系相同）及中性螺旋轴（顺、逆时针旋转均可）之分。螺旋轴 n_s 的下标 s 是以右旋螺旋的螺距来标定的，如 4_1 意指按右旋方向旋转 $90°$，螺距 $t=\dfrac{1}{4}T$；如 4_3 意指按右旋方向旋转 $90°$，螺距 $t=\dfrac{3}{4}T$，但如果按左旋方向旋转 $90°$，螺距就变为 $\dfrac{1}{4}T$。所以称 4_1 为右旋螺旋轴，而 4_3 为左旋螺旋轴。当 $0<s<\dfrac{n}{2}$（包括 3_1、4_1、6_1、6_2）时，为右旋螺旋轴；当 $\dfrac{2}{n}<s<n$（包括 3_2、4_3、6_4、6_5）时，为左旋螺旋轴；2_1、4_2、6_3 为中性螺旋轴。

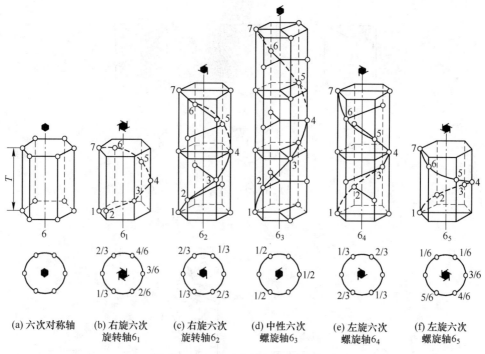

图 1-23   六次对称轴和六次螺旋轴

（3）滑移面（glid reflection plane）。滑移面是晶体结构中一假想的平面，当结构对此平面反映，并平行此平面移动一定距离后，结构中的每一个点与其相同的点重合，整个结构自相重合。滑移面按其滑移的方向和距离可分为 a、b、c、n、d 这 5 种。其中 a、b、c 为轴向滑移（图 1-24），n 为对角线滑移，d 为金刚石型滑移。与滑移面对应的操作是反映与平移组成的滑移反映。

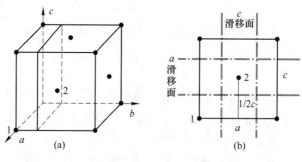

图 1-24 a，b，c 滑移面
（图中黑点在纸面上）

（1）a（a glide plane）滑移面。平行于（010）或（001），或结晶轴 a 在滑移面内，质点经镜面反映后，沿 a 轴移动 a 轴结点间距的 1/2。

（2）b 滑移面（b glide plane）。平行于（100）或（001），或结晶轴 b 在滑移面内，质点经镜面反映后，沿 b 轴移动 b 轴结点间距的 1/2。

（3）c 滑移面（c glide plane）滑移面平行于（100）或（010），或结晶轴 c 在滑移面

内，质点经镜面反映后，沿 c 轴移动 c 轴结点间距的 1/2。

如图 1-24 所示为各质点在立方体的顶点和面心，1 点经过所给平面操作再沿 c 轴滑移 (1/2) c 可以与 2 处原子重合，其他各质点经过操作也可以和相应的质点重合。这样滑移面为 c 滑移面。图 1-24（b）给出一个面及 a，c 滑移面。

(4) n 滑移面（n glide plane）。为对角线方向的滑移面。质点经镜面反映后，平行于镜面滑移，滑移距离为晶格的 2 个或 3 个基本矢量的矢量和的 1/2 平移距离，(1/2) $(a+b)$、(1/2) $(b+c)$、(1/2) $(a+c)$、(1/2) $(a+b+c)$、(1/2) $(a+b+2c)$ 等，结构自行重合。n 滑移面如图 1-25 所示，n 的各点位于立方体角顶和体心，1 点经过所给平面操作到 1′ 位置，再与该平面平行滑移 (1/2) $(a+c)$，可以和 2 点重合。这样的滑移面为 n 滑移面。

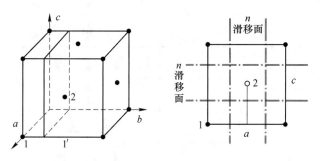

图 1-25 n 滑移面
(图中黑点在纸面上，空心圆在距纸面 (1/2) a 距离)

(5) d 滑移面（d glide plane）。也称金刚石滑移面。质点经镜面反映后，平行于镜面滑移，滑移距离为晶格的 2 个或 3 个基本矢量（晶胞的 2 个或 3 个棱）的矢量和的 1/4 平移距离，(1/4) $(a+b)$、(1/4) $(b+c)$、(1/4) $(a+c)$、(1/4) $(a+b+c)$。这种形式的滑移面只出现在以斜方面心格子、正方体心格子和立方面心格子或立方体心格子为基础的空间群中。如图 1-26（a）所示各点位于立方体的角顶、面心和体内，图 1-26（b）表示点 1 经过平面操作，再与该平面滑移 (1/4) $(a+b)$，可以和 2 点重合。这个滑移面为 d 滑移面。

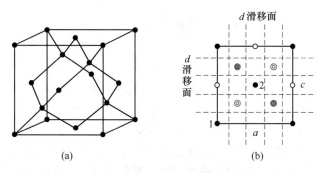

(a)　　　　　　　　(b)

图 1-26 金刚石结构具 d 滑移面
((b) 中黑点在纸面上，空心圆在距纸面 (1/2) a 位置，双圈圆在距纸面 (1/4) a 位置，
三圈圆在距纸面 (3/4) a 位置)

晶体重要对称要素符号见表 1-4。

表 1-4 重要对称要素符号

对称元素类型	书写记号	图示记号	
		垂直于纸面	在纸面内
平移向量	a, b, c		
倒反中心	$\bar{1}$	○	○
对称轴	2		→
	3		
	4		
	6		
旋转反伸轴	$\bar{3}$, $\bar{4}$, $\bar{6}$		
螺旋轴	2_1		
	3_1, 3_2		
	4_1, 4_2, 4_3		
	6_1, 6_2, 6_3, 6_4, 6_5		
对称面	m		
滑移面	a, b, c	在纸面内滑移--- 离开纸面滑移……	
	n		
	d		

1.6　230 种空间群

　　空间群（space group）为晶体内部结构对称要素（操作）的组合。晶体外形为有限图形，其对称要素组合称为对称型，共有 32 个，也称为点群。晶体的内部结构被看作无限图形，除能出现晶体外形上的对称要素之外，还可出现平移轴、滑移面、螺旋轴等包含有平移操作的、特有的对称要素。这些对称要素不交于一点，称为空间群。通过空间群既可以知道晶体结构形态的来源，也可正确判断结构中每个原子或原子团的位置。

　　费多罗夫（1889）推导出的 230 种空间群，是将空间格子的各个结点上放置对称型。这些处于空间格子的对称要素通过空间格子的平移操作相互作用，产生出另外一些对称要素，形成一部分空间群，为点式空间群。在点式空间群基础上用螺旋轴、滑移面代替对称轴、对称面，又可以产生另一些非点式空间群。每一个对称型可产生多个空间群，32 个对称型可产生 230 种空间群。

对称型和空间群体现了晶体外形对称与晶体内部结构对称的统一。如在晶体外形的某一方向上有四次对称轴，则在晶体内部结构中相应的方向既可能有 4、4_1、4_2、4_3，也有可能有 2、2_1。如果在外形上有对称面，则在内部相应的方向可能有滑移面。

空间群采用申夫利斯符号和国际符号表示。空间群的申夫利斯符号是在其对称型申夫利斯符号的右上角加上序号即可。如对称型 4（L^4）的申夫利斯符号为 C_4，对应的 6 个空间群的申夫利斯符号为 C_4^1、C_4^2、C_4^3、C_4^4、C_4^5、C_4^6。该符号不能表达空间格子的形式以及对称要素的方向。

空间群的国际符号包括两个组成部分，前一部分为开头处的大写英文字母，表示格子类型（P、C（A、B）、I、F）；后一部分与对称型（点群）的国际符号基本相同，只是其中晶体的某些宏观对称要素的符号需写成相应的内部结构对称要素的符号。如对称型（点群）4（L^4）相应的 6 个空间群的国际符号分别为 P_4、$P4_1$、$P4_2$、$P4_3$、I4、$I4_1$。该符号的缺点是同一种空间群由于不同的定向以及其他因素可形成不同的国际符号。通常表示一个空间群时把申夫利斯符号和国际符号并用。如金刚石具有 $m3m$ 对称型，其空间群为 O_h^7－$Fd3m$，O_h 表示对称型（$3L^44L^36L^29PC$）。F 为立方面心格子，$d3m$ 表示存在 d 滑移面。230 个空间群见表 1-5。

表 1-5　230 个空间群

晶系	对称型	空间群序号	空间群申夫利斯符号	空间群国际符号	备注
三斜	1（C_1）	1	C_1^1	P1	手性
	$\bar{1}$（C_i）	2	C_i^1	$P\bar{1}$	中心
单斜	2（C_2）	3	C_2^1	P2	手性
		4	C_2^2	$P2_1$	手性
		5	C_2^3	C2	手性
	m（C_s）	6	C_s^1	Pm	非心
		7	C_s^2	Pc	非心
		8	C_s^3	Cm	非心
		9	C_s^4	Cc	非心
	$\dfrac{2}{m}$（C_{2h}）	10	C_{2h}^1	P2/m	中心
		11	C_{2h}^2	$P2_1/m$	中心
		12	C_{2h}^3	C2/m	中心
		13	C_{2h}^4	P2/c	中心
		14	C_{2h}^5	$P2_1/c$	中心*
		15	C_{2h}^6	C2/c	中心
斜方	222（D_2）	16	D_2^1	P222	手性
		17	D_2^2	$P222_1$	手性*
		18	D_2^3	$P2_12_12$	手性*
		19	D_2^4	$P2_12_12_1$	手性*
		20	D_2^5	$C222_1$	手性*
		21	D_2^6	C222	手性

晶系	对称型	空间群序号	空间群申夫利斯符号	空间群国际符号	备注
斜方	222（D_2）	22	D_2^7	$F222$	手性
		23	D_2^8	$I222$	手性
		24	D_2^9	$I2_12_12_1$	手性
	mm2（C_{2v}）	25	C_{2v}^1	$Pmm2$	非心
		26	C_{2v}^2	$Pcm2_1$	非心
		27	C_{2v}^3	$Pcc2$	非心
		28	C_{2v}^4	$Pma2$	非心
		29	C_{2v}^5	$Pca2_1$	非心
		30	C_{2v}^6	$Pnc2$	非心
		31	C_{2v}^7	$Pmn2_1$	非心
		32	C_{2v}^8	$Pba2$	非心
		33	C_{2v}^9	$Pna2_1$	非心
		34	C_{2v}^{10}	$Pnn2$	非心
		35	C_{2v}^{11}	$Cmm2$	非心
		36	C_{2v}^{12}	$Cmc2_1$	非心
		37	C_{2v}^{13}	$Ccc2$	非心
		38	C_{2v}^{14}	$Amm2$	非心
		39	C_{2v}^{15}	$Abm2$	非心
		40	C_{2v}^{16}	$Ama2$	非心
		41	C_{2v}^{17}	$Aba2$	非心
		42	C_{2v}^{18}	$Fmm2$	非心
		43	C_{2v}^{19}	$Fdd2$	非心*
		44	C_{2v}^{20}	$Imm2$	非心
		45	C_{2v}^{21}	$Iba2$	非心
		46	C_{2v}^{22}	$Ima2$	非心
	mmm（D_{2h}）	47	D_{2h}^1	$Pmmm$	中心
		48	D_{2h}^2	$Pnnn$	中心
		49	D_{2h}^3	$Pccm$	中心
		50	D_{2h}^4	$Pban$	中心
		51	D_{2h}^5	$Pmma$	中心
		52	D_{2h}^6	$Pnna$	中心
		53	D_{2h}^7	$Pmna$	中心
		54	D_{2h}^8	$Pcca$	中心
		55	D_{2h}^9	$Pbam$	中心
		56	D_{2h}^{10}	$Pccn$	中心
		57	D_{2h}^{11}	$Pbcm$	中心

晶系	对称型	空间群序号	空间群申夫利斯符号	空间群国际符号	备注
斜方	mmm (D_{2h})	58	D_{2h}^{12}	$Pnnm$	中心
		59	D_{2h}^{13}	$Pmmn$	中心
		60	D_{2h}^{14}	$Pbcn$	中心
		61	D_{2h}^{15}	$Pbca$	中心
		62	D_{2h}^{16}	$Pnma$	中心
		63	D_{2h}^{17}	$Cmcm$	中心
		64	D_{2h}^{18}	$Cmca$	中心
		65	D_{2h}^{19}	$Cmmm$	中心
		66	D_{2h}^{20}	$Cccm$	中心
		67	D_{2h}^{21}	$Cmma$	中心
		68	D_{2h}^{22}	$Ccca$	中心
		69	D_{2h}^{23}	$Fmmm$	中心
		70	D_{2h}^{24}	$Fddd$	中心
		71	D_{2h}^{25}	$Immm$	中心
		72	D_{2h}^{26}	$Ibam$	中心
		73	D_{2h}^{27}	$Ibca$	中心
		74	D_{2h}^{28}	$Imma$	中心
四方	4 (C_4)	75	C_4^1	$P4$	手性
		76	C_4^2	$P4_1$	手性
		77	C_4^3	$P4_2$	手性
		78	C_4^4	$P4_3$	手性
		79	C_4^5	$I4$	手性
		80	C_4^6	$I4_1$	手性
	$\bar{4}$ (S_4)	81	S_4^1	$P\bar{4}$	非心
		82	S_4^2	$I\bar{4}$	非心
	$\dfrac{4}{m}$ (C_{4h})	83	C_{4h}^1	$P4/m$	中心
		84	C_{4h}^2	$P4_2/m$	中心
		85	C_{4h}^3	$P4/n$	中心 *
		86	C_{4h}^4	$P4_2/n$	中心 *
		87	C_{4h}^5	$I4/m$	中心
		88	C_{4h}^6	$I4_1/a$	中心 *
	422 (D_4)	89	D_4^1	$P422$	手性
		90	D_4^2	$P42_12$	手性 *
		91	D_4^3	$P4_122$	手性
		92	D_4^4	$P4_12_12$	手性 *
		93	D_4^5	$P4_222$	手性 *

续表 1-5

晶系	对称型	空间群序号	空间群申夫利斯符号	空间群国际符号	备注
四方	422（D_4）	94	D_4^6	$P4_22_12$	手性 *
		95	D_4^7	$P4_322$	手性 *
		96	D_4^8	$P4_32_12$	手性 *
		97	D_4^9	$I422$	手性
		98	D_4^{10}	$I4_122$	手性 *
	4mm（C_{4v}）	99	C_{4v}^1	$P4mm$	非心
		100	C_{4v}^2	$P4bm$	非心
		101	C_{4v}^3	$P4_2cm$	非心
		102	C_{4v}^4	$P4_2nm$	非心
		103	C_{4v}^5	$P4cc$	非心
		104	C_{4v}^6	$P4nc$	非心
		105	C_{4v}^7	$P4_2mc$	非心
		106	C_{4v}^8	$P4_2bc$	非心
		107	C_{4v}^9	$I4mm$	非心
		108	C_{4v}^{10}	$I4cm$	非心
		109	C_{4v}^{11}	$I4_1md$	非心
		110	C_{4v}^{12}	$I4_1cd$	非心 *
	$\bar{4}2m$（D_{2d}）	111	D_{2d}^1	$P\bar{4}2m$	非心
		112	D_{2d}^2	$P\bar{4}2c$	非心
		113	D_{2d}^3	$P\bar{4}2_1m$	非心
		114	D_{2d}^4	$P\bar{4}2_1c$	非心 *
		115	D_{2d}^5	$P\bar{4}m2$	非心
		116	D_{2d}^6	$P\bar{4}c2$	非心
		117	D_{2d}^7	$P\bar{4}b2$	非心
		118	D_{2d}^8	$P\bar{4}n2$	非心
		119	D_{2d}^9	$I\bar{4}m2$	非心
		120	D_{2d}^{10}	$I\bar{4}c2$	非心
		121	D_{2d}^{11}	$I\bar{4}2m$	非心
		122	D_{2d}^{12}	$I\bar{4}2d$	非心
	$\dfrac{4}{m}mm$（D_{4h}）	123	D_{4h}^1	$P4/mmm$	中心
		124	D_{4h}^2	$P4/mcc$	中心
		125	D_{4h}^3	$P4/nbm$	中心 *
		126	D_{4h}^4	$P4/nnc$	中心 *
		127	D_{4h}^5	$P4/mbm$	中心
		128	D_{4h}^6	$P4/mnc$	中心
		129	D_{4h}^7	$P4/nmm$	中心 *

晶系	对称型	空间群序号	空间群申夫利斯符号	空间群国际符号	备注
四方	$\frac{4}{m}mm$ (D_{4h})	130	D_{4h}^{8}	$P4/ncc$	中心 *
		131	D_{4h}^{9}	$P4_2/mmc$	中心
		132	D_{4h}^{10}	$P4_2/mcm$	中心
		133	D_{4h}^{11}	$P4_2/nbc$	中心 *
		134	D_{4h}^{12}	$P4_2/nnm$	中心 *
		135	D_{4h}^{13}	$P4_2/mbc$	中心
		136	D_{4h}^{14}	$P4_2/mnm$	中心
		137	D_{4h}^{15}	$P4_2/nmc$	中心 *
		138	D_{4h}^{16}	$P4_2/ncm$	中心 *
		139	D_{4h}^{17}	$I4/mmm$	中心
		140	D_{4h}^{18}	$I4/mcm$	中心
		141	D_{4h}^{19}	$I4_1/amd$	中心 *
		142	D_{4h}^{20}	$I4_1/acd$	中心 *
三方	3 (C_3)	143	C_3^1	$P3$	手性
		144	C_3^2	$P3_1$	手性
		145	C_3^3	$P3_2$	手性
		146	C_3^4	$R3$	手性
	$\bar{3}$ (C_{3i})	147	C_{3i}^1	$R\bar{3}$	中心
		148	C_{3i}^2	$R\bar{3}$	中心
	32 (D_3)	149	D_3^1	$P312$	手性
		150	D_3^2	$P321$	手性
		151	D_3^3	$P3_112$	手性 *
		152	D_3^4	$P3_121$	手性 *
		153	D_3^5	$P3_212$	手性 *
		154	D_3^6	$P3_221$	手性 *
		155	D_3^7	$R32$	手性
	3m (C_{3v})	156	C_{3v}^1	$P3m1$	非心
		157	C_{3v}^2	$P31m$	非心
		158	C_{3v}^3	$P3c1$	非心
		159	C_{3v}^4	$P31c$	非心
	$\bar{3}m$ (D_{3d})	160	C_{3v}^5	$R3m$	非心
		161	C_{3v}^6	$R3c$	非心
		162	D_{3d}^1	$P\bar{3}1m$	中心
		163	D_{3d}^2	$P\bar{3}1c$	中心
		164	D_{3d}^3	$P\bar{3}m1$	中心
		165	D_{3d}^4	$P\bar{3}c1$	中心

晶系	对称型	空间群序号	空间群申夫利斯符号	空间群国际符号	备注
三方	$\bar{3}m$ (D_{3d})	166	D_{3d}^5	$R\bar{3}m$	中心
		167	D_{3d}^6	$R\bar{3}c$	中心
六方	6 (C_6)	168	C_6^1	$P6$	手性
		169	C_6^2	$P6_1$	手性*
		170	C_6^3	$P6_5$	手性*
		171	C_6^4	$P6_2$	手性*
		172	C_6^5	$P6_4$	手性*
		173	C_6^6	$P6_3$	手性
	$\bar{6}$ (C_{3h})	174	C_{3h}^1	$P\bar{6}$	非心
	$\dfrac{6}{m}$ (C_{6h})	175	C_{6h}^1	$P6/m$	中心
		176	C_{6h}^2	$P6_3/m$	中心
	622 (D_6)	177	D_6^1	$P622$	手性
		178	D_6^2	$P6_122$	手性*
		179	D_6^3	$P6_522$	手性*
		180	D_6^4	$P6_222$	手性*
		181	D_6^5	$P6_422$	手性*
		182	D_6^6	$P6_322$	手性*
	6mm (C_{6v})	183	C_{6v}^1	$P6mm$	非心
		184	C_{6v}^2	$P6cc$	非心
		185	C_{6v}^3	$P6_3cm$	非心
		186	C_{6v}^4	$P6_3mc$	非心
	$\bar{6}2m$ (D_{3h})	187	D_{3h}^1	$P\bar{6}m2$	非心
		188	D_{3h}^2	$P\bar{6}c2$	非心
		189	D_{3h}^3	$P\bar{6}2m$	非心
		190	D_{3h}^4	$P\bar{6}2c$	非心
	$\dfrac{6}{m}mm$ (D_{6h})	191	D_{6h}^1	$P6/mmm$	中心
		192	D_{6h}^2	$P6/mcc$	中心
		193	D_{6h}^3	$P6_3/mcm$	中心
		194	D_{6h}^4	$P6_3/mmc$	中心
等轴	23 (T)	195	T^1	$P23$	手性
		196	T^2	$F23$	手性
		197	T^3	$I23$	手性
		198	T^4	$P2_13$	手性*
		199	T^5	$I2_13$	手性
	$m\bar{3}$ (T_h)	200	T_h^1	$Pm\bar{3}$	中心
		201	T_h^2	$Pn\bar{3}$	中心*

续表1-5

晶系	对称型	空间群序号	空间群申夫利斯符号	空间群国际符号	备注
等轴	$m\bar{3}$ (T_h)	202	T_h^3	$Fm\bar{3}$	中心
		203	T_h^4	$Fd\bar{3}$	中心*
		204	T_h^5	$Im\bar{3}$	中心
		205	T_h^6	$Ia\bar{3}$	中心*
		206	T_h^7	$Pa\bar{3}$	中心*
	432 (O)	207	O^1	$P432$	手性
		208	O^2	$P4_232$	手性*
		209	O^3	$F432$	手性
		210	O^3	$F4_132$	手性*
		211	O^4	$I432$	手性
		212	O^5	$F4_332$	手性*
		213	O^6	$P4_132$	手性*
		214	O^7	$I4_132$	手性
	$\bar{4}3m$ (T_d)	215	T_d^1	$P\bar{4}3m$	非心
		216	T_d^2	$F\bar{4}3m$	非心
		217	T_d^3	$I\bar{4}3m$	非心
		218	T_d^4	$P\bar{4}3m$	非心
		219	T_d^5	$F\bar{4}3c$	非心
		220	T_d^6	$I\bar{4}3c$	非心*
	$m3m(O_h)$	221	O_h^1	$Pm3m$	中心
		222	O_h^2	$Pn3n$	中心*
		223	O_h^3	$Pm3n$	中心
		224	O_h^4	$Pn3m$	中心*
		225	O_h^5	$Fm3m$	中心
		226	O_h^6	$Fm3c$	中心
		227	O_h^7	$Fd3m$	中心*
		228	O_h^8	$Fd3c$	中心*
		229	O_h^9	$Im3m$	中心
		230	O_h^{10}	$Ia3d$	中心*

注：表中手性、非心、中心分别指该空间群属于手性、非中心对称或中心对称空间群。星号表示该空间群可以由系统消光规律唯一确定。

2　矿物化学与晶体结构

2.1　矿物化学成分

2.1.1　地壳元素分布

在地壳中已经发现有 90 余种元素。化学元素在一定自然体系中的相对平均含量称为元素丰度。地壳中各种化学元素的平均含量称为克拉克值，具体可用质量分数或摩尔分数。表示化学元素在地壳上分布具有以下特征：

（1）元素分布具有明显的不均匀性，含量最高的氧为 46.6%，含量最低的氡（Ra）仅有 1.6×10^{-9}%，相差 10^{18} 倍。在地壳中氧、硅、铝、铁、钙、钠、钾、镁、钛、氢、碳、氯等十余种元素占 99% 以上（图 2-1）。这是地壳中硅酸盐矿物、氧化物矿物含量高的物质基础。硅酸盐矿物占矿物种总数的 24%，占地壳总质量的 3/4；氧化物矿物占矿物种总数的 14%，占地壳的 17%。

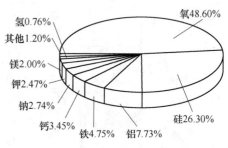

图 2-1　地壳中主要元素的含量

（2）地壳中化学元素分布量随原子序数的增大而降低，即元素递减规律。原子序数为偶数的元素丰度高于相邻原子序数为奇数元素的丰度，即奇偶规则。从元素总量看，地壳中偶数元素的分布量占 86%，高于奇数元素。

（3）上部大陆地壳中挥发性元素及强不相容元素富集，下部大陆地壳富集过渡族元素。元素的分异与地壳的形成与演化具有密切关系。

（4）大陆地壳微量元素地幔标准化蛛网图显示，地壳以富集不相容元素（Cs、Rb、Ba、Sr）及产热元素（U、Th、K）、高场强元素（Zr、Hf）为特征。

矿物的形成不仅与元素的丰度有关，还取决于元素的地球化学性质。有些元素，虽然克拉克值很低，但它们趋向于集中，可以形成独立矿物，甚至可以富集成矿床，称为聚集元素；如 Sb、Bi、Hg、Ag、Au 等。像金在地壳中的克拉克值约为 4×10^{-7}%，既可以形成独立矿物自然金和碲化物等矿物，也能形成大型、超大型矿床。另有一些元素的克拉克值虽然较高，但趋向于分散，不易聚集成矿床，甚至很少能形成独立的矿物种，只是作为微量的混入物赋存在其他元素组成的矿物中，称为分散元素。如 Rb、Cs、Ga、In、Se 等元素。

2.1.2　元素地球化学分类

戈尔德施密特根据化学元素的性质及其在各地球层圈内分配之间的关系，将元素分为 4 个地球化学组（表 2-1）。

表 2-1　元素的地球化学分类

族 / 周期	IA 1	IIA 2	IIIB 3	IVB 4	VB 5	VIB 6	VIIB 7	8	VIII 9	10	IB 11	IIB 12	IIIA 13	IVA 14	VA 15	VIA 16	VIIA 17	O 18
1	1 H 氢																	2 He 氦
2	3 Li 锂	4 Be 铍		亲氧元素 □　亲铁元素 ▨									5 B 硼	6 C 碳	7 N 氮	8 O 氧	9 F 氟	10 Ne 氖
3	11 Na 钠	12 Mg 镁		亲硫元素 □　惰性气体 ▨									13 Al 铝	14 Si 硅	15 P 磷	16 S 硫	17 Cl 氯	18 Ar 氩
4	19 K 钾	20 Ca 钙	21 Sc 钪	22 Ti 钛	23 V 钒	24 Cr 铬	25 Mn 锰	26 Fe 铁	27 Co 钴	28 Ni 镍	29 Cu 铜	30 Zn 锌	31 Ga 镓	32 Ge 锗	33 As 砷	34 Se 硒	35 Br 溴	36 Kr 氪
5	37 Rb 铷	38 Sr 锶	39 Y 钇	40 Zr 锆	41 Nb 铌	42 Mo 钼	43 Tc 锝	44 Ru 钌	45 Rh 铑	46 Pd 钯	47 Ag 银	48 Cd 镉	49 In 铟	50 Sn 锡	51 Sb 锑	52 Te 碲	53 I 碘	54 Xe 氙
6	55 Cs 铯	56 Ba 钡	57~71 镧系	72 Hf 铪	73 Ta 钽	74 W 钨	75 Re 铼	76 Os 锇	77 Ir 铱	78 Pt 铂	79 Au 金	80 Hg 汞	81 Tl 铊	82 Pb 铅	83 Bi 铋	84 Po 钋	85 At 砹	86 Rn 氡
7	87 Fr 钫	88 Ra 镭	89~103 锕系	104 Rf 𬬻	105 Db 𬭊	106 Sg 𬭳	107 Bh 𬭛	108 Hs 𬭶	109 Mt 鿏	110 Ds 𫟼	111 Rg 𬬭	112 Cn 鿔	113 Nh 鿭	114 Fl 𫓧	115 Mc 镆	116 Lv 𫟷	117 Ts 鿬	118 Og 鿫

镧系	57 La 镧	58 Ce 铈	59 Pr 镨	60 Nd 钕	61 Pm 钷	62 Sm 钐	63 Eu 铕	64 Gd 钆	65 Tb 铽	66 Dy 镝	67 Ho 钬	68 Er 铒	69 Tm 铥	70 Yb 镱	71 Lu 镥
锕系	89 Ac 锕	90 Th 钍	91 Pa 镤	92 U 铀	93 Np 镎	94 Pu 钚	95 Am 镅	96 Cm 锔	97 Bk 锫	98 Cf 锎	99 Es 锿	100 Fm 镄	101 Md 钔	102 No 锘	103 Lr 铹

（1）亲石元素。包括碱金属、碱土金属及一些非金属元素。碱金属、碱土金属元素的电离势较低，离子半径较大，与 O、F、Cl 亲和力强，自然界主要为氧化物、含氧盐，特别是硅酸盐矿物，并主要集中在岩石圈中，也称为亲氧元素。亲石元素最外层具 8 个电子（ns^2np^6）或 2 个电子（$1s^2$）的电子构型，呈惰性气体型稳定结构，称为惰性气体型离子。

（2）亲硫元素。包括周期表中的 IB 族 Cu、Ag、Au，IIB 族：Zn、Cd、Hg，非变价亲硫元素 Ga、Ge、In、Sn、Tl、Pb 等以及 IIB 副族及其右邻的半金属元素。这些元素的电离势较高，离子半径较小，极化能力很强，与 S、Se、Te 亲和力强，通常与硫结合形成硫化物及其类似化合物和硫盐。亲硫元素外层具有 18 个电子（$ns^2np^6nd^{10}$）或（18+2）个电子（$ns^2np^6nd^{10}(n+1)s^2$）的离子，其电子构型与 Cu^+ 相似，称铜型离子。

（3）亲铁元素。包括周期表中位于惰性气体型离子和铜型离子之间的各副族元素。此类离子的最外层电子数为 9~17（$ns^2np^6nd^{1~8}$），具有 8~18 个电子的过渡型结构离子最外层，也称过渡金属型离子。其性质介于惰性气体型和铜型离子之间。最外层电子数接近 8 的亲氧性强，趋于形成氧化物和含氧盐；接近 18 的亲硫性强，易形成硫化物及类似化合物；居于中间位置的 Mn、Fe 具有明显两重性，受所处环境的氧化还原条件控制。亲铁元素在还原条件下与硫形成硫化物；当氧浓度高时与 O 结合成氧化物。

（4）亲气元素。原子最外层具有 8 个电子，化学活性较差，主要呈原子或分子状态集中在地球的大气圈中。以气态为主要存在状态的元素，形成易溶、易挥发的化合物。由于其具有较大的流动性，故有利于成矿元素的迁移富集。亲气元素包括 B、C、N、O、F、P、S、Cl、F、Br、I，常与金属元素形成络合物或络阴离子。

通常将构成生命有机体的主要元素称为生命元素，主要有 C、H、O、N、P、S、Cl、Ca、Mg、K、Na 等。

2.1.3 矿物的化学组成

自然界中独立矿物的化学组成遵守定比定律和倍比定律。定比定律是指矿物（化合物）的组成元素的质量都有一定的比例关系；倍比定律是指当有两种元素相互化合时，在生成的几种不同的化合物中，与一定量元素相化合的另一种元素的质量必互成简单的整数比。各元素总是按一定的质量比例相互化合，在矿物各元素间有一定化合比，矿物的化学组成有确定的化学式表示。通常把在晶格位置上的组分之间遵守定比定律及严格化合比的矿物称为化学计量矿物（stoichiometric mineral）。如石英的化学成分是 SiO_2。

在矿物中存在着类质同象替代，导致化学组成在一定范围变化。在晶体结构位置上成类质同象关系的各组分数量总和之间遵循定比定律，也可看作是化学计量矿物，如铁闪锌矿（Zn，Fe）S、橄榄石（Mg，Fe）$_2$[SiO_4] 等。

晶体内部存在的晶格缺陷导致化学组分偏离理想化合比，不遵循定比定律的矿物称为非化学计量矿物（non-stoichiometric mineral）。如 $Fe_{(1-x)}S$（磁黄铁矿）由于有部分 Fe^{3+} 存在使得铁原子数总是少于硫原子数，晶格产生阳离子空位，其中 x 取决于结构中 Fe^{3+} 离子数的多少。高温下 x 介于 $0\sim0.125$ 之间，其阳离子空位随机分布。自然界许多矿物的非化学计量性具有成因意义。

矿物的化学成分的具体表示方法有实验式和晶体化学式。实验式仅表示矿物中各组分的种类及其数量比，这种化学式不能反映出矿物中各组分之间的相互关系。晶体化学式既可表明矿物中各组分的种类及其数量比，又可反映出它们在晶格中的相互关系及其存在形式。

晶体化学式的表达方式：

（1）晶体化学式中阳离子在前，阴离子或络阴离子在后。络阴离子需用 [ ] 括起来，如方解石 Ca[CO_3]。

（2）对复化合物，阳离子按其碱性由强至弱、价态从低到高的顺序排列。

（3）附加阴离子通常写在阴离子或络阴离子之后。

（4）矿物中的水分子写在化学式的最末尾，并用圆点将其与其他组分隔开。

（5）互为类质同象替代的离子，用圆括号括起来，并按含量由多到少的顺序排列，中间用逗号分开。

如白云母的晶体化学式 $K\{Al_2[(Si_3Al)O_{10}](OH)_2\}$，[$(Si_3Al)O_{10}$] 表明 Al、Si 形成层状结构；Al_2 表示 Al 以六次配位的形式存在于八面体空隙中，K 为补偿由 Al^{3+} 替代 Si^{4+} 所引起的层间电荷而进入结构层间，此外白云母的组成中还有结构水。

矿物化学式是根据单矿物的化学全分析数据计算得出。单矿物的化学全分析结果，通常是以矿物各元素或氧化物的质量分数 w_B（%）给出，一般误差小于 1%，即各组分的质量分数之和应在 99%~101% 之间。对于硫化物、氧化物等成分简单的矿物化学式计算，只需要将各组分的质量分数 w_B（%）分别除以其相应的相对原子质量或相对分子质量，即可得到各组分的物质的量（原子数），然后再由组分物质的量比（原子数比率），获得晶体化学式。表 2-2 为某地黄铜矿的晶体化学式计算过程。在计算过程中要注意类质同象替代。

表 2-2 某矿床的黄铜矿晶体化学式计算

组分	质量/%	相对原子质量	组分物质的量（原子数）	组分物质的量比（原子数比率）	化学式
S	35.03	32.06	1.0926	2	
Fe	30.30	55.84	0.5425	1	$CuFeS_2$
Cu	34.54	63.55	0.5435	1	
合计	99.87				

以上计算步骤适用于矿物的阴离子基本不变的情况。

对于含氧盐、氧化物复杂矿物，矿物晶体化学式的计算方法较多，有阴离子法、阳离子法。阴离子法的理论基础是矿物单位分子内做紧密堆积，阴离子数是固定不变的，其晶格中基本不出现阴离子空位。该方法要求有矿物化学全分析数据及已知矿物的化学式。下面以单斜辉石矿物晶体化学式的计算为例，采用以单位分子中的氧原子数为基准的氧原子法，计算矿物晶体化学式。

（1）首先检查矿物的化学分析结果是否符合精度要求。表 2-3 中单斜辉石的各组分的百分含量总和（$\sum w_B\%$）为 99.82%（去除了吸附水 H_2O^-），符合化学式计算的精度要求。

表 2-3 某单斜辉石晶体化学式的氧原子计算法

组分	质量分数/%	相对分子质量	物质的量	氧原子数	阳离子数	以 $O_{fU}=6$ 为基准的阳离子数（i_{fU}）
SiO_2	52.25	60.08	0.8697	1.7394	0.8697	$Z=2\begin{cases}1.920\\0.11\ (0.08,\ 0.03)\end{cases}$
Al_2O_3	2.54	101.96	0.0249	0.0747	0.498	
TiO_2	0.72	79.90	0.0090	0.0180	0.0090	$Y=1.00\begin{cases}0.02\\0.05\\0.06\\0.02\\0.820\end{cases}$
Fe_2O_3	1.81	159.68	0.113	0.0339	0.226	
FeO	1.95	71.85	0.0271	0.0271	0.0271	
MnO	0.64	70.94	0.0090	0.0090	0.0090	
MgO	14.97	40.30	0.3715	0.3715	0.3715	
CaO	24.38	56.08	0.4347	0.4347	0.4347	$X=1\begin{cases}0.960\\0.040\end{cases}$
Na_2O	0.56	61.98	0.0090	0.0090	0.18	
H_2O^-	0.11					
合计/%	99.93					
去除 H_2O^- $\sum w_B/\%$	99.82	$\sum O=2.7173$ 换算系数$=O_{fU}/\sum O=6/2.7173=2.2081$ $\sum i_{fU}=4.00$，$\sum (+)=12.00$				

晶体化学式：$(Ca_{0.980}Na_{0.120})(Mg_{0.820}Fe_{0.060}Fe_{0.050}Al_{0.030}Ti_{0.020})[Al_{0.080}Si_{1.920}]O_6$

（2）查出各组分的相对分子质量。

（3）将各组分质量分数（$w_B/\%$）除以该组分的相对分子质量，求出各组分的物质的量。

（4）用各组分的物质的量乘以其各自的氧原子系数得到各组分的氧原子数。

（5）将各组分的氧原子数加起来即得矿物中各组分的氧原子数总和 $\sum O$ 。

（6）以矿物单位分子中的氧原子数 O_{fU} （如辉石的 $O_{fU}=6$ ）除以氧原子数总和 $\sum O$ ，得到换算系数（即 $O_{fU}/\sum O$ ）。

（7）用各组分的物质的量乘以其相应阳离子的系数，求得各组分的阳离子数。

（8）以各组分的阳离子数乘以换算系数，即得出矿物单位分子中的阳离子数（i_{fU}）。

（9）依据晶体化学理论及晶体结构知识，按矿物的化学通式，将矿物中各阳离子尽可能合理地分配到晶格中相应的位置上。

（10）按矿物的化学通式，检验矿物单位分子中的阳离子总数 $\sum i_{fU}$ 及正电荷总数 $\sum (+)$ 。

（11）写出矿物的晶体化学式。

如果某矿物阴离子可变而阳离子相对不变，则可采用以阳离子数为准的计算方法。阳离子法的理论基础是矿物内部某些晶格位置上的阳离子数目相对较固定。对于成分、结构复杂的链状、层状结构的硅酸盐矿物晶体化学式的计算较为适用。

2.1.4　影响矿物化学成分的因素

2.1.4.1　矿物中的水

水是很多矿物中的化学组成之一，也影响着矿物的许多性质。根据矿物中水的存在形式及其在晶体结构中的作用，可分为吸附水、结晶水和结构水三种基本类型，以及性质介于结晶水与吸附水之间的层间水和沸石水。

（1）吸附水。是呈中性水分子 H_2O 状态存在于矿物中的水。吸附水不直接参与组成矿物的晶体结构，不属于矿物的化学成分，不写入化学式。水胶凝体中的胶体水是吸附水的一种特殊类型，它是胶体矿物本身固有特征，作为重要组分列入矿物的化学式，其含量不固定，如蛋白石的化学式是 $SiO_2 \cdot nH_2O$ 。

（2）结晶水。是以数量固定的中性水分子 H_2O 形式存在、在晶体结构中占有固定位置的水。结晶水从矿物中脱出，通常需要 $100 \sim 200℃$ 的温度，结合最牢固的要加温至 $600℃$ 水才逸出。当矿物脱出结晶水后，晶体的结构被破坏，重建为新的晶格。如石膏 $CaSO_4 \cdot 2H_2O$ 中，结晶水 H_2O 与 Ca^{2+} 形成水合分子，与 $[SO_4]^{2-}$ 结合，结构比较牢固。石膏脱水后（$105 \sim 180℃$）形成硬石膏。结晶水多出现在具有大半径络阴离子的含氧盐矿物中。

（3）结构水。是呈 H^+、$(OH)^-$ 或 $(H_3O)^+$ 等离子状态存在于矿物晶格中的水。结构水在晶格中占有固定的位置，在含量上有确定的比例，在晶格中靠较强的键力联系着（图2-2），要在较高温（约 $600 \sim 1000℃$）作用下，晶格遭到破坏时水才会逸出。如在高岭石 $Al_4[Si_4O_{10}](H_2O)_8$ 和水云母 $(K, H_3O)Al_2[AlSi_3O_{10}](OH)_2$ 中都含有结构水。

（4）沸石水。是存在于沸石族矿物晶格中的大空腔或通道中的中性水分子，其性质介于结晶水与吸附水之间（图2-3）。其特点是在加热至 $80 \sim 400℃$ 时，水会大量逸出；脱水后的沸石又可重新吸水。水的含量有确定的上下限范围，在此范围内水的逸出和吸入不破坏晶格，只引起矿物物理性质的变化。

（5）层间水。存在于层状构造硅酸盐结构层之间的中性水分子，其性质介于结晶水与吸附水之间。层间水的数量受阳离子种类、温度及湿度变化的影响。加热至110℃时，水大量逸出，在潮湿环境可重新吸水。水含量的改变不破坏晶体结构，影响结构层间距，即晶轴 c_0 大小、密度、折光率等矿物物理性质，影响金属阳离子的数量和种类。（图2-4）。

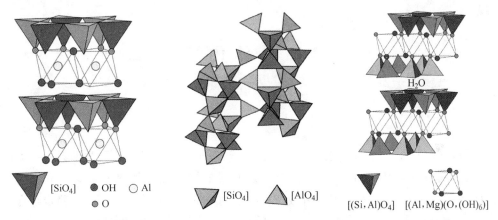

| $[SiO_4]$　●OH　○Al　●O | $[SiO_4]$　$[AlO_4]$ | $[(Si,Al)O_4]$　$[(Al,Mg)(O,(OH)_6)]$ |

图2-2　高岭石中的结构水　　图2-3　沸石结构中的沸石水　　图2-4　蒙脱石结构中的层间水

2.1.4.2　胶体矿物

胶体是一种或多种物质的微粒（粒径一般介于 1~100nm 之间）分散在另一种物质之中形成的不均匀的细分散系。

胶体的性质：

（1）胶体质点带有电荷，正胶体有 Zr、Ti、Th、Ce、Cr、Al、Fe^{3+} 的氢氧化物等，负胶体有 H_2SiO_3，As、Sb、Cd、Cu、Pb 的氢氧化物，Mn^{4+}、U^{6+}、V^{5+}、Sn^{4+}、Mo^{5+}、W^{5+} 氢氧化物等。在硅酸盐矿物中存在 Al^{3+} 代替 Si^{4+}，有 Mg^{2+}、Fe^{2+} 被 Al^{3+}、Fe^{3+} 等代替使胶核带有负电荷。

（2）胶体对介质中离子的吸附具有选择性，胶体对离子的选择性还表现为被吸附离子之间的交换。金属阳离子置换能力按下列顺序递减：H>Al>Ba>Sr>Ca>Mg>NH₄>K>Na>Li。

（3）胶体微粒具有巨大的表面能。胶体的吸附就是一个降低表面能的过程。

胶体矿物是指由以水为分散媒、以固相为分散相的水胶凝体形成的非晶质或超显微（纳米-微米级）的隐晶质矿物。胶体矿物是含吸附水的纳微米多晶矿物。由于胶体的特殊性质，决定了胶体矿物的化学成分具有可变性和复杂性的特点。首先，胶体矿物的分散相与分散媒的量比不固定，即其含水量是可变的。其次，胶体微粒表面具有很强的吸附性，致使胶体矿物可吸附介质中的杂质离子和其他成分，其吸附量有时相当可观，甚至可富集形成有工业价值的矿床。例如，MnO_2 负胶体可以吸附 Li、K、Ba、Cu、Pb、Zn、Co、Ni 等 40 余种元素的离子，其中 Co、Ni、Pb、Zn 等有时可达工业品位，可以开采。胶体矿物的化学成分复杂且变化大。

2.1.4.3　黏土矿物

黏土矿物是指颗粒细小（≤2μm）具有层状结构的硅酸盐矿物。主要包括高岭石族、伊利石族、蒙脱石族、蛭石族以及海泡石族等矿物。黏土矿物的化学成分主要是含铝、镁等为主的含水硅酸盐矿物。黏土矿物的粒度细小，在电子显微镜下观察黏土矿物是一种微小的晶体。多数黏土矿物呈鳞片状。研究发现，黏土矿物晶体中存在一种缺陷结构，可保存相当多的信息，从而决定晶体生长的取向和构型。黏土矿物具有较大吸附性、离子交换性能，矿物化学成分比较复杂。在我国西南地区微细浸染型金矿床中的金有被黏土矿物吸附的现象。

2.2　晶　体　化　学

2.2.1　元素电化学性质

2.2.1.1　电离能

原子是物质的最小组成单位，由质子、中子和电子构成。具有相同质子数的一类原子称为元素。同一元素因中子数的不同构成该元素的同位素。如氧有 3 种同位素：$^{16}_{8}O$、$^{17}_{8}O$、$^{18}_{8}O$。所有已知的元素都具有 2 种或 2 种以上的同位素，只有一种同位素稳定存在于大自然中，其他则不稳定。一个原子失去或获得电子形成离子的作用称为离子化作用。最外层的电子是最易于失去的电子，称为价电子。得到电子带有负电荷的为阴离子，失去电子而带有正荷的为阳离子。一种元素可能有一种电价，也可有多种电价。如锰有 Mn^{2+}、Mn^{3+}、Mn^{4+}、Mn^{7+} 等。

电离能是指基态原子失去电子所需要的能量（用符号 I 表示。单位为 kJ/mol）。处于基态的原子失去一个电子生成 +1 价的阳离子所需要的能量称为第一电离能（I_{e_1}），由 +1 价阳离子再失去一个电子形成 +2 价阳离子时所需能量称为元素的第二电离能（I_{e_2}）。第三、四电离能依此类推，且一般地 $I_{e_1} < I_{e_2} < I_{e_3}\cdots$。原子失去电子必须消耗能量克服原子核对外层电子的引力，电离能总为正值。电离能越大，原子越难失去电子，其还原性越弱。元素的电离能受电子构型影响较大。金的第一电离能为 9.22eV，比同族银（Ag，7.57eV）和铜（Cu，7.72eV）都大，三者相比金的活动性最差，不容易失去电子成为离子，在自然界中多看到是金的单质。

2.2.1.2　电子亲和能

一个基态原子得到一个电子形成负一价离子所放出的能量称为第一电子亲和能（以 E_{a_1} 表示，单位为电子伏特），依次也有 E_{a_2}、E_{a_3} 等。电子亲和能越大，表明该原子越易于和电子结合成阴离子；反之，电子亲和能越小，该原子的金属性越强。电子亲和能很小或为负值的元素倾向于形成阳离子。元素氟的电子构型为 $1s^2 2s^2 2p^5$，元素氯的电子构型为 $1s^2 2s^2 2p^6 3p^5$，每个原子要充满它的 2p 或 3p 壳层都需要一个电子，F、Cl 对这一电子有很大的引力，具有较大的电子亲和能，形成一价阴离子。

2.2.1.3　电负性

电负性表示原子在分子中对成键电子的吸引能力。任一原子失去电子的能力由它的电离能衡量，而获得电子能可依它的电子亲和能来衡量。某元素的电负性值（以符号 ΔX 表示）是该元素电离能（I_e）与电子亲和能（E_a）之和。元素电负性数值越大，原子在形成化学键时对成键电子的吸引力越强。电子由原子 A 转移到原子 B 的条件是：ΔX_B 电负性>ΔX_A 电负性，即 B 原子的亲和能与电离能之和大于 A 原子电离能与亲和能之和。总的化学反应是向着减少整个体系的内能，使体系趋向于稳定。

一般认为，非金属元素的电负性大于 1.8，金属元素的电负性小于 1.8，电负性在 1.8 左右的元素既有金属性又有非金属性。电负性相同的非金属元素化合形成化合物时，形成非极性共价键，其分子都是非极性分子；电负性差值小于 1.7 的两种元素的原子之间形成极性共价键，相应的化合物是共价化合物；电负性差值大于 1.7 的两种元素化合时，形成离子键，相应的化合物为离子化合物。

2.2.1.4 离子极化

当离子中本已重合的正负电荷中心被分开时，会产生正和负两个极（偶极化），对异电荷离子产生新的作用力，使阴阳离子更为靠近，将原来的电子的是关系变为接近共用关系，导致键型的过渡和转化。离子使异号离子极化而变形的作用称为该离子的"极化作用"；被异号离子极化而发生离子电子云变形的性能称为该离子的"变形性"。阳离子具有多余的正电荷，半径较小，对相邻的阴离子的诱导作用显著，极化作用占主要地位；阴离子半径较大，在外层上有较多的电子，易被诱导产生诱导偶极，变形性占主要地位。

离子极化后，离子键向共价键过渡，使矿物结构中化学键的特征不再作用于各个方向，而是具有一定的方向性和饱和性，具有共价键性质。离子极化对矿物的溶解度有较大的影响，极化作用弱的离子型化合物如石盐或钾盐（KCl）易溶于水，角银矿（AgCl）难溶于水，溶解度为 1.54×10^{-4}g/100gH$_2$O。Ag$^+$ 是 18 电子构型，极化力强，Cl$^-$ 的极化作用变形也强。碘化银（AgI）是共价化合物，溶解度为 2.5×10^{-7}g/100g H$_2$O。对于氟化银（AgF），Ag$^+$ 与 F$^-$ 之间极化作用极弱，溶解度增加到 135g/100gH$_2$O。氟化银溶解度大，在自然界看不到 AgF 矿物的存在。Cl$^-$ 离子半径比 F$^-$ 离子半径大 0.054nm，比 I$^-$ 离子半径小 0.039nm。尽管差别很小，由于极化作用，使键型发生过渡和转化，溶解度相差千倍或百万倍。

离子极化作用对于硫化物矿物形成和富集起到重要作用。Hg$^+$、Ag$^+$、Pb^{2+}、Zn^{2+} 等离子极化力强，变形性大的 S^{2-} 离子的极化作用强烈，这些硫化物较难溶于水，易于从热液中析出。具有 18 或 18+2 电子构型的离子，其极化作用更强，形成的硫化物溶解度更小。离子极化使化合物的颜色从无色向有色，由浅色向深色变化。

2.2.2 化学键与晶格类型

化合物或单质的形成是一个化学键合过程。把两原子结合起来的作用力称为化学键。在一种晶体结构中，当某种键性占主导地位时，把它归属为相应的某种晶格类型。

2.2.2.1 离子键与离子晶格

离子键是由原子得失电子形成的阳离子和阴离子之间通过静电引力作用所形成的化学键。离子键的作用力强，无饱和性和方向性。在离子晶格中，一个离子可以同时与若干异号离子相结合。离子键的作用力比较强。离子晶体具有透明到半透明，不良导体，熔化后导电，硬度和熔点变化范围较大等特点。

2.2.2.2 共价键与原子晶格

共价键是两个原子通过共用电子对形成的化学键。共用电子对使两原子核间的电子云密度增大，增加对两核的吸引力。共价键作用力强，具有饱和性和方向性。原子晶格由电负性接近或较大的同一种元素或不同元素遵守定比、倍比定律结合而成。晶格中原子间排列方式主要受键的取向控制，一般不形成最紧密堆积结构，配位数较低。原子晶格的晶体具硬度高、熔点高、不导电、透明至半透明、玻璃-金刚光泽等物理性质。如金刚石（C）。

2.2.2.3 金属键与金属晶格

金属键是原属于各原子的价电子不再束缚在个别原子上，作为自由电子弥漫在整个晶格中而形成的。这些共用自由电子把多个原子结合起来。运动着的自由电子在某一瞬间属于某一原子而另一瞬间属于另一原子。在任一瞬间，晶体中原子、阳离子、自由电子共存。原子电离能越小自由电子密度越大，原子间的引力越强，金属键强度越大。金属键没有方向性和饱和性，形成等大球最紧密堆积，具较高配位数。金属晶格的晶体为良导体、不透明、高反射率、金属光泽，具高密度和延展性，硬度一般较低。

2.2.2.4 分子键与分子晶格

分子键（亦称范德华键）是由于分子电荷分布不均匀使分子形成偶极，在分子间形成的作用力。分子间的作用力有：极性分子偶极间互相吸引的取向力；非极性分子在极性分子偶极矩电场诱导下产生的诱导力；分子具有瞬间的周期变化的偶极矩所伴有的同步电场，使邻近分子极化并使其瞬变偶极矩的变化幅度增加的色散力。分子键中普遍存在和占主要地位的是色散力。分子键无饱和性与方向性，分子的形状虽然不一定是球形的，但一定趋于最紧密堆积结构。在矿物分子晶格中，分子内部通常以共价键结合，分子间以分子键结合。分子键的作用力很弱，分子晶格的晶体一般熔点低、可压缩性大、热膨胀率大、导热率小、硬度低、透明、不导电。

2.2.2.5 氢键与氢键晶格

氢键是氢原子与电负性较大的 X 原子（F、O、N）以共价键结合后，共用电子对强烈偏向 X 原子，使氢核还能吸引另一个电负性较大的 Y 原子（F、O、N）中的独对电子云从而形成氢键。结合形式为 X—H…Y（X，Y 通常为 O、N、F 等）。氢键性质介于共价键与分子键之间。氢键具有方向性和饱和性。冰和草酸铵石（$(NH_4)_2C_2O_4 \cdot H_2O$）等少数矿物为氢键。含氢键的矿物有一些氢氧化物、含水化合物、层状结构硅酸盐矿物等。分子间形成氢键会使物质的熔点、沸点增高；熔化热、汽化热、表明张力、黏度增大；分子内形成氢键会使物质熔点、沸点降低。含氢键晶格的晶体具有配位数低、熔点低、密度小的特征。

在矿物晶格中能够明确划分出包含 2 种或 2 种以上的化学键称为多键型晶格。如方解石 $Ca(CO_3)$ 晶体结构中，C—O 以共价键结合成 $(CO_3)^{2-}$，$(CO_3)^{2-}$ 与 Ca^{2+} 以离子键联结。方解石为多键型晶格。不同晶格类型的性质差异见表 2-4。

表 2-4　不同晶格类型对比

特点	晶 格 类 型			
	离子晶格	原子晶格	金属晶格	分子晶格
组成晶格的元素	电负性很低的金属元素和电负性很高的非金属元素结合而成	由电负性都较高的元素结合而成	由电负性都较低的元素结合而成	一般由电负性高的元素以共价键组成分子，再构成晶格
结构单位间结合力的特点	正负电子间静电引力（离子键）结合而成。结合力取决于离子半径和电价，一般较强	由共价键结合而成，一般很强	由自由电子联结（金属键），具中等强度	由分子间联结，一般很弱
结构特点	离子一般呈球形，正负离子相间分布，排列尽量紧密	共价键具有方向性和饱和性，原子只能在一定方向结合，排列不紧密	等大球体最紧密堆积	分子呈不呈球形，作非球体最紧密堆积方式排列
光学性质	透明、玻璃光泽	透明，金刚光泽	不透明，金属光泽	透明至半透明
力学性质	硬度中~高，脆性	硬度很高、脆性	硬度低~中等，延展性	硬度很低
溶解度	在极性溶剂（水）溶解度较大	不溶于水	不溶于水	溶于用机溶剂，不溶于水
电学性质	不良导体	不良导体	良导体	不良导体
典型矿物	石盐 NaCl、萤石 CaF_2、方解石 $CaCO_3$	金刚石 C	自然金 Au、自然铜 Cu、自然铂 Pt	自然硫 S、雄黄 As_4S_4

2.2.3　配位多面体与配位数

（1）最紧密堆积。在矿物晶体结构中的原子或离子可看作为等大球最紧密堆积。堆积可以是 ABAB…两层重复，ABCABC…三层重复，四层重复（如 ABAC、ABAC…），五层重复（如 ABABC、ABABC…）等堆积方式。从数学上分析，这种堆积的重复方式是无穷多的，可以证明，最基本、最常见的两种堆积方式是立方最紧密堆积和六方最紧密堆积，其他堆积都可看成是这两种基本形式的组合。一种是球在空间的分布与六方原始格子相对应，这种堆积方式称为六方最紧密堆积（图 2-5）；另一种是球在空间分布规律与立方面心格子一致，这种堆积方式称为立方最紧密堆积（图 2-6）。

在等大球最紧密堆积中球体之间仍然存在着空隙，空隙占整个堆积空间的 25.95%。空隙有两种：一种是由 4 个球围成的空隙，将这 4 个球的中心联结起来可以构成一个四面体，称为四面体空隙；另一种空隙是由 6 个球围成的，其中 3 个球在下层，3 个球在上层，上下层球错开 60°，将这 6 个球的中心联结起来可以构成一个八面体，称为八面体空隙。在六方和立方最紧密堆积中，可以计算得出：n 个球作最紧密堆积形成的八面体空隙数为 n 个，四面体空隙数为 $2n$ 个。

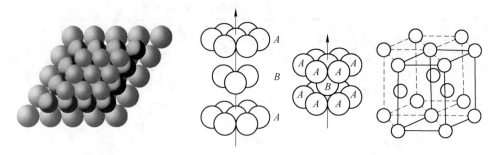

图 2-5　六方最紧密堆积

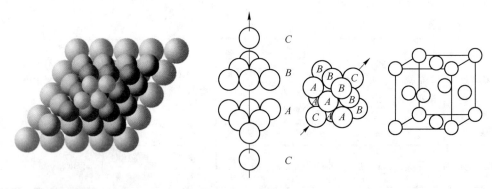

图 2-6　立方最紧密堆积

（2）配位数和配位多面体。在晶体结构中，原子和离子是按照一定的方式与周围的原子和离子相接触。每个原子或离子周围最邻近的原子或异号离子的数目称为该原子或离子的配位数（CN）。在晶体结构中，以一个原子或离子为中心与之成配位关系的周围原子或阴离子联结起来获得的多面体称为配位多面体。配位多面体有多种形式，晶体结构可看成是由配位多面体联结而成的一种结构体系。影响配位数的因素主要有化学键、原子半径、堆积紧密程度等。对于离子晶体来说，阳离子半径 r_c 和阴离子半径 r_a 的比值决定了配位体形式和配位数（表 2-5）。

表 2-5　配位数与配位多面体

半径比值 r_c/r_a	配位数（CN）	配位多面体	配位多面体形状	矿物实例
≤0.155	2	哑铃形		二氧化碳 $[CO_2]^{2-}$，在对硫中 S—S 107.8°
0.155~0.225	3	三角形		方解石中 $[CO_3^{2-}]$
0.255~0.414	4	四面体		硅酸盐中 $[SiO_4]$

续表 2-5

半径比值 r_c/r_a	配位数（CN）	配位多面体	配位多面体形状	矿物实例
0.414～0.732	6	八面体		萤石 CaF_2
0.732～1	8	立方体		自然铜 Cu
1	10 12	立方八面体		

（3）在离子晶格中，配位多面体形态与联结方式遵循鲍林法则。

【法则 2-1】 围绕每个阳离子形成一个阴离子配位体，阴、阳离子的间距取决于它们的半径之和，阳离子的配位数取决于它们的半径之比。

【法则 2-2】 一个稳定的晶体结构中，从所有相邻接的阳离子到达一个阴离子的静电键之总强度等于阴离子的电荷。

【法则 2-3】 在配位结构中，两个阴离子多面体以共棱特别是共面的方式存在时，结构的稳定性便降低（图 2-7）。对于高电价、低配位数的阳离子来说，这个效应尤为明显。

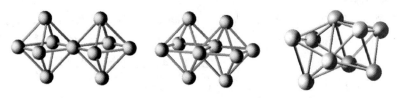

图 2-7 配位多面体联结方式（共角顶、共棱、共面联结）

【法则 2-4】 在含有多种阳离子的晶体结构中，电价高、配位数低的阳离子倾向于相互不共用其配位多面体的几何要素。

【法则 2-5】 在晶体结构中，本质不同的结构组元的种数，倾向于最小限度。本质不同的结构组元的种类是指晶体化学性质上差别很大的结构位置和配位位置。这条法则意味着若阴离子在晶体结构中具有相似的晶体化学环境，按电价规则可允许在阴离子周围有若干种安排阳离子方式。但按第 5 条法则，其中可以实现的只趋向于一种方式，且阳离子仅以这一种方式的配置关系贯穿于整个晶体结构中。

2.3 晶体结构类型

晶体结构是指晶体中实际质点（原子、离子或分子）的具体排列情况。晶体以其内部原子、离子、分子在空间作三维周期性的规则排列为其最基本的结构特征。任一晶体总可找到一套与三维周期性对应的基向量及与之相应的晶胞。可以将晶体结构看作是由内含相同的具平行六面体形状的晶胞，按前后、左右、上下方向彼此相邻并置组成的一个集合。

晶体结构参数有晶系与晶胞参数、空间格子类型，晶胞中的分子数（Z）、原子或离子的配位数（CN）及其连接方式，原子或离子的坐标，化学键等。

在单位晶胞中所含有的相当于化学式的"分子数"称为 Z 数。实际上可以理解为一个晶胞由多少个原子、离子或分子组成。对于结构简单的晶胞 Z 数可以直观计算出来。如石盐（NaCl）晶胞中，分布在立方面心格子的 8 个角顶上的 Cl 属于该晶胞，为 $1/8×8=1$，在面心分布 6 个 Cl 属于该晶胞，为 $1/2×6=3$，故有 4 个 Cl 离子。采用 Na^+ 计算也得 4，表明在单位晶胞中存在着 4 个 Na^+ 和 4 个 Cl^-，即在 NaCl 单位晶胞中存在 4 个 NaCl 分子。

不同的矿物晶胞的 Z 数是不同。水镁石 $Mg[OH]_2$ 的 Mg^{2+} 分布在空间格子的角顶上，为原始格子，$Z=1/8×8=1$，即在单位晶胞内有一个 $Mg[OH]_2$ 分子。$a_0=b_0=0.3148$，$c_0=0.4769nm$；$\alpha=\beta=90°$，$\gamma=120°$，六方晶系，$Mg[OH]_2$ 呈八面体成层状排列。

不同晶体的结构，若其对应质点的排列方式相同，则称它们的结构是等型结构。在等型结构中，常以其中的某一种晶体为代表命名这一结构，称为典型结构（typic structure）。如石盐（NaCl）、方铅矿（PbS）、方镁石（MgO）等晶体的结构等型，以其中的 NaCl 晶体作为代表，命名为 NaCl 型结构，即 NaCl 型结构为一典型结构，而方铅矿、方镁石等晶体具"NaCl 型"结构。

2.3.1 原子型晶体结构

由自然元素构成的晶体结构，有自然铜型（Cu）、金刚石型（C）、石墨型（C）、自然硫型（S）等结构。

（1）自然铜型结构。等轴晶系，空间群为 $O_h^5 - Fm3m$（$3L^44L^36L^29PC$）。立方面心格子（图 2-8）。原子占据立方体的角顶和面心。呈立方最紧密堆积，配位数 $CN=12$。$Z=4$。具有金属键。具有铜型结构的矿物有自然金、自然银、自然铁、自然铂等。

（2）金刚石型结构。等轴晶系，空间群为 $O_h^7 - Fd3m$（$3L^44L^36L^29PC$）。立方面心格子（图 2-9）。原子分布在立方体的角顶和面心外，在将立方体分成 8 个小立方体，在相间排列的小立方体中心还存在一个原子，形成四面体配位。$CN=4$。$Z=8$。化学键为共价键。

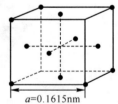

$a=0.1615nm$

图 2-8 自然铜型结构

（3）石墨型结构。六方晶系，空间群为 $D_{6h}^4-P6_3/mmm$（L^66L^27PC），典型的层状结构（图 2-10），原子成层排列，每个原子（C）与相邻的原子（C）之间等距相连，每一层中的原子按六方环状排列，上下相邻层的六方环通过平行网面方向相互位移后再叠置形成层状结构，位移的方位和距离不同就导致不同的多型结构。石墨结构中层内 C 原子的配位数

$CN=3$。$Z=6$。上下两层的碳原子之间距离比同一层内的碳之间的距离大得多。层内 C—C 间距 = 0.142nm，层间 C—C 间距 = 0.340nm。层内为共价键。有金属键存在，层间为分子键。

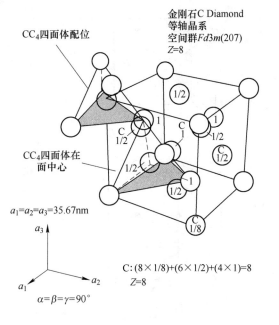

CC₄四面体配位

金刚石C Diamond
等轴晶系
空间群$Fd3m$(207)
$Z=8$

CC₄四面体在面中心

$a_1=a_2=a_3=35.67nm$

C: $(8×1/8)+(6×1/2)+(4×1)=8$
$Z=8$

$\alpha=\beta=\gamma=90°$

图 2-9　金刚石型结构

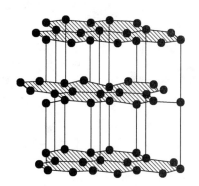

图 2-10　石墨晶体结构

2.3.2　AX 型晶体结构

AX 型离子晶体是一种阴离子与一种阳离子结合的化合物。有氯化钠型（NaCl）、氯化铯（CsCl）、闪锌矿型（ZnS）、纤锌矿型（ZnS）、氧化镁型（MgO）结构。特征是阴离子做紧密堆积，阳离子充填其空隙中。

（1）氯化钠型结构。等轴晶系，空间群为 $F-m3m$（$3L^44L^36L^29PC$）。立方面心格子（图 2-11（a））。阴离子 Cl^- 分布在立方体的角顶和面心位置，阳离子 Na^+ 分布在立方体的棱中点位置。从 Na^+ 作为相当点可划分出立方面心格子。如以 Cl^- 为相当点也可划出立方面心格子。从最紧密堆积分析，Cl^- 呈立方最紧密堆积，Na^+ 充填八面体空隙。化学键为离子键。配位数 $CN=6$，$Z=4$。

（2）氯化铯型结构。等轴晶系，空间群 O_h^5-Fm3m（$3L^44L^36L^29PC$）。立方面心格子（图 2-11（b））。阴离子（Cl^-）作最紧密堆积，阳离子（Cs^+）充填立方体空隙。化学键为离子键。配位数 $CN=8$，$Z=8$。

（3）闪锌矿型结构。等轴晶系，空间群 $T_d^2-F\bar{4}3m$（$3L_i^44L^36P$）。立方面心格子（图 2-11（c））。阴离子（S^{2-}）分布在立方体的角顶和面心。将立方体划分为把 8 个小立方体，阳离子（Zn^{2+}）则分布在立方体内的 4 个小立方体内。从最紧密堆积原理分析，S^{2-} 呈立方紧密堆积；Zn^{2-} 分布在立方体内占据一半四面体空隙。配位数 $CN=4$，$Z=4$。化学键为离子键、共价键。

（4）纤锌矿型结构。六方晶系，空间群 C_{6v}^4-$P6_3mc$（L^66P）。S^{2-} 在垂直 L^6 方向上成六方网层，沿 L^6 方向呈六方紧密堆积（图 2-11（d））。Zn^{2+} 占据一半的四面体空隙，配位数 $CN=4$，化学键为离子键、分子键。

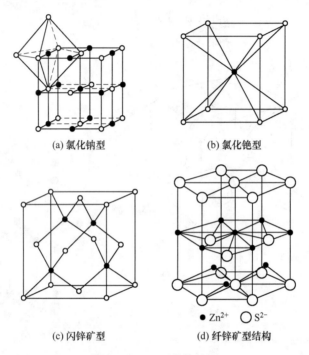

(a) 氯化钠型　　　　　　　(b) 氯化铯型

● Zn^{2+}　○ S^{2-}

(c) 闪锌矿型　　　　　　　(d) 纤锌矿型结构

图 2-11　AX 型晶体结构

AX 型结构在硫化物、氧化物、卤化物矿物中具有典型意义。大多数 AX 型的氧化物、硫化物具有氯化钠型结构（表 2-6）。

表 2-6　AX 型硫化物、氧化物、卤化物矿物的晶体结构

矿物	结　　构				
	氯化钠型	氯化铯型	闪锌矿型	纤锌矿型	砷化镍型
硫化物	SnS、BaS、MnS、PbS		ZnS、HgS、CdS	MnS	FeS、CoS、NiS
氧化物	MgO、CaO、BaO		BeO	ZnO	
卤化物	NaCl、LiF、LiCl、LiBr、NaF、NaBr、KF、KCl、AgCl、AgF、AgBr	CsCl、CsBr、CsI、CaCl、RbCl	CuF、CuCl、CuBr、CuI、AgI		

2.3.3　AX_2 型晶体结构

AX_2 型离子晶体结构有萤石型（CaF_2）、金红石型（TiO_2）、β-方石英型（SiO_2）。它

们共同特点是阴离子作紧密堆积，阳离子充填在空隙中。可根据阳阴离子半径比值判断 AX_2 结构。$R^+/R^- > 0.732$ 为萤石型结构；R^+/R^- 在 $0.732 \sim 0.414$ 为金红石型结构；$R^+/R^- < 0.414$ 为 β-石英型结构。

（1）萤石型结构。等轴晶系，空间群 $O_h^5 - Fm3m$。阳离子（Ca^{2+}）分布在立方晶胞的角顶和面心，将立方晶胞划分 8 个小立方体，阴离子（F^-）分布在 8 个立方体中心位置（图 2-12）。也可看作钙离子作立方最紧密堆积，氟离子占据所有四面体空间。钙离子的配位数为 8，氟离子配位数为 4。$Z = 4$。反萤石型结构，即阴阳离子在晶胞中的位置与萤石结构相反，阳离子配位数为 8，阴离子配位数为 4。

（2）金红石型结构。四方晶系，空间群 $D_{4h}^{14} - P4_2/mnm$，对称型 $L^4 4L^2 5PC$。在金红石的晶体结构中，阳离子（Ti^{4+}）位于单位晶胞的角顶和体心，位于晶胞角顶上的一套 Ti^{4+} 组成一套四方原始格子，而位于体心的另一套 Ti^{4+} 组成另一套四方原始格子（图 2-13）。金红石的空间格子就是原始格子而不是体心格子。O^{2-} 呈近似于六方最紧密堆积，O^{2-} 位于以 Ti^{4+} 为角顶组成的平面三角形的中心，配位数（CN）$= 3$。Ti^{4+} 位于八面体空隙中，配位数 $CN = 6$；[TiO_6] 八面体以上下共棱的方式沿 c 轴联结成链，链间八面体共角顶相连。$Z = 2$。

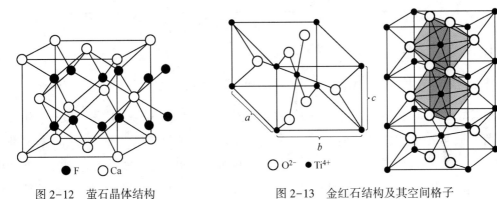

● F　○ Ca

图 2-12　萤石晶体结构

○ O^{2-}　● Ti^{4+}

图 2-13　金红石结构及其空间格子

（3）β-方石英型结构（SiO_2）。等轴晶系，空间群 $O_h^6 - Fm3m$，晶体结构基础是 [SiO_4]，四面体的 4 个角顶相连成立方格架（图 2-14）。Si 在立方晶胞中的位置类似于金刚石结构中的 C 的位置，每个 Si 被 4 个位于四面体顶点上的 O 包围，O 为排列在径向相对的两个硅近邻位置。硅的配位数 $CN = 4$，氧的配位数 $CN = 2$。$Z = 4$。

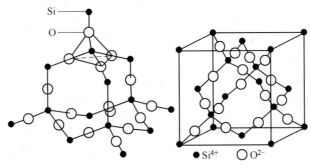

● Si^{4+}　○ O^{2-}

图 2-14　β-方石英型结构

大多数 AX_2 型的氟化物、氧化物属于萤石型或金红石型结构（表 2-7），仅有少数者属于 β-方石英型结构。有许多的氧化物、硫化物、硒化物、碲化物具有反萤石型结构。该类型的矿物受离子极化影响发生型变。

表 2-7 AX_2 型氧化物、氯化物矿物的结构类型

矿物	结构		
	萤石型（$R^+/R^- \approx 0.732$）	金红石型（$R^+/R^- = 0.732 \sim 0.414$）	β-方石英型（$R^+/R^- < 0.414$）
氧化物	CeO_2 (0.72)、ThO_2 (0.68)、UO_2 (0.64)、ZrO_2 (0.57)	PbO_2 (0.60)、SnO_2 (0.51)、TiO_2 (0.49)、WO_2 (0.47)、CrO_2 (0.40)、MnO_2 (0.39)	GeO_2 (0.38)、SiO_2 (0.29)
卤化物	BaF_2 (0.99)、PbF_2 (0.88)、SrF_2 (0.83)、CaF_2 (0.73)	MnF_2 (0.59)、PdF_2 (0.59)、ZnF_2 (0.54)、CoF_2 (0.53)、NiF_2 (0.51)、MgF_2 (0.51)	BeF_2 (0.23)

2.3.4 A_2X_3 型晶体结构

常见的是刚玉型结构（Al_2O_3），有些结构可以由此衍生而成，如 Fe_2O_3 结构。

刚玉型结构属三方晶系，空间群 D_{3d}^6-$R\bar{3}c$，对称型（$L_i^3 3L_2 3P$）。O^{2-} 沿垂直三次轴方向上成六方最紧密堆积，Al^{3+} 在两 O^{2-} 层之间，充填八面体空隙（2/3）。八面体在平行 {0001} 方向上共棱成层。在平行 c 轴方向上，共面联结构成 2 个实心的 [AlO_6] 八面体和一空心由 O^{2-} 围成的八面体相间排列的柱体。[AlO_6] 八面体成对沿 c 轴呈三次螺旋对称（图 2-15）。Al 为 6 次配位，O 为 4 次配位。由于 Al—O 键具离子键向共价键过渡的性质，从而使刚玉具共价键化合物的特征。

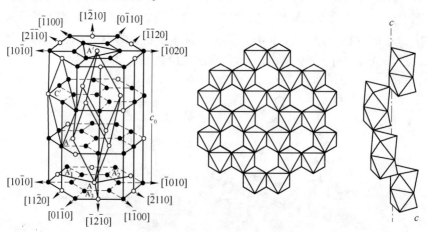

图 2-15 刚玉型结构示意图

2.3.5　ABX₃型晶体结构

在这类矿物晶体结构中 A、B 都为阳离子。典型结构为钙钛矿（CaTiO₃）、方解石（CaCO₃）。

（1）钙钛矿型结构。等轴晶系，空间群 O_h-$Pm3m$。由 O 离子和半径较大的 A 组阳离子共同组成立方最紧密堆积，而半径较小的 B 组阳离子则填于 1/4 的八面体空隙中。在钙钛矿矿晶体结构中，钛离子位于立方晶胞的中心，为 12 个氧离子包围成配位立方八面体，配位数为 12；钙离子位于立方晶胞的角顶，为 6 个氧离子围成配位八面体（图 2-16），配位数为 6。$Z=1$。在 600℃以下转变为斜方晶系，空间群 $Pcmm$，$Z=4$。

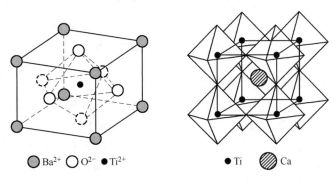

○ Ba²⁺　○ O²⁻　● Ti²⁺　　　　● Ti　　◍ Ca

图 2-16　钙钛矿型晶体结构示意图

（2）方解石型结构。三方晶系，空间群 D_{3d}^6-$R\bar{3}c$（$L_i^3 3L^2 3P$），菱面体晶胞。可以视为 NaCl 型结构的衍生结构。将立方面心格子结构沿某个三次对称轴压扁后成菱面体晶胞。Ca²⁺分布在菱面体格子的角顶，[CO₃]²⁻平面三角形垂直某三次轴成层排列（图 2-17）。Ca²⁺和 [CO₃]²⁻都按最紧密堆积的规律排列。Ca²⁺与 O²⁻的配位数为 6。$a_{rh}=0.637$nm，$\alpha=46°11'$，$Z=2$。

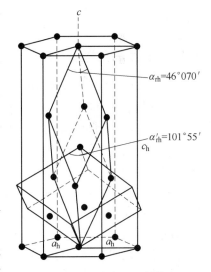

图 2-17　方解石型结构

2.3.6　AB₂X₄型晶体结构

尖晶石型结构等轴晶系，空间群 O_h^7-$Fd3m$（$3L^4 4L^3 6L^2 9PC$）；立方面心格子。O²⁻呈立方紧密堆积，单位晶胞中有 64 个四面体空隙（A 的可能位置）和 32 个八面体空隙（B 的可能位置）。只有 8 个四面体空隙和 16 个八面体空隙被占据。整个结构可视为 [AO₄] 四面体和 [BO₆] 八面体连接而成（图 2-18）。

在单位晶胞中 8 个 A 组二价阳离子占据四面体位置，16 个 B 组三价阳离子占据八面体位置（[] 内为八面体配位，下同）为正尖晶石型。如铬铁矿 Fe[Cr₂]O₄；在单位晶胞中 1/2 的 B 组三价阳离子（8 个）占据四面体空隙；1/2 的 B 组三价阳离子（8 个）和全部的 A 组二价阳离子（8 个）共同占据八面体位置为反尖晶石型；如磁铁矿

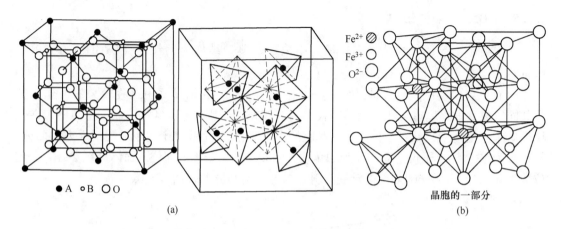

图 2-18 正尖晶石结构 （a） 与磁铁矿反尖晶石结构 （b）

$Fe^{3+}[Fe^{3+}Fe^{2+}]O_4$；介于两者之间为混合型。

　　在矿物晶体结构中存在着复杂化合物的晶体结构。比较典型是硅酸盐晶体结构、硼酸盐晶体结构。在硅酸盐矿物晶体结构中，络阴离子团 $[SiO_4]$ 四面体可以岛状、环状、链状、层状、架状等形式出现，与阳离子形成硅酸盐矿物。在硼酸盐晶体结构中，存在 $[BO_3]$、$[BO_4]$ 络阴离子团，它们可以独立或联合形成岛状、链状、层状、架状结构（这部分内容见硅酸盐矿物、硼酸盐矿物）。

2.4　类　质　同　象

2.4.1　类质同象类型

　　类质同象指矿物晶体结构中某种质点（原子、离子或分子）被其他类似的质点代替，仅使晶格常数发生不大的变化，结构形式并不改变。类质同象是矿物中一个极为普遍的现象，它是引起矿物化学成分变化的一个主要原因。

　　按质点相互替代的程度类质同象可划分为完全类质同象和不完全类质同象。若相互替代的质点（两种或两种以上）可以任意比例相互取代，形成一个连续的类质同象系列，则称为完全类质同象系列。如自然金-自然银完全类质同象系列，在这个系列中矿物组成用原子百分数表示，有自然金、银金矿、金银矿、自然银。若相互代替的质点仅局限在一个有限的范围内，不能形成连续的系列，则称为不完全类质同象系列。如闪锌矿 ZnS 中的锌可部分地被铁代替（不超过40%），在这种情况下，铁被称为类质同象混入物，富铁的闪锌矿被称为铁闪锌矿。例如铁闪锌矿 （Zn，Fe）S。

　　在类质同象中相互替代的离子具有相同的电价，代替的离子个数也相同，称为等价类质同象；在类质同象中相互代替离子的电价不同，需要通过阴、阳离子的电价补偿达到平衡，为异价类质同象。

2.4.2　影响类质同象的因素

　　（1）原子和离子半径。可以相互取代的原子或离子，其半径应当相近。用相互替代的原子或离子半径差率 $x = \dfrac{R_1 - R_2}{R_2} \times 100\%$ 予以判别（R_1 为较大离子半径，R_2 为较小离子半径）。当 $x<10\% \sim 15\%$，可形成完全类质同象。在 $15<x\leqslant 25\%$，可形成不完全类质同象，在高温下形成完全类质同象；在温度下降时发生固溶体分离。$x>25\% \sim 40\%$，低温下不能形成类质同象，高温下只能形成不完全类质同象。

（2）总电价平衡。在离子化合物中，类质同象的代替必须保持总电价的平衡。电价补偿的方式主要有：

1）多个低价阳离子代替相应数量的电价较高的阳离子，如云母中的 3 个 Mg^{2+} 代替 2 个 Al^{3+}；

2）高价阳离子与低价阳离子成对代替另一对低价阳离子和高价阳离子，如在钠长石 $Na[AlSi_3O_8]$ 与钙长石 $Ca[Al_2Si_2O_6]$ 系列中，Na^+ 和 Si^{4+} 与 Ca^{2+} 和 Al^{3+} 间的代替；

3）高价阳离子代替低价阳离子伴随高价阴离子代替低价阴离子，如磷灰石中 Ce^{3+} 代替 Ca^{2+} 伴随 O^{2-} 代替 F^-；

4）低价阳离子代替高价阳离子，所亏损的电价由附加阳离子来补偿，如绿柱石中 Li^+ 代替 Be^{2+} 亏损的正电荷由附加阳离子 Cs^+ 来补偿。也有高价阳离子代替低价阳离子亏损的电价由附加阴离子补偿。

在元素周期表中，从左上方到右下方的对角线方向，元素的阳离子半径相近，一般右下方的高价元素易代替左上方的低价元素，从而形成异价类质同象的对角线法则（表2-8）。阴离子或络阴离子团也有类质同象代替，如 O^{2-}、F^-、OH^-；S^{2-}、Se^{2-}、Br^{2-}；Cl^-、I^-；$[NO_3]$、$[CO_3]$、$[BO_3]$；$[SO_4]$、$[AsO_4]$、$[PO_4]$、$[VO_4]$；$[SiO_4]$、$[AlO_4]$ 等。

表 2-8　元素异价类质同象

I	II	III	IV	V	VI	VII
Li 0.066(6) 0.092(8)						
Na 0.102(6) 0.118(8)	Mg 0.072(6) 0.089(8)	Al 0.039(4) 0.054(6)				
K 0.138(6) 0.151(8)	Ca 0.100(5) 0.112(9)	Sc 0.075(8) 0.087(8)	Ti 0.061(6) 0.074(8)			
Rb 0.152(6) 0.161(8)	Sr 0.118(6) 0.126(8)	Y 0.090(6) 0.108(8)	Zr 0.072(6) 0.084(8)	Nb 0.064(6) 0.074(8)	Mo 0.059(6) 0.073(7)	
Cs 0.167(8) 0.174(8)	Ba 0.135(6) 0.142(8)	TR 0.086−0.103(6) 0.098−0.116(8)	Hf 0.071(6) 0.083(8)	Ta 0.064(6) 0.074(8)	W 0.050(6)	Re 0.053(6)

（3）相同离子类型与化学键。不同的离子类型和化学键不易实现类质同象代替。惰性

气体型离子在化合物中一般以离子键结合，铜型离子在化合物中以共价键结合为主。这两种不同类型离子间的类质同象代替不易实现。在硅酸盐矿物中也较少发现铜、汞等元素，在铜、汞的硫化物中也不易发现有钠、钙等元素。在金属键矿物中，金、银可形成完全类质同象。铂族元素钌、铑、钯、锇、铱、铂为金属键，半径相近，它们广泛存在类质同象。

（4）配位数相同的阳离子具有相近的离子半径，在类质同象替代过程中易于调整。如 Al^{3+} 与 O^{2-} 半径之比近于四面体和八面体配位的临界值，可形成四面体配位和八面体配位；Si^{4+} 与 O^{2-} 半径之比为四面体的比值，在硅酸盐中有 AlO_4 代替 $[SiO_4]$ 四面体，而 $[SiO_4]$ 不能代替八面体中 Al^{3+}。配位多面体的形状也影响类质同象代替，如辉钼矿、辰砂、辉铜矿、雌黄等只允许很少元素的类质同象。

（5）温度的影响。温度增高有利于类质同象的产生，温度降低将限制类质同象的范围。在高温条件下类质同象易于发生，形成完全类质同象系列或较高比例的代替。在高温条件下闪锌矿中 Fe 代替 Zn 可达到 45%，随着温度降低 Fe 替代 Zn 的比例小。在低温条件下形成的矿物化学成分相对较纯。

（6）压力的影响。一般来说，压力的增大将限制类质同象代替的范围并促使其离溶。但这一问题尚待进一步的研究。

（7）组分浓度的影响。一种矿物晶体，其组成组分间有一定的量比。当它从熔体或溶液中结晶时，介质中各该组分若不能与上述量比相适应，即某种组分不足时，将有与之类似的组分以类质同象的方式混入晶格加以补偿。

固溶体是指在固态条件下，一种组分溶于另一种组分之中形成均匀的固体。它既可通过质点的代替而形成类质同象混晶；也可通过某种质点侵入它种质点的晶格空隙形成"侵入固溶体"。固溶体离溶是指原来成类质同象代替的多种组分发生分解，形成不同组分的多个物相。被分离出来的晶体常受到主晶体结构的控制而在主晶体中成定向排列。温度降低促使类质同象混晶发生分解，即固溶体离溶。如高温时黄铜矿与闪锌矿完全类质同象混晶，温度降低后发生出溶，呈乳滴状黄铜矿分布在闪锌矿中的固溶体出溶结构中。

氧化还原电位的变化也可导致固溶体出溶。在类质同象混入物中的变价元素，当氧化电位增高时，该元素将从低价状态转变为高价状态，同时阳离子半径缩小，因而原矿物的晶格发生破坏，混入物就从原矿物中析出。在岩浆作用中 V、Cr 呈三价离子与 Fe^{3+}、Ti^{3+} 相互代替。在外生条件下铬、钒转变为高价 Cr^{6+}、V^{5+}，与铁、钛分离，与氧结合成 $[CrO_4]$、$[VO_4]$，与其他阳离子形成铬酸盐矿物、钒酸盐矿物。

2.4.3　研究类质同象的意义

研究矿物类质同象有助于阐明元素的赋存状态，进行综合利用。地壳中有多种元素很少或不形成独立矿物，主要是以类质同象混入物的形式赋存于一定的矿物晶格中。稀土元素在矿物中类质同象非常显著。稀土元素的离子电价相同，外层电子结构相同，半径相近，在矿物中可互相代替，密切共生。铼（Re）与钼（Mo）的半径相近，性质相同，经常赋存于辉钼矿中，从辉钼矿中提取铼是一个重要途径。闪锌矿中经常存在 Cd、In、Ga。

研究矿物类质同象有助于了解矿物形成的地质环境，如闪锌矿中铁含量的变化反映了矿物形成温度的变化。

类质同象对矿物化学成分的规律变化有较大影响，也导致矿物的物理性质如颜色、光泽、折射率、硬度、密度等变化。

2.5 同质多象与多型

2.5.1 同质多象

同种化学成分的物质，在不同的物理化学条件（温度、压力、介质）下，形成不同结构晶体的现象，称为同质多象（polymorphism）。这些不同结构的晶体，称为该成分的同质多象变体。金刚石和石墨是碳（C）的两个同质多象变体，在结构特征、物理化学性质上都有差别，见表2-9。

表2-9 金刚石和石墨的对比

特征	金刚石（C）	石墨（C）
晶系	等轴晶系	六方晶系
空间群	$Fd3m$	$P6_3/mmc$
配位数	4	3
原子间距	0.154nm	层内0.142nm，层间0.340nm
键性	共价键	层内共价键，层间分子键
形态	八面体	六方片状
颜色	无色或浅色	黑色
透明度	透明	不透明
光泽	金刚光泽	金属光泽
解理	//{111}中等	//{0001}完全
硬度	10	1
相对密度	3.55	2.23
导电性	不良导体	良导体
晶体结构特征		

2.5.2 同质多象转变类型

（1）配位数不同，结构类型不同。如金刚石（等轴晶系，配位数4、立方面心结构）与石墨（六方晶系、配位数3，层状结构），此种类型转变需要在高温高压条件下进行。

（2）配位数不同，结构类型相同。如$CaCO_3$的2种变体方解石（三方晶系，配位数6）和文石（斜方晶系、配位数位9）。

（3）配位数相同，结构类型不同。如 Sb_2O_3 的变体锑华和方锑矿，配位数相同，锑华为三方晶系，链状结构；方锑矿为等轴晶系，岛状结构。

（4）配位数和结构类型相同，但在晶体结构上有某些差异，如 ZnS 的变体闪锌矿（等轴晶系、配位数为 4）和纤锌矿（六方晶系、配位数 4），两者在最紧密堆积形式不同，闪锌矿为立方最紧密堆积，纤锌矿为六方最紧密堆积；再如 SiO_2 的几种变体的晶体结构主要是［SiO_4］四面体之间 Si—O—Si 连接角度有所不同，所以变体转变易于发生同质多象变体。

2.5.3 同质多象转变的影响因素

（1）温度。同质多象变体间的转变温度在一定压力下是固定的。由自然界矿物中某种变体的存在或某种转化过程可以推测该矿物形成温度，被称为"地质温度计"。通常同一物质的高温变体对称程度较高。同质多象的每一个种变体都有一定的热力学稳定范围，各具本身特有的形态和物理性质，在矿物学中它们都是独立的矿物种。根据同质多象变体的形成温度从低到高在其名称或成分之前冠以 α-（低温变体），β-、γ-（高温变体）等希腊字母，以示区别，如 α-石英、β-石英等。

（2）压力。压力的变化对同质多象转变有很大的影响。压力越大转变越难，并且转变温度越高。在不同的压力条件下，α-石英与 β-石英的转变温度有较大变化。

（3）介质条件。介质的成分、杂质以及酸碱度等对同质多象变体的形成也会产生影响。

2.5.4 多型

多型是一种元素或化合物以 2 种或 2 种以上层状结构存在的现象。各种多型在平行结构单元层的方向上晶胞参数（a）相等，在垂直结构单元层的方向上晶胞参数（c）相当于结构单元层厚度的整数倍。

多型间的差别仅在于结构单元层的叠置层序。就原子配位而言，其最邻近的第一级配位是相同的，只是较远的第二配位或更远的配位有些差别，所以不同多型变体之间内能是很相近的，化学成分基本相同。一般把同一物质的各种多型看作是属于同一个相，即属于同一矿物种。不同的多型，其空间群既可以是相同的，也可能是不同的。例如白云母的 2M、3T 等多型都是属于白云母这个矿物种。

多型符号由一个数字和一个字母组成，数字代表一个重复周期内的结构单元层的层数，后边的字母表示晶系，如 C（立方）、H（六方）、T（三方）、R（三方菱面体格子）、Q（四方）、O 或 OR（斜方）、M（单斜）等（表 2-10）。若有两个以上的多型，其重复周期内结构单元层数和晶系都相同时，则在字母的右下角加角码 1、2 等以资区别，如单斜晶系的云母有 $2M_1$、$2M_2$ 等多型。

表 2-10　ZnS 的同质多象与多型

同质多象变体	多型[①]	堆积层的重复周期	空间群	晶胞参数	
				a_0/nm	c_0/nm
闪锌矿[②]	3C	*ABC*	*P43m*	0.381	0.936

同质多象变体	多型[①]	堆积层的重复周期	空间群	晶胞参数	
				a_0/nm	c_0/nm
纤维锌矿	2H	AB	$P6_3mc$	0.381	0.624
	4H	ABCB	$P6_3mc$	0.382	1.248
	6H	ABCACB	$P6_3mc$	0.381	1.472
	8H	ABC ABABC	$P6_3mc$	0.382	2.496
	10H	ABCABCBACB	$P6_3mc$	0.382	3.120
	9R	ABCBCACAB	$R3m$	0.382	2.808
	12R	ABACBCBACACB	$R3m$	0.382	3.744
	I5R	ABCACBCABAACABCB	$R3m$	0.382	4.680
	21R	ABCACACBCABABACABCBCB	$R3m$	0.382	6.552

①符号中数字表示周期重复层数，字母表示晶系。

②闪锌矿的立方晶胞 $a_0 = 0.540nm$，单位层（最紧密堆积层）平行（111）。

2.6 型变与晶格缺陷

2.6.1 型变

型变是在化学式属同一类型的化合物中，随着化学成分的规律变化引起晶体结构形式明显有规律变化的现象。在 AB_2 型晶体结构中存在型变现象（图2-19）。在碳酸盐矿物方解石型结构的菱镁矿、菱钴矿、菱锌矿、菱铁矿、菱锰矿、方解石和文石型结构的文石、菱锶矿、白铅矿、碳酸钡矿存在的系列成分与结构的变化即为型变。渐变相当于类质同象，突变相当于同质多象。

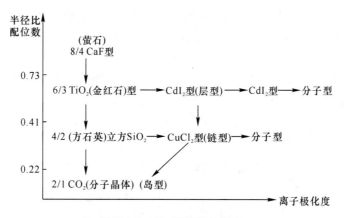

图 2-19 AB_2 型矿物的型变

2.6.2 晶格缺陷

晶格缺陷是在晶体内部的质点周期排列中发生的位置缺失。按缺陷的几何形态，分为点缺陷、线缺陷和面缺陷。晶体缺陷会造成晶格畸变，使变形抗力增大，从而提高矿物硬度。

（1）点缺陷（空位、间隙原子）。在原子晶格中，晶格中原子周期排列发生了在几个原子的附近原子脱离了平衡位置，形成空结点，称为空位。某个晶格间隙挤进了原子，称为间隙原子。如果缺陷延伸到晶体的一个区域范围使得晶体格子构造发生不连续变化，称为格子缺陷。电子缺陷是晶体内部由于存在变价元素所致。如在磁黄铁矿中当 3 个 Fe^{2+} 位置被 2 个 Fe^{3+} 占据时，出现结构缺陷。

（2）线缺陷。在晶体中某处有一列或若干列原子发生了有规律的错排现象。晶体中最普通的线缺陷就是位错，是晶体内部局部滑移造成的。有刃型位错和螺型位错。在晶体内部某一列原子中断，断处的边缘像刀刃一样将晶体上半部分切开，将切口处的原子列称为刃型位错。螺旋位错是一个晶体的某一部分相对于其余部分发生滑移，原子平面沿着一根轴线盘旋上升，每绕轴线一周，原子面上升一个晶面间距，则在中央轴线处即为一螺型位错。

（3）面缺陷。是发生在晶粒与晶粒之间的界面（晶界）或亚晶界的界面上缺陷。晶粒内部是由位向差很小的嵌镶块组成，称为亚晶粒。晶粒之间位向差较大（大于 10°~15°）的晶界，称为大角度晶界；亚晶粒之间位向差较小。亚晶界是小角度晶界。面缺陷使晶格产生畸变。

2.7 晶体结构的有序-无序

在某一临界温度以上，晶体结构中 2 种（或 2 种以上）原子或离子随机地分布于某一种（或几种）结构位置上，相互间排布没有一定规律性，这种结构称为无序结构（disorder structure）；在临界温度以下，这 2 种（或多种）原子或离子各自有选择地占据结构中特定的位置，相互间作有规则排列，这种结构称为有序结构（order structure）。

常压下的 $AuCu_3$ 晶体结构，在 395℃ 以上呈无序态时，表现为立方面心格子，Au、Cu 两种原子都随机地分布在立方面心格子的各个结点位置上。Au 原子在统计上占据任一位置的几率（称为占位率）均为 1/4，Cu 原子则为 3/4（图 2-20）。但当呈有序态时，Au 原子只占据立方格子角顶上的特定位置，在此种位置上 Au 原子的占位率为 1，而 Cu 原子为 0；立方格子的面心位置只为 Cu 原子所占有，Cu 的占位率为 1，而 Au 为 0；晶格相应转变为立方原始格子。原来只是一组的等效位置分裂成了互不等同的两组等效位置，Au、Cu 两种原子分别各占一组。

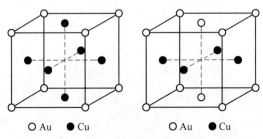

○ Au ● Cu   ○ Au ● Cu

图 2-20 $AuCu_3$ 晶体结构无序与有序

有序结构与无序结构是一种物质能够结晶成不同晶体结构的现象，即两个变体间不仅化学成分相同，而且结构的基本格架也一样，仅其中的两种或两种以上不同质点的相对排布方式不同，因此，也是一种同质多象。晶体结构从无序转变为有序结构，其单位晶胞可能扩大，扩大了的晶胞称为超晶胞；同时对称性也可能改变，有序变体的对称性总是低于无序变体，相应的晶体的物理性质也会产生某些变化。

有序-无序转变是在一定的温度、压力条件下发生有序变体和无序变体之间转变。从无序态向有序态方向的转变作用称为有序化。从无序到完全有序结构的"质变"仅在一定的临界温度下产生，这一临界温度称为"居里点"。整个有序化过程是一个逐步递变的过程，从完全无序到完全有序，其间或长或短总是经过一个部分有序的过渡状态。在结晶过程中，质点倾向于按照能量最低的结合方式进入某种特定的位置，并尽可能使此种方式贯穿整个晶体，形成有序结构。所以有序结构放热较多，能量较低较稳定。无序结构各处质点分布不同，能量有高有低，不是最稳定的状态。温度升高，可促使晶体结构从有序向无序转变；温度缓慢降低，则有利于无序结构的有序化。

3 矿物晶体形态

矿物晶体形态有理想形态与实际形态之分。实际晶体形态受地质环境的影响，与理想形态有一定差异。矿物晶体的理想形态是规则几何多面体，分单形与聚形两大类。

3.1 单　形

3.1.1　单形与单形符号

单形是由对称要素联系起来的一组同形等大晶面组成的空间形态。既可以是单面或双面、各种柱，也可以是锥体、偏方面体、四面体、八面体、立方体、菱形十二面体等。从单形的定义可知，（1）同一单形上的晶面相同。可以单形中任意一个晶面作为原始晶面，通过对称型中对称要素的作用，导出该单形的全部晶面，即一个晶面确定一个单形。（2）在同一对称型中，由晶面与对称要素之间位置的不同，可以确定不同的单形。一个对称型可以确定 7 种单形。

在图 3-1 所示出立方体、八面体、菱形十二面体和四角三八面体中，4 种单形的晶面形态不同。它们是通过对称型 $m3m(3L^4 4L^3 6L^2 9PC)$ 中各对称要素的联系获得的不同单形。这些单形的晶面与对称要素的关系不同，立方体的晶面垂直四次轴，八面体的晶面垂直三次轴，菱形十二面体的晶面垂直二次轴，四角三八面体的晶面则与所有的对称轴斜交。

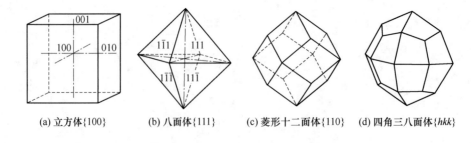

| (a) 立方体{100} | (b) 八面体{111} | (c) 菱形十二面体{110} | (d) 四角三八面体{hkk} |

图 3-1　对称型（$m3m$）的几种单形

选择同一单形中某一晶面符号代表单形的符号，用以表征组成该单形的一组晶面的结晶学取向。将选用某晶面符号的晶面指数放在大括号 $\{hkl\}$ 中，作为单形符号。同一个单形的晶面符号可能有一个或多个，选择单形符号的原则是：

（1）代表晶面应选择单形中正指数为最多的晶面，优先选择第一象限内的晶面；

（2）在此前提下，要尽可能先前（x 轴），次右（y 轴），后上（z），即 $|h| \geqslant |k| \geqslant |l|$。如在立方体的 6 个晶面符号中（100）位于第一象限，为正指数，选择 $\{100\}$ 为立方体单形符号。在四方双锥的 8 个晶面符号中，符合选择单形条件的是（111），选择为四方双锥的单形符号（图 3-2）。与八面体单形符号相似。由此可知，不同单形会有相同的符号，所以在确定单形符号时要确定晶系和晶类。

3.1.2 单形的推导

单形的晶面与对称要素的空间关系有垂直、平行和斜交三种情况（图 3-3）。

图 3-2 四方双锥的单形符号 $\{111\}$

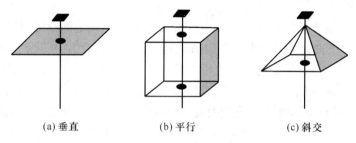

（a）垂直　　　　　（b）平行　　　　　（c）斜交

图 3-3 晶面与对称要素的空间关系

以下以四方晶系中的对称型 $L^4 4P$（$4mm$）为例说明单形推导。

首先将对称型 $4mm$ 的对称要素进行极射赤平投影（图 3-4）。将 L^4 直立作为 z 轴，投影在圆心。4 个对称面分别为基圆直径。以相互垂直对称面法线为 x、y 轴。可以看到对称型 $4mm$ 的对称要素将空间划分成 8 个部分，每一部分都可以借助对称型中的对称要素的

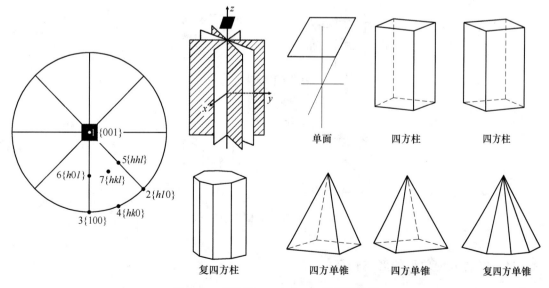

图 3-4 对称型 $4mm$（$L^4 P$）的单形推导

作用与另一部分重复。由于这 8 个部分是等价的，故只需要研究其中的一个部分（图 3-4 中的阴影部分），该部分可称为该对称型的投影图中的最小重复单位。

　　其次，确定原始晶面与对称要素之间的相对位置。单形原始晶面投影点有 7 种可能位置。位置 1：晶面与 z 轴垂直，投影在基圆中心，为单面 {100}；位置 2：与 x、y 轴相交，与 z 轴平行，投影在基圆与对称面的交点上，得到第一四方柱 {110}；位置 3：晶面与 x 轴垂直，与 z 轴平行，投影在基圆与对称面交点上，得到第二四方柱 {100}；位置 4，晶面与 z 轴平行，投影点在基圆上两对称面中点，得到复四方柱 {hk0}；位置 5：晶面与 z 轴斜交，位于 {100} 和 {001} 连线的中点，得到第二四方单锥 {h0l}；位置 6：晶面与 z 轴斜交，位于 {001} 与 {110} 连线的中点，得到第一四方单锥 {hhl}；位置 7，晶面投影点位于三角形的中，与 x、y、z 轴斜交，不与任何对称要素平行或垂直，得到复四方单锥 {hkl}。

3.1.3　结晶单形与几何单形

　　每一种对称型最多能决定 7 种单形。按照上述的方法，32 种对称型最终导出结晶学上 146 种不同的单形，称为结晶单形。在结晶单形中，具有完全相同几何形态的单形称为几何单形。不同的对称型推导出的单形也可以具有相同的几何形态。如果不考虑单形所属的对称型，只考虑单形的形状，则 146 种结晶单形可以归纳为 47 种几何单形。

　　区分结晶单形与几何单形是非常重要的。所有实际晶体上的单形都是结晶单形，都赋予一定内部结构的意义。如一个立方体几何单形对应有 5 个结晶单形（图 3-5），分别对应的对称型为 $m3m$（$3L^4 4L^3 6L^2 9PC$）、$43m$（$3L_i^4 4L^3 6P$）、432（$3L^4 4L^3 6L^2$）、$m3$（$3L^2 4L^3 3PC$）、23（$3L^2 4L^3$）。去掉各自晶面条纹，它们的几何单形都是立方体。结晶单形要考虑晶面花纹，几何单形只要考虑晶体的几何形态。不同的对称型只能推导出不一样的结晶单形，但却有可能推出相同的几何单形。一个几何单形从形态上对应有多个结晶单形。如果只根据单形的几何特点找出该单形的对称型，则其应是这多个结晶单形所属对称型中最高的那一个对称型。

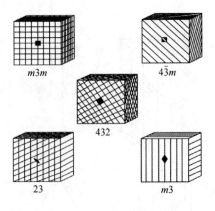

图 3-5　五种立方体结晶单形

3.1.4　47 种几何单形的形态特征

　　（1）低级、中级晶族中的几何单形，有以下几种。

1）面类。包括单面、双面。平行双面是由一对互相平行的晶面组成。由二次轴联系起来的 2 个相交的晶面称为轴双面；由对称面联系起来的 2 个晶面称为反映双面。

2）柱类。包括斜方柱、三方柱、复三方住、四方柱、复四方柱、六方柱，复六方柱。

3）单锥类。包括斜方单锥、三方单锥、复三方单锥、四方单锥、复四方单锥、六方单锥、复六方单锥。

4）双锥类。包括斜方双锥、三方双锥、复三方双锥、四方双锥、复四方双锥、六方双锥、复六方双锥。

5）面体类。包括斜方四面体、四方四面体、菱面体、复三方偏三角面体、复四方偏三角面体。这些单形的特点是，上部的面与下部的面错开分布，上部（或下部）晶面在下部（或上部）晶面的中间，无水平方向的对称面。除斜方四面体外，都有包含高次轴的对称面。

6）偏方面体类。包括三方偏方面体、四方偏方面体、六方偏方面体。这些单形的特点：上部晶面与下部晶面错开的角度左右不等，导致偏方面体没有包含高次轴的直立对称面，有左右形之分。

（2）高级晶族中的单形，可分为三组。

1）四面体组。①四面体：由四个等边三角形晶面组成。晶面与 L^3 垂直，晶棱的中点出露为 L_i^4。②三角三四面体：四面体的每一个晶面突起分为 3 个等腰三角形晶面。③四角三四面体：四面体的每一个晶面突起分为 3 个四角形晶面构成，四角形的 4 条边两两相等。④五角三四面体：在四面体的每个晶面突起分为 3 个偏五角形晶面构成。⑤六四面体：四面体的每一个晶面突起分为 6 个不等边三角形晶面构成。

2）八面体组。八面体：由 8 个等边三角形晶面组成，晶面垂直 L^3。在八面体每个晶面突起平分为 3 个晶面，根据晶面形态分为三角三八面体、四角三八面体、五角三八面体。在八面体的每一个晶面突起平分 6 个不等变三角形则形成六八面体。

3）立方体组。①立方体：由两两相互平行的 6 个正四边形晶面组成，相邻晶面间以直角相交。②四六面体：在立方体的每个晶面突起平分为 4 个等腰三角形晶面，共有 24 个晶面组成。③五角十二面体：犹如立方体，每个晶面突起平分为 2 个具有四个等边的五角形晶面，由 12 个晶面组成。④偏方复十二面体：犹如五角十二面体的每个晶面突起平分为两个具两个等长邻边的偏四方形晶面，由 24 个晶面组成。⑤菱形十二面体：由 12 个菱形晶面组成，晶面两两平行，相邻晶面间的夹角为 90°、120°。

（3）单形分类。

1）特殊形和一般形。晶面处在特殊位置，即晶面垂直或平行于任何对称要素，或者与相同的对称要素以等角相交，这种单形被称为特殊形。单形的晶面处于不与任何对称要素垂直或平行的位置，这种单形称为一般形。一个对称型仅有一个一般形，以此命名该对称型的晶体类型，称为晶类。

2）右形与左形。形态完全类同，在空间的取向上正好彼此相反的两个形体，它们互为镜像，但不能借助于旋转操作使之重合，此二同形反向体构成了左右对映形，其中一个为左形，另一个为右形。左右形出现在具有对称轴而不具有对称面、对称中心、旋转反伸轴的对称型中。

3）开形和闭形。凡是单形的晶面不能封闭一定空间者称为开形，例如平行双面、各种柱等；凡是单形晶面可以封闭一定空间者，称为闭形。例如等轴晶系的全部单形和各种双锥、偏方面体等单形。

4）定形和变形。若一种单形其晶面间的角度为恒定，则称为定形；反之，称为变形。属于定形的单形有 9 种：单面、平行双面、三方柱、四方柱、六方柱、四面体、八面体、菱形十二面体和立方体；其余单形皆为变形。定形与变形也可根据单形符号区别：定形的单形符号中都为数字，如 $\{111\}$、$\{100\}$、$\{110\}$ 等，变形的单形符号中由字母组成，如 $\{hkl\}$、$\{hk0\}$ 等。

47 种几何单形形态如图 3-6 所示。

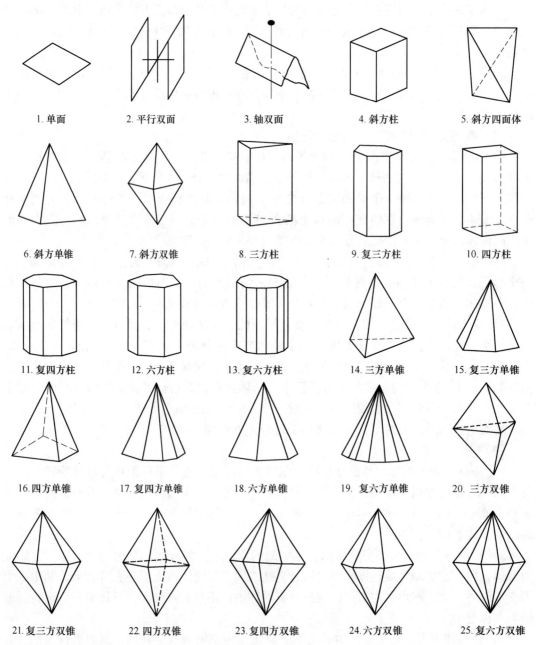

1. 单面　　2. 平行双面　　3. 轴双面　　4. 斜方柱　　5. 斜方四面体

6. 斜方单锥　7. 斜方双锥　8. 三方柱　9. 复三方柱　10. 四方柱

11. 复四方柱　12. 六方柱　13. 复六方柱　14. 三方单锥　15. 复三方单锥

16. 四方单锥　17. 复四方单锥　18. 六方单锥　19. 复六方单锥　20. 三方双锥

21. 复三方双锥　22. 四方双锥　23. 复四方双锥　24. 六方双锥　25. 复六方双锥

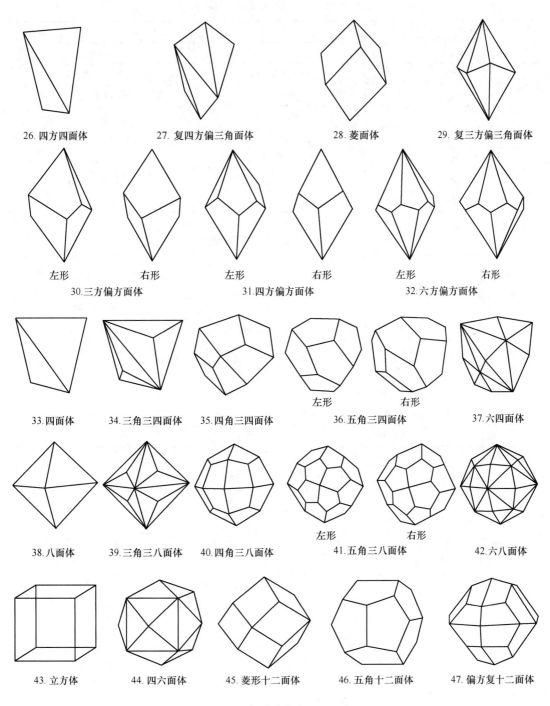

图 3-6　47 种几何单形的形态特征

3.1.5　七个晶系的单形

七个晶系的单形的对称型、单形符号分别见表 3-1～表 3-7。

表 3-1　三斜晶系的单形

单形符号	对　称　型	
	1（L^1）	$\bar{1}$（C）
{hkl}	1. 单面（1）	2. 平行双面（2）
{$0kl$}	单面（1）	平行双面（2）
{$h0l$}	单面（1）	平行双面（2）
{$hk0$}	单面（1）	平行双面（2）
{100}	单面（1）	平行双面（2）
{010}	单面（1）	平行双面（2）
{001}	单面（1）	平行双面（2）

表 3-2　单斜晶系的结晶单形

单形符号	对　称　型		
	2（L^2）	m（P）	$2/m$（L^2PC）
{hkl}	3. 轴双面（2）	6. 反映双面（2）	9. 斜方柱（4）
{$0kl$}	轴双面（2）	反映双面（2）	斜方柱（4）
{$h0l$}	4. 平行双面（2）	7. 单面（1）	10. 平行双面（2）
{$hk0$}	轴双面（2）	反映双面（2）	斜方柱（4）
{100}	平行双面（2）	单面（1）	平行双面（2）
{010}	5. 单面（1）	8. 平行双面（2）	11. 平行双面（2）
{001}	平行双面（2）	单面（1）	平行双面（2）

表 3-3　斜方晶系的结晶单形

单形符号	对　称　型		
	222（$3L^3$）	mm（$L^2 2P$）	mmm（$3L^2 3PC$）
{hkl}	12. 斜方四面体（4）	15. 斜方单锥（4）	20. 斜方双锥（8）
{$0kl$}	13. 斜方柱（4）	16. 反映双面（2）	21. 斜方柱（4）
{$h0l$}	斜方柱（4）	反映双面（2）	斜方柱（4）
{$hk0$}	斜方柱（4）	17. 斜方柱（4）	斜方柱（4）
{100}	14. 平行双面（2）	18. 平行双面（2）	22. 平行双面（2）
{010}	平行双面（2）	平行双面（2）	平行双面（2）
{001}	平行双面（2）	19. 单面（1）	平行双面（2）

表 3-4　四方晶系的结晶单形

单形符号	对　称　型				
	4（L^4）	42（$L^4 4L^2$）	$4/m$（$L^4 PC$）	$4mm$（$L^4 4P$）	$4/mmm$（$L^4 4L^2 5PC$）
{hkl}	23. 四方单锥（4）	26. 四方偏方面体（8）	31. 四方双锥（8）	34. 复四方单锥（8）	39. 复四方双锥（16）
{hhl}	四方单锥（4）	27. 四方双锥（8）	四方双锥（8）	35. 四方单锥（4）	40. 四方双锥（8）

单形符号	对　称　型				
	4（L^4）	42（L^44L^2）	4/m（L^4PC）	4mm（L^44P）	4/mmm（L^44L^25PC）
{h0l}	四方单锥（4）	四方双锥（8）	四方双锥（8）	四方单锥	四方双锥
{hk0}	24. 四方柱（4）	28. 复四方柱（8）	32. 四方柱（4）	36. 复四方柱（8）	41. 复四方柱（8）
{110}	四方柱（4）	29. 四方柱（4）	四方柱（4）	37. 四方柱（4）	42. 四方柱（4）
{100}	四方柱（4）	四方柱（4）	四方柱（4）	四方柱	四方柱
{001}	25. 单面（1）	30. 平行双面（2）	33. 平行双面（2）	38. 单面（1）	43. 平行双面（2）

表3-5　三方晶系的结晶单形

单形符号	对　称　型				
	3（L^3）	32（L^33L^2）	3m（L^33P）	$\bar{3}$（L_i^3）	$\bar{3}$2/m（$L_i^33L^23P$）
{hk$\bar{i}$l}	54. 三方单锥（3）	57. 三方偏方面体（6）	64. 复三方单锥（6）	71. 菱面体（6）	74. 复三方偏三角面体（12）
{hh$\bar{i}$l}	三方单锥（3）	58. 菱面体（6）	65. 三方单锥（3）	菱面体（6）	75. 菱面体（6）
{h0$\bar{i}$l}	三方单锥（3）	59. 三方双锥（6）	66. 六方单锥（6）	菱面体（6）	76. 六方双锥（12）
{hk$\bar{i}$0}	55. 三方柱（3）	60. 复三方柱（6）	67. 复三方柱（6）	72. 六方柱（6）	77. 复六方柱（12）
{10$\bar{1}$0}	三方柱（3）	61. 六方柱（6）	68. 三方柱（3）	六方柱（6）	78. 六方柱（6）
{11$\bar{2}$0}	三方柱（3）	62. 三方柱（3）	69. 六方柱（3）	六方柱（6）	79. 四方柱（6）
{0001}	56. 单面（1）	63. 平行双面（2）	70. 单面（1）	73. 平行双面（2）	80. 平行双面（2）

表3-6　六方晶系的结晶单形

单形符号	对　称　型					
	6（L^6）	62（L^66L^2）	6/m（L^6PC）	6mm（L^66P）	6/mmm（L^66L^27PC）	$\bar{6}$（L_i^6）
{hk$\bar{i}$l}	81. 六方单锥（6）	84. 六方偏方面体（12）	89. 六方双锥（12）	82. 复六方单锥（12）	97. 复六方双锥（24）	102. 三方双锥（6）
{hh$\bar{i}$l}	六方单锥（6）	85. 六方双锥（12）	六方双锥（12）	93. 六方单锥（6）	98. 六方双锥（12）	三方双锥（6）
{h0$\bar{i}$l}	六方单锥（6）	六方双锥（12）	六方双锥（12）	六方单锥（6）	六方双锥（12）	三方双锥（6）
{hk$\bar{i}$0}	82. 六方柱（6）	86. 复六方柱（12）	90. 六方柱（6）	94. 复六方柱（12）	99. 复六方柱（12）	103. 三方柱（3）
{10$\bar{1}$0}	六方柱（6）	87. 六方柱（6）	六方柱（6）	95. 六方柱（6）	100. 六方柱（6）	三方柱（3）
{11$\bar{2}$0}	六方柱（6）	六方柱（6）	六方柱（6）	六方柱（6）	六方柱（6）	三方柱（3）
{0001}	83. 单面（1）	88. 平行双面（2）	91. 平行双面（2）	96. 单面（1）	101. 平行双面（2）	104. 平行双面（2）

表 3-7 等轴晶系的结晶单形

单形符号	对 称 型				
	23（$3L^24L^3$）	$m3$（$3L^24L^33PC$）	$43m$（$3L_i^44L^36P$）	433（$3L^44L^36L^2$）	$m3m$（$3L^44L^36L^29PC$）
$\{hkl\}$	112. 五角三四面体（12）	119. 偏方复十二面体（24）	126. 六四面体（24）	133. 五角三八面体（24）	140. 六八面体（48）
$\{hhl\}$	113. 四角三四面体（12）	120. 三角三八面体（24）	127. 四角三四面体（12）	134. 三角三八面体（24）	141. 三角三八面体（24）
$\{hkk\}$	114. 三角三四面体（12）	121. 四角三八面体（24）	128. 三角三四面体（12）	135. 四角三八面体（24）	142. 四角三八面体（24）
$\{111\}$	115. 四面体（4）	122. 八面体（8）	129. 四面体（4）	136. 八面体（8）	143. 八面体（8）
$\{hk0\}$	116. 五角十二面体（12）	123. 五角十二面体（12）	130. 四六面体（24）	137. 四六面体（24）	144. 四六面体（24）
$\{110\}$	117. 菱形十二面体（12）	124. 菱形十二面体（12）	131. 菱形十二面体（12）	138. 菱形十二面体（12）	145. 菱形十二面体（12）
$\{100\}$	118. 立方体	125. 立方体（6）	132. 立方体（6）	139. 立方体（6）	146. 立方体（6）

3.2 聚 形

2 个或 2 个以上的单形聚合在一起共同圈闭的空间外形为聚形。如图 3-7（a）所示就是一个四方柱和四方双锥形成的聚形。图 3-7（b）所示是立方体与菱形十二面体形成的聚形。

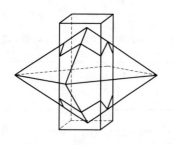

(a)四方柱与四方双锥的聚形　　(b)立方体与菱形十二面体的聚形

图 3-7 两个单形形成的聚形

聚形的必要条件是组成聚形的各个单形都必须属于同一对称型。这里的单形是指结晶单形。聚形的对称型是组成聚形的所有单形具有的对称型。在理想情况下，属于同一单形的各晶面一定同形等大，不同单形的晶面，其形态、大小、性质等也不完全相同；有多少单形相聚，聚形上就会出现多少种不同形状和大小的晶面。

判断聚形的基本步骤：

（1）有几种不同晶面，就可能有几种单形；图 3-8 的聚形有 7 种不同的晶面。

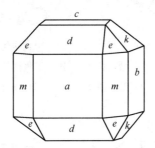

图 3-8　橄榄石晶体形态（*mmm*）聚形分析

（*a* 平行双面 {100}；*b* 平行双面 {010}；*c* 平行双面 {001}；*d* 斜方柱 {*h0l*}；
e 斜方双锥 {*hkl*}；*m* 斜方柱 {*hk0*}；*k* 斜方柱 {*0kl*}）

（2）确定晶体所属的对称型，为 $3L^2 3PC$。

（3）根据晶体定向，确定各晶面的晶面符号，继而确定单形符号。

（4）逐一考察每一组同形等大的晶面的几何关系特征，将相同晶面扩展相交成单形几何形状，定出单形名称。橄榄石的形态为由 7 种单形组成的聚形。

聚形是矿物晶体常见的形态特征。不同晶系晶体的聚形有显著差异（图 3-9 ~ 图 3-14）。

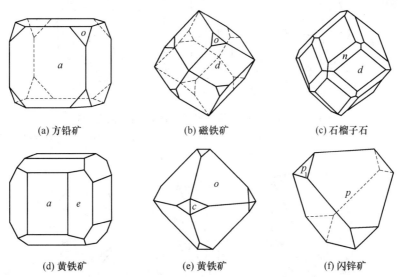

(a) 方铅矿　　　　　(b) 磁铁矿　　　　　(c) 石榴子石

(d) 黄铁矿　　　　　(e) 黄铁矿　　　　　(f) 闪锌矿

图 3-9　等轴晶系聚形（引自潘兆橹等，1993）

（立方体 *a* {100}，八面体 *o* {111}，菱形十二面体 *d* {110}，四角三八面体 *n* {*hkk*}，
五角十二面体 *e* {*hk0*}，四面体 *p* {111}，*p*1 {1$\bar{1}$1}）

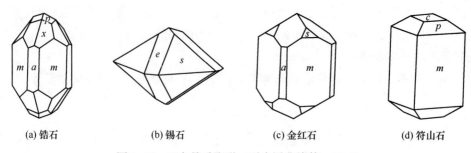

(a) 锆石　　　　　(b) 锡石　　　　　(c) 金红石　　　　　(d) 符山石

图 3-10　四方晶系聚形（引自潘兆橹等，1993）

（c 平行双面 {001}；四方柱 a {100}，m {110}；四方双锥 s {111}，p {111}，e {101}；复四方双锥 x {hkl}）

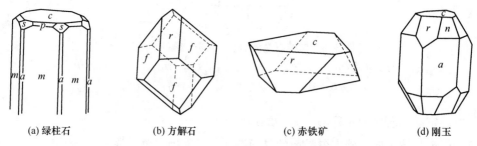

(a) 绿柱石　　　　　(b) 方解石　　　　　(c) 赤铁矿　　　　　(d) 刚玉

图 3-11　三方、六方晶系聚形举例（引自潘兆橹等，1993）

（平行双面 c {0001}，六方柱 m {10$\bar{1}$0}，a {11$\bar{2}$0}，六方双锥 p {10$\bar{1}$1}，s {11$\bar{2}$1}，n {22$\bar{4}$3}，

菱面体 r {10$\bar{1}$1}，f {02$\bar{2}$1}）

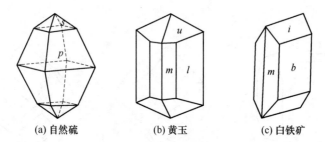

(a) 自然硫　　　　　(b) 黄玉　　　　　(c) 白铁矿

图 3-12　斜方晶系聚形举例（引自潘兆橹等，1993）

（斜方双锥 s {111}，p {113}，u {111}；斜方柱 m {110}，l {120}，i {021}；平行双面 b {010}）

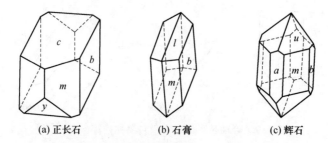

(a) 正长石　　　　　(b) 石膏　　　　　(c) 辉石

图 3-13　单斜晶系的聚形举例（引自潘兆橹等，1993）

（平行双面 a {100}，b {010}，c {001}，y {20$\bar{1}$}；斜方柱 m {110}，l {111}，u {111}，o {22$\bar{1}$}）

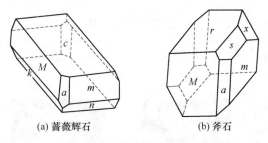

(a) 蔷薇辉石　　　　　　(b) 斧石

图3-14　三斜晶系的聚形举例（引自潘兆橹等，1993）

（平行双面 a {100}，c {001}，m {110}，M {1$\bar{1}$0}，n {22$\bar{1}$}，s {201}，x {111}，r {1$\bar{1}$1}，k {2$\bar{2}\bar{1}$}）

3.3　矿物单晶体实际形态

在实际晶体的生长过程中，由于受到地质环境的影响，其内部结构和外部形态出现偏离理想晶体所遵循的规律，导致矿物单晶体实际形态与理想晶体形态产生差异。在实际晶体的内部结构中，质点在局部存在不符合格子构造规律，出现缺陷或外来物质的现象。实际晶体形态常常不是理想规则几何多面体，各个晶面发育不平衡形成歪晶；也存在各种晶面花纹等差异。实际晶体形态的变化，不仅反映了矿物晶体结构、化学成分及生长环境，也对矿物加工有所影响。矿物单晶体的形态包括晶体的形状、结晶习性、晶体的大小及晶面花纹等。

3.3.1　晶体习性

矿物的晶体习性是指矿物晶体在一定的外界条件下，常趋向于形成某种特定的结晶形态，也称结晶习性（表3-8）。单晶体根据在三度空间发育程度可分为：

（1）三向等长。晶体几何常数具有 $a=b=c$ 或三者近似相等，矿物单晶体呈等轴粒状，如石榴子石、黄铁矿、方铅矿等。

（2）二向延长。晶体几何常数 $a=b>>c$ 或 $a\approx b>>c$。矿物晶体在两个方向上发育均等，另一个方向发育缓慢。有薄片状、片状、板状、鳞片状等，如云母、绿泥石、重晶石等。

（3）一向延长。晶体几何常数 $a=b<<c$ 或 $a\approx b <<c$。矿物单晶体在一个方向特别发育，其他两个方向发育程度均等，呈柱状、针状、纤维状，如辉锑矿、电气石、绿柱石等。

表3-8　矿物晶体结晶习性类型

类型	三向等长	二向延长		一向延长
晶体习性	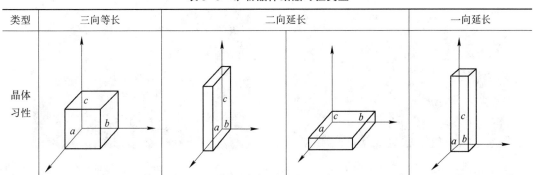			

类型	三向等长	二向延长		一向延长
参数特征	$a = b = c$	$a \neq b < c$	$a = b > c$	$a = b < c$
实际形态	粒状	片状、鳞片状	板状、薄板状等	柱状、针状等

晶体习性主要与内部结构和化学成分、形成环境有关。在理想环境中，晶体生长遵循布拉维法则，面网密度大生长缓慢的晶面保留下来。晶面往往平行化学键最强方向发育，使得晶体在一定外界条件下发育成特有的形态。如金红石、辉石和角闪石等链状结构的矿物呈现柱状、针状晶习；云母、石墨等层状结构的矿物呈片状、鳞片状晶习。化学成分简单，结构对称程度高的晶体，一般呈等轴状，如自然金（Au）和石盐（NaCl）等。

3.3.2 晶面花纹

晶面花纹是指由于不同单形的细窄晶面反复相聚、交替生长而在晶面上出现的一系列直线状平行条纹，也称生长条纹。它由晶体中面网密度大的晶面与面网密度较小的晶面间形成狭窄条带呈阶梯状交替组成。例如，黄铁矿的立方体及五角十二面体的晶面上常可出现 3 组相互垂直的条纹，它是由上述 2 种单形的晶面交替生长所致（图 3-15）。α-石英晶体的六方柱晶面上常见有六方柱与菱面体的细窄晶面交替发育形成的聚形横纹（图 3-16）。晶面花纹具有阶梯从晶体的尾端向顶端单方向下降的特点，显示晶面平行生长特征。

图 3-15 黄铁矿的晶面条纹

图 3-16 α-石英的柱面横纹

晶体出现的晶面螺纹（图 3-17），是由层生长或螺旋生长机制形成的晶面上的层状台阶或螺旋状台阶，也称为晶面台阶。晶面台阶是最常见的晶面花纹，肉眼较难看到，借助显微镜就能看到很漂亮的花纹。在晶体生长过程中形成的、略凸出于晶面之上的丘状体为生长丘（图 3-18）。

图 3-17　莫来石螺旋状台阶

图 3-18　黄铁矿晶面层状台阶

晶体形成后，晶面因受溶蚀而留下的一定形状的蚀像，它受晶面内质点的排列方式控制。不同矿物的晶体，乃至同一晶体不同单形的晶面上，其蚀像的形状和取向各不相同，只有同一晶体上同一单形的晶面上的蚀像才相同。可利用蚀像来鉴定矿物，判识晶面是否属于同一单形，确定晶体的真实对称，以及区分晶体的左右形。

3.4　矿物规则连生体形态

规则连生是按结晶学方向彼此联结生长在一起的晶体。有同种晶体的平行连生、双晶和异质晶体的定向连生。

3.4.1　平行连生

平行连生是由若干个同种的单晶体，彼此之间所有的结晶方向（包括各个对应的晶轴、对称要素、晶面及晶棱的方向）都一一对应、相互平行组成的连生体。如树枝状的自然铜就是沿立方体角顶的方向（L^3）或晶棱方向（L^2）平行连生的（图 3-19）。

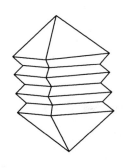
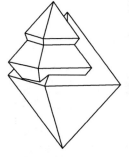

(a) 明矾八面体晶体的平行连生

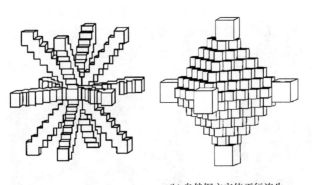

(b) 自然铜立方体平行连生

图 3-19   晶体的规则连生

平行连晶中各单体间的内部格子构造是连续的。在平行连生的晶体内部的晶体结构是完全平行且连续的，属于单晶体。

3.4.2   双晶

双晶是两个以上的同种单体，彼此间按一定的对称关系相互取向而组成的规则连生晶体，也叫孪晶，是晶体常见的形态。构成双晶的两单体的格子构造是互不平行连续的。2 个单体之间相应的结晶方向（包括各个对应的晶轴、对称要素、晶面及晶棱的方向）并非完全平行，但它们可以借助于双晶要素，使两个个体彼此重合或达到完全平行一致的方位。双晶要素有双晶面、双晶轴、双晶中心。

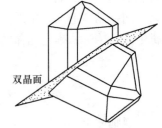

双晶面

（1）双晶面。为一假想的平面，可使构成双晶的两个单体中的一个通过它的反映变换后与另一个单体重合或平行（图 3-20）。

（2）双晶轴。为一假想直线，双晶中一单体围绕它旋转 180°角度后可与另一单体重合或平行。如图 3-21 所示的双晶轴为 $t_1 /\!/ [100]$ 或 $t_1 \perp (100)$。

图 3-20   锡石双晶中的双晶面

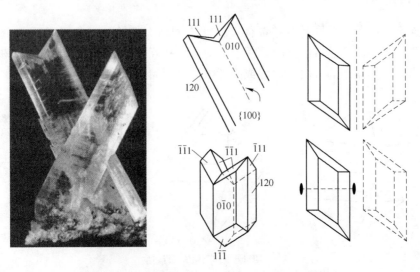

图 3-21   石膏燕尾双晶、双晶面、双晶轴分析

（3）双晶中心。为一假想的点，通过该点的反伸使双晶的单体彼此重合。

（4）双晶接合面。是双晶中相邻单体间彼此接合的实际界面。有些双晶接合面为极不规则且复杂的曲折面，其两侧的单体晶格互不平行连续。

双晶的两个个体间结合的规律叫双晶律。以双晶的形状（如石膏双晶命名为燕尾双晶）、双晶特征的矿物（如尖晶石律双晶）、原始发现的地名（石英的巴西双晶律）等来命名。

双晶的类型比较复杂，根据个体连生方式可划分为接触双晶、穿插双晶两类。

（1）接触双晶。由2个单体以简单的平面相接触构成的双晶。其中又可分为：

1）简单接触双晶。两个单体间只以一个明显而规则的接合面相接触。如尖晶石双晶、石膏双晶（图3-21）。

2）聚片双晶。由2个以上晶体薄片以互相平行的晶面接触聚合组成，所有接合面均相互平行（图3-22）。在聚片双晶中，由一系列相互平行的接合面在双晶缝合线构成的直线条纹称为聚片双晶纹。如斜长石的聚片双晶。

3）环状双晶（图3-23）。由2个以上的单体按同一种双晶律组成，表现为若干呈接触双晶的单晶体的组合，各接合面依次成等角度相交，双晶总体呈环状，环不一定封闭，可以是开口的。

（2）穿插双晶（亦称贯穿双晶）。2个或多个单体相互穿插而成，接合面常曲折而复杂。如萤石双晶（图3-24）。

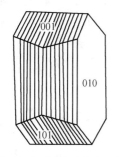　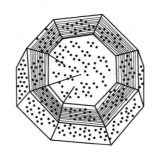　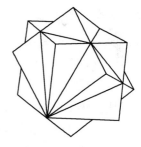

图3-22　斜长石聚片双晶　　　　图3-23　金红石的环状双晶　　　　图3-24　萤石穿插双晶

（3）复合双晶。由2个以上的单体彼此间按不同的双晶律所组成的双晶。这种双晶在三斜晶系的晶体中较多，常见斜长石的卡-钠复合双晶（图3-25），就是按3种不同的双

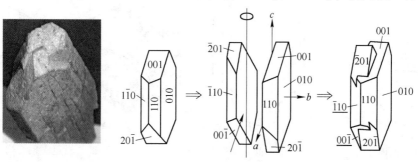

图3-25　正长石 Carsbad 双晶

晶律结合在一起而成的，接合面均为（010），其中单体1和2以及单体3和4彼此间按钠长石律接合，双晶轴⊥（010）；单体2和3之间按卡斯巴律接合，双晶轴∥c轴，单体1和4之间也成卡斯巴律的关系。称为钠长石-卡斯巴律复合双晶律（简称卡-钠复合律）。

双晶的形成方式有生长双晶、转变双晶、机械双晶。

3.4.3 不同矿物晶体的定向连生

不同矿物晶体定向连生是不同种矿物晶体按一定结晶学方向的规律连生。不同矿物晶体定向连生的方式有浮生、围生、交生。

（1）浮生。一种晶体以一定结晶学方向浮生于另一种晶体表面；或同种晶体以不同的面网浮生在一起。形成浮生的两种晶体必须具有相近似的面网，以某一结晶要素相互平行的关系连生，在连生过程中类似的面网是重合的。前者如赤铁矿（001）面浮生在磁铁矿（111）面上（图3-26），还有十字石以（010）面浮生在蓝晶石（100）面上；后者如斜长石一个晶体（010）面与另一晶体（001）面形成浮生。

（2）围生。两个不同晶体以某一结晶要素相互平行的围生关系相连接。如铌铁矿围绕着褐铌铁矿生长。2个矿物的3个晶轴相互平行（图3-27）。

（3）交生。两种不同的晶体彼此间以一定的结晶学取向关系交互连生，或一种晶体嵌生于另一种晶体之中的现象，称为交生，亦称互生。如辉石与角闪石的交生。石英与正长石的文象结构（图3-28）、Au-Ag-Te矿物交生现象、钠长石嵌生于钾长石晶体中的条纹长石等，都是交生现象的实例。

不同矿物晶体的定向连生形成有三种成因：

（1）在晶体生长过程中按连生位置共同生长而成。

（2）固溶体分解时形成，如高温生成的钾钠长石在温度降低时形成条纹长石连生体；闪锌矿中黄铜矿显微包裹体等。

（3）在交代作用中过程中形成，如白云母与黑云母平行底面（001）连生，或白云母围绕黑云母［001］将黑云母包围在其中的连生，是白云母交代黑云母时形成的。

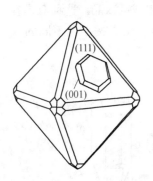

图3-26　晶体浮生

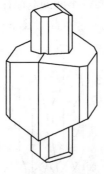

3-27　晶体围生

(a) 道芬双晶

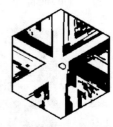

(b) 巴西双晶

图3-28　石英文象结构

3.5 矿物集合体形态

同种矿物晶体不按一定结晶学方向形成的不规则连生体称为矿物集合体。它是同种矿物的多个单体聚集在一起的整体，其形态取决于单体的形态及集合方式，与矿物的内部结构和生成环境密切相关。根据集合体中矿物颗粒大小可分为显晶集合体、隐晶集合体和胶态集合体。

3.5.1 显晶集合体形态

显晶集合体是肉眼可辨别出矿物颗粒。按单体形态和集合方式取名为粒状、柱状、针状、放射状、纤维状、板状、片状、晶簇状集合体等。根据矿物颗粒大小、长短、厚薄等进一步描述为粗粒、细粒、长柱、短柱、厚板、薄板状等。

常见的矿物集合体形态如图 3-29 所示。

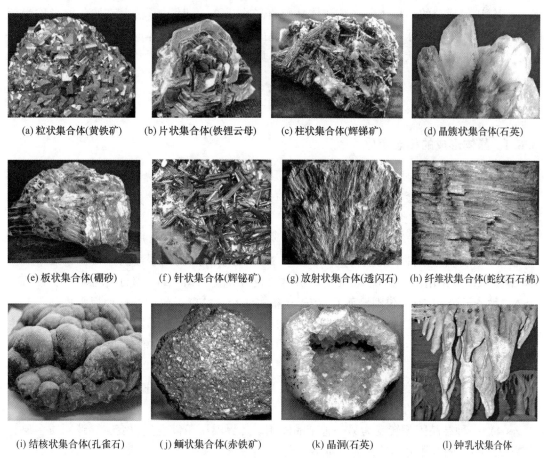

(a) 粒状集合体(黄铁矿)　　(b) 片状集合体(铁锂云母)　　(c) 柱状集合体(辉锑矿)　　(d) 晶簇状集合体(石英)

(e) 板状集合体(硼砂)　　(f) 针状集合体(辉铋矿)　　(g) 放射状集合体(透闪石)　　(h) 纤维状集合体(蛇纹石石棉)

(i) 结核状集合体(孔雀石)　　(j) 鲕状集合体(赤铁矿)　　(k) 晶洞(石英)　　(l) 钟乳状集合体

图 3-29 矿物各种集合体的形态

（1）粒状集合体（granular aggregate）。这类集合体分布广泛，由矿物单晶体颗粒聚集而成。颗粒的形态多近于三向等长形。按矿物单体颗粒大小划分为粗粒（颗粒直径>

5mm）、中粒（1~5mm）和细粒（<1mm）三级。在集合体中矿物颗粒细小，肉眼不能分辨颗粒间的界线，在手标本描述中称为致密块状。

（2）片状集合体（schistic aggregate）。集合体中矿物颗粒为两向伸长形，按由大到小、厚到薄的不同，可分别构成板状、片状、鳞片状集合体。

（3）柱状集合体（volumnar aggregate）。颗粒为一向延长形，形成柱状、针状、毛发状、纤维状或束状、放射状集合体。

（4）晶簇状（druse）集合体。是矿物柱状晶体在同一基底上生长而成。

3.5.2 隐晶、胶态集合体

隐晶集合体的个体是结晶质的，只是颗粒小，需用显微镜才能观察其形态。胶态集合体是胶体沉积而成，在形态上呈胶状、粉末状等。常见的隐晶、胶态集合体的形态有结核体（concretion）。结核体是物质围绕某一中心向外围逐渐沉淀形成的矿物体。结核体产生于沉积岩成岩作用各阶段，其中有产于尚未固结的软泥中、沉积岩层中。常见的有磷灰石、黄铁矿等成分的结核体。当结核体球粒直径小于2mm时，形状大小如鱼卵者称为鲕状集合体；当结核体球粒直径稍大、形成如豌豆般的结核体集合体时称为豆状集合体；球粒直径更大时称为肾状集合体。结核体的内部具有放射状、同心层状和致密状构造。

3.6 晶体生长的方式

3.6.1 晶体形成的相态变化

（1）气相→结晶固相。在有足够低蒸汽压的条件下，在温度降低后，在蒸汽中存在的未组合的原子或分子会彼此相结合，成为具有一定结晶构造的固体。如从含硫的火山气体中直接升华出的自然硫结晶体。

（2）液相（溶液或熔体）→结晶固相。在温度降低，分散介质达到过饱和、化学反应生成不溶物质等条件下发生转变。如含有 NaCl 的水溶液受到缓慢的蒸发，导致溶液中的 NaCl 浓度逐渐增加，出现 NaCl 沉淀析出，表明溶液中 Na^+、Cl^- 离子相互吸引，使每一个 Na^+ 被若干个 Cl^- 离子包围，而 Cl^- 离子也被若干个 Na^+ 离子包围，这种规则排列，反复不已，结晶成固体 NaCl 所特有的构造形态与一定结晶外形。成矿热液（水）、岩浆熔体中形成的矿物，导致发生第1、2种相变的热力学条件，是过饱和（浓度大于溶解度）或过冷（温度低于熔点）。

（3）非晶固相转变为结晶固相（脱玻化）。该转变可以自发进行，如火山玻璃质二氧化硅转变为石英晶体的现象。

（4）一种结晶固相转变为另一种结晶固相。外界温压条件发生改变，导致同质多象转变，重结晶、固溶体分离等发生。如 α-石英→ β-石英。

3.6.2 晶体成核与生长

晶体生长的一般过程是先形成晶核，然后再逐渐长大。晶体生长有 3 个阶段：介质达到过饱和或过冷却阶段、成核阶段（均匀成核、非均匀成核）、生长阶段。一般规律是晶核形成速度快，晶体生长速度慢；晶核数目多，最终易形成小晶粒。晶核形成速度慢，晶体生长速度快；晶核数目少，最终形成大晶粒。

3.6.2.1 单个晶核的形成

晶体生长的第一步是成核（nucleation）。在母液相中形成固相小晶胚。晶胚是能量较低的分支形成具有结晶相的有序结构的分子聚集体。晶核是成为结晶生长中心的晶胚。在过饱和、过冷却条件下，依靠自身原子形成的晶核，为自发成核。

成核是一个相变过程，体系自由能的变化：$\Delta G = \Delta G_v + \Delta G_s$。其中 ΔG_v 为新相形成的自由能变化；ΔG_s 为新相形成时新旧两相界面的表面能。体系从液相转变为内能更小的晶相，使体系自由能下降（称体自由能下降）；由于增加了液-固界面，又使体系自由能升高（称界面能升高）。当体自由能下降大于界面能升高，整个体系自由能是下降的，即 $\Delta G < 0$，这时晶核就能稳定存在；反之，晶核不能形成。因此，小晶粒能否长大，取决于晶体体积增大时其自由能是否下降。

体系自由能由升高到降低时对应的晶核半径为称为临界半径（r_c）。体系中形成半径为 r_c 的晶核，当 $0 < r < r_c$ 时，晶核半径 r 增大，$\Delta G > 0$，消失概率>长大概率，晶核不能生长；当 $r = r_c$ 时，$\Delta G = \Delta G_s = \Delta G_v$，消失概率等于长大概率，处于临界状态；当 $r > r_c$ 时，$\Delta G < 0$，晶核才能稳定存在（图 3-30）。

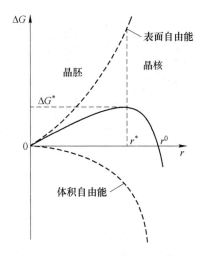

图 3-30 成核过程晶核半径 r 与体系自由能变化 ΔG 的关系

3.6.2.2 多个晶核生长

成核率是指在单位体积、单位时间内形成的晶核数。成核分为均匀成核与非均匀成核。均匀成核是在体系内任何部位成核率是相等的。均匀成核是在非常理想的情况下才能发生。均匀成核速率的影响因素：过饱和度或过冷度越大，晶核形成速度越快；黏度越大，晶核形成速度越慢。

非均匀成核是在体系的某些部位的成核率高于另一些部位。非均匀成核体系里总是存在杂质、热流不均、周围环境（或容器壁）不平等不均匀的情况。影响非均匀成核的因素有：过冷度大，容易成核；外来物质表面结构接触角越小容易成核；外来物质表面下凹容易成核。这些不均匀性有效地降低了成核时的表面能位垒，核就先在这些部位形成。

3.6.2.3 晶核的长大

晶核长大条件有动态过冷度（晶核长大所需的界面冷却度称为动态过冷度）及足够的温度、合适的晶核表面结构。

3.6.3 晶体生长理论与模型

3.6.3.1 层生长理论

晶体在理想状态下生长，先长一条行列，再长相邻的行列。在长满一层面网后再长第二层面网。晶面是平行向外推移生长的，亦称为科塞尔-斯特兰斯基理论。

图 3-31 所示为一个简单立方晶体在理想情况下的生长状态。质点优先沿着三面凹角位（K 位）生长一条行列；当这一行列长满后，质点在二面凹角处（S 位）就位生长，这时又会产生三面凹角位，然后生长相邻的行列；在长满一层面网后，质点就只能在光滑表面（P 位）上生长，这一过程就相当于在光滑表面上形成一个二维核，来提供三面凹角和二面凹角，再开始生长第二层面网。这表明新质点在晶格上就位时，最先可能结合的位置是能量上最有利的位置。K 位具有三面凹角，结合成键数目最多、释放出能量最大，是最有利的生长位置；其次是阶梯面 S，具有二面凹角的位置；最不利的生长位置是 P。

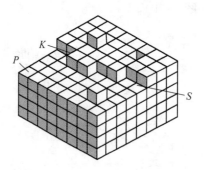

图 3-31　晶体层生长过程
P—平坦面；S—台阶（二面凹角位）；K—曲折面（三面凹角位）

晶体的层生长模型能解释一些晶体生长现象：

（1）晶体常生长成面平、棱直的多面体形态。

（2）在晶体生长的过程中，环境可能有所变化，不同时刻生成的晶体在物性（如颜色）和成分等方面可能有细微的变化。在晶体的断面上可看到环带状构造。它表明晶面是平行向外推移生长的。

（3）由于晶面是向外平行推移生长的，同种矿物不同晶体上对应晶面间的夹角不变。

（4）晶体由小长大，许多晶面向外平行移动的轨迹形成以晶体中心为顶点的锥状体，称为生长锥或砂钟状构造（图 3-32）。

（5）晶面上常见到阶梯状生长花纹。

3.6.3.2 螺旋生长理论模型

Burton、Cabrera、Frank 提出晶体的螺旋生长模型（BCF 模型）：在晶体生长界面上螺旋位错露头点出现的凹角及其延伸所形成的二面凹角（图 3-33）可作为晶体生长的台阶源，促进光滑界面上的生长。该模型解释了晶体在很低的过饱和度下能够生长的实际现象。在质点堆积过程中，随着晶体的生长，位错线不断螺旋上升，形成生长螺纹。螺旋生长不需要形成二维核。莫来石、SiC 等晶体表面上的生长螺旋纹证实了螺旋生长模型在晶体生长过程中的重要作用。

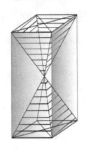 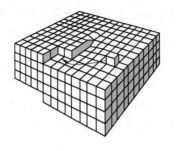

图 3-32　普通辉石的生长锥　　　　图 3-33　螺旋生长过程

3.6.3.3　布拉维法则

晶体上的实际晶面平行于面网密度大的面网，称为布拉维法则。

这一结论是根据晶体上不同晶面的相对生长速度与网面上结点的密度成反比的推论引导而出的。所谓晶面生长速度是指单位时间内晶面在其垂直方向上增长的厚度。在一个晶体上，各晶面间相对的生长速度与它们本身面网密度的大小成反比，即面网密度越大，其生长速度越慢；反之则快。生长速度快的晶面，往往被尖灭掉，如图 3-34 所示。保留下来的实际晶面将是生长速度慢的面网，即面网密度大的晶面。

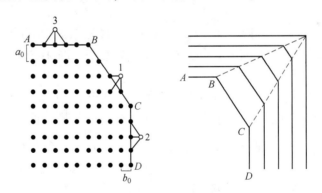

图 3-34　晶面生长示意图

(当面网密度 $AB>CD>BC$ 时，晶面 CD、AB 长成)

Donnay-Harker 原理：晶体的最终外形应为面网密度最大的晶面所包围。晶面的法线方向生长速率反比于面网间距，生长速率快的晶面族在最终形态中消失，表明不是面网密度最大的晶面但当其与螺旋轴或滑移面垂直时，也能成为重要的晶面。

3.6.3.4　吉布斯原理

吉布斯（J. W. Gibbs, 1878）从热力学原理出发，提出了晶体生长最小表面能原理：晶体在恒温和等容的条件下，如果晶体的总表面能最小，则相应的形态为晶体的平衡形态。当晶体趋向于平衡态时，它将调整自己的形态，使其总表面自由能最小；反之，就不会形成平衡形态。由此可知某一晶面族的线性生长速率与该晶面族比表面自由能有关，这一关系称为 Gibbs 晶体生长定律。

3.6.3.5 居里-吴里弗原理（Curie–Wulff theory）

就晶体的平衡形态而言，各晶面的生长速度与各该晶面的比表面能成正比。网面上结点密度大的晶面比表面能小。居里-吴里弗原理与布拉维法则基本一致，其从表面能出发，考虑了晶体和介质两个方面。实际晶体常都未能达到平衡形态，从而影响了这一原理的实际应用。

3.6.3.6 周期性键链理论（periodic bond chain，PBC）

在晶体结构中存在着一系列周期性重复的强键链，其重复特征与晶体中质点的周期性重复相一致，这样的强键链称为周期键链。晶体平行键链生长，键力最强的方向生长最快。

3.7 影响矿物晶体形态的因素

3.7.1 矿物晶体结构与矿物形态

在理想环境中晶体生长遵循布拉维法则：晶体上保留下来的晶面是网面密度大、生长速度慢的晶面。所以晶体表面被网面密度大的晶面包围。从等轴晶系的三种格子类型看，其对应的网面密度不同，若按布拉维法则生长出的形态与原始格子对应的是立方体，体心格子为菱形十二面体，面心格子为八面体。如金刚石晶体八面体和菱形十二面体占优势，立方体次之。

唐内-哈克（Donnay–Harker）原理指出，不是面网密度最大的晶面，但与螺旋轴或滑移面垂直时，也能成为重要的晶面。如萤石（CaF_2）存在面网性质的异向性，决定了在特定条件下形成各种不同形态。

晶体形态与晶体晶胞的形状有明显的相反关系，低级晶族的晶体形态与晶胞形状之间的关系具有晶体的形态向着最小轴长的方向延伸（轴型）和最大轴长的方向缩扁（面型）的特征。如针镍矿，$R\bar{3}m$，轴率 $c/a=0.328$，为沿着 c 轴发育的长柱状、针状晶体习性。辉钼矿，$P6/mmc$，轴率 $c/a=3.899$，为平行 {0001} 发育的片状晶体习性。当轴率接近或等于 1 时，晶体习性趋向于等轴状，适合于等轴晶系的晶体。

晶体形态受化学键的影响。晶面向平行晶体结构中化学键最强的方向发育，如辉锑矿晶面平行于 c 轴延伸的键。

在硅酸盐矿物中，硅氧四面体的连接方式对矿物晶体形态的影响最为明显。具有环状结构的硅酸盐矿物具有柱状结晶习性，具有链状结构的硅酸盐矿物具有柱状结晶习性，具有层状结构的硅酸盐矿物具有片状结晶习性，具有架状结构的硅酸盐矿物具有短柱状、放射状结晶习性。

晶胞大小与元素电负性差值对晶体结晶的习性有一定的作用。研究 NaCl 型结构晶体的习性发现，氧化物晶体（方镁石 MgO、方锰矿 MnO、绿镍矿 NiO、方镉矿 CdO 等）的晶胞小、电负性差值大，晶体习性为八面体为主；卤化物（石盐 NaCl、钾盐 KCl）晶胞大、电负性差值也大，晶体结晶习性为立方体；硫化物及其类似化合物（方铅矿 PbS、硒铅矿 PbSe 等）晶胞大而电负性差值小，晶体结晶习性为立方体和立方八面体。黄铁矿（FeS_2）和方硫锰矿（MnS_2）同属 AX_2 型黄铁矿型结构，黄铁矿晶胞 $a_0 = 0.542nm$，硫、铁电负性差值 0.7，晶体结晶习性为立方体、五角十二面体为主，八面体次之；方硫锰矿晶胞 $a_0 = 0.610nm$，硫、锰电负性差值 1.0，晶体结晶习性为八面体为主，五角十二面体、立方体次之。

晶体结构的缺陷会导致晶面镶嵌图案以及形成螺旋生长纹。内部最紧密堆积方式也对晶体习性有影响。对于同种矿物来说，按立方最紧密堆积形成的晶体双晶面与最紧密堆积面重合；按六方最紧密堆积形成的晶体双晶面与结合面重合，双晶轴在结合面内。

3.7.2 矿物形态与生长环境的关系

地质环境对晶体形态的影响因素有介质组分、过饱和度、温度、压力、杂质以及环境对称的程度等，都直接影响晶体形态。

3.7.2.1 介质组分对晶体形态的影响

晶体内部结构的面网可由同种或不同种质点构成，性质不同的面网对外界条件的反应性能不同。在介质中阴阳离子组分基本平衡条件下较易发生有阴阳离子共同组成的面网密度大的晶面，如石盐 NaCl 的立方体晶面（100）、闪锌矿的菱形十二面体晶面（110）等。当介质中阴阳离子组分不平衡时，则发育由某种离子所组成的面网密度大的晶面，如石盐的八面体晶面（111）、闪锌矿的立方体晶面（100）和四面体晶面（111）。晶面在富含铁的深色闪锌矿中形成时，介质中除 Zn^{2+} 外，还有大量 Fe^{2+} 存在，介质是不均衡的，于是发育由一种离子（Zn^{2+}、Fe^{2+}）组成的四面体和立方体晶面。在浅色的闪锌矿中，则发育菱形十二面晶面，表明随着温度下降 Fe^{2+} 等阳离子基本析出，使介质中阴阳离子（S^{2-}、Zn^{2+}）趋于平衡，从而发育阴阳离子共同组成的菱形十二面体的晶面。

3.7.2.2 结晶速度或过饱和度大小的影响

在结晶速度慢或过饱和度较低的条件下生长的晶体形态完整性好，在结晶速度快或过饱和度高的条件下生长的晶体形态特殊。快速生长的晶体一般呈细长的针状或弯曲的片状，粒度小，甚至会长成如树枝状、骸晶等特殊形态，如电气石晶体具有柱状、针状的轴型和板状面型晶体。轴型晶体是在温度高、过饱和度较小的条件下生成的；面型晶体是在温度低、过饱和度较大的条件下生成。具有立方面心格子的磁铁矿，按空间格子类型应发育八面体晶形，实际上还有立方体和菱形十二面体晶形，从八面体—菱形十二面体—立方体的变化可能是过饱和度降低的过程。在不同溶液中，萤石晶体形态与过饱和度之间也存在着密切关系（图 3-35）。

3.7.2.3 温度和压力对晶体形态的影响

结晶温度对矿物晶体形态影响较大，在保持过饱和度条件下，温度增高将使整个晶体的生长速度变慢，质点活动性增大，各个晶面生长速度的差异相对减少，侧向生长速度相对增大，形成短粗晶体。像石英、长石、萤石、方解石等常见矿物在不同温度条件下生长的形态都不同。温度明显影响双晶生长。β-石英冷却至 573℃ 转化为 α-石英时能形成道芬双晶。α-石英在低于 200℃ 时不出现道芬双晶，达到 200℃ 后仅出现很少量的双晶薄片，加热超过 320℃ 快速冷却时得到的双晶最多，若缓慢冷却则少；低于 550℃ 缓慢冷却未见

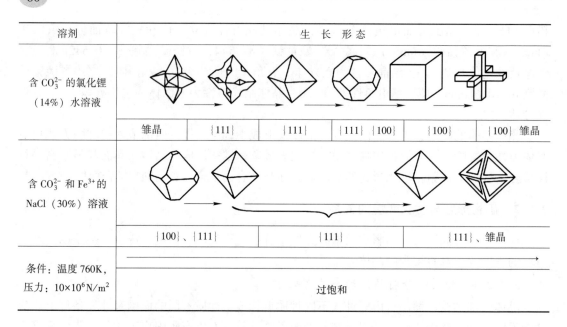

溶剂	生　长　形　态					
含 CO_3^{2-} 的氯化锂 （14%）水溶液	雏晶	{111}	{111}	{111}　{100}	{100}	{100}　雏晶
含 CO_3^{2-} 和 Fe^{3+} 的 NaCl（30%）溶液	{100}、{111}		{111}		{111}、雏晶	
条件：温度 760K， 压力：$10×10^6 N/m^2$	过饱和					

图 3-35　萤石晶体形态与过饱和度的关系（箭头方向为过饱和度方向）

到双晶。缓慢冷却能使双晶数量增多裂隙减少，快速冷却使双晶减少裂隙增多。

3.7.2.4　杂质对晶体形态的影响

溶液中的杂质影响晶面相对的生长速度，使晶体具有不同形态。如明矾在过饱和溶液中长成八面体，当溶液加入硼砂时则在八面体基础上出现立方体，随着硼砂量增加立方体晶体占优势。杂质影响晶体习性的原因可能是由于不同面网性质的晶面具有不同的比表面能，在生长过程中吸附杂质能力不同。对杂质吸附能力大的面网与杂质附着成层，起到阻碍该晶面生长的作用，从而造成晶形的歪曲。

3.7.2.5　生长环境的对称程度

生长环境的对称程度指晶体在介质中的位置是否能够获得均匀的溶液供给、适当的温度变化等。如一个菱形十二面体的晶芽悬浮于溶液中，如果各方向溶液供给程度是均匀的，处于理想条件下可形成理想的菱形十二面体形态；如果溶液供给方向是单方向、不均匀的，晶体生长必然在一定方向发育成歪晶；如果晶芽处于裂隙或压力状态下也会出现歪晶。

4 矿物的物理性质

矿物的物理性质（physical properties）主要指矿物的光学性质、力学性质等，它们取决于其本身的化学成分和内部结构。矿物的物理性质是鉴别晶体矿物的主要依据。矿物的物理性质与其形成环境密切相关，同种矿物由于形成条件的不同，其成分和结构在一定程度上随之产生相应的变化，必然要反映到物理性质上。研究矿物的物理性质可以提供矿物的成因信息。矿物因其具有特殊的物理性质，可直接应用于工业生产。

4.1 矿物的光学性质

矿物的光学性质是指矿物对可见光波透过、选择性吸收和综合性吸收、表面反射、散射与透射等所表现出来的各种性质，有矿物颜色、光泽、透明度、发光性等。

4.1.1 矿物的颜色

矿物的颜色是矿物对入射的可见光区域中（380~780nm）不同波长的光波吸收后，透射和反射出的其他波长光的混合色。电磁波谱包括了无线电波、红外线、紫外线以及 X 射线等，其中波长在 400~760nm（1nm = 10^{-9}m）之间为可见光。光波波长由长到短相应的颜色由红色（780 ~ 640nm）、橙色（640 ~ 610nm）、黄色（610 ~ 530nm）、绿色（530 ~ 505nm）、蓝色（505~470nm）到紫色（470~380nm）。

当矿物对白光中不同波长的光波同等程度地均匀吸收时，矿物呈现的颜色取决于吸收程度，如果是均匀地全部吸收，矿物呈黑色；若基本上都不吸收，则为无色或白色；若各色光皆被均匀地吸收了一部分，则视其吸收量的多少而呈现出不同浓度的灰色。如果矿物只是选择性地吸收某种波长的色光，则矿物呈现出被吸收的色光的补色。

矿物的颜色是矿物化学成分与晶体结构决定的。矿物组成中含有能使矿物呈色的离子，称为色素离子（chromophoric ion），是产生矿物颜色的物质基础。主要的色素离子有过渡型离子、铜型离子、稀有元素离子等。元素周期表中ⅠA、ⅡA 族的惰性气体型离子构成的矿物通常无色。如过渡金属离子在不同矿物晶体中产生不同的颜色（表4-1）。相同离子在不同晶体结构中呈现不同颜色，同种元素的不同价态离子呈现不同颜色，两种不同离子比例不同呈现不同颜色。

表 4-1 部分过渡金属离子呈现不同颜色

离子	颜色	矿物举例	离子	颜色	矿物举例
Cr^{3+}	红色	刚玉（红宝石）	Fe^{3+}	黄绿色	绿帘石
	绿色	钙铬榴石		红色	赤铁矿
Mn^{2+}	玫瑰色	菱锰矿、蔷薇辉石	Fe^{2+}	绿色	阳起石、绿泥石

离子	颜色	矿物举例	离子	颜色	矿物举例
Mn^{4+}	黑色	软锰矿	Cu^{2+}	蓝色	蓝铜矿
$[UO_2]$	黄色	钙铀云母		绿色	孔雀石

从内部物理机制来看，矿物的颜色是由于组成矿物的原子或离子受可见光的激发，发生电子跃迁、电荷转移造成的，其呈色机理主要有以下四种：

（1）离子内部电子跃迁。电子跃迁本质上是组成物质的原子、离子或分子中电子的一种能量变化。外层电子从低能级转移到高能级的过程中会吸收能量；从高能级转移到低能级会释放能量。过渡金属元素具有未满的外电子层结构，受配位体的作用 d 轨道或 f 轨道会发生能级分裂，其能量差 ΔE 大约在 $400\sim714.3nm$（$25000\sim14000cm^{-1}$）范围，与电磁波谱的可见光或近可见光区的光能量相同。当 d 轨道或 f 轨道的电子吸收一定能量被激发跃迁到较高能量轨道时，发生 d-d 跃迁或 f-f 跃迁。当某波长可见光的能量转移给被激发电子时，此光波被吸收，矿物将吸收这部分色光而呈现其补色；与 ΔE 值能量不同的光继续透射或反射，混合构成矿物的颜色。惰性气体型离子的 p 轨道同其最邻近的空轨道间能量差远比可见光的能量大，其电子在可见光能量作用下不能被激发，不发生跃迁，可见光不被吸收，矿物呈无色。镧系元素离子在许多矿物中是通过 4f 轨道间的电子跃迁呈颜色的，如磷铈镧矿、氟碳铈矿、磷钇镧矿和某些含镧族元素的磷灰石、萤石等。

（2）离子间的电荷转移。在外加能量的激发下，矿物晶体结构中变价元素的相邻离子之间可以发生电荷转移，使矿物产生颜色。这种转移既可以发生在金属离子间，也可发生在金属离子到配位体或配位体到金属离子间。造成离子间的电子转移所需要的能量比电子跃迁所需能量大千百倍，在矿物中是由高能量的紫外线诱发的，所产生的紫外区吸收带可扩展到可见光区造成带色的透射光，使矿物呈现颜色。许多过渡金属离子具多价态，如 Fe^{2+} 与 Fe^{3+}、Mn^{2+} 与 Mn^{3+} 或 Ti^{3+} 与 Ti^{4+} 等，在晶体结构中具有不同价态的离子之间最易发生电荷转移，使矿物产生颜色。同一种元素的不同价态离子显示不同颜色。

（3）晶体结构缺陷造成电子转移。在碱金属和碱土金属元素组成的矿物晶体结构中出现未被离子占据而形成的空位（缺席构造），是一种能选择性吸收可见光波的晶格缺陷，能引起相应的电子跃迁而使矿物呈色，称为色心（color centers）。常见色心有两种：1）F 色心。为一电子占据了阴离子空位，如 KCl 在 X 光照射下呈现蓝色是由于 Cl^- 吸收 X 光能量放出一电子，为阴离子空位捕获，Cl^- 离子变成中性原子；如果加热 KCl，占据空位的电子又返回到 Cl 原子变成 Cl^-，颜色消失。2）F′色心。是电子占据到晶格间隙之中。当矿物中某种元素的含量过剩或存在杂质离子以及晶格的机械变形等时，均可形成色心。

（4）能带间电子跃迁。能带的宽度为 ΔE（eV），能带中相邻能级的能带差为 $10^{-22}eV$。晶体中的一个电子只能处在某个能带中的某条能级上。孤立原子的能级最多能容纳 $2(2l+1)$ 个电子。这一能级分裂成由 N 条能级组成能带后，最多能容纳 $2N(2l+1)$ 个电子。当能带中各能级都被电子充满时为满带；被部分电子充填的能带为导带。在外电场作用下，电子可向带内未填充的高能级转移。由价电子能级分裂后形成的能带为价带。价带既可能是满带也可能是导带。所有能级均未被电子充填的能带为空带。在能带之间的能量间隙区电子不能充填为禁带。当有激发因素（热、光激发）时，价带中电子可被激发进入空带。若禁带宽度与可见光中某种色光的能量相当，则矿物可吸收能量高于该色光能量的光波，使电子越过禁带而从价带跃迁到导带，导致矿物呈色。许多硫化物矿物的颜色与晶体结构中电子在价带和导带间的转移有关，从紫外或红外光的吸收边缘扩展到可见光区，呈现出颜色。辰砂的朱红色是由于紫外吸收边缘扩展到可见光区，只有红光透射出来的结果。有些硫化物的颜色缘于 S 或 Se、Te 的活动电子与过渡金属离子形成 π 键。这种键的电子近似于典型金属键的自由电子，可以吸收部分可见光，使矿物呈现颜色。

根据颜色产生的原因，矿物通常可分为自色、他色和假色 3 种（图 4-1）：

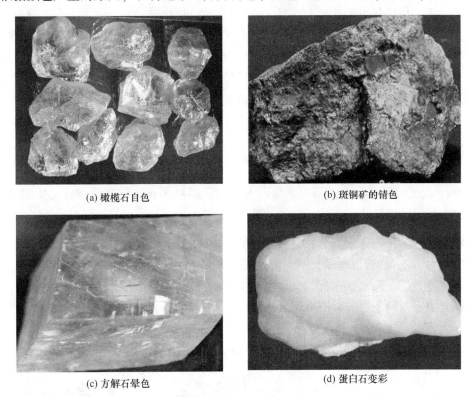

(a) 橄榄石自色　　　　　　　　　　(b) 斑铜矿的锖色

(c) 方解石晕色　　　　　　　　　　(d) 蛋白石变彩

图 4-1　矿物的各种颜色

（1）自色（idiochromatic color）。是由矿物本身固有的化学成分和内部结构决定的颜色，对同种矿物来说，自色一般相当固定，是鉴定矿物的重要依据之一。如橄榄石的橄榄绿、自然金的金黄色、辰砂红色等。

（2）他色（allochromatic color）。是指矿物因含外来带色的杂质、气液包裹体等引起的颜色，不是矿物固有的颜色。

（3）假色（pseudochromatic color）。是自然光照射在矿物表面或进入到矿物内部产生干涉、衍射、散射等引起的颜色，假色对个别矿物有辅助鉴定意义，矿物中常见的假色主要有：

1）锖色（tarnish）。在金属硫化物、金属氧化物矿物表面的氧化薄膜引起的反射光干涉作用，导致矿物表面呈现斑斓的彩色。如斑铜矿的蓝、靛紫、红等锖色。

2）晕色（iridescence）。透明矿物具有一系列平行密集的解理面或裂隙面，对光连续反射、干涉，使矿物表面出现彩虹般的色带。在白云母、冰洲石、透石膏、长石、方解石等无色透明矿物晶体解理面上常见晕色。

3）变彩（chatoyance）。某些透明矿物内部存在微细叶片状或层状结构引起光的干涉、衍射作用，造成不同方向上出现不同颜色变换的现象。像拉长石在不同方向上具有蓝绿、金黄、红紫等连续变换的变彩，贵蛋白石出现蓝、绿、紫、红等颜色的变彩。

4）乳光（也称蛋白光，opalescence）。在矿物中出现的类似蛋清般且柔和与淡蓝色调的乳白色光。这是矿物内部含有许多比可见光波长更小的其他矿物或超显微晶质或胶体微粒，使入射光发生漫反射引起的。如月光石和蛋白石可见到乳光。

矿物的条痕是矿物粉末的颜色。通常是指矿物在白色无釉瓷板上擦划留下的粉末的颜色。矿物的条痕能消除假色、减弱他色、突出自色，它比矿物颗粒的颜色更为稳定，更有鉴定意义。例如不同成因不同形态的赤铁矿可呈钢灰、铁黑、褐红等色，但其条痕总是呈特征的红棕色（或樱红色）。

4.1.2　矿物的透明度

矿物的透明度是指矿物允许可见光透过的程度。矿物透明度的大小可用矿物透射系数 $Q=\dfrac{I}{I_0}$ 表示，是透过矿物的光线强度 I 与进入矿物（厚度 1cm）的光线强度 I_0 的比值。吸收强的矿物透射系数越小，透明度越小。

矿物透明度受矿物化学成分和晶体结构的影响。具有金属键的矿物（自然金、自然铜等），由于含有较多的自由电子，对光波的吸收较多，透过的光少，透明度低。有离子键、共价键的矿物（如金刚石、萤石等）不存在自由电子，可透过大量的光，透明度高。

根据矿物在专门磨制的岩石薄片（厚度约为 0.003cm）中透明的程度，矿物的透明度划分为 3 个等级（图 4-2）。

(a) 透明矿物—方解石　　　(b) 半透明矿物—雌黄　　　(c) 不透明矿物—黄铁矿

图 4-2　矿物透明度比较

（1）透明（transparent 或 diaphanous）。能允许大部分光透过，透过矿物薄片可清晰看到对面物体轮廓。透明矿物的条痕常为无色或白色，或略呈浅色，如石英、长石、方解石、石膏等。

（2）半透明（translucent）。允许部分光透过。半透明矿物条痕呈各种彩色（如红、褐等色），如辰砂、雌黄等。

（3）不透明（opaque）。光不能透过。不透明矿物条痕具黑色或金属色。如磁铁矿、黄铁矿、方铅矿、石墨等。

同一种矿物的透明度受到矿物杂质、包裹体、气泡、裂隙等影响，以及因集合体方式不同存在差异。

4.1.3　矿物的光泽

矿物的光泽是指矿物表面对可见光的反射能力。具有离子键、共价键、分子键的矿物晶格，电子围绕离子固定在一定的晶格位置上，电子的基态和激发态具有一定的能级，大多数能级间的能量差比各种可见光光子能量大，绝大部分可见光透射过……，反射光很弱，呈非金属光泽。具有金属键的矿物晶格，电子能量间隔比可见光能量小得多，存在较多的激发态，其能量差与可见光子能量相当者较多。可见光撞击到金属键或部分金属键矿物表面可激发基态电子到激发态，可见光本身能量被吸收，大部分能量当激发态电子重返基态时再发射出来成为发射光，使矿物呈金属光泽。

矿物的光泽的强弱与矿物的折射率（N）、反射率（R）和吸收率（K）有关。对于吸收系数大的不透明矿物有函数关系式：$R=\left[(N-1)^2+K^2\right]\div\left[(N+1)^2+K^2\right]$。对于吸收系数小或透明矿物可简化为：$R=\left[(N-1)^2\right]\div\left[(N+1)^2\right]$。折射及吸收越强，矿物反光能力越大，光泽越强；反之则光泽弱。矿物光泽与反射率、折射率的关系见表4-2，但它们之间没有截然的界限。

表4-2　矿物光泽、透明度、颜色的相互关系

光学性质	玻璃光泽	金刚光泽	半金属光泽	金属光泽
透明度	透明	透明	半透明	不透明
颜色	无色-浅色		深色	深色-金属色
折射率 N	1.3~1.8	1.8~3.4	1.83~2.4	>2.4
反射率 $R/\%$	2~10	10~20	3~20	20~93
矿物实例	萤石、石英、多数含氧盐矿物	锆石、锡石、金刚石等	石墨、赤铁矿、辰砂等	辉钼矿、辉锑矿、方铅矿、自然金等

通常用肉眼鉴定矿物时，根据矿物新鲜平滑的晶面、解理面或磨光面上反光能力的强弱，同时常配合矿物的条痕和透明度，将矿物的光泽分为4个等级（图4-3）：

（1）金属光泽（metallic luster，反射率>25%）。反光能力很强，似金属磨光面的反光。矿物具金属色，条痕呈黑色或金属色，不透明。如方铅矿、黄铁矿和自然金等。

（2）半金属光泽（submetallic luster，反射率25%~19%）：反光能力较强，似未经磨光的金属表面的反光。矿物呈金属色，条痕为深彩色（如棕色、褐色等），不透明~半透明。如赤铁矿、铁闪锌矿和黑钨矿等。

（3）非金属光泽（反射率19%~4%）。分为8种：

1）金刚光泽。反光较强，似金刚石般明亮耀眼的反光。矿物的颜色和条痕均为浅色（如浅黄、橘红、浅绿等）、白色或无色，半透明~透明。如浅色闪锌矿、雄黄和金刚石等。

2）玻璃光泽。反光能力相对较弱，呈普通平板玻璃表面的反光。矿物为无色、白色

(a) 强金属光泽—方铅矿　　(b) 金属光泽—自然金　　(c) 半金属光泽—赤铁矿

(d) 玻璃光泽—石英　　(e) 金刚光泽—金刚石　　(f) 丝绢光泽—石膏

(g) 沥青光泽—硬锰矿　　(h) 油脂光泽—雄黄　　(i) 土状光泽—褐铁矿

图 4-3　矿物的各种光泽等级

或浅色，透明。如方解石，石英和萤石等。

　　3）油脂光泽。某些具玻璃光泽或金刚光泽、解理不发育的浅色透明矿物，在其不平坦的断口上呈现如油脂般的光泽。

　　4）树脂光泽。在某些具金刚光泽的黄、褐或棕色透明矿物的不平坦的断口上，可见到似松香般的光泽。如浅色闪锌矿和雄黄等。

　　5）蜡状光泽。某些透明矿物的隐晶质或非晶质致密块体上，呈现有如蜡烛表面的光泽。如块状叶蜡石、蛇纹石及很粗糙的玉髓等。

　　6）珍珠光泽。浅色透明矿物的极完全的解理面上呈现出如同珍珠表面或蚌壳内壁那种柔和而多彩的光泽。如白云母和透石膏等。

　　7）丝绢光泽。无色或浅色、具玻璃光泽的透明矿物的纤维状集合体表面常呈蚕丝或丝织品状的光亮。如纤维石膏和石棉等。

　　8）土状光泽。呈土状、粉末状或疏松多孔状集合体的矿物，表面如土块般暗淡无光。如块状高岭石和褐铁矿等。

　　此外，沥青光泽是指解理不发育的半透明或不透明黑色矿物，其不平坦的断口上具乌亮沥青状光亮。如沥青铀矿、硬锰矿以及富含 Nb、Ta 的锡石等。

4.1.4　矿物的发光性

矿物在外加能量（如紫光、紫外线和 X 射线等）照射下引起发光的现象称为矿物发光性（表 4-3）。当外加能量停止后仍能发光到持续衰退的发光为磷光性；当外界激发能量停止作用矿物便停止发光称为荧光性（表 4-4）。具有荧光性的矿物只要有外加能量连续作用，就持续发射某种可见光。常见的具有发光性的矿物如金刚石、白钨矿、萤石等。发光性是矿物的鉴定特征之一，可用于找矿和选矿。

表 4-3　具有发光性的部分矿物

矿物	激发源						备注
	阴极射线		X 射线		紫外		
	颜色	强度	颜色	强度	颜色	强度	
金刚石	绿、蓝	强	天蓝	中	天蓝、橙	弱~强	磷光
重晶石	紫	中	绿	弱	紫、黄	中	荧光
萤石	紫、绿	中	绿	弱	紫、蓝白	弱~强	荧光
闪锌矿	红	中			红	中	磷光
锆石	黄	中	绿	弱	黄	中	荧光
白钨矿	天蓝	强	天蓝	强	天蓝	强	荧光
白云石	橙、黄	强	玫瑰、红	中	橙红、绿	中	荧光
锰方解石	橙~红	中	红	中	紫、黄	中	荧光
磷灰石	黄绿、红	强	黄、天蓝	中	玫瑰	中	磷光

表 4-4　部分矿物在紫外光照射下的荧光特征

矿物	荧光颜色	矿物	荧光颜色	矿物	荧光颜色
白钨矿	纯白色	锆石	橙黄色	锂云母	绿色
萤石（块状）	玫瑰红色	方解石	黄色	蛋白石	绿色
萤石（八面体）	暗紫色	白云母	紫色	磷灰石	橙红色
微斜长石	暗玫瑰红色	重晶石	玫瑰红色	独居石	深紫色
人造金刚石	淡黄色	金刚石	浅黄绿色	黄玉	深玫瑰红色

发光性实质上是矿物晶体中的原子、离子受外来能量的激发，外层电子产生跃迁，再从高能级跳回低能级的空位时，释放出多余能量，并以一定波长可见光形式出现。其发生机理为：可见紫光、紫外光和 X 射线的光量子具有较高的能量，能够把矿物晶格中原子或离子的外层电子从基态激发到能量较高的激发态。如果激发态与基态间有另外一些激发态存在，当被激发到能量较高激发态的电子落到较低激发态时就发出光子。如果两激发态的能量差相当于某可见光子的能量，则发射出具有该能量差的可见光，发射出的光呈现一定的颜色。矿物晶体结构中存在一种能量屏障可抑制激发电子落回到基态，使激发电子处于被抑制状态。矿物加热能够使抑制的激发电子活化，突破能量屏障降落回到基态，从而发

射出某种可见光，称为热发光性。

矿物发光性以及发射光的颜色、强度主要与矿物成分中含有的过渡元素、稀土元素的种类、数量有关。含有稀土元素的方解石产生荧光，磷酸盐中含有镧族元素代替钙时常发磷光。

4.2　矿物的力学性质

矿物的力学性质是指矿物在外力作用下（如敲打、挤压、拉引和刻划等）表现出来的性质。主要有解理、裂开、断口、硬度等。

4.2.1　解理

解理是指当矿物晶体所受应力作用超过弹性限度时，沿一定结晶学方向破裂成一系列光滑平面的固有特性。光滑的平面称为解理面。解理面常沿晶体结构中化学键力最弱的面网产生。

在原子晶格中，各方向化学键均等，解理面一般平行面网密度大、面网间距也大的面网产生。如金刚石平行 {100}、{110}、{111} 的面网间距分别为 0.089nm、0.126nm、0.154nm，其解理沿 {111} 产生（图 4-4）。

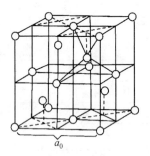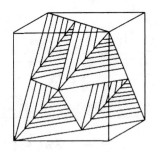

图 4-4　原子晶格的解理

离子晶格矿物的解理产生在以下两处：（1）由异号离子组成且面网间距大的电性中和面网之间。在电性中和面内部电性平衡，与相邻面网的引力弱。如石盐在 {100} 面网为中和面网，解理平行该面网发育。（2）在平行同号离子层相邻的面网发育解理。同号离子层面网间引力更弱。如在萤石结构中 {111} 面网由 F-Ca-F、F-Ca-F 的离子层按序分布组成的相邻面网，由于静电斥力使同号离子面网间连结力弱，导致解理沿 {111} 面网产生（图 4-5）。

在金属键晶格中，金属阳离子弥漫于整个晶格，当晶格受力时易发生晶格滑移而不引起键的断裂，故金属晶格具延展性而无解理。

在多键型的矿物中，解理与化学键最弱分布方位有关。在云母结构中，在 Si-O 层和 Mg-O 八面体层构成的结构单元层内化学键力强，平行单元层之间以弱的化学键力连接，发育有平行 {001} 的解理。在石墨晶体结构中，在由碳（C）组成的层内 C-C 间距为 0.142nm，并为共价键和金属键联结，层与层之间为分子键联结，层间距为 0.340nm，解理沿层间产生∥{0001} 一组极完全解理（图 4-6）。

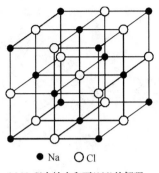
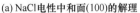

(a) NaCl电性中和面(100)的解理

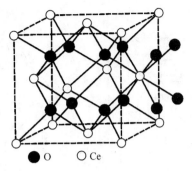

(b) CaF$_2$ 在F-Ca-F同号离子面网(111)的解理

图4-5　离子晶格矿物的解理

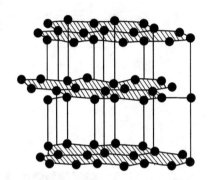

图4-6　石墨沿（0001）面网产生解理

　　解理体现晶体的对称性，在晶体结构中成对称关系的平面，都应发育相同的解理。解理也是晶体的异向性的具体体现，不同方向面网性质不同，在晶体不同方向上发育有解理。一个晶体中同一方向的解理为一组解理，有多个方向的解理为多组解理，称为解理组数。具有对称关系的不同解理应具有完全相同的等级与性质，不具有对称关系的解理一般具有不同的等级与性质。解理可用单形及其符号来表示，它既表示了解理面的方向，又表示了解理的组数及解理夹角。例如，石盐、方铅矿的解理∥{100}，表示具有3组互相垂直解理面，呈立方体解理，解理夹角为90°；萤石的解理∥{111}，表示具有4组解理面，呈八面体解理；闪锌矿的解理∥{110}，具有6组解理面，呈菱形十二面体解理，解理夹角为120°；方解石的∥{10$\bar{1}$1}解理，具有3组平行菱面体的解理；重晶石具有2组平行斜方柱{210}的解理及一组平行双面{001}解理；石墨具有平行单面{0001}的一组解理。解理的组数和夹角可从解理面上的解理纹得到反映（图4-7）。

　　根据解理产生的难易程度及其完好性，通常将解理划分为5个等级：

　　（1）极完全解理（eminent cleavage）。矿物受力后极易裂成薄片，解理面平整而光滑，如云母∥{001}、石墨∥{0001}的一组极完全解理（图4-8）。

　　（2）完全解理（perfect cleavage）。矿物受力后易裂成光滑的平面或规则的解理块，解理面显著而平滑，常见平行解理面的阶梯。如方铅矿∥{100}三组完全解理、方解石∥{10$\bar{1}$1}三组完全的解理。

　　（3）中等解理（good or fair cleavage）。矿物受力后，常沿解理面破裂，解理面较小，

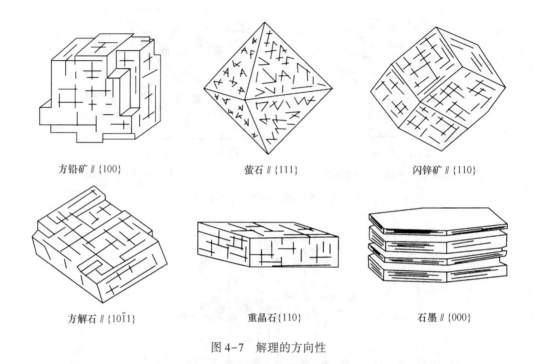

方铅矿 ∥ {100}　　　　萤石 ∥ {111}　　　　闪锌矿 ∥ {110}

方解石 ∥ {10$\bar{1}$1}　　　重晶石 {110}　　　　石墨 ∥ {000}

图 4-7　解理的方向性

(a) 极完全解理—白云母　　　　(b) 完全解理—方解石

(c) 中等解理—正长石　　　　(d) 不完全解理—石英

图 4-8　矿物的解理等级

不很平滑，且不太连续，常呈阶梯状，却仍闪亮清晰可见。如蓝晶石、角闪石、辉石∥{110} 两组中等解理。

（4）不完全解理（poor or imperfect cleavage）。矿物受力后，不易裂出解理面，仅断续可见小而不平滑的解理面。如磷灰石、橄榄石的解理。

（5）极不完全解理（cleavage in traces）。矿物受力后很难出现解理面，仅在显微镜下偶尔可见不规则裂缝，也称为无解理。如石英、石榴子石、黄铁矿等。

对于不完全解理和极不完全解理，在肉眼上都很难看到解理面，常以"解理不发育"或"无解理"来描述。

裂开（parting）是指矿物晶体在某些特殊条件下（如杂质的夹层及机械双晶等），受应力后沿着晶格内一定的结晶方向破裂成平面的性质。裂开的平面称为裂开面（parting plane）。裂开不直接受晶体结构控制，而取决于杂质的夹层及机械双晶等结构以外的非固有因素。裂开面往往沿定向排列的外来微细包裹体或固溶体离溶物的夹层及由应力作用造成的聚片双晶的接合面产生。当这些因素不存在时，矿物则不具裂开。如某些磁铁矿可见裂开，即是由于其含有沿某个结晶学方向分布的显微状钛铁矿、钛铁晶石出溶片晶所致。

4.2.2 断口

断口是指矿物晶体受力后将沿任意方向破裂，形成各种不平整的断面。显然，矿物的解理与断口产生的难易程度是互为消长的。晶格内各个方向的化学键强度近于相等的矿物晶体，受力后形成一定形状的断口，则难以产生解理。断口不仅见于矿物单晶体上，也出现在同种矿物的集合体中。断口常呈一些特征的形状，但它不具对称性，并不反映矿物的任何内部特征。因此，断口仅作为鉴定矿物的辅助依据。矿物的断口主要借助于其形状来描述，常见的有：

（1）贝壳状断口。呈圆形或椭圆形的光滑曲面，并有不规则的同心圆波纹，形似贝壳。如石英的断口。

（2）锯齿状断口。呈尖锐锯齿状，见于强延展性的自然金属元素矿物，如自然金等。

（3）参差状断口。断面呈参差不平状，大多数脆性矿物（以及呈块状或粒状集合体）具此种断口，如磷灰石、石榴子石等。

（4）平坦状断口。断面较平坦，见于块状矿物，如块状高岭石。

（5）土状断口。断面粗糙，呈细粉状，为土状矿物特有。

（6）纤维状断口。断面呈纤维丝状，如石棉纤维状矿物集合体。

4.2.3 矿物的硬度

矿物的硬度是指矿物抵抗外来机械作用（如刻划、压入或研磨等）的能力。它是鉴定矿物的重要特征之一。矿物的硬度是矿物成分及内部结构牢固性的具体表现之一。影响矿物硬度的主要因素是化学键、原子性质、配位数等有关。

（1）矿物的硬度主要取决于其内部结构中质点间联结力的强弱，即化学键的类型及强度。典型原子晶格（如金刚石）具有很高的硬度，对于具有以配位键为主的原子晶格的大多数硫化物矿物，由于其键力不太强，故硬度并不高。离子晶格矿物的硬度通常较高，随离子性质的不同而变化较大；金属晶格矿物的硬度比较低（某些过渡金属除外）；分子晶格因分子间键力极微弱，其硬度低。

绝大多数矿物中存在着化学键为离子键、共价键的过渡类型。键的强度随共价性程度增大而增强，矿物硬度与此一致。即在其他影响因素相近条件下，当矿物化学键的共价性较大时，矿物的硬度也增高。

（2）原子的性质。在晶体结构中原子的价态和原子间距也是决定矿物硬度大小的重要因素。矿物的硬度随组成矿物的原子或离子电价的增高而增大，与原子间距的平方成反比。

（3）配位数的影响。在化学键、原子价态间距相近的情况下，矿物硬度随配位数增加而增高。但从配位数增加看，原子的晶格中堆积或填充密度增大。值得注意的是，配位数增加影响化学键的强度。

（4）原子的电子构型对硬度的影响。将一些结构相同、原子间距相近、电价相同、配位数相同的矿物进行对比，发现惰性气体型离子的矿物硬度大于铜型离子、过渡性离子的矿物硬度，在晶格中原子或离子间存在的斥力也影响矿物的硬度。

矿物的硬度也体现晶体的异向性，同一矿物晶体的不同晶面硬度不同，而同一晶面在不同方向上的硬度会有差异。在多键性矿物中硬度异向性突出表现为沿着最弱化学键分布方向硬度小。

矿物硬度采用两种方法测定：一种方法是以 10 种硬度递增的矿物为标准来测定矿物的相对硬度，即摩斯硬度计（Mohs scale of hardness）。根据矿物与标准矿物相互刻划比对测定的硬度为摩斯硬度。在野外，也可以使用其他已知硬度的常见物质进行摩氏硬度测定。如指甲硬度约 2.5，小刀为 5.5，玻璃为 6.5。

另一种测定硬度的方法是利用显微硬度仪，通过测定矿物晶面或解理面压入的深度、面积测定的硬度为显微硬度或绝对硬度，单位为 kg/mm^2。这种方法比刻划方法精确。摩斯硬度与绝对硬度等级间对比见表 4-5。矿物硬度在生产中具有实用价值，可根据矿物硬度大小选择润滑剂、磨光剂、研磨材料等。

表 4-5　矿物摩斯硬度与绝对硬度等级对比

矿物	滑石	石膏	方解石	萤石	磷灰石	正长石	石英	黄玉	刚玉	金刚石
摩斯硬度	1	2	3	4	5	6	7	8	9	10
绝对硬度	1	2	9	21	48	72	100	200	400	1600

4.2.4　矿物的弹性与挠性

矿物的弹性是指矿物在外力作用下发生弯曲形变，当外力撤除后，在弹性限度内能够自行恢复原状的性质；矿物的挠性是指某些层状结构的矿物，在撤除使其发生弯曲形变的外力后，不能恢复原状。云母片一般都有弹性，而滑石、绿泥石、石墨片都有挠性。

矿物的弹性和挠性取决于矿物晶格内结构层间键力的强弱。如果键力很微弱，受力时，层间或链间可发生相对位移而弯曲，由于基本上不产生内应力，故形变后内部无力促使晶格恢复到原状而表现出挠性。若层间或链间以一定强度的离子键联结，受力时发生相对晶格位移，同时所产生的内应力能在外力撤除后使形变迅速复原，即表现出弹性

（图4-9）。如白云母在其层状结构中出现钾离子，化学键较大，具有弹性。当外力撤除后，白云母薄片在弹性限度内能够自行恢复原状，故呈弹性；而滑石呈挠性。

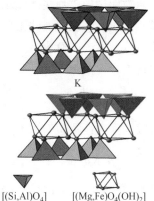

$[(Si,Al)O_4]$ $[(Mg,Fe)O_4(OH)_2]$

图4-9　云母弹性与结构

4.2.5　矿物的脆性与延展性

矿物的脆性是指矿物受外力作用时易发生碎裂的性质。自然界中绝大多数非金属晶格矿物都具有脆性，如自然硫、萤石、黄铁矿、石榴子石和金刚石。矿物的脆性与硬度无关，有些矿物虽然脆性大但硬度还挺高。延展性是指矿物受外力拉引时易成为细丝、在锤击或碾压下易形变成薄片的性质，它是矿物受外力作用发生晶格滑移形变的一种表现，是金属键矿物的一种特性。如自然金和自然铜等均具强延展性。某些硫化物矿物，如辉铜矿等有一定的延展性。肉眼鉴定矿物时，用小刀刻划矿物表面若留下光亮的沟痕，则矿物具延展性，可借此区别于脆性矿物。

4.3　矿物的其他性质

4.3.1　矿物的密度和相对密度

矿物的密度是指矿物单位体积的质量，其单位为 g/cm^3，它可以根据矿物的晶胞大小及其所含的分子数和分子质量计算得出。矿物的相对密度是指纯净的单矿物在空气中的质量与4℃时同体积的水的质量之比。其数值与密度相同，但它更易测定。通常将矿物的相对密度分为3级：

（1）相对密度轻的矿物。相对密度小于2.5，如石墨。

（2）相对密度中等的矿物。相对密度在2.5~4之间，如石英。

（3）相对密度重的矿物。相对密度大于4，如黄铁矿、重晶石、自然金等。

矿物的相对密度是矿物晶体化学特点在物理性质上的又一反映，它主要取决于其组成元素的原子量、原子或离子的半径及结构的紧密程度。矿物的形成环境对相对密度也有影响。高压环境下形成的矿物的相对密度较其低压环境的同质多象变体为大；温度升高有利于形成配位数较低、相对密度较小的变体。

4.3.2 矿物的磁性

矿物的磁性是指矿物在外磁场作用下被磁化时表现出能被外磁场吸引、排斥或对外界产生磁场的性质。矿物的磁性主要是由组成矿物的元素的电子构型和磁性结构决定。矿物晶格中的过渡型离子中有未成对的电子的磁场在一定程度上统一取向时，才表现出强磁性，因此含 V、Cr、Fe、Mn、Cu 等离子的矿物，常具磁性。磁化率（k）是矿物的磁化强度 M 与磁场强度 H 的比值，$k = \dfrac{M}{H}$，k 值越大表明该物质容易被磁化。对于弱磁性物质 k 是一个常数。强磁性物质 k 值不是常数。比磁化率（x）是物质磁化率与本身密度（δ）的比值，$x = \dfrac{k}{\delta}$，表示单位体积物质在标准磁场内受力的大小。

肉眼鉴定矿物时，一般以马蹄形磁铁或磁化小刀来测试矿物的磁性，常粗略地分为 3 级：（1）强磁性。矿物块体或较大的颗粒能被吸引。比磁化率在 $600 \times 10^{-6} \, cm^3/g$，如磁铁矿。（2）弱磁性。矿物粉末能被吸引。比磁化率在 $150 \sim 600 \times 10^{-5} \, cm^3/g$，如铬铁矿。（3）无磁性。矿物粉末也不能被吸引。比磁化率率小于 $15 \times 10^{-6} \, cm^3/g$，如金刚石、方铅矿等。可利用矿物磁性找矿和选矿。

4.3.3 矿物的电学性质

（1）矿物的导电性。是指矿物对电流的传导能力，它主要取决于化学键类型及内部能带结构特征。具有金属键的自然元素矿物和某些金属硫化物的矿物晶体结构中有自由电子，导电性强。离子键或共价键矿物则具有弱导电性或不导电。矿物依导电性分为良导体（如金属自然元素矿物的自然铂、自然金、自然铜等，石墨及部分金属硫化物，如磁黄铁矿）、半导体（如金刚石、金红石、自然硫）、绝缘体（如白云母等）。矿物的导电性具有异向性。如赤铁矿垂直于三次轴方向的导电率比平行三次轴方向大得多。矿物的导电性可以用矿物电阻率或电导率进行对比研究。

（2）矿物的介电性（dielectricity of minerals）。是指不导电的或导电性极弱的矿物在外电场中被极化产生感应电荷的性质，常用介电常数表示。矿物介电常数反映矿物在外加电场中的极化作用。极化作用愈大介电常数愈大。将矿物样品放在介电常数适当大小的某种电介质液体中，在外电场作用下，介电常数大于电介质液体的矿物将向电极集中，小于电介质液体的矿物则被电极排斥，由此将不同介电常数的矿物分离开。由于介电液为已知数，故矿物介电常数（表4-6）便可测定。可利用矿物的介电性来分离矿物。

表 4-6 部分矿物介电常数

电磁性矿物		重矿物，相对密度大于 2.9		轻矿物，相对密度小于 2.9	
矿物	介电常数	矿物	介电常数	矿物	介电常数
榍石	4.4	闪锌矿	4.9	石英	6.1~8.7
镁铝榴石	5.2	黄玉	5.2	钠长石	4.7
烧绿石	5.2	锆石	5.3	方解石	7.9~8.1
电气石	5.6	萤石	5.4	白云母	9.5

电磁性矿物		重矿物，相对密度大于2.9		轻矿物，相对密度小于2.9	
角闪石	5.8	磷灰石	6.0	黑云母	11
绿帘石	6.2	辉铋矿	6.6		
独居石	6.9	辰砂	6.7		
金红石	10	锡石	13		
铬铁矿	10.4	方铅矿	>33.7		
铌铁矿	11.5	辉钼矿	>33.7		
黑钨矿	12	毒砂	>33.7		
锡石	14	黄铁矿	>33.7		

（3）矿物的压电性。矿物晶体受到定向压力或张力的作用时，能使晶体垂直于应力的两侧表面分别带有等量的相反电荷的性质。矿物晶体产生电荷，随作用力改变，两侧表面上的电荷易号；晶体在机械压、张应力不断交替作用下，压缩形成"＋"极，拉伸形成"－"极，即可产生一个交变电场，这种效应称为压电效应。将压电矿物晶体置于交变电场中，则产生伸、缩机械振动，形成"超声波"。压电性矿物晶体有石英、电气石等。石英的对称型为 $D_3\text{-}32$（$L_i^3 3L^2 3P$），无对称中心，三次轴为极轴，在垂直于（L_i^3）的石英切片上，垂直切片平面压缩时切片两相对平面产生不同符号的电荷，拉伸时电荷符号相反。晶体的压电性广泛已应用于无线电、雷达及超声波探测等现代技术和军事工业中，用作谐振片、滤波器和超声波发生器等。

（4）矿物的热电性。是指某些电介质晶体在加热或冷却时，其一定结晶学方向的两端会产生相反电荷的性质。实验证明，热电效应源于晶体的自发极化。电气石的三次轴为极轴，当加热电气石时，晶体三次轴的一端会产生正电荷，另一端产生负电荷。热电晶体可同时具有压电性，压电晶体却不一定具有热电性。热释晶体主要用来作红外探测器和热电摄像管，广泛应用于红外探测技术和红外热成像技术等领域；还可以用于制冷业。

4.3.4 矿物的放射性

含有放射元素的矿物为放射性矿物。放射性元素能自发地从原子核内部放出粒子或射线，同时释放能量。这种现象称为矿物的放射性。原子序数在84以上的元素都具有放射性，原子序数在83以下的，如钾、铷等，也有放射性。在含有轻放射元素的矿物中，如 K^{40}、Rb^{87} 等离子经衰变后产生的稳定元素离子的大小和电价发生变化，使矿物的结构发生变化。在含有重放射性元素的矿物中，放射性元素原子核的衰变由于离子大小和电价变化较大，矿物晶格发生完全改变。如 U^{238}，放射性元素的原子核衰变到 Pb^{4+}，常使晶格破坏而成非晶体。化学组成中主要为 U、Th 的矿物会完全变为非晶体，如沥青铀矿。当 U、Th 呈少量类质同象存在时，经过漫长地质时代也会部分变成非晶体，如前寒武纪变质岩中的锆石。在放射性矿物中，原子核放出的 α 粒子，即 He^{2+}，具有很强的电子亲和性，为一强氧化剂。这种衰变可使矿物中或相邻矿物中所含的过渡金属离子氧化成高价离子，使晶体发生破坏。常见具有放射性的矿物有晶质铀矿、沥青铀矿、钛铀矿、硅钙铀矿、铜铀云母、钙铀云母、钒钾铀矿等，以及磷钇矿、铌钇矿、复稀金矿、铌钙矿、易解石、独居石、烧绿石、钍石等。

　　矿物还具有导热性、热膨胀性、熔点、易燃性、挥发性、吸水性、可塑性，以及嗅觉、味觉和触觉等，它们在矿物鉴定、应用及找矿上常有重要的意义。

5　矿 物 各 论

5.1　矿物晶体化学分类与命名

5.1.1　矿物晶体化学分类

截至 2018 年 11 月底，国际矿物协会新矿物及矿物命名委员会批准的独立新矿物累计达到 5413 种。对矿物进行科学的分类，可系统而全面地研究矿物。随着精细结构测试和成分分析精度提高，以矿物的化学成分和晶体结构为依据的晶体化学分类方法成为目前广泛采用的分类方法（表 5-1）。

表 5-1　矿物的晶体化学分类体系

类别	划分依据	矿物实例
大类	化合物类型	含氧盐
类	阴离子或络阴离子团	硅酸盐 $[SiO_4]$
亚类	络阴离子团结构种类	架状硅酸盐 $[Si_{n-x}Al_xO_{2n}]^{x-}$
族	晶体结构型式（化学成分类似、晶体结构类似）	长石族 $(Na, K)[Si_3AlO_8]-Ca[Si_2Al_2O_8]$
亚族	阳离子种类	正长石亚族 $(Na, K)[Si_3AlO_8]$
种	一定晶体结构和一定化学组成	钠长石 $Na[Si_3AlO_8]$
亚种	化学组成、物理性质、形态有所差异	肖钠长石 具有双晶

矿物分类的基本单位"种"（species）是指具有确定的晶体结构和相对固定的化学成分的化合物或单质。对于同一矿物的各同质多象变体，虽然化学成分相同，但其晶体结构明显不同，性质各异，应视为独立的矿物种。对同种矿物的不同多型，由于其成分相同，结构和性质上的差异很小，尽管可能属于不同的晶系，但仍视之为同一矿物种。对于类质同象系列的矿物，其化学组成可在一定的范围内变化，只有端员矿物才可作为矿物种而独立命名，通常是以 50% 为界，按二分法将一个完全类质同象系列划分为两个矿物种，如 $Mg[CO_3]-Fe[CO_3]$ 系列，$Mg[CO_3]>50\%$ 者为菱镁矿，$Fe[CO_3]>50\%$ 者为菱铁矿。类质同象系列中间成分者可作为矿物种之下的亚种。在同一矿物种中，由于矿物在次要化学成分或物理性质、形态上呈现出较明显的差异，也称为变种（variety，或称异种）。如铁闪锌矿 $(Zn, Fe)S$ 是闪锌矿富铁的变种；紫水晶是紫色的石英变种；镜铁矿是呈片状或鳞片状、具金属光泽的赤铁矿变种等。根据上述分类原则，采用表 5-2 进行分类。

表 5-2　矿物分类

大类	类	络阴离子	元素种类	矿物实例
自然元素矿物	自然金属元素矿物,自然半金属元素矿物,自然非金属元素矿物,金属互化物		亲硫元素、亲铁元素	自然金、自然铂、自然铋、金刚石、自然硫、罗布莎矿
硫化物及其类似化合物矿物	硫化物、砷化物、锑化物、铋化物、碲化物、硒化物、硫盐矿物	S^{2-}、S_2^{2-}、As、Sb、Bi、Te、Se、S-Sb、S-As、S-Bi	亲硫元素、亲铁元素	方铅矿、黄铁矿、碲金矿、砷钴矿、硒铅矿、车轮矿、黝铜矿、脆硫锑铅矿
氧化物和氢氧化物矿物	氧化物矿物,氢氧化物矿物	O^{2-}、OH^-	亲氧元素、亲铁元素	磁铁矿、石英、水镁石、针铁矿
含氧盐矿物	硅酸盐矿物,硼酸盐矿物,碳酸盐矿物,硫酸盐矿物,磷酸盐矿物,钒酸盐、砷酸盐矿物,钼酸盐钨酸盐矿物,硝酸盐矿物	$[SiO_4]^{4-}$、$[BO_3]$、$[BO_4]$、$[CO_3]^{2-}$、$[SO_4]$、$[PO_4]$、$[VO_4]$、$[AsO_4]$、$[MoO_3]$、$[WO_3]$、$[NO_3]$	亲氧元素、亲铁元素、亲硫元素	橄榄石、长石、硼砂、硼镁铁矿、方解石、白云石、石膏、重晶石、磷灰石、钒铅矿、臭葱石、钼铅矿、白钨矿、钠硝石
卤化物矿物	氯化物矿物,氟化物矿物	Cl^-、Br^-、I^-、F^-	亲氧元素、亲硫元素	石盐、角银矿、萤石

5.1.2　矿物的命名

每个矿物种有其固定的名称。矿物命名的依据主要有:

(1) 根据矿物本身的特征,如化学成分、形态、物理性质等命名。如自然金(化学成分)、石榴子石(形态)、方解石(物理性质)等。

(2) 沿用我国传统的某些矿物名称及传统的命名习惯。呈金属光泽或主要用于提炼金属的矿物称为××矿,如方铅矿、黄铜矿等;具非金属光泽者称为××石,如长石等;特定的颜色如孔雀石等。宝玉石类矿物常称为×玉,如刚玉、硬玉等;具透明晶体者称×晶,如水晶等;常以细小颗粒产出的矿物称×砂,如辰砂、毒砂等;地表次生的呈松散状的矿物称×华,如钴华、钼华等;易溶于水的硫酸盐矿物常称之为×矾,如胆矾、黄钾铁矾等。

(3) 由外文翻译而来的,大多数是据其化学成分(间或也考虑形态、物理性质特征)转译而来,少数属音译名。

(4) 以发现该矿物的地点、人或研究学者的名字命名。

总体上看,多以矿物的特征来命名,这有助于掌握矿物的主要成分和性质。

5.2　第一大类　自然元素矿物

自然元素矿物是指元素呈单质状态组成的矿物。它们除了形成单一元素矿物外,还可形成两种或多种元素组成的金属互化物。自然界中目前已发现的这类矿物超过 50 种。本大类矿物划分为自然金属元素矿物类、自然半金属元素矿物类、自然非金属元素矿物类、金属互化物矿物类。

5.2.1　第一类　自然金属元素矿物

常见的自然金属元素矿物类有铜族元素（Au、Ag、Cu）和铂族元素（Pt、Ru、Rh、Pd、Os、Ir）矿物，偶见 Pb、Zn、Sn 等矿物。Fe、Co、Ni 的单质形式矿物，主要见于铁陨石中。自然金属元素矿物常见有自然铜族、自然铂族、自然铁族等。

自 然 铜 族

自然铜族矿物的组成是金属元素 Cu、Au、Ag。晶体结构为铜型结构。矿物有自然金、自然银、自然铜。

自然铜（Native Copper）

【化学成分】　Cu，含有 Au、Ag、Fe、Hg、Bi、Sb、V 等元素。

【晶体结构】　等轴晶系，O_h^5-Fm3m；$a_0 = 0.361nm$；$Z = 4$。晶体结构为铜型结构，铜原子占据立方体角顶和面心形成立方面心格子。具有金属键。

【形态】　六八面体晶类，$O_h-m3m(3L^4 4L^3 6L^2 9PC)$。完好晶体少见。主要单形有立方体、八面体、菱形十二面体。集合体呈树枝状、片状等。

【物理性质】　铜红色、金属光泽、锯齿状断口。无解理。硬度为 2.5~3，具有良好的延展性、导电性、导热性。反光显微镜下呈玫瑰色、铜红色。吹管焰中易熔，火焰呈绿色。溶于稀硝酸。加氨水溶液呈天蓝色。

【成因】　产于含铜硫化物氧化带。

自然金（Native Gold）

【化学组成】　Au，含有 Ag、Cu、Pb、Fe 等混入物。金与银形成完全类质同象：自然金（Au ≥ 95%，Ag ≤ 5%）、含银自然金（Au 95%~85%，Ag 5%~15%）、银金矿（Au 85%~50%，Ag 15%~50%）、金银矿（Au 50%~15%，Ag 50%~85%）、含金自然银（Au 15%~5%，Ag 5%~95%）、自然银（Au ≤ 5%，Ag ≥ 95%）。

【晶体结构】　等轴晶系，O_h^5-Fm3m；$a_0 = 0.4078nm$；$Z = 4$。晶体结构为铜型结构。

【形态】　六八面体晶类，$O_h-m3m(3L^4 4L^3 6L^2 9PC)$。晶体立方体、菱形十二面体、八面体等。可见双晶和平行连晶。集合体呈不规则粒状、片状、树枝状（图5-1）。按金

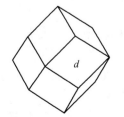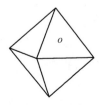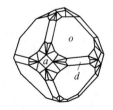

图 5-1　自然金晶体形态

的颗粒大小划分为明金（>0.1mm）、显微金（>0.2μm）、微细金（0.2~0.02μm）、超微细金（<0.002μm）。

【物理性质】 金黄色的颜色和条痕，含银者为淡黄~乳黄色。不透明，金属光泽。硬度2~3。无解理。相对密度19.3。延展性强。化学性质稳定。不溶于酸，溶于王水及氰化钾、氰化钠溶液。熔点介于1063.69~1 069.74℃之间，沸点2600℃。

【显微镜下特征】 反射光下金黄色。均质体，无内反射。

【成因】 自然金可以由岩浆、沉积、变质、风化和生物作用形成。

【用途】 贵重首饰制品，在20世纪前作为国际货币。用于电子元件、宇航材料等。

自然银（Native Silver）

【化学组成】 化学组分为Ag，与金形成完全类质同象。含有Hg、Cu、Sb、Bi等混入物。

【晶体结构】 等轴晶系，O_h^5-Fm3m。晶体结构属铜型结构。

【形态】 六八面体晶类，$O_h-m3m(3L^44L^36L^29PC)$。完整单晶体为立方体和八面体以及两者的聚形。集合体呈树枝状、不规则薄片状、粒状或块状。

【物理性质】 银白色，表面氧化后具灰黑色被膜。金属光泽，不透明。无解理，断口锯齿状。硬度2.5，相对密度10.5。电和热的良导体，高延展性。

【显微镜下特征】 反光显微镜下银白色。在吹管焰中易熔，在银的硝酸溶液中加盐酸生成氯化银白色沉淀。

【成因】 自然银产于中低温热液矿床。

【用途】 常作为货币、贵重的装饰品、照相材料等。

铂 族

自然铂族矿物分为自然铂亚族和自然锇亚族。

自然铂（Native Platinum）

【化学组成】 Pt，含有Fe、Ir(<28%)、Pd(<37%)、Rh(<7%)、Cu(<13%)、Ni(<3%)等类质同象混入物。

【晶体结构】 等轴晶系，O_h^5-Fm3m，$a_0=0.3913~0.3924nm$，$Z=4$。晶体结构为铜型结构。

【形态】 六八面体晶类；$O_h-m3m(3L^44L^36L^29PC)$，单晶体少见，偶见立方体晶形，常呈不规则细小粒状，大者可重达8~9kg。

【物理性质】 锡白，金属光泽。无解理。硬度4~4.5。相对密度21.5，熔点1771℃。电和热的良导体。化学性质稳定。溶于王水。具延展性。

【显微镜下特征】 反光显微镜下亮白色微带黄色调（含钯变种位带粉蓝色调，含金变种带微蓝色调）。

【成因】 主要产在与橄榄辉长岩、辉石岩、橄榄岩和纯橄榄岩有关的铂矿床、铜镍矿、铜矿床等矿床中。

【用途】 主要用于电气和电子工业、汽车工业、化学工业、航空航天和首饰制造等。

自然钯（Native Palladium）

【化学组成】 Pd，常含 Pt(0~1.6%)、Rh(0~3%)、Os（0~0.7%）、Ir(0~0.2%)、Ru(0~0.2%) 以及 Au、Ag、Cu 等。甘肃金川产出的自然钯含 Pd 43.65%、Pt 19.9%、Au 32.4%。

【晶体结构】 等轴晶系，O_h^5-Fm3m；$a_0=0.3859~0.3891nm$；$Z=4$。晶体结构为铜型结构。

【晶体形态】 六八面体晶类，$O_h-m3m(3L^44L^36L^29PC)$。晶体为八面体晶形。通常呈粒状产出，有时呈放射纤维状、钟乳状、板状。

【物理性质】 颜色银白色，条痕灰色，金属光泽，不透明。无解理。硬度4.5~5。相对密度10.84~11.97，熔点为1555℃。具延展性。化学性质较稳定，溶于硝酸和王水。

【显微镜下特征】 反光显微镜下呈亮白色微带黄色调。

【成因】 自然钯产于与超基性岩有关的铂矿床、铜镍硫化物矿床。

【用途】 航天、航空等高科技领域以及汽车制造业的重要材料，也用于首饰制品。

自然铱（Native Iridium）

【化学组成】 Ir，含量在100%~85%，成分中含有 Rh、Pt、Fe、Cu 等。铑（Rh）可呈不完全类质同象代替铱（Os），Rh≥10%~20%为等轴锇铱矿（Osmiridium）。

【晶体结构】 等轴晶系，O_h^5-Fm3m；$a_0=0.3858nm$；$Z=4$。

【形态与物理性质】 六八面体晶类，$O_h-m3m(3L^44L^36L^29PC)$。晶体呈八面体｛111｝晶形。在自然铂中呈固溶体分离的蠕虫状分布。银白色，不透明，强金属光泽。硬度7，相对密度22.6。在矿相显微镜下白色~白色带乳黄色调。

【成因】 铱与铂族元素产于超基性岩铬铁矿型铂矿床或冲积矿床中。

【用途】 铱具有高熔点、高硬度和抗腐蚀性质，是一种在1600℃以上的空气中仍可保持优良力学性质的金属。

5.2.2 第二类 自然半金属元素矿物

半金属元素包括 As、Te、Bi 三个自然元素，同为 VA 族元素。矿物有自然砷族、自然碲族、自然铋族。

自 然 铋 族

自然铋（Native Bismuth）

【化学组成】 Bi，含有 Fe、Pb、Te、S 等。与 Sb 形成类质同象。

【晶体结构】 三方晶系，$D_{3d}^5-R\bar{3}m$；$a_h=0.456$，$c_h=1.187nm$，$\alpha=87°34'$；$Z=6$。

【形态】 复三方偏三角面体晶类，$D_{3d}-\bar{3}m-(L_i^33L^23P)$，集合体呈树枝状、片状、粒状、块状、致密状或羽毛状等。

【物理性质】 银白色，浅红锖色。条痕银白色。一组完全解理 $/\!/\{0001\}$，解理 $/\!/\{10\bar{1}1\}$ 中等。硬度在 $2\sim2.5$，相对密度为 $9.7\sim9.8$，熔点 $271℃$。具脆性，具导电性和逆磁性。

【显微镜下特征】 矿相显微镜反射色为玫瑰奶油色。双反射很弱。强非均质性。

【简易化学试验】 吹管焰极易熔化，继续吹烧挥发，置木炭上形成氧化铋薄膜，此膜加热呈橘黄色，冷却后呈柠檬黄色。

【成因】 主要产在高温热液钨锡矿床、花岗伟晶岩矿床、热液型金矿床中。

【用途】 铋主要用途是以金属形态用于配制易熔合金，以化合物形态用于医药。

5.2.3 第三类 自然非金属元素矿物

自然非金属元素矿物以 C 和 S 为最常见。矿物有金刚石族、石墨族、自然硫族等。

金 刚 石 族

金刚石（Diamond）

【化学组成】 C，含有 Si、Al、Ca、Mg、Mn、Ti、Cr、N 等杂质。除 N 外，多以包体形式存在。

【晶体结构】 等轴晶系，O_h^7-Fd3m；$a_0=0.35595nm$；$Z=8$。金刚石型晶体结构。

【晶体形态】 六八面体晶类，$O_h-m3m(3L^44L^36L^29PC)$。常见单晶体，单形有八面体、菱形十二面体、立方体及其聚形，以及四六面体和六八面体或与四面体、六四面体的聚形（图5-2），有接触双晶、星状穿插双晶和轮式双晶。

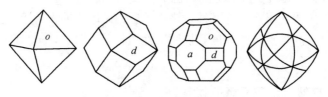

图 5-2 金刚石晶体形态

【物理性质】 无色透明。依所含杂质元素呈不同程度的黄、褐、灰、绿、蓝、乳白和紫色等。纯净者透明，强金刚光泽。解理 $/\!/\{111\}$ 中等，$/\!/\{110\}$ 不完全。贝壳状断口。硬度10。相对密度在 $3.47\sim3.56$。具有良好的导热性。熔点在 $4000℃$。在空气中燃烧温度为 $950\sim1000℃$。发出蓝色火焰，变成 CO_2。具脆性、抗磨性。化学性质稳定，抗酸碱。具有发光性，在 X 射线照射下发蓝绿色荧光。在日光曝晒后至暗室内发淡青蓝色磷光。

【显微镜下特征】 透射显微镜下无色，以及白黄红绿色等。少数呈弱非均质性，干涉色低，极少数一轴晶。折射率高，色散强，就是金刚石能够反射出五彩缤纷闪光的原因。

【成因】 金刚石产于金伯利岩筒中。

【用途】 可作钻石原料和研磨材料。钻石级的金刚石要求：颗粒大、颜色美丽、透明度高、切工好。

石 墨 族

石墨（Graphite）

【化学组成】 C，含有各种杂质。主要有 SiO_2、Al_2O_3、FeO、MgO、CaO、P_2O_5、CuO 以及水、沥青和黏土等。

【晶体结构】 六方晶系，$D_{6h}^4 - P6_3/mmm$；$a_0 = 0.246nm$，$c_0 = 0.670nm$；$Z = 4$。石墨型晶体结构。

【形态】 复六方双锥晶类，$D_{6h} - 6/mmm(L^66L^27PC)$。单晶体为片状或板状，主要单形有平行双面、六方双锥、六方柱。底面常见三角纹。常见鳞片状、条纹状、块状集合体。

【物理性质】 铁黑到钢灰色，条痕为黑色，半金属光泽。不透明。极完全解理∥{0001}，硬度 1~2，沿垂直方向硬度可增至 3~5。密度 2.09~2.23。薄片具挠性，有滑腻感，可污染纸张。具良好导电性和导热性。在隔绝氧气条件下，其熔点在 3000℃以上，是最耐温的矿物之一。

【显微镜下特征】 透射光下不透明，极薄片透光呈浅绿灰色。一轴晶（-）。反射光下呈浅棕灰色，反射色明显，反射色、双反射均显著。非均质性强，偏光色为稻草黄。

【成因】 在区域变质和接触变质作用、高温热液作用下产生。

【用途】 石墨用途广泛。冶金工业上的石墨坩埚、机械工业的润滑剂、原子工业的减速剂、制造涂料、染料等。

自 然 硫 族

自然界中硫有 3 种同质多象变体。即 α-自然硫，为斜方晶系；β-自然硫和 γ-自然硫属于单斜晶系。在自然条件下稳定的是 α-自然硫。

自然硫（Sulfur）

【化学组成】 S。自然硫一般不纯净，含少量的 Se、As、Te，常夹有黏土、有机质、沥青和机械混入物等。

【晶体结构】 α-自然硫为斜方晶系 $D_{2h}^{24} - Fddd$；$a_0 = 1.0437nm$，$b_0 = 1.2845nm$，$c_0 = 2.4369nm$；$Z = 16$。自然硫为分子结构。S 分子由 8 个硫原子以共价键上下交替排列成环状结构原子，在平面呈环状。环间为分子键。

【晶体形态】 斜方双锥晶类 $D_{3h} - mmm(3L^23PC)$。晶体呈双锥状或厚板状，主要单形有平行双面、斜方双锥、斜方柱等。集合体为块状、粉末状。

【物质性质】 硫黄色到淡黄色。含有杂质者带有红、绿、灰、黑色等不同色调，如条痕灰白至淡黄色。晶面呈金刚光泽，断口油脂光泽。贝壳状断口，解理∥{001}、{110}、

$\{111\}$ 不完全。相对密度 2 左右，硬度为 1~2，性脆，易熔。不导电，摩擦带负电。

【成因】　火山热液和生物化学成因。

【用途】　硫是化学工业的重要原料。主要用来制造硫酸，也用于造纸工业、纺织工业、食品工业以及农药等，还用于沥青加工、泡沫剂、陶瓷材料等。

5.2.4　第四类　金属互化物矿物

金属互化物矿物是由 2 种或 2 种以上金属或半金属元素以金属键和一定比例各自占据一定结构位置形成的天然合金类矿物。该类矿物不到 20 种。金属元素中最主要的有 Fe、Co、Ni、W、Mn、Cr、V、Ti 等，少见 Pd 和 Ir 等。非金属元素有 C、Si、N 等，与金属形成硅化物、碳化物、氮化物等矿物。

金属互化物矿物晶体结构是以等大球紧密堆积为基本特征，以立方面心结构、立方体心结构和六方结构为主。具有较高对称型。金属互化物矿物对称以三方、斜方晶系，少数为六方晶系或等轴晶系。由于类型相同且半径相近，同质多象变体较常见。金属互化物矿物通常表现出金属键+共价键的多键型特征。

金属互化物矿物物理性质上一般呈现金属特性，如金属色、金属光泽、不透明、低硬度（锇、铱例外）、无解理、大密度、导热性等。

罗布莎矿族

罗布莎矿（Luobushaite）

【化学组成】　$FeSi_2$。Fe：43.077%~45.14%，Si：54.167%~56.465%。

【晶体结构】　斜方晶系，空间群 D_{2h}^{18}-$Cmca$。Fe、Si 原子在 b-c 面方向呈互层状分布，Si 堆积层较紧密，Fe 堆积层存在空隙。

【形态】　斜方双锥晶类，D_{2h}-mmm-$(3L^23PC)$。晶体呈板状。在铬铁矿中呈包裹体分布。

【物理性质】　钢灰色，黑色条痕，金属光泽，不透明。硬度 7，相对密度 4.55（计算）。无解理，脆性，贝壳状断口。反光显微镜下呈白色，无双反射，无反射多色性，无内反射，强非均质性。

【成因】　在西藏罗布莎地幔岩相豆荚状铬铁矿床中发现。属于古洋壳和大洋地幔成因。

藏 布 矿 族

藏布矿（Zangboite）

【化学组成】　$TiFeSi_2$。Ti：27.52%~29.74%，Fe：33.49%~36.22%，Si：33.45%~34.10%，含少量 Cr、Mn、Zn 等元素。

【晶体结构】　斜方晶系，空间群 D_{2h}^9-$Pbam$，$a_0 = 0.86053nm$，$b_0 = 0.9521nm$，$c_0 =$

$0.76436nm$；$Z=12$。晶体结构中 Fe、Si 构成八面体 $[FeSi_6]$ 共棱连接，沿 c 轴形成孔道；Ti 充填孔道中。

【形态】　斜方双锥晶类，$D_{2h}-mmm$（$3L^2 3PC$）。晶体呈板状。以包体分布在铬铁矿中。

【物理性质】　钢灰色，黑色条痕，金属光泽，不透明。硬度 5.5，相对密度 5.31（计算）。无解理，脆性，贝壳状断口。

【显微镜下特征】　反光显微镜下呈白色，无反射多色性，无内反射，强非均质性。

【成因】　在西藏罗布莎地幔岩相豆荚状铬铁矿床中发现。属古洋壳和大洋地幔成因。

5.3　第二大类　硫化物及其类似化合物

硫化物及其类似化合物大类是指金属阳离子与阴离子 S 及其 Se、Te、As、Sb、Bi 等结合形成的化合物。自然界中已发现的该大类矿物种超过 370 种。其中以硫化物矿物种类最多，占该大类总量的 2/3 以上，而其中又以 Fe 的硫化物占了绝大部分。该大类矿物是工业上有色金属和稀有分散元素矿产的重要来源。

根据阴离子的种类和性质，划分为硫化物矿物类、硒化物矿物类、砷化物矿物类、锑化物矿物类、铋化物矿物类、碲化物矿物类、硫盐矿物类。

5.3.1　第一类　硫化物矿物

组成硫化物矿物的阴离子为 S^{2-}、S_2^{2-}。阳离子主要为铜型离子（Cu、Pb、Zn、Ag、Hg 等）及过渡型离子（Fe、Co、Ni 等）。除铁之外组成硫化物的元素多属于微量元素，在地壳中含量小于 0.1%。

该类矿物类质同象代替普遍，既有阳离子之间的，也有阴离子之间的类质同象。Se、Te 代替 S 可形成完全的或不完全的类质同象系列，如方铅矿中 Se 代替 S 可形成方铅矿（PbS）-硒铅矿（PbSe）的完全类质同象系列。辉钼矿中 MoS 中 Se 代替 S 可达 25%。Co-Ni、As-Sb、Ge-Sn 和 As-V 可以形成完全类质同象。硫化物中阳离子的主要类质同象具有等价类质同象代替和异价类质同象代替（表 5-3）。

表 5-3　硫化物主要类质同象系列

等价类质同象系列	异价类质同象系列
（1）Cu^+、Ag^+、Tl^+；（2）Ag^+、Au^+	（1）Cu^+、Cu^{2+}
（3）Zn^{2+}、Fe^{2+}、Mn^{2+}；（4）Fe^{2+}、Co^{2+}、Ni^{2+}	（2）Zn、Ga、In、Tl
（5）Pd^{2+}、Pt^{2+}、Ni^{2+}；（6）Ru、Os	（3）Cd、In
（7）As^{3+}、Sb^{3+}；（8）Ge^{4+}、Sn^{4+}；（9）Mo^{4+}、Re^{4+}	（4）Fe^{2+}、Fe^{3+}
（10）As^{3+}、V^{3+}	（5）Ni^{2+}、Ni^{3+}

一些稀有元素很少与 S 形成独立硫化物矿物，呈类质同象混入物存在，可作为有益组分利用。如元素 Re 很少呈独立矿物，在辉钼矿中作为类质同象混入物代替 Mo。

大多数硫化物的晶体结构常可看作硫离子作最紧密堆积，阳离子充填于四面体或八面体空隙中。阳离子配位多面体为八面体、四面体或由此畸变的多面体。从质点堆积特点来看有立方紧密堆积和六方紧密堆积。硫化物晶体结构有方铅矿型、闪锌矿型、黄铁矿型以及层状辉钼矿型、链状的辉锑矿型等。硫化物及其类似化合物中出现复杂的化学键，晶体中不仅表现离子键性，还显示共价键性和金属键性。

硫化物矿物类分为简单硫化物亚类和复杂硫化物亚类。简单硫化物亚类是由阴离子S^{2-}与阳离子结合而成。常见有辉铜矿族（CuS_2）、方铅矿族（PbS）、闪锌矿族（ZnS）、黄铜矿黝锡矿族（$CuFeS-Cu_2FeSnS_4$）、磁黄铁矿族（FeS）、红砷镍矿（NiS）、铜篮族（CuS）、辰砂族（HgS）、辉锑矿族（SbS）、雌黄族（As_3S_2）、雄黄族（AsS）、辉钼矿族（Mos）、斑铜矿族（Cu_4FeS_5）、辉银矿族（AgS）、辉铋矿（BiS）等。

复杂硫化物亚类是由复硫阴离子（$S_2)^{2-}$与阳离子结合而成。阴离子为哑铃型对硫（$S_2)^{2-}$及（$AsS)^{2-}$与阳离子（主要为 Fe、Co、Ni 等）结合而成。常见有黄铁矿族、毒砂族等。

辉 铜 矿 族

辉铜矿（Chalcocite）

【化学组成】　Cu_2S。Cu：79.86%，S：20.14%，含有 Ag、Fe、Co、Ni、Au 等。

【晶体结构】　斜方晶系，空间群$C_{2v}^{15}-Abm2$。$a_0=0.1192nm$，$b_0=0.2733nm$，$c_0=0.1344nm$；$Z=2$。辉铜矿高温变体有六方辉铜矿和等轴辉铜矿。

【晶体形态】　斜方双锥晶类$C_{2v}-mm2$（L^22P）单晶体少见，常见单形有平行双面、斜方柱、斜方双锥等。常见致密块状、粉末状。

【物理性质】　铅灰色，风化面为黑色，带锈色，不透明，金属光泽。硬度 3。解理∥{110} 不完全，贝壳状断口。具延展性，小刀刻划留下光亮刻痕。良导体。

【显微镜下特征】　反光显微镜下白色带蓝。非均质性弱，偏光色呈绿色至浅粉红色。

【简易化学试验】　呈铜的蓝色焰色反应。溶于HNO_3中呈绿色，将小刀置于其中可镀上铜膜。

【成因】　热液成因和风化成因。

【用途】　重要铜矿石矿物。

辉 银 矿 族

辉银矿族Ag_2S有两种变体：β-Ag_2S，是在 179℃以上稳定的高温等轴变体，称为辉银矿；α-Ag_2S，是在 179℃以下形成的单斜晶系低温变体，螺旋银矿。矿物学上用"辉银矿"这一名称泛指两变体的总称。

辉银矿（Argentite）

【化学组成】　Ag_2S。Ag：87.06%，S：12.94%，存在少量 Pb、Fe、Cu 混入物。其中Cu 为常见类质同象混入物（可达1.5%）；Se 替代 S（可达14%）；含 Rh、Ir、Pt 等。

【晶体结构】 高温变体（在 170℃ 以上稳定）为等轴晶系，空间群 $O_h^9 - Im3m$；$a_0 = 0.489nm$；赤铜矿型结构。

【形态】 六八面体晶类，$O_h - m3m(3L^4 4L^3 6L^2 9PC)$。晶体常呈等轴状。常见单形有立方体、八面体、菱形十二面体、四角三八面体（图 5-3）。辉银矿呈极细粒包体（0.001 ~ 0.1mm）于方铅矿或黄铁矿中。集合体呈浸染状、细脉状、树枝状、毛发状及致密块状。

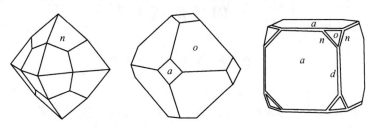

图 5-3　辉银矿晶体形态

【物理性质】 银灰色至铁黑色。亮铅灰色条痕。新鲜断口为金属光泽，不新鲜表面为暗淡或无光泽。解理 // {110} 和 {100} 不完全。贝壳状断口。硬度 2 ~ 2.5。相对密度 7.2 ~ 7.4。具有挠性和延展性。电的良导体。加热到 670℃ 时，分解产生 Ag 和 SO_2 气体。

【显微镜下特征】 反光下反射色为灰色。弱非均质性。弱双反射：灰 ~ 灰白。无内反射。

【简易化学试验】 溶于硝酸，并析出硫；加盐酸产生氯化银沉淀，再加氨水溶解。吹管焰中膨胀、熔化；在木炭上形成具有延展性的金属银球。在开管中析出二氧化硫。

【成因】 主要产于含银硫化物的中低温热液型的矿床中。在地表不稳定，氧化成自然银。

【用途】 重要的银矿物。广泛用于电子工业、医药、化工以及工艺品等。

方 铅 矿 族

方铅矿（Galena）

【化学组成】 PbS。Pb：86.6%，S：13.4%。常含 Ag、Cu、Zn、Tl、As、Bi、Sb、Se 等，Se 以类质同象置换 S 形成 PbS-PbSe 完全类质同象系列。

【晶体结构】 等轴晶系；$O_h^5 - Fm3m$；$a_0 = 0.594nm$；$Z = 4$。NaCl 型晶体结构。在 [100] 面网为电性中和面，在该方向上发育 3 组完全解理。

【晶体形态】 六八面体晶类，$O_h - m3m(3L^4 4L^3 6L^2 9PC)$。晶体呈立方体、八面体状。主要单形：立方体、菱形十二面体、八面体、三角三八面体及其聚形。有接触双晶、聚片双晶。集合体呈粒状或致密块状。

【物理性质】 铅灰色，条痕灰黑色。强金属光泽，不透明。解理 // {100} 完全。含 Bi 的亚种，有 // {111} 裂开。硬度 2 ~ 3。密度 7.4 ~ 7.6。具弱导电性，晶体具良好检波性。

【显微镜下特征】 反光显微镜下反射色呈白色。均质性。

【化学试验】　粉末研磨有 H_2S 气体。加入碘化钾研磨出现黄色碘化铅。吹管焰易熔呈铅的被膜反应。溶于 HNO_3 并有白色沉淀。

【成因】　主要为热液作用、沉积作用的产物。

【用途】　铅、硫的矿物原料，含银、镉、铟等可综合利用。

闪锌矿族

闪锌矿（Sphalerite）

【化学成分】　ZnS。Zn：67.1%，S：32.90%。有 Fe、Mn、In、Tl、Ag、Ga、Ge 等类质同象混入物。其中 Fe 替代 Zn 可达 26.2%。富铁变种称为铁闪锌矿，富镉变种称镉闪锌矿。

【晶体结构】　等轴晶系；空间群 $T_d^2-F\overline{4}3m$；$a_0 = 0.5440nm$（纯闪锌矿）；$Z = 4$。闪锌矿型结构，面网 {110} 为 Zn^{2+} 和 S^{2-} 的电性中和面，闪锌矿具有 // {110} 的 6 组完全解理。

【形态】　六四面体晶类，$T_d-\overline{4}3m(3L_i^4 4L^3 6P)$。主要单形：四面体或立方体、菱形十二面体等（图5-4）。可见聚片双晶。粒状集合体。

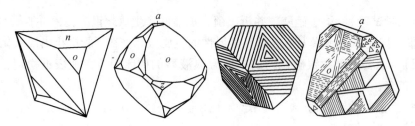

图5-4　闪锌矿晶体形态

【物理性质】　棕黄色，含 Fe 量增多时颜色为浅黄、棕褐直至黑色（铁闪锌矿）；条痕由白色至褐色；光泽由树脂光泽至半金属光泽；透明至半透明。解理 // {110} 完全。硬度 3.5~4。相对密度 3.9~4.1，随含 Fe 量的增加而降低。具荧光性和摩擦磷光。

【显微镜下特征】　透射显微镜下浅黄、浅褐或无色。反射光下灰色，内反射为褐黄色。

【化学试验】　浅色闪锌矿可用硝酸钴试验出现林曼绿色。

【成因】　中、低温热液作用的产物。

【用途】　重要的锌矿石矿物。含有 Cd、In、Ga、Ge 等稀有元素可综合利用。

辰砂族

辰砂（Cinnabar）

【化学组成】　HgS。Hg：86.21%，S：13.79%，含有少量的 Se、Te 等。

【晶体结构】 三方晶系，$D_3^4 - P3_12_1$。$a_{rh} = 0.397$nm，$\alpha = 62°58'$；$Z = 1$。$a_h = 0.415$，$c_0 = 0.950$nm；$Z = 3$。晶体结构中—Hg—S—Hg—螺旋状链（左旋或右旋）平行 c 轴无限延伸。Hg 的配位数为 2。

【形态】 三方偏方面体晶类，$D_3 - 32$（L^33L^2）。晶体常见菱面体、板状。主要单形：平行双面、六方柱、菱面体等。集合体呈粒状或致密块状、片状。

【物理性质】 鲜红色或暗红色，红色至褐红色条痕，金刚光泽、半透明。解理 //
{$10\bar{1}0$} 完全，断口呈贝壳状或参差状。硬度 2~2.5。密度 8.09~8.2。不导电。性脆，片状者易破碎，粉末状者有闪烁的光泽。

【显微镜下特征】 透射显微镜下红色，多色性。具旋光性。反射光下为白色，具亮血红色到朱红色的内反射。

【化学试验】 用盐酸湿润后，在光洁的铜片上摩擦，铜片表面显银白色光泽，加热烘烤后，银白色即消失。

【成因】 低温热液产物。产于火山岩、热泉沉积物、低温热液矿床等。

【用途】 炼汞的矿物原料。其晶体可作为激光材料。作为药用具镇静、安神和杀菌等功效。由辰砂（隐晶质浸染状）、迪开石、高岭石等组成的呈色泽艳丽的红色玉石为鸡血石。

黄 铜 矿 族

本族矿物包括黄铜矿亚族、黝锡矿亚族、六方黝锡矿亚族、硫铜铁矿亚族等。

黄铜矿亚族

黄铜矿（Chalcopyrite）

【化学组成】 $CuFeS_2$。Cu：34.56%，Fe：30.52%，S：34.92%。其成分中可有 Mn、As、Sb、Ag、Au、Zn、In、Bi、Se、Te 以及 Ge、Ga、In、Sn、Ni、Ti、铂族元素等混入。

【晶体结构】 四方晶系；$D_{2d}^{12} - I\bar{4}2d$；$a_0 = 0.524$nm，$c_0 = 1.032$nm；$Z = 4$。高温（>550℃）等轴晶系，呈闪锌矿型结构。温度在 550~213℃ 时为四方晶系。当温度低于 213℃ 时为斜方变体。

【形态】 四方偏方面体晶类，$D_{2d} - \bar{4}2m$（$L_i^42L^22P$）。晶体少见。常见单形四方四面体、四方双锥等（图 5-5）。有简单双晶。与闪锌矿规则连生体。

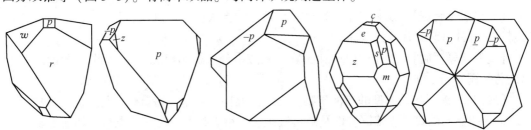

图 5-5 黄铜矿晶体形态

【物理性质】 铜黄色，带有暗黄或斑状锖色；绿黑色条痕；金属光泽；不透明。解理不发育。硬度 3～4。相对密度 4.1～4.3。性脆。导电。

【显微镜下特征】 反光显微镜下呈黄色，双反射不明显。均质体。

【化学试验】 溶于硝酸析出硫。吹管焰中熔出磁性金属球。闭管产生硫的升华物。

【成因】 形成于岩浆作用、热液作用、变质作用、沉积作用中。

【用途】 主要的铜矿石矿物。

黝锡矿亚族

黝锡矿（Stannite）

【化学组成】 Cu_2FeSnS_4。Cu：29.58%，Fe：12.99%，Sn：27.61%，S：29.82%。Fe 被 Zn 类质同象代替为锌黄锡矿 $Cu(Zn，Fe)SnS_4$。成分中含有 Cd、Pb、Ag、Sb、In 等。

【晶体结构】 四方晶系，$D_{2d}^{22}-I\bar{4}2d$。$a_0 = 0.547nm$，$c_0 = 1.074nm$；$Z = 2$。晶体结构与黄铜矿完全相似。

【形态】 四方偏三角面体晶类，$D_{2d}-\bar{4}2m(L_i^4 2L^2 2P)$。晶体少见，呈假四面体、假八面体、板状等形态，主要单形：平行双面、四方柱、四方双锥、四方四面体及其聚形，晶面上有显著的花纹。接触双晶或穿插双晶（图 5-6）。呈粒状块体或不规则粒状集合体。

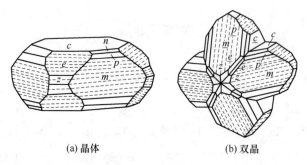

(a) 晶体　　　　　　　　(b) 双晶

图 5-6 黝锡矿晶体与双晶

【物理性质】 微带橄榄绿色调的钢灰色，含较多黄铜矿包体时呈黄灰色；有时呈铁黑色及带蓝的锖色。黑色条痕。金属光泽。不透明。解理∥{110} 和 {001} 不完全。性脆。不平坦状断口。硬度 3～4。相对密度 4.30～4.52。

【显微镜下特征】 反射光下呈带橄榄绿色调的亮灰色或灰白色。双反射不显著。无内反射。见叶片状和聚片状的双晶。

【简易化学试验】 溶于 $HCl+KClO_3$。在硝酸中分解析出硫和二氧化锡，呈蓝色溶液，以此与黝铜矿相区别。

【成因】 黝锡矿是典型的热液矿物，见于高温钨锡矿床、锡石硫化物矿床及高中温多金属矿床中。与闪锌矿、黄铜矿以及磁黄铁矿、方铅矿共生。黝锡矿也有胶体成因。

硫钴矿（Linnaeite）

【化学组成】　$(Co_{>0.5}Ni_{>0.5})(Co_{>0.5}Ni_{>0.5})_2S_4$ 或 $CoCo_2S_4$。Co：57.96，S：42.02%。Co-Ni 呈完全类质同象，含有 Fe 和 Cu。

【晶体结构】　等轴晶系，O_h^7-Fd3m。$a_0=0.9401nm$。尖晶石型结构。

【形态】　六八面体晶类，$O_h-m3m(3L^44L^36L^29PC)$。可见八面体晶体。依（111）成双晶。常呈粒状集合体，呈致密块状。

【物理性质】　浅灰至钢灰色，具铜红至紫灰的锖色。金属光泽。不透明。解理∥{100} 不完全。具不平坦状断口。硬度 4.5～5.5。相对密度 4.8～5.0。

【矿相显微镜下】　均质。反射率 R：46.5（绿）、44（橙）。

【成因】　产于热液矿床。

【用途】　提炼钴的矿物原料之一。

斑铜矿族

斑铜矿（Bornite）

【化学组成】　Cu_5FeS_4。Cu：63.33%，Fe：11.12%，S：25.55%。在高温时（>400℃）斑铜矿与黄铜矿、辉铜矿呈固溶体，低温时发生固溶体离溶。

【晶体结构】　等轴晶系，O_h^7-Fd3m；$a_0=0.1093nm$；也见有四方晶系（高温变体），空间群 $D_{2d}^4-P42_1c$。晶体结构复杂。

【形态】　六八面体晶类，$O_h-m3m(3L^44L^36L^29PC)$。晶体呈立方体、八面体和菱形十二面体等假象外形。呈致密块状或不规则粒状集合体。

【物理性质】　因新鲜断面呈暗铜红色，风化表面呈暗蓝紫斑状锖色而得名。灰黑色条痕；金属光泽；不透明。无解理。贝壳状断口。硬度 3。相对密度 4.9～5.3。性脆。具导电性。

【显微镜下特征】　反射光下为粉红色至橙色，非均质性弱。反射率 R：16.6（绿）、18.5（橙）、21.5（红）。

【简易化学试验】　溶于硝酸，有铜的焰色反应。

【成因】　产于基性岩及有关的 Cu-Ni 矿床、热液型矿床、矽卡岩型矿床等；在氧化带易转变成孔雀石、蓝铜矿、赤铜矿、褐铁矿等。

【用途】　重要的铜矿石矿物。

磁黄铁矿族

磁黄铁矿（Pyrrhotite）

【化学组成】　$Fe_{1-x}S$（$x=0～0.223$）。Fe：63.53%，S：36.47%。S 的含量可达到 39%～40%，相对 S 而言 Fe 是不足的，有部分 Fe^{2+} 被 Fe^{3+} 代替。有 Ni、Co、Mn 以类质同象置换

Fe，并有 Zn、Ag、In、Bi、Ga、铂族元素等呈机械混入物。

【晶体结构】　六方晶系，空间群为 $D_{6h}^4-P6_3/mmc$；$a_0=0.344nm$，$c_0=0.569nm$；$Z=2$。红砷镍矿型晶体结构。磁黄铁矿结构出现缺席构造。这是由于一部分 Fe^{3+} 的出现，有 1/3 的空位形成，电荷保持平衡。

【晶体形态】　复六方双锥晶类。$D_{6h}-6/mmm(L^26L^27PC)$。晶体呈板状、锥状、柱状。常见单形：平行双面、六方柱、六方双锥等。可见双晶或三连晶（图5-7）。粒状、块状或浸染状集合体。

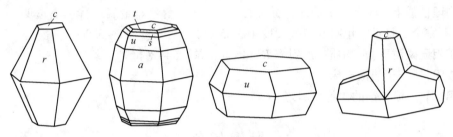

图 5-7　磁黄铁矿晶体形态

【物理性质】　暗铜黄色，带褐色锖色。亮灰黑色条痕。金属光泽。解理∥{10$\bar{1}$0} 不完全，{0001} 裂开发育。性脆。硬度 3.5~4.5。相对密度 4.6~4.7g/cm³。具导电性和弱磁性。

【显微镜下特征】　反射光下呈浅玫瑰棕色，弱多色性。

【简易化学试验】　难溶于硝酸和盐酸中。吹管焰中煅烧形成黑色磁性块体。

【成因】　广泛产于内生矿床中。与黑钨矿、辉铋矿、毒砂、方铅矿、闪锌矿、黄铜矿、石英等共生。

【用途】　作为制取硫酸、硫黄的矿物原料。

辉 锑 矿 族

辉锑矿（Stibnite）

【化学成分】　Sb_2S_3。Sb：71.69%，S：28.6%。含少量 As、Pb、Ag、Cu 和 Fe，其中绝大部分元素为机械混入物。

【晶体结构】　斜方晶系；$D_{2h}^{16}-Pbnm$；$a_0=1.120nm$，$b_0=1.128nm$，$c_0=0.383nm$；$Z=4$。具链状结构。沿着 {010} 表现出解理。晶体形态沿结构中链体的方向延伸，呈平行 c 轴的柱状。

【晶体形态】　斜方双锥晶类，$D_{2h}-mmm(3L^23PC)$。单晶呈柱状或针状，柱面具有明显的纵纹，较大的晶体往往显现弯曲。单形有斜方柱、平行双面、斜方双锥等。集合体呈放射状或致密粒状。

【物理性质】　铅灰色或钢灰色，表面常有蓝色的锖色；黑色条痕。金属光泽；不透明。解理∥{010} 完全。解理面有横的聚片双晶纹。硬度2。相对密度4.6。性脆。

【显微镜下特征】　反射色为白色到灰色。双反射显著，非均质性强，从浅棕色变化到灰蓝色调。内反射为红色。

【简易化学试验】 滴 KOH 于其上，先呈现黄色，随后变为橘红色，以此区别于辉铋矿。用氢氧化钾冷溶液或沸腾的氢氧化钡水溶液处理，几分钟后出现橙红色薄膜。

【成因】 形成于低温热液。

【用途】 提取金属锑的矿物原料。

辉铋矿（Bismuthinite）

【化学组成】 Bi_2S_3。Bi：81.3%，S：18.7%。含 Pb、Cu、Sb、Se 等，当 Bi^{3+} 为 Pb^{2+} 代替时，以 Cu^+ 补偿电价。类质同象混入物 Sb、Se 和 Tl、As、Au、Ag 等混入物。

【晶体结构】 斜方晶系，D_{2h}^6-Pbnm；$a_0=1.113nm$，$b_0=1.127nm$，$c_0=0.397nm$；$Z=4$。辉铋矿与辉锑矿等结构。

【晶体形态】 斜方双锥晶类；$D_{2h}-mmm(3L^23PC)$。晶体呈柱状、板状和针状；柱面具有明显纵纹。主要单形有平行双面、斜方柱、斜方双锥。集合体为柱状、针状或毛发状、放射状、粒状和致密块状等。

【物理性质】 锡白色（带铅灰色），有黄色和蓝色的锖色。灰黑或铅灰色条痕。金属光泽。不透明。解理 {010} 完全，{100} 和 {110} 不完全，具不平坦断口。硬度 2~2.5，微具挠性，相对密度 6.4~6.8。电导率沿 c 轴方向比垂直于 c 轴方向几乎小 2/3。

【显微镜下特征】 反射色白色，显乳白色和淡黄色调。较高反射率。双反射在空气中显著而弱，沿颗粒界线极易看出：c 呈淡黄白色，a 呈白色带亮灰色调，b 呈浅灰白色。

【简易化学试验】 易溶于硝酸和热盐酸中。在吹管下易熔化，同时起泡，在木炭上出现 Bi_2O_3 的淡黄色薄膜。与碘化钾熔化时出现 BiI_3 的红色被膜。在光片上与硝酸作用起泡并变黑。与二氯化汞作用出现棕色薄膜。与浓盐酸作用出现虹彩薄膜。

【成因】 辉铋矿产于高温和中温的热液脉型矿床、接触交代矿床中。

【用途】 提取金属铋的主要矿物原料。铋用于制作易熔合金、特殊玻璃和化学制剂等。

雄 黄 族

雄黄（Realgar）

【化学组成】 As_4S_4。As：70.1%，S：29.9%。成分较固定，一般含杂质较少。

【晶体结构】 单斜晶系；$C_{2h}^6-P2_1/n$；$a_0=0.929nm$，$b_0=1.353nm$，$c_0=0.657nm$；$\beta=106°33'$；$Z=16$。具分子型结构：由 As_4S_4 分子构成，分子中的 4 个 S 与 4 个 As 之间以共键价相维系，分子与分子间以分子键相连接。

【晶体形态】 斜方柱晶类，$C_{2h}-2/m(L^2PC)$。呈柱状、短柱状或针状，柱面上有细的纵纹。常见单形：平行双面、斜方柱等。依（100）成双晶。通常呈粒状、致密块状、粉末状、皮壳状集合体。

【物理性质】 橘红色，条痕淡橘红色；晶面金刚光泽，断面树脂光泽，透明~半透明。解理 // {010} 完全。硬度 1.5~2。相对密度 3.6。性脆。

【显微镜下特征】 在透射光下显强的多色性：Ng 和 Nm = 浅绿黄色至朱砂红色，Np = 近无色至浅橙黄红色。二轴晶（-）。反射色暗灰色。非均质性强。内反射红带黄色。

【简易化学试验】 在硝酸中分解并析出硫。溶于盐酸并呈现柠檬黄色絮团。加 KOH 呈黑色。在木炭上熔融，火焰呈蓝色，生成白色 As_2O_3 被膜。

【成因】 主要见于低温热液矿床以及温泉沉积物和硫质喷气孔的沉积物中。

【用途】 作为提炼砷的矿物原料。砷用于农药和化工原料、中药等。

雌 黄 族

雌黄（Orpiment）

【化学成分】 As_2S_3。As：60.9%，S：39.09%。Sb 呈类质同象混入含量可达 3%。Se 达 0.04%。存在微量的 Hg、Ge、Sb、V 等元素。

【晶体结构】 单斜晶系；$C_{2h}^5-P2_1/c$；$a_0 = 1.149$nm，$b_0 = 0.959$nm，$c_0 = 0.425$nm；$\beta = 90°27'$；$Z = 4$。雌黄具层状结构。As_2S_3 层平行 {010}，层中一个 As 被 3 个 S 包围，每个 S 与 2 个 As 相连。各层间分子键。

【晶体形态】 斜方柱晶类，$C_{2h}-2/m(L^2PC)$。晶体常呈板状或短柱状。有平行柱面条纹。主要单形：平行双面、斜方柱等。依（100）成双晶。集合体呈片状、梳状、放射状、土状等。

【物理性质】 柠檬黄色；鲜黄色条痕；油脂光泽至金刚光泽，解理面为珍珠光泽。解理∥{010} 极完全，薄片能弯曲，但无弹性。硬度 1.5~2。相对密度为 3.5g/cm³。

【显微镜下特征】 透射光下柠檬黄色。二轴晶（-）。反射色灰白色，双反射强。

【简易化学试验】 （1）雄黄受热熔化为暗红色熔体；雌黄熔化为黄色熔体。（2）雄黄粉末难溶于碳酸胺溶液，雌黄易溶。（3）雄黄与雌黄的晶体面网间距 d 不同，故可用 X 射线衍射法进行鉴别。（4）雄黄与雌黄还可用红外光谱法鉴别。

【成因】 主要见于低温热液矿床。

【用途】 作为提取砷矿石物原料。

铜 蓝 族

铜蓝（Coverllite）

【化学组成】 CuS。Cu：66.48%，S：33.52%，含有 Fe、Ag、Se 等。

【晶体结构】 六方晶系 $D_{6h}^4-P6_3/mmc$；$a_0 = 0.3792$nm，$c_0 = 1.6344$nm；$Z = 2$。铜蓝具层状结构。由 CuS_3 三角形所连接的层及位于其上下的 CuS_4 四面体构成铜蓝层状结构。

【形态】 复六方双锥晶类，$D_{6h}-6/mmm(L^66L^27PC)$。单晶体呈薄六方板状或片状。主要单形：平行双面。集合体呈叶片状、块状、粉末状。

【物理性质】 靛青蓝色，条痕为灰黑色；金属光泽，不透明。解理平行 {0001} 完全。硬度 1.5~2；性脆。相对密度 4.67。

【显微镜下特征】 透射光下多色性明显。一轴晶（-）。反射色为靛蓝色，双反射显著。在空气中 R_o 呈深蓝带紫色色调，在浸油中 R_o 呈紫色至紫红色。非均质性强。

【简易化学试验】 溶于硝酸析出硫，溶液变黄绿色；再加入黄血盐粉末在矿物周围出现褐红色沉淀，矿物形成褐红色被膜。吹管焰下用木炭烧之产生蓝色火焰，析出 SO_2，并生成金属球粒。

【成因】 铜蓝主要是外生成因，常见于含铜硫化物矿床次生富集带中。

【用途】 与辉铜矿等形成铜矿石。

辉 钼 矿 族

辉钼矿（Molybdenite）

【化学成分】 MoS_2。Mo：59.94%，S：40.06%。Se、Te 可替代 S（≤25%）。含有铼（Re≤3%）以及锇、铂、钯等铂族元素。

【晶体结构】 六方晶系（2H）；$D_{6h}^4 - P6_3/mmc$；$a_0 = 0.315nm$，$c_0 = 1.230nm$；$Z = 2$。辉钼矿的晶体具层状结构。在同一硫面网中，相邻硫离子间由共价键联系；同一钼面网内，相邻离子间由金属键联系。层与层之间的引力微弱，平行 {0001} 发育极完全解理。

【晶体形态】 复六方双锥晶类，$D_{6h} - 6/mmm（L^6 6L^2 7PC）$。晶体呈片状、板状。主要单形：平行双面、六方柱、六方双锥等。在 {0001} 面上可见到彼此以 60°相交的晶面条纹。见双晶或平行连生。片状、鳞片状、细小颗粒集合体。

【物理性质】 铅灰色；亮铅灰色条痕，在上釉瓷板上为微绿的灰黑色。强金属光泽，不透明。解理∥{0001} 极完全，解理薄片具挠性。硬度 1。相对密度 5.0。有滑腻感。

【显微镜下特征】 偏光显微镜下不完全正交时暗蓝色。一轴晶（-）。反光显微镜下反射色和双反射极强，R_o 呈白色，R_e 呈灰色带暗淡的蓝色调。非均质性强。

【简易化学试验】 完全溶于王水。热硫酸中分解后蒸发，逸出 SO_2 蒸汽，形成蓝色斑点。加硝酸加热溶解，待蒸发近于干时在白色板上可见蓝色。在木炭上烧之可生成 MoO 被膜，热时为黄色，冷却时白色。

【成因】 形成于高中温热液作用中。

【用途】 主要的钼矿物原料，也是提取铼的主要矿物，含有的铂族元素也可综合利用。

黄 铁 矿 族

黄铁矿（Pyrite）

【化学组成】 FeS_2。Fe：46.67%，S：53.33%。成分中常见 Co、Ni 等元素呈类质同象置换 Fe，形成 $CoS_2 - FeS_2$ 和 $FeS_2 - NiS_2$ 系列。含有 Au、Ag、Cu、Pb、Zn 等。

【晶体结构】 等轴晶系；$T_h^6 - Pa3$；$a_0 = 0.542nm$；$Z = 4$。黄铁矿是 NaCl 型结构的衍生结构。

【形态】　偏方复十二面体晶类，T_h-m3（$3L^24L^33PC$）。晶体完好。主要单形：立方体、五角十二面体、八面体、偏方复十二面体。立方体晶面上见 3 组互相垂直的条纹。见铁十字穿插双晶（图 5-8）。集合体通常呈粒状、致密块状、球状、草莓状等。隐晶质变胶体称为胶黄铁矿。

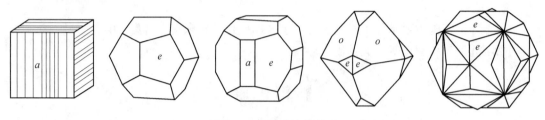

图 5-8　黄铁矿晶体形态

【物理性质】　浅铜黄色，表面带有黄褐的锖色；绿黑色条痕；强金属光泽，不透明。无解理；断口参差状。硬度 6~6.5。相对密度 4.9~5.2。熔点 1171℃。可具检波性。具介电性，热电性。

【显微镜下特征】　反射光下呈黄白色。均质性。

【成因】　地壳中分布最广的硫化物。在内生作用、外生作用、变质作用中都可形成。黄铁矿在氧化带不稳定，可形成以针铁矿、纤铁矿等为主的铁帽。

【用途】　制备硫酸的主要矿物原料。

毒砂–辉砷钴矿族

毒砂（Arsenopyrite）

【化学组成】　FeAsS。Fe：34.3%，As：46%，S：19.7%。Co 呈类质同象置换 Fe 可以形成 FeAsS（毒砂）–（Co，Fe）AsS（铁硫砷钴矿）系列。含 Au、Ag、Sb 等机械混入物。

【晶体结构】　单斜晶系，$C_{2h}^5-P2_1/c$；$a_0 = 0.953nm$，$b_0 = 0.566nm$，$c_0 = 0.643nm$；$\beta = 90°$。毒砂晶体结构属于白铁矿型结构。As 和 S 以共价键连接成对。

【晶体形态】　斜方柱晶类，$C_{2h}-2/m(L^2PC)$。晶体多为柱状，沿 c 轴延伸。主要单形：斜方柱、平行双面等。晶面上有纵纹，有十字形穿插双晶及三连晶。集合体粒状或致密块状。

【物理性质】　锡白色，表面常带黄色锖色。条痕灰黑色。金属光泽。硬度 5.5~6。解理∥{110}完全。相对密度 5.9~6.2。锤击之发出蒜臭味。灼烧后具磁性。

【显微镜下特征】　在反射光下反射色为白色，微具乳黄色调。双反射弱。非均质性明显，红褐黄和蓝绿偏光色。

【简易化学试验】　吹管焰下在木炭上产生白色 As_2O_3 被膜，白烟有蒜臭味，残渣有磁性。条痕加硝酸研磨分解后加入钼酸铵，产生鲜艳黄绿色砷钼酸铵沉淀。

【成因】　主要产于高、中温热液矿床，接触交代矿床中，与黄铁矿、黄铜矿、磁铁矿、磁黄铁矿、自然金等共生。

【用途】　为提取砷的矿物原料。各种砷化物用于农药、制革、木材防腐、玻璃制造、冶金、医药、颜料等。

5.3.2　第二类　砷化物、锑化物、铋化物

该类矿物是 As、Sb、Bi 与金属阳离子结合形成的化合物。已发现 57 种矿物。阳离子主要是镍、铜、钯、铂、钴、和金、银、铁、锰、钌、锇、铱等 16 种元素。矿物种主要是简单的二元化合物。该类矿物的类质同象代替有限。在方钴矿中 Co-Ni 形成完全类质同象。矿物晶体结构构型有红砷镍矿型（NiAs）、黑铋金矿型（Au_3Bi）、砷铜矿型（Cu_3As）、黄铁矿型结构等。主要是共价化合物，由于键的杂化而带有金属键性。由于成分、晶体结构和化学键决定该类矿物具有特殊的金属性和较高的硬度等。

红砷镍矿族

红砷镍矿（Niccolite）

【化学组成】　NiAs。Ni：43.92%，As：56.08%。锑代替砷可达 6%，称为锑-红砷镍矿变种。分析中常含硫，以及少量铁和更少量的钴、铋和铜。

【晶体结构】　六方晶系，D_{6h}^4-$P6_3/mmc$；$a_0 = 0.3609$nm，$c_0 = 0.5019$nm；$Z = 2$。红砷镍矿结构中（图 5-9（a）），As 原子呈六方紧密堆积，Ni 位于八面体空隙，为六方原始晶格。红砷镍矿结构中由于空隙阳离子的存在而导致 d 电子的聚集，具有金属导电性。红砷镍矿型结构的矿物，结构中缺席结构和空隙结构造成阳离子缺少或过多。

【形态】　复六方双锥晶类，D_{6h}-$6/mmm$（L^66L^27PC）。完好晶体少见，平行 c 轴呈柱状，平行 ｛0001｝呈板状（图 5-9（b）、（c））。晶面具水平条纹。可见依（$10\bar{1}1$）之双晶。致密块状、粒状、树枝状、肾状体集合体。

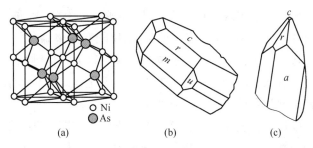

图 5-9　红砷镍矿晶体结构（a）与晶体形态（b），（c）

【物理性质】　淡铜红色，褐黑色条痕。金属光泽。不透明。解理//｛$10\bar{1}0$｝不完全。断口不平坦。性脆。硬度 5~5.5。密度 7.6~7.8。具良导电性。

【显微镜下特征】　反射光下呈玫瑰色带浅乳白色调。反射率高。双反射明显：R_o 为白~黄~玫瑰色，R_e 为白褐~玫瑰色。强非均质性，具明显偏光色。

【简易化学试验】　易溶于硝酸和王水。木炭上吹管烧之生光亮脆性小球及白色 As_2O_3 被膜，发砷之强蒜臭气。闭管中强烧冷端产生砷镜，硝酸溶液呈苹果绿色，加氨水变为天

蓝色，与二甲基乙二醛肟作用产生玫瑰色沉淀。

【成因】　产于基性、超基性有关的岩浆矿床中。在铬铁矿床中与砷镍矿、铬铁矿组合；在铜镍矿床中与磁黄铁矿、镍黄铁矿、黄铜矿等共生。在 Ni-Co、Ag-Ni-Co 的热液矿床中较常见。

【用途】　富集时作为镍矿石。

方钴矿（Skutterudite）

【化学组成】　$(Co, Ni)_4[As_4]_3$。Co：20.77%，As：79.23%。Co-Ni 间为一完全类质同象系列——方钴矿和镍方钴矿。钴、镍被铁类质同象代替可达 12%，砷被铋代替可达 20%。

【晶体结构】　等轴晶系，T_h^5-Im3；$a_0 = 0.821 \sim 0.828$nm；$Z = 8$。

【形态】　偏方复十二面体晶类，$T_h-m3(3L^2 4L^3 3PC)$。一般为粒状集合体，晶体少见。单形有立方体、八面体、菱形十二面体。晶面上有细条纹。

【物理性质】　锡白、银灰色，有时具彩色锖色。灰黑色条痕。金属光泽。不透明。解理∥{100} 中等。不平坦断口或贝壳状断口。性脆。硬度 5.5~6。相对密度 6.50~6.79。具导电性。

【显微镜下特征】　反光下反射色白色。均质体。

【简易化学试验】　溶于硝酸，溶液加热后，钴呈红色，镍呈绿色。

【成因】　产于热液矿床中，与钴、镍的砷化物成组合。亦见于含金石英脉。风化条件下形成钴华和镍华。

【用途】　同其他钴镍砷化物和硫砷化物一起作为钴、镍矿石。

5.3.3　第三类　碲化物矿物　第四类　硒化物矿物

碲为阴离子和金属阳离子组成的化合物。已发现的碲化物有 38 种。阳离子主要是ⅠB族的金、银、铜以及镍、钯、铅、汞、铁等。碲化物既有简单碲化物，也有复杂碲化物。矿物中类质同象代替普遍，多为不完全类质同象。碲化物为共价键化合物，并具有较高程度的金属键性，这是电价低和原子间距较大的缘故。碲化物矿物晶体结构类型有红砷镍矿型、氯化钠型、闪锌矿型和白铁矿型，还有碲银矿、斜方碲金矿等特殊结构。由于碲化物的化学键中金属键程度较强，表现出金属色，金属光泽，透明度低、硬度小、密度大，导电性、导热性强等物理性质。碲化物矿物主要产于中-低温热液矿床。

碲化物类矿物主要有碲金矿族、亮碲金矿族、碲铅矿族、碲汞矿、碲银矿族。斜方碲金矿族、碲镍矿族、碲铋矿族、碲铜矿族、黑碲金矿族、六方碲银矿族、碲金银矿族、碲锑钯矿、碲汞钯矿、碲银钯矿族。

硒化物是阴离子 Se 与阳离子结合形成的化合物。硒化物与硫化物在化学组成和结构上相近。阳离子主要是铜型离子，常见有铜、铅、锌、银、金以及钴、镍等。硒化物有简单硒化物和复杂硒化物。同时硒与硫组成配位多面体，形成硫盐矿物。硒化物多数形成于热液作用。

碲金矿族

碲金矿（Calaverite）

【化学组成】 $AuTe_2$。Au：43.59%，Te：56.41%。有少量的 Ag 代替 Au。

【晶体结构】 单斜晶系，C_{2h}^3-C2/m。$a_0=0.719nm$，$b_0=0.441nm$，$c_0=0.508nm$；$\beta=90°10'$；$Z=2$。Au 为 6 个 Te 围绕，其中 2 个较近。Te 为 3 个 Au 和 3 个 Te 围绕，不等距。

【形态】 斜方柱晶类，$C_{2h}-2/m(L^2PC)$。晶体呈柱状、针状平行于 b 轴，平行于 b 轴的晶面条纹极发育。晶体上单形复杂而多。多依（100）成双晶。粒状集合体。

【物理性质】 草黄~银白色。黄~绿灰色条痕。金属光泽。不透明。无解理。具贝壳状至不平坦断口。性脆。硬度 2.5~3。相对密度 9.10~9.40。熔点 464℃。

【显微镜下特征】 反光显微镜下为乳白色。双反射弱。非均质性明显。

【简易化学试验】 溶于硝酸，产生铁锈色的金沉淀。木炭上吹管火焰烧之产生金小球，开管生白色 TeO_2 被膜。

【成因】 产于中~低温热液作用。与自然金、银金矿、针碲金矿以及黄铁矿、方铅矿、闪锌矿、黝铜矿等成组合。

【用途】 作为金矿石矿物。

亮碲金矿（Montbrayke）

【化学组成】 Au_2Te_3。Au：50.77%，Te：49.22%。Au 可被少量银、锑所交代。

【晶体结构】 三斜晶系，$C_1^1-P\bar{1}$。$a_0=1.210nm$，$b_0=1.346nm$，$c_0=1.080nm$；$\alpha=104°30.5'$，$\beta=97°34.5'$，$\gamma=107°53.5'$；$Z=12$。

【形态与物理性质】 晶体呈不规则粒状及块状。锡白到灰黄色。金属光译，不透明。解理∥$\{1\bar{1}0\}$、$\{0\bar{1}1\}$、$\{\bar{1}11\}$ 中等。断口贝壳状。硬度 2.5。相对密度 9.94。性脆。

【显微镜下特征】 反光显微镜下呈灰白色，具有粉红色晕色，非均质性弱。

【成因】 形成于热液作用，与自然金、碲金银矿、碲镍矿、黄铜矿、黄铁矿等共生。

【用途】 作为金矿石矿物。

碲金银矿（Petzite）

【化学组成】 Ag_3AuTe_2。Ag：41.71%，Au：25.42%，Te：32.87%。

【晶体结构】 等轴晶系，$O_h^8-I4_132$；$a_0=1.038nm$；$Z=8$。晶体结构复杂。Ag 与 Au 的配位数不同。Au 的配位数是 2Te，原子间距为 0.253nm；Ag 的配位数为 4Te，原子间距为 0.290nm 及 0.295nm。Te 的配位数是 8(6Ag+1Au+1Te)，Te-Ag-Te 夹角分别为 108° 及 104°。

【形态与物理性质】 晶体形态通常为细粒状及块状。钢灰到铁黑色。金属光泽。不透明。无解理。断口次贝壳状。硬度 2.5~3。密度 8.7~9.4。

【显微镜下特征】 矿相显微镜下呈灰白色，具有浅红色色调。

【成因】 产于含金-银的石英脉矿床中，与其他碲化物、自然碲、黄铁矿、黄铜矿、闪锌矿共生。

【用途】 提取金银的矿物原料之一。

斜方碲金矿族

斜方碲金矿（Krennerite）

【化学组成】 $AuTe_3$。Au：43.59%，Te：56.41%。Ag 代替金可在 30% 左右。含有少量 Cu、Fe。

【晶体结构】 斜方晶系，C_{2v}^4-$Pma2$；$a_0 = 1.654nm$，$b_0 = 0.882nm$，$c_0 = 0446nm$；$Z = 8$。晶体结构中 Au 由 6 个 Te 围绕成歪曲八面体。

【形态】 斜方单锥晶类，C_{2v}-$mm2$（$L^2 2P$）。呈柱状、粒状。常见单形有单面、双面、斜方柱、斜方单锥等。在晶面上见有条纹。

【物理性质】 银白色~浅草黄色。金属光泽，不透明。解理 // {001} 完全。贝壳状断口。性脆。硬度 2.5，相对密度 8.62。

【显微镜下特征】 反射色为乳白色。反射率 $R = 67$（黄）。非均质。

【成因】 低温热液矿床，与碲金矿、黄铁矿、自然金、黄铜矿等共生。

【用途】 可作为金矿石矿物。

红硒铜矿族

红硒铜矿（Umangite）

【化学组成】 Cu_3Se_2。Cu：54.70%，Se：45.30%。含银（达 0.6%）、铱、钯、铂等。

【晶体结构】 四方晶系，D_{2d}^3-$P4_{21}m$。$a_0 = 0.427nm$，$c_0 = 0.640nm$；$Z = 2$。反萤石型晶体结构。

【形态】 呈细粒状集合体或块状，有时出现叶片状双晶。与硒铜矿、硒铜银矿呈连晶。

【物理性质】 新鲜断口上呈带紫色调的暗樱桃红色，易转变为暗紫蓝色。黑色条痕。金属光泽。不透明。在两个方向上有解理。不平坦状断口。硬度 2.7~3.1，显微硬度 77~108kg/mm^2，相对密度 6.44~6.49。

【显微镜下特征】 反射光下呈粉红色至带紫的浅蓝灰色。反射率 R：19.0（绿）、17.4（橙）、18.7（红）。反射多色性极为明显：R_o—紫红色，R_e—浅绿蓝灰色。非均质性强而特殊（具蜜黄色至暗橙色的偏光色）。

【简易化学试验】 溶于硝酸。硝酸、盐酸、三氯化铁、二氯化汞作用于光片呈现蓝色。

【成因】 形成于热液作用。产于砂岩铜矿中的红硒铜矿，与硒铜矿、蓝硒铜矿、晒铜汞矿、硒汞矿、辉铜银矿等共生。在热液型铀矿床方解石脉中有红硒铜矿产出。

硒 银 矿 族

硒银矿（Naumannhe）

自然界见到的是低温变体按高温变体而成的副象，133℃以下为低温斜方变体。

【化学组成】 $AgSe$。Ag：73.15%，Se：26.85%。天然硒银矿通常有铅的混入，主要系由于硒铅矿之混入，有时铅的含量可达20%~60%。

【晶体结构】 等轴晶系，O_h^9-Im3m；$a_0=0.4983nm$；$Z=2$。

【形态】 通常呈粒状或不规则粒状；立方体状或叶片状的晶体少见。

【物理性质】 黄黑色。黑色条痕。强金属光泽。不透明。解理∥｛001｝完全。硬度2.5，显微硬度33.6kg/mm²。相对密度7~8。加热到133℃时，低温变体转变成等轴的高温变体。

【显微镜下特征】 在反射光下呈白色，明显的非均质性。在空气中双反射不明显。

【简易化学试验】 与硝酸作用起泡并变暗，呈现棕色斑点；与三氯化铁作用呈浅棕色及虹彩斑点；与氢氧化钾作用缓慢，产生棕色斑点；与二氯化汞作用能显现出棕色斑点及其构造。开管试验产生红色的硒化物和气味。

【成因】 硒银矿在热液作用过程中缺硫而银、硒浓度增高的条件下形成。产于热液型矿床石英碳酸盐脉中的硒银矿，与其他硒矿物（硒铅矿、红硒铜矿）等共生。

5.3.4 第五类 硫盐矿物

硫盐是硫与半金属元素 As、Sb、Bi 结合组成络阴离子 $[AsS_3]^{3-}$、$[SbS_3]^{3-}$、$[BiS_3]^{3-}$等，然后再与阳离子（Cu、Pb、Ag）结合形成的较复杂的化合物。硫盐矿物中络阴离子最基本的形式为三棱锥状的 $[AsS_3]$、$[SbS_3]$ 或 $[BiS_3]$，锥状络阴离子又可进一步相互连接成多种复杂形式的络阴离子。硫盐矿物有130多种。硫盐可划分为：铜的硫盐：黝铜矿-砷黝铜矿族等；银的硫盐：淡红银矿、浓红银矿族等；铅的硫盐：脆硫锑铅矿族等。

黝铜矿-砷黝铜矿族（Tetrahedrite-tennantite）

【化学组成】 $Cu_{12}Sb_4S_{13}-Cu_{12}As_4S_{13}$。在化学组成中 Sb-As 为完全类质同象，两个亚种：黝铜矿 $Cu_4^+Cu_2^{2+}(Sb_{>0.5}As_{<0.5})_4[Cu^+S_2]_6S$ 和砷黝铜矿 $Cu_4^+Cu_2^{2+}(Sb_{<0.5}As_{>0.5})_4$ $[Cu^+S_2]_6S$。化学组成中有银、锌、铁、汞、锗、镉、钼、铟、铂等有限代替铜，铋代替锑、砷，硒和碲代替硫。

【晶体结构】 等轴晶系，T_d^3-I43m；$a_0=1.034$（黝铜矿）~1.021nm（砷黝铜矿）；$Z=2$。a_0值随砷代替锑而减小；随汞、银的代替铜，a_0增大。黝铜矿晶体结构与闪锌矿的结构相似。

【形态】 六四面体晶类，T_d-$\bar{4}3m$($3L_i^4 4L^3 6P$)。晶体多半呈四面体外形，常见单晶：立方体、四面体、菱形十二面体、三角三四面体、四角三四面体等（图5-10）。通常呈致密块状，半自形、它形粒状或细脉状。见穿插双晶。

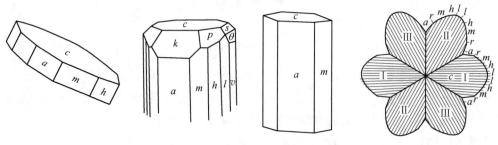

图5-10 黝铜矿晶体形态与双晶

【物理性质】 钢灰色至铁黑色（富含铁的变种）。黝铜矿为钢灰至铁黑色条痕，有时带褐色。砷黝铜矿的条痕常带樱桃红色调。金属至半金属光泽，在不新鲜的断口上变暗。不透明。无解理，硬度3～4.5。相对密度4.6～5.4。含汞、铅、银的变种密度最高，有时可达5.40。弱导电性。在差热曲线上于610℃处有一个明显的放热效应。

【显微镜下特征】 在反射光下呈灰白色，黝铜矿带浅褐色。内反射为褐红色。黝铜矿在红外光里显均质。砷黝铜矿带浅绿的色调，具有暗红色的内反射。砷黝铜矿在红光中不透明至透明。

【简易化学试验】 溶于硝酸，并析出硫，黝铜矿析出氧化锑。溶于王水中。含银和汞的变种能被硝酸、氰化钾所浸蚀。与碳酸钠混合于木炭上易熔成灰色银珠；产生Sb_2O_3或As_2O_3的薄膜，发出特殊的蒜味。在闭管里产生暗红色Sb_2S_3薄膜或黄至褐红色的As_2O_3薄膜。

【成因】 是各种热液型矿床、矽卡岩型多金属矿床及铜铁矿床中常见的矿物。

【用途】 与其他铜矿物组合的铜矿石可作为提取铜的原料，同时可综合利用成分中的砷。

淡红银矿族

淡红银矿（Prouatite）

【化学成分】 Ag_3SbS_3。Ag：65.42%，As：15.14%，S：19.44%。有Sb呈类质同象代替As，As-Sb在300℃以上为完全类质同象，温度下降产生固溶体离熔。含有少量Fe、Co、Pb等混入物。

【晶体结构】 三方晶系C_{3v}^6-$R3c$。a_{rh}=0.686nm，α=103°27′；Z=2。a_h=1.076，c_h=0.866nm；Z=6。浓红银矿型结构。

【形态】 复三方单锥晶类，C_{3v}-$3m$($L^3 3P$)。主要单形为六方柱、复三方单锥、三方单锥、六方单锥（图5-11）。集合体为致密块状或粒状。

【物理性质】 颜色深红到朱红色，类似辰砂。条痕鲜红色。金刚光泽。半透明。解理∥{10$\bar{1}$1}完全。断口贝壳状至参差状。性脆。硬度2～2.5。相对密度5.57～5.64。不导电。

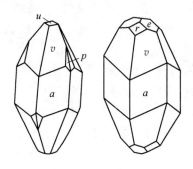

图 5-11　淡红银矿晶体形态

【显微镜下特征】　透射光下-轴晶（-）。多色性：血红、洋红。反射光下反射色灰带淡蓝；强非均质性；内反射深红色。

【成因】　产于铅锌银热液矿脉中，通常为晚期形成的矿物。

【用途】　与其他含银矿物一起作为银矿石。

浓红银矿（Pyrargyrite）

【化学组成】　Ag_3SbS_3。Ag：59.76%，Sb：22.48%，S：17.76%。有砷呈类质同象代替锑。当温度高于300℃时在此结构中砷和锑可成完全类质同象代替。

【晶体结构】　三方晶系，C_{3v}^6-R3c。$a_{rh}=0.701nm$，$\alpha=103°59'$；$Z=2$。$a_0=1.106nm$，$c_0=0.873nm$，$Z=6$。浓红银矿型结构为菱面体晶胞，类似于方解石晶胞。

【形态】　复三方单锥晶类，$C_{3v}^6-3m(L^33P)$。晶体呈短柱状。常见单形有六方柱、复三方单锥、三方单锥、六方单锥及其聚形。常见双晶。粒状、块状集合体。

【物理性质】　深红色、黑红色或暗灰色。条痕暗红色。金刚光泽。半透明。解理∥{10$\bar1$1}完全，{0$\bar1$1$\bar2$}不完金。性脆。断口贝壳状至参差状。硬度2~2.5。密度5.77~5.86。

【显微镜下特征】　反射色呈灰色带淡蓝。非均质性强，内反射呈洋红色。

【成因】　浓红银矿主要见于铅锌银热液矿床中。

【用途】　银矿石的主要矿物。

脆硫锑铅矿族

脆硫锑铅矿（Janiesonite）

【化学组成】　$Pb_2Pb_2FeSb_6S_{14}$。Pb：40.16%，Fe：2.71%，Sb：35.39%，S：21.74%。由于机械混入物常不符合化学成分式。Bi可为类质同象混入物（达1%）。Fe含量有时达10%以上。其他混入物有Cu、Zn、Ag等。

【晶体结构】　单斜晶系，$C_{2h}^5-P2_1/c$。$a_0=1.571nm$，$b_0=1.905nm$，$c_0=0.404nm$；$\beta=91°48'$；$Z=2$。晶体结构为链状结构。

【形态】　斜方柱晶类，$C_{2h}-2/m(L^2PC)$。晶体多为沿c轴延伸的长柱状以及针状，柱面有平行条纹。集合体常呈放射状、羽毛状、纤维状、梳状、柱状和粒状等。

【物理性质】 铅灰色，有时有蓝红杂色的锖色。条痕暗灰色或灰黑色，金属光泽。不透明。解理∥｛001｝中等。不平坦断口。硬度 2~3。性脆。相对密度 5.5~6.0。具检波性。

【显微镜下特征】 反射色白色。双反射强：平行 c—亮白色带浅黄绿色调，垂直 b—黄绿色带灰，平行 a—暗黄绿色或橄榄绿色。非均质强。

【简易化学试验】 遇硝酸易分解，析出 Sb_2O_3 和 $PbSO_4$。溶于热盐酸，当冷却时沉淀出 $PbCl_2$。在开管中形成硫蒸气和白色 Sb_2O_3 薄膜；在闭管中熔化产生硫和 Sb_2S_3 的薄膜。与氢氧化钾的作用缓慢变紫红色。

【成因】 脆硫锑铅矿出现在中低温的铅锌矿床中。

【用途】 在铅锌矿床中，可作为铅和锌的矿石。

车轮矿（Bournonite）

【化学组成】 $CuPbSbS_3$。Pb：42.54%，Cu：13.04%，Sb：24.65%，S：19.77%。类质同象代替有：As 代替 Sb（可达 3.18）；少量 Mn、Zn、Ag 可代替 Cu。有时 Fe 达 5%，还含有 Ni、Bi。

【晶体结构】 斜方晶系，$C_{2v}^7 - Pmn2_1$。$a_0 = 0.816nm$，$b_0 = 0.871nm$，$c_0 = 0.781nm$。$Z=4$。车轮矿的结构与硫砷铅铜矿等结构。

【形态】 斜方单锥晶类，$C_{2v} - mm2$（$L^2 2P$）。晶体较少见，呈短柱状及沿（001）的板状（图 5-12），常呈假立方状。晶面具垂直条纹，常出现沿（110）的双晶，呈十字状或车轮状，故名"车轮矿"。集合体为不规则粒状、致密块体。

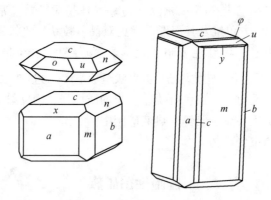

图 5-12　车轮矿晶体形态

【物理性质】 钢灰色到暗铅灰色，常有黄褐色的锖色。条痕为暗灰色，黑色。金属光泽。不透明。解理∥｛010｝中等，｛100｝、｛001｝不完全。断口为贝壳状到不平坦状。性脆。硬度 2.5~3，相对密度 5.7~5.9。不导电。

【显微镜下特征】 在矿相显微镜下，反射色白色微带蓝绿色调。弱非均质性。在油浸中有深红色的内反射。

【简易化学试验】 用浓硝酸分解形成淡蓝色溶液，析出含硫和含有锑和铅白色粉末的沉淀物。

【成因】 广泛分布在中温和低温的热液矿床中。主要在铅锌和多金属矿床中,与方铅矿、黝铜矿以及铅的硫锑化物-脆硫锑铅矿和硫锑铅矿共生。

5.4 第三大类 氧化物与氢氧化物矿物

该大类矿物分为氧化物矿物类和氢氧化物矿物类。氧化物矿物是指金属阳离子与 O^{2-} 结合而成的化合物;氢氧化物矿物是金属阳离子与 $(OH)^-$ 结合的化合物。该大类矿物目前已发现有 300 余种,其中氧化物 200 余种,氢氧化物 80 余种。它们占地壳总重量的 17% 左右,其中石英族矿物占 12.6%,铁的氧化物和氢氧化物占 3.9%。

5.4.1 第一类 氧化物矿物

组成氧化物的阴离子为 O^{2-}。氧化物中阳离子主要是惰性气体型离子(如 Si^{4+}、Al^{3+} 等)和过渡型离子(如 Fe^{3+}、Mn^{2+}、Ti^{4+}、Cr^{3+} 等)(表 5-4)。氧化物中的类质同象比硫化物广泛,有完全类质同象和不完全类质同象,有等价类质同象和异价类质同象。

表 5-4 氧化物矿物类质同象特征

等价类质同象	异价类质同象
Ca-Sr-Ba	$Na^+ - Ca^{2+} - Y^{3+}$
Mg-Fe-Mn	$Li^+ - Al^{3+}$
Al-Cr-V-Fe-Mn	$Fe^{2+} - Sc^{3+}$
Sb-Bi	$Ca^{2+} - Ce^{3+}$
La-Ce-Y	$Fe^{2+} - Ti^{4+}$
Zr-Hf	$Fe^{3+} - Nb^{5+}$
Zr-Th	$Ti^{4+} - Nb^{3+}$
Ce-Th	$Sn^{4+} - Nb^{5+}$
Th-U	
Nb-Ta	
Mo-W	

氧化物类矿物晶体结构可看成是 O^{2-} 作紧密堆积,阳离子充填在八面体和四面体空隙中,阳离子的配位数为 4 和 6。若大半径阳离子充填空隙,配位多面体呈立方体等形式,阳离子配位数大于 6。晶体结构中的化学键以离子键为主。随着阳离子电价的增加,共价键的成分趋于增多。阳离子类型从惰性气体型、过渡型离子向铜型离子转变时,共价键则趋于增强,阳离子配位数趋于减少。

氧化物晶体结构的类型在简单二元成分的晶体结构有萤石型、刚玉型、氯化钠型、闪锌矿型、金红石型等。复杂氧化物晶体结构有钙钛矿型、尖晶石型等。

氧化物矿物类有赤铜矿族、方镁石族、红锌矿族、刚玉族、方钍石族、金红石族、石英族、晶质铀矿族、尖晶石族、金绿宝石族、钙钛矿族、褐钇矿族、黑钨矿-铌钽铁矿族、易解石族、黑稀金矿族、烧绿石族等。

赤 铜 矿 族

赤铜矿（Cuprite）

【化学组成】 Cu_2O。Cu：88.8%，O：11.2%，含有少量氧化铁。

【晶体结构】 等轴晶系；O_h^4-Pn3m；$a_0=0.426nm$；$Z=2$。赤铜矿型晶体结构。

【晶体形态】 六八面体晶类，$O_h-m3m(3L^44L^36L^29PC)$。单晶体为等轴粒状，主要单形：八面体、立方体、四角三八面体以及立方体与菱形十二面体聚形。集合体呈致密块状、粒状或土状、针状或毛发状。

【物理性质】 暗红至近于黑色；条痕褐红；金刚光泽至半金属光泽；薄片微透明。解理不完全。硬度3.5~4.0。相对密度5.85~6.15。性脆。

【显微镜下特征】 透射光下为红色，均质体。反射光下微带蓝色的白色。内反射为红色。

【简易化学试验】 有铜的焰色反应，易溶于硝酸，溶液呈绿色，加氨水变蓝色。条痕上加一滴HCl产生白色$CuCl_2$沉淀。

【成因】 主要见于铜矿床的氧化带，与孔雀石、辉铜矿、铁的氧化物等伴生。

【用途】 铜矿石。

方 镁 石 族

方镁石（Periclase）

【化学组成】 MgO。Mg：60.32%，O：39.68%。含有Fe、Mn、Zn等混入物。

【晶体结构】 等轴晶系，O_h^5-Fm3m；$a_0=0.4211nm$；$Z=4$。氯化钠型结构。

【晶体形态】 六八面体晶类。$O_h-Fm3m(3L^44L^36L^29PC)$。常见单形立方体、八面体、菱形十二面体及其聚形。常见双晶。粒状集合体。

【物理性质】 纯者无色。通常为灰白色、黄色、棕黄色、绿色、黑色等。随着铁含量增加颜色变深。白色条痕。玻璃光泽。透明至半透明。解理∥{100}完全。裂开∥{110}。硬度5.5~6，密度3.5~3.9。不导电。

【显微镜下特征】 透射光下无色，均质性。折射率$N=1.736$，含铁增加折射率增高。

【简易化学试验】 易溶于稀盐酸、稀硝酸。加硝酸钴溶液灼烧呈肉红色（镁的反应）。

【成因】 产于变质白云岩或镁质大理岩中，与镁橄榄石、菱镁矿、水镁石等共生。

【用途】 制镁原材料。

刚 玉 族

刚玉（Corundum）

【化学组成】 Al_2O_3。Al：53.2%，O：46.8%。含有Cr^{3+}、Ti^{4+}、Fe^{3+}、Fe^{2+}、Mn^{2+}、

V^{3+} 等，它们以等价或异价类质同象代替 Al^{3+}。Al_2O_3 有多种变体，自然界 $\alpha-Al_2O_3$ 稳定。

【晶体结构】 三方晶系，D_{3d}^6-R3c；$a_0=0.477nm$，$c_0=1.304nm$；$Z=6$。刚玉型结构。

【晶体形态】 复三方偏三角面体晶类，$D_{2d}-3m(L_i^33L_23P)$。晶体呈三方桶状、柱状、板状晶形。主要单形有六方柱、六方双锥、菱面体、平行双面（图 5-13）。在晶面上具有晶面花纹及三角形或六边形蚀像。

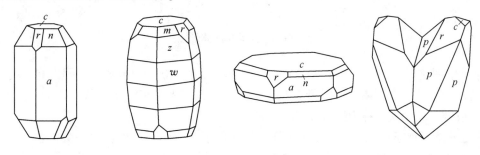

图 5-13 刚玉晶体形态

【物理性质】 纯净的刚玉是无色或灰、黄灰色。含 Fe 者呈黑色；含 Cr 者呈红色者；含 Ti 呈蓝色；玻璃光泽。无解理；硬度 9。相对密度 3.95~4.10。熔点 2000~2030℃，化学性质稳定，不易腐蚀。在长短波紫外线下发红色荧光，含 Fe 高者荧光较弱。含 Cr 呈粉色荧光或橙黄色荧光。

【显微镜下特征】 透射光下无色，玫瑰红、蓝或绿色。具有二色性，表现为不同深浅的颜色，红宝石、蓝宝石的二色性较强。

【成因】 岩浆作用、接触交代作用、区域变质作用形成。

【用途】 刚玉的硬度仅次于金刚石，可作为研磨材料、精密仪器的轴承等。刚玉是重要的宝石原料，具有鲜红或深红透明的刚玉称为红宝石；具有深蓝透明的刚玉称为蓝宝石。在有些红宝石和蓝宝石的 {0001} 面上具有星彩光学效应，称为星光宝石，为成定向分布的六射针状金红石包体，故呈星彩状。

赤铁矿（Hematite）

【化学组成】 Fe_2O_3。Fe：69.4%，O：30.06%。常含类质同象替代的 Ti、Al、Mn、Fe^{2+}、Ca、Mg 及少量的 Ga、Co；常含金红石、钛铁矿的微包裹体。隐晶质致密块体中常有机械混入物 SiO_2、Al_2O_3。

【晶体结构】 Fe_2O_3 有两种同质多象变体。$\alpha-Fe_2O_3$ 为三方晶系 D_{3d}^6-R3c；$a_0=0.5039nm$，$c_0=1.3760nm$；$Z=6$。刚玉型结构。$\gamma-Fe_2O_3$ 变体为等轴晶系，称为磁赤铁矿。

【形态】 复三方偏三角面体晶类，$D_{3d}-3m(L^33L^23PC)$。单晶体常呈菱面体和板状，常见单形：平行双面、六方柱、菱面体、六方双锥。在晶面上有 3 组平行交棱方向的条纹、三角形凹坑或生长锥等晶面花纹。见聚片双晶、穿插双晶或接触双晶（图 5-14）。集合体有片状、鳞片状、粒状、鲕状、肾状、土状、致密块状等。

【物理性质】 显晶质呈铁黑至钢灰色，隐晶质呈暗红色。樱红色条痕。金属光泽至半金属光泽。硬度为 5.5~6.5，无解理，相对密度 5.0~5.3。根据形态、颜色划分赤铁矿变

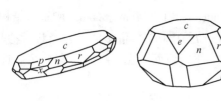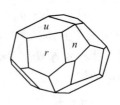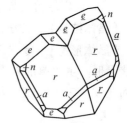

图 5-14 赤铁矿晶体形态

种有：呈铁黑色、金属光泽的片状赤铁矿集合体称为镜铁矿，具有磁性；呈灰色、金属光泽的鳞片状赤铁矿集合体称为云母赤铁矿；呈红褐色、光泽暗淡粉末状赤铁矿称为赭石；呈鲕状或肾状的赤铁矿称为鲕状或肾状赤铁矿。

【显微镜下特征】 透射光下血红色、灰黄色不等。弱多色性：N_o—褐红色，N_e—黄红色。双折射率强。反射光下呈白色或带浅蓝色的灰白色。内反射不常见。

【成因】 赤铁矿分布极广。各种内生、外生或变质作用均可生成赤铁矿。一般由热液作用形成的赤铁矿可呈板状、片状或菱面体的晶体形态；云母赤铁矿是沉积变质作用的产物；鲕状和肾状赤铁矿是沉积作用的产物。

【用途】 重要铁矿石矿物。可作矿物颜料。药用赤铁矿名赭石。

钛铁矿（Ilmenite）

【化学组成】 $FeTiO_3$。Fe：36.8%，Ti：31.6%，O：31.6%。Fe 可为 Mg、Mn 完全类质同象代替，形成 $FeTiO_3$（钛铁矿）-$MgTiO_3$（镁钛矿）或 $FeTiO_3$（钛铁矿）-$MnTiO_3$（红钛锰矿）系列。有 Nb、Ta 等类质同象替代。钛铁矿中常含有细鳞片状赤铁矿包体。

【晶体结构】 三方晶系；C_{3d}^6-$R3$；$a_0 = 0.509$nm，$c_0 = 1.407$nm；$Z = 6$。晶体结构为刚玉型衍生结构。

【晶体形态】 菱面体晶类，C_{3d}-$R3$（L_i^3）晶体常呈板状，集合体呈块状或粒状。可见双晶。

【物理性质】 钢灰至铁黑色；黑色条痕，含赤铁矿者带褐色；金属~半金属光泽；不透明。无解理。硬度 5~6。相对密度 4.72。具弱磁性。

【显微镜下特征】 透射光下深红色，不透明或微透明。具高的折射率和重折率。

【简易化学试验】 与碳酸钠混合烧熔后，溶于硫酸；再加入过氧化氢，可使溶液变黄色。

【成因】 主要形成于岩浆作用和伟晶作用过程中。

【用途】 钛的矿物原料。

钙 钛 矿 族

钙钛矿（Perovskite）

【化学组成】 $CaTiO_3$。CaO：41.24%，TiO_2：58.76%。类质同象混入物有 Na、Ce、

Fe^{2+}、Nb 以及 Fe^{3+}、Al^{3+}、Zr^{3+}、Ta^{3+}等。存在着异价类质同象、等价类质同象代替。在钙钛矿族矿物中稀土元素含量具有奥多-哈尔金斯规律，即相邻两个稀土元素中，偶数元素的含量高于奇数元素的含量。

【晶体结构】　等轴晶系，高温变体空间群 $O_h^5 - Pm3m$；$a_0 = 0.385nm$；$Z = 1$。钙钛矿型结构在 600℃ 以下转变为斜方晶系，空间群 $Pcmm$；$a_0 = 0.537nm$，$b_0 = 0.764nm$，$c_0 = 0.544nm$；$Z = 4$。

【晶体形态】　六八面体晶类，$O_h - m3m$（$3L^4 4L^3 6L^2 9PC$）。呈立方体晶形。常见单形有立方体、八面体。在立方体晶体常具平行晶棱的条纹，为高温变体转变为低温变体时产生聚片双晶的结果。

【物理性质】　颜色为褐至灰黑色，白至灰黄色条痕。金刚光泽。解理不完全，参差状断口。硬度在 5.5~6，相对密度为 3.97~4.04。

【显微镜下特征】　透射光下为黄绿色、褐色，均质体。多色性弱。铈-钙钛矿在透射光下呈浅褐色、浅红色，均质体。

【成因】　碱性岩中的副矿物。

【用途】　富集时可以作为钛、稀土金属（尤其是铈族稀土）及铌的来源。

金 红 石 族

该族矿物有金红石、锡石、软锰矿，晶体结构为金红石型结构。

金红石（Rutile）

【化学组成】　TiO_2。Ti：60%，O：40%。常含有 Fe^{2+}、Fe^{3+}、Nb^{5+}、Ta^{5+}、Sn^{3+}等类质同象混入物。自然界中 TiO_2 有金红石、锐钛矿、板钛矿 3 个同质多象变体。金红石分布广泛，锐钛矿、板钛矿则少见。

【晶体结构】　四方晶系；$D_{4h}^{14} - P4_2/mnm$；$a_0 = 0.459nm$，$c_0 = 0.296nm$；$Z = 2$。金红石型晶体结构。金红石沿 c 轴延伸的柱状晶形和平行 $\{110\}$ 延伸方向的解理。

【晶体形态】　复四方双锥晶类，$D_{4h} - 4/mmm$（$L^4 4L^2 5PC$）。常见完好的四方短柱状、长柱状或针状。常见单形：四方柱、四方双锥、复四方柱、复四方双锥等。晶体具有柱面条纹。见膝状双晶、三连晶或环状双晶。

【物理性质】　常见褐红、暗红色，含 Fe 者呈黑色；浅褐色条痕；金刚光泽；半透明。解理//$\{110\}$ 中等。硬度6~6.5。相对密度4.2~4.3。性脆。铁金红石和铌铁金红石均为黑色，不透明。铁金红石相对密度4.4，铌铁金红石可达5.6。

【显微镜下特征】　透射光下黄色至红褐色，多色性弱。N_o—黄色至褐色，N_e—暗红色至暗褐色。反射光下灰色，具淡蓝色调。内反射浅黄至褐红色。

【简易化学试验】　溶于热磷酸冷却稀释后，加入 Na_2O_3 使溶液变成黄褐色（钛的反应）。

【成因】　产于岩浆和变质作用。在榴辉岩、辉长岩中形成金红石矿床。

【用途】　为炼钛的矿物原料。人造金红石可制造优质电焊条。

锡石 （Cassiterite）

【化学组成】　SnO_2。Sn：78.8%，O：21.2%。常含 Fe 和 Ta、Nb、Mn、Se、Ti、Zr、W，以及分散元素 In、Ga、Nb、Ta。

【晶体结构】　四方晶系；$D_{4h}^{14}-P4_2/mnm$；$a_0=0.474nm$，$c_0=0.319nm$；$Z=2$。金红石型结构。

【形态】　复四方双锥晶类，$D_{4h}-4/mmm(L^44L^25PC)$。晶体常呈双锥状、双锥柱状，有时呈针状。主要单形：四方双锥、四方柱、复四方柱和复四方双锥（图5-15）。柱面上有细的纵纹。见膝状双晶。集合体常呈粒状。

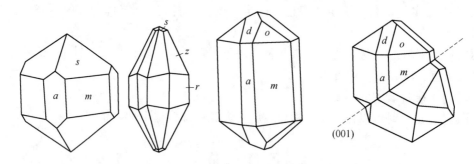

图5-15　锡石晶体形态和膝状双晶

【物理性质】　黄棕色至深褐色，富含 Nb 和 Ta 者为沥青黑色。白色至淡黄色条痕。金刚光泽。解理∥{110} 不完全；具有∥{111} 裂开。性脆。贝壳状断口，断口油脂光泽。硬度6~7。相对密度6.8~7.0。

【显微镜下特征】　透射光下无色、浅黄色、浅褐色。具较高的折射率。多色性：N_o—黄至铁灰色，N_e—黄棕至黑色。吸收性 $N_o>N_e$。反射光下浅灰色至带棕色的灰色。非均质性明显。内反射白色、淡黄色。

【简易化学试验】　置锡石颗粒与锌板上，加一滴盐酸，过3~5min可见到锡石颗粒表面出现一层锡白色的金属锡薄膜。

【成因】　锡石产于高温热液作用的锡石石英脉和锡石硫化物矿床。

【用途】　提取锡的主要矿物原料。

软锰矿 （Pyolusite）

【化学组成】　MnO_2。Mn：63.19%，O：36.81%。常含 Fe_2O_3、SiO_2 等机械混入物，并含 H_2O。

【晶体结构】　四方晶系；$D_{4h}^{14}-P4_2/mnm$；$a_0=0.439nm$，$c_0=0.286nm$；$Z=2$。金红石型结构。

【形态】　复四方双锥晶类。$D_{4h}-4/mmm(L^44L^25PC)$。晶体平行 c 轴柱状或近于等轴状。主要单形有四方柱、复四方柱、四方双锥、复四方双锥。完整晶体少见，有时呈针状、放射状集合体。常呈肾状、结核状、块状或粉末状集合体。

【物理性质】　钢灰色，表面有浅蓝锖色。蓝黑至黑色条痕。半金属光泽、不透明。

解理∥{110} 完全。不平坦断口。显晶质硬度为 6~6.5，隐晶质硬度为 1~2。相对密度 4.7~5.0，性脆。

【显微镜下特征】 反射光下光片呈白色或带乳黄色调。多色性明显：N_e—黄白色，N_o—较暗，灰白色。强非均质性。偏光色：淡黄、棕色、蓝绿色。无内反射。

【简易化学试验】 加 H_2O_2 起气泡；加 HCl 呈淡蓝色。缓慢置于盐酸中有氢气放出，溶液呈淡绿色。

【成因】 软锰矿作为高价锰的氧化物，出现在滨海相沉积、风化矿床中。

【用途】 重要的锰矿石。

石 英 族

本族矿物包括 SiO_2 的一系列同质多象变体：α-石英、β-石英、α-鳞石英、β-鳞石英、α-方石英、β-方石英、柯石英、斯石英、凯石英（合成矿物）等（表5-5）。其中 β 表示高温变体，α 表示低温变体。

表 5-5 SiO_2 变体及其特征

变体	常压下稳定范围	晶系	形态	相对密度	成因
α-石英	<573℃	三方	菱面体、六方柱及其聚形	2.65	各种地质作用
β-石英	573~870℃	六方	六方双锥	2.53	酸性火山岩
α-鳞石英	<117℃	斜方	六方板状假象	2.26	酸性火山岩
β-鳞石英	117~163℃	六方	具高温鳞石英六方板状假象	2.22	酸性火山岩
β-鳞石英（高温）	870~1470℃	六方	六方板状	2.22	酸性火山岩
α-方石英	268℃	四方	八面体假象	2.32	酸性火山岩、低温热液
β-方石英	1470~1723℃	等轴	八面体	2.20	酸性火山岩
柯石英	压力 $19×10^8$ ~ $76×10^8$，常温常压亚稳定	单斜	粒状	2.93	陨石
斯石英	压力 $76×10^8$ 以上稳定，常温常压亚稳定	四方	一向延长	4.28	陨石

在 SiO_2 的各种天然同质多象变体中，除斯石英（属金红石型结构）中 Si^{4+} 为八面体配位外，在其余各变体中 Si^{4+} 均为四面体配位，即每一 Si^{4+} 均被 4 个 O^{2-} 包围构成 [SiO_4] 四面体。各 [SiO_4] 四面体彼此均以角顶相连形成三维的架状结构。由于不同的变体中 [SiO_4] 四面体联结方式不同，反映在对称形态和某些物理性质上也有所不同。

石英（Quartz）

SiO_2 的两种同质多象变体是 α-石英（α-SiO_2）和 β-石英（β-SiO_2）。β-石英在 573 ~870℃ 范围稳定，低于 573℃ 转变为 α-石英。自然界常见的是 α-石英。

【化学组成】　SiO_2，含有 Fe、Na、Al、Ca、K、Mg、B 等微量元素以及不同数量的气态、液态和固态物质的机械混入物。

【晶体结构】　三方晶系，$D_3^4-P3_12_1$；$a_0=0.491nm$，$c_0=0.541nm$；$Z=3$。石英晶体结构是 $[SiO_4]$ 四面体以共用角顶相联形成架状结构。

【形态】　三方偏方面体晶类，$D_3-32(L_1^33L^23P)$。单晶体为六方柱、三方双锥及其聚形。常见单形有六方柱、菱面体、三方双锥、三方偏方面体等。具有晶面条纹。常见道芬双晶、巴西双晶、日本双晶。粒状、晶簇状等集合体（图5-16）。

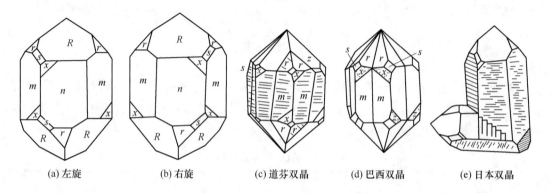

(a) 左旋　　　(b) 右旋　　　(c) 道芬双晶　　　(d) 巴西双晶　　　(e) 日本双晶

图5-16　α-石英晶体形态和双晶

【物理性质】　颜色多种多样，常为无色、乳白色、灰色。透明，玻璃光泽，断口为油脂光泽。无解理或解理不发育。硬度7。相对密度2.65。具热电性和压电性。

【显微镜下特征】　透射光下无色透明。一轴晶（+）。

【简易化学试验】　石英溶于氢氟酸。在熔融的碳酸钠中可溶。

石英有以下异种：

（1）水晶。无色透明的晶体。紫水晶：紫色透明，加热可脱色；呈色原因含 Fe^{3+}。蔷薇水晶：浅玫瑰色，致密半透明。烟水晶：烟色或褐色透明。色深者为墨晶。

（2）石髓（玉髓）。呈肾状、鲕状、球状、钟乳状的隐晶质石英集合体，具有次显微结构。其中具有砖红色、黄褐色、绿色等隐晶质石英致密块状体称为碧玉。含绿色针状阳起石包裹体，呈浅绿色为葱绿石髓。内含红色斑点为血玉髓。

（3）玛瑙。有多色同心带状结构的石髓。混有蛋白石和隐晶质石英的纹带状块体、葡萄状、结核状等。有绿、红、黄、褐、白等多种颜色。半透明或不透明。具有同心圆带状构造和各种颜色的环带条纹，色彩有层次。硬度6.5~7，密度2.65。

（4）燧石。暗色、坚韧、极致密的结核状 SiO_2 物质。

【成因】　石英产于各种地质作用，分布广泛。是岩浆岩、变质岩、沉积岩的主要矿物。玛瑙是在火山晚期由热液充填早期洞隙后生成。

【用途】　石英是玻璃原料、研磨材料、硅质耐火材料及瓷器配料。无包体、无双晶或裂缝的石英晶体可用作压电材料。水晶是重要的光学材料。玛瑙、紫水晶、蔷薇水晶等晶形完好和颜色鲜艳者作为宝玉石或观赏石等。

晶质铀矿族

晶质铀矿（Uraninite）

【化学组成】　U_2UO_7。UO_2：6.15%~74.43%，UO_3：13.27%~59.89%。有 U^{4+} 和 U^{6+} 两种价态。化学组成中含 UO_3，因放射性蜕变含 PbO 可达 10%~20%。钍、钇、铈等稀土元素可类质同象替代铀，含量高的分别称为钍铀矿（(Th，U) O_2）或钇铀矿。

【晶体结构】　等轴晶系，T_h^5-Fm3m，$a_0 = 0.542nm$；$Z = 1$。萤石型晶体结构。

【晶体形态】　偏方十二面体晶类，T_h-m3m（$3L^4 4L^3 6L^2 9PC$）。晶形为立方体、八面体、菱形十二面体等。依（111）成双晶。成细粒状产出。呈致密块状、葡萄状等胶体形态。

【物理性质】　黑色，棕黑色条痕。不透明，半金属光泽，风化面光泽暗淡。硬度约5.5，相对密度 7.5~10.0。具强放射性。加热到 200℃有强的吸热效应，到 570~750℃有不大的放热效应。晶质铀矿的氧化程度深，颜色趋于暗棕，比重明显偏小。沥青铀矿呈沥青光泽。无解理，贝壳状断口，硬度 3~5，相对密度 6.5~8.5。铀黑硬度 1~4。

【显微镜下特征】　透射光下黑色。不透明或微透明。折射率高。在反射光下为灰色带浅棕色调。无双反射。内反射为暗棕色或淡红棕色。

【成因】　主要产于碱性岩、伟晶岩，与稀土矿物等共生；沥青铀矿产于热液型金属矿床。

【用途】　铀的最重要矿石矿物。

尖 晶 石 族

该族矿物的化学通式：AB_2O_4。A 为二价的 Mg^{2+}、Fe^{2+}、Zn^{2+}、Mn^{2+} 等；B 为三价的 Fe^{3+}、Al^{3+}、Cr^{3+} 等。有尖晶石、铁尖晶石、锌尖晶石、锰尖晶石、磁铁矿、镍磁铁矿、铬铁矿、钛铁晶石、锌铁尖晶石。

尖晶石（Spinel）

【化学组成】　$MgAl_2O_4$。Mg：28.2%，Al_2O_3：71.8%。化学组分中 $Mg-Fe^{2+}-Zn$ 和 $Fe^{3+}-Cr-Al$ 等形成类质同象。形成镁尖晶石和铁尖晶石两个亚种。

【晶体结构】　等轴晶系，O_h^7-Fd3m；$a_0 = 0.8081~0.8086nm$；$Z = 8$。正尖晶石结构。氧离子近于立方最紧密堆积，二价阳离子充填 1/8 的四面体空隙，三价阳离子充填 1/2 的八面体空隙。四面体和八面体共用角顶连接。

【晶体形态】　六八面体晶类，O_h-m3m（$3L^4 4L^3 6L^2 9PC$）。八面体、菱形十二面体、立方体以其聚形。以尖晶石律（111）成接触双晶。

【物理性质】　无色，含杂质呈多种颜色。含 Cr^{3+} 呈红色，含 Fe^{3+} 呈蓝色；玻璃光泽至金刚光泽；透明至不透明。无解理，贝壳状断口。硬度为 8，相对密度 3.60。具发光性：

红色、橙色尖晶石在长波紫外光下呈弱至强红色、橙色荧光，短波下弱红色、橙色荧光。黄色尖晶石在长波紫外光下弱至中等强度褐黄色，短波下无至褐黄色。绿色尖晶石长波紫外光下无至中的橙-橙红色荧光。无色尖晶石无荧光。红色和粉红色尖晶石含铬致色，

【成因】 尖晶石产于岩浆岩、花岗伟晶岩和矽卡岩以及片岩、蛇纹岩及相关岩石中。

【用途】 有些透明且颜色漂亮的具有星光效应（四射星光、六射星光）的尖晶石可作为宝石。有些作为含铁的磁性材料。

铬铁矿（Chromite）

【化学组成】 $FeCr_2O_4$，广泛存在 Cr_2O_3、Al_2O_3、Fe_2O_3、FeO、MgO 五种基本组分的类质同象置换。其中 Cr_2O_3 含量为 18%~62%。

【晶体结构】 等轴晶系，O_h^7-Fd3m；晶胞参数：$a_0 = 0.8325 \sim 0.8344nm$；$Z = 8$。正尖晶石型结构。

【晶体形态】 六八面体晶类，$O_h-m3m(3L^44L^36L^29PC)$。单晶体为八面体。呈粒状或块状集合体。

【物理性质】 暗褐色到黑色，褐色条痕，半金属光泽、不透明，无解理，参差断口或平坦断口，硬度 5.5~6.5，相对密度 4.3~4.8。性脆。具弱磁性。含铁量高者磁性较强。

【显微镜下特征】 光学性质：均质体；$n = 2.08$ 暗棕色。

【简易化学试验】 在氧化焰黄绿色、还原焰翠绿色。

【成因】 岩浆作用的矿物，常产于超基性岩中，与橄榄石共生；也见于砂矿中。

【用途】 提取铬、铁矿物原料。用于冶金工业、耐火材料工业、化学工业等。

磁铁矿（Magnetite）

【化学组成】 $FeFe_2O_4$。FeO: 31.03%，Fe_2O_3: 68.96%。其中 Fe^{3+} 的类质同象代替有 Al^{3+}、Ti^{4+}、Cr^{3+}、V^{3+} 等；替代 Fe^{2+} 的有 Mg^{2+}、Mn^{2+}、Zn^{2+}、Ni^{2+}、Co^{2+}、Cu^{2+}、Ge^{2+} 等。当 Ti^{4+} 代替 Fe^{3+} 时，伴随有 $Mg^{2+}\leftrightarrow Fe^{2+}$ 和 $V^{3+}\leftrightarrow Fe^{3+}$。Ti 可以钛铁矿细小包裹体定向连生形式存在于磁铁矿种，为固溶体出溶而成。

【晶体结构】 等轴晶系，O_h^7-Fd3m。反尖晶石结构。结构中半数三价阳离子充填 1/8 的四面体空隙中，半数三价阳离子和二价阳离子充填 1/2 的八面体空隙。

【晶体形态】 六八面体晶类，$O_h-m3m(3L^44L^36L^29PC)$。晶体常呈八面体和菱形十二面体。在菱形十二面体的菱形晶面上常有平行于该面长对角线方向的聚形纹。依 {111} 尖晶石律成双晶。集合体通常成致密粒状块体。

【物理性质】 铁黑色，半金属至金属光泽。不透明。无解理，有时可见 // {111} 的裂开，有钛铁矿等呈显微状包裹体在 {111} 方向定向排列所致。性脆。硬度 5.5~6。相对密度 4.9~5.2。具强磁性，居里点（T_c）578℃。

【显微镜下特征】 反射光下为灰色带棕色调。

【成因】 形成于岩浆作用、变质作用、沉积作用。岩浆成因铁矿床、接触交代铁矿床、沉积变质铁矿床等的主要铁矿物。

【用途】 重要的炼铁矿物原料。

黑钨矿族

黑钨矿（钨锰铁矿）（Wolframite）

【化学组成】 （Fe，Mn）WO_4。FeO：4.8% ~ 18.9%，MnO：4.7% ~ 18.7%，常含 Mg、Ca、Nb、Sn、Zn 等。锰-铁形成完全类质同象，有 3 个亚种：钨锰矿（huebnerite，$Mn_{1.0-0.8}Fe_{0-20}$）WO_4）、钨锰铁矿（wolframite，$Mn_{0.8-0.2}Fe_{0.2-0.8}WO_4$）和钨铁矿（ferberite $Mn_{0-0.2}Fe_{1.0-0.8}WO_4$）。

【晶体结构】 单斜晶系，C_{2h}^4-$P2/c$；$Z = 2$。钨锰矿：$a_0 = 0.4829nm$，$b_0 = 0.5759nm$，$c_0 = 0.4997nm$；$\beta = 91°10'$。钨铁矿：$a_0 = 0.4739nm$，$b_0 = 0.5709nm$，$c_0 = 0.4964nm$；$\beta = 90°$。

【晶体形态】 斜方柱晶类，C_{2h}-$2/m(L^2PC)$。单晶体呈板状、短柱状。常见单形平行双面，斜方柱（图5-17）。晶面上常具平行于 c 轴的条纹。见接触双晶。集合体片状或粗粒状。

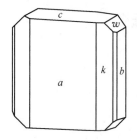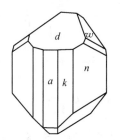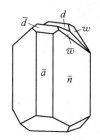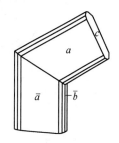

图5-17 黑钨矿晶体形态

【物理性质】 颜色随铁锰含量变化。含铁多颜色深。红褐色（钨锰矿）至褐黑色（钨铁矿），条痕为黄褐色（钨锰矿）至黑色（钨铁矿），不透明，半金属光泽。解理∥{010}完全，硬度4~4.5；密度7.12（钨锰矿）、7.51（钨铁矿）。具弱磁性。

【显微镜下特征】 透射光下为暗红色，二轴晶（+）。反射光下灰白色。

【简易化学试验】 将黑钨矿粉与磷酸及固体硝酸铵一起加热溶解，沸腾时由于 Mn^{2+} 被氧化为高锰酸使溶液变紫色。往溶液中加入几粒金属锡继续加热，Mn 被还原溶液无色。尔后出现蓝色，显示有钨存在。冷却后色愈深。用水稀释，加几粒氧化钠使蓝色消失，煮沸驱除产生的过氧化氢，冷却室温，加赤血盐出现蓝色示有铁。

【成因】 主要产于高温热液石英脉。与石英、锡石、辉钼矿、辉铋矿、毒砂、黄铁矿、黄玉、电气石等共生。

【用途】 提取钨的主要矿物原料。钨用于冶炼特种钢，可制造高速切削工具。钨广泛用于电气、化工、陶瓷、玻璃、航空、兵器、电子等工业领域。

铌钽铁矿族

铌钽铁矿（Columbite）

【化学组成】 （FeMn）（NbTa）$_2$O$_6$。Fe $\longleftrightarrow$ Mn、Nb $\longleftrightarrow$ Ta 分别形成完全类质同象。有 4 个亚种：铌铁矿（Fe/Mn>1，Nb/Ta>1）、铌锰矿（Fe/Mn<1，Nb/Ta>1）、钽铁矿（Fe/Mn>1，Nb/Ta<1）、钽锰矿（Fe/Mn<1，Nb/Ta>1）。含有钛、锡、钨、锆、铝、铀、稀土等。多者可达 5%~10%。

【晶体结构】 斜方晶系，D_{2h}^{14}-$Pbcm$；$a_0 = 1.441 \sim 1.397$nm，$b_0 = 0.575 \sim 5.62$nm，$c_0 = 0.509 \sim 0.499$nm；$Z = 4$。

【晶体形态】 斜方双锥晶类，D_{2h}-$mmm(3L^23PC)$。晶体呈 {100} 发育的薄板状、柱状、针状。常见单形有平行双面、斜方柱、斜方双锥等（图 5-18）。见接触双晶，具有羽毛状条纹。集合体呈粒状、晶簇状等。

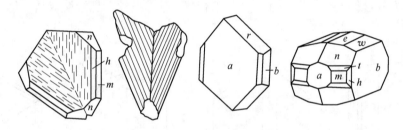

图 5-18   铌钽铁矿晶体形态

【物理性质】 铁黑色至褐黑色。暗红至黑色条痕。金属光泽至半金属光泽。不透明。含锰钽高颜色较浅。解理//{010} 中等，//{100} 不完全。参差状断口。性脆。相对硬度 4.2，密度 5.37~7.83。

【显微镜下特征】 透射光下为黄褐色、棕褐色、灰黑色。二轴晶（-）。在反射光下铌铁矿反射色为无色，内反射色褐红、樱桃红。钽铁矿内反射红褐。

【简易化学试验】 将矿物粉末与焦硫酸钾按 1：10 比例混合熔融后，溶于 5% 的硫酸中，加 3% 丹宁溶液，如溶液变为橙黄色、红橙红色指示有铌存在；含钽多时，溶液为黄色；若溶液呈棕褐色指示有铌、钨同时存在。

【成因】 铌钽铁矿主要产于花岗伟晶岩中。

【用途】 提取铌、钽的主要矿物原料。铌钽用于特种钢，广泛用于原子能、航空、航天等工业领域。

易 解 石 族

该族矿物为 AB$_2$O$_6$ 型化合物。A = Y（Ce）、U（Th），B = Ti、Nb、Ta、Sn。主要矿物有易解石、钇易解石、铌钇矿、钛铀矿、钛钇铀矿、钛钇钍矿等。

易解石 （Aeschynite）

【化学组成】　$Ce(Ti, Nb)_2O_5$。含有稀土元素，ThO_2 在 1%~5%。根据成分不同，易解石有变种：含钇-易解石、钍-易解石、铀-易解石（称震旦矿）、钛-易解石、铌-易解石、钽-易解石、钽-易解石、铝-易解石。

【晶体结构】　斜方晶系，D_{2h}^{16}-$Pbnm$；$a_0=0.537nm$，$b_0=1.108nm$，$c_0=0.756nm$；$Z=4$。

【晶体形态】　斜方双锥晶类，D_{2h}-$mmm(3L^23PC)$。粒状、板状、针状晶体，常见单形有平行双面、斜方柱、斜方双锥等。

【物理性质】　棕褐色、黑色、紫红色、黑褐色条痕。油脂光泽至金刚光泽。硬度 5.17~5.49，相对密度 4.94~5.37。随着铌、钛、稀土增加，密度增大。具弱电磁性。加热到 700~800℃有一放热峰，非晶质体转变为晶质体。

【显微镜下特征】　在透射光下透明，褐色。多色性显著，N_p—浅黄色，N_m—棕色，N_g—褐色。二轴晶（+）。反射光下呈灰褐色，内反射弱为褐色。

【简易化学试验】　粉末溶于磷酸（加热），加几滴二苯胺磺酸钠，如有 Ce^{4+} 存在，溶液变蓝紫色。

【成因】　产于碱性岩及有关的碱性伟晶岩、碳酸盐岩中。

【用途】　提取铌、钽、稀土的矿物原料。白云鄂博矿床中易解石含稀土钐、铕、钇等。

黑稀金矿族

该族矿物成分通式为 AB_2O_6，A 组为钇、钍、铀、钙、铁（Fe^{2+}），B 组为铌、钽、钛。本族矿物有黑稀金矿、复稀金矿、铌钙矿。

黑稀金矿 （Euxenite）

【化学组成】　$Y(Nb, Ti)_2O_6$。含钍、铀、钙、Fe^{2+} 和铌、钽、钛以及 Fe^{3+}、锡、锆、硅、铝等。由于存在类质同象，化学组成变化较大。有多个变种，如钽黑稀金矿、钛黑稀金矿、铀黑稀金矿、铈黑稀金矿、钍黑稀金矿等。

【晶体结构】　斜方晶系，D_{2h}^{14}-$Pcam$；$a_0=0.556nm$，$b_0=1.462nm$，$c_0=0.519nm$；$Z=4$。晶体结构中 $[NbO_6]$ 或 $[TiO_6]$ 八面体沿 c 轴以棱相联成链，链间沿 a 轴方向以八面体角顶相联而成波形层。层间通过 8 次配位的 Ca（Y）离子联结（图 5-19（a））。

【晶体形态】　斜方双锥晶类，D_{2h}-$mmm(3L^23PC)$。晶体常为板状、板柱状（图 5-19（b）），常见单形：平行双面，斜方柱、斜方双锥。晶面可见平行 c 轴的晶面条纹。见平行连生和双晶。集合体成放射状、块状、团块状。

【物理性质】　黑色、灰黑色、褐黑色、褐色、褐黄色、橘黄色等。条痕褐色、浅红褐色、浅黄褐色、黄色等。半透明至不透明。半金属光泽、金刚光泽。无解理，性脆。硬度 5.5~6.5，相对密度 4.1~5.87（随钽含量增多增大）。具磁性。介电常数 3.73~5.29。

【显微镜下特征】　透射光下褐色、红褐色、褐黄色以及绿色。非均质时为二轴晶

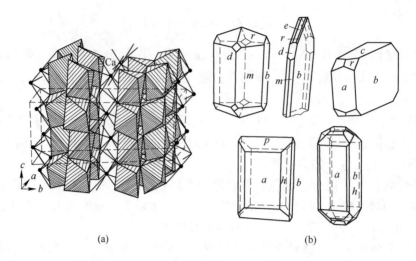

图 5-19 黑稀金矿晶体结构（a）与晶体形态（b）

（+）。反射光下灰白色、淡黄色。内反射淡黄色微带红褐色、暗红色。

【简易化学试验】 用氟化钠烧的珠球在紫外光下发黄绿色。

【成因】 分布于花岗伟晶岩、碱性正长岩中。与独居石、磷钇矿、褐帘石、锆石等组合。

烧绿石族

烧绿石族矿物属于 $A_2B_2X_7$ 三元化合物化合物。A 组阳离子为 Na^+、Ca^{2+}、TR^{3+}、U^{3+}，以及 K^+、Sr^{2+}、Ba^{2+}、Mg^{2+}、Fe^{2+}、Mn^{2+}、Pb^{2+}、Sb^{2+}、Bi^{2+} 等。B 组阳离子有 Nb^{5+}、Ta^{5+}、Ti^{4+}。由于 A、B 组阳离子中存在类质同象代替使矿物成分复杂。根据 B 组离子种类分 3 个矿物种：烧绿石、细晶石、贝塔石。本族矿物晶体结构是萤石结构的一种变体。

烧绿石（Pyrochlore）

【化学组成】 $(NbTa)_2O_2$。Na_2O：8.52%，CaO：15.4%，Nb_2O：73.05%，F：5.22%。阳离子 Ce、Nb 常可被 U、TR、Y、Th、Pb、Sr、Bi 代替，有变种铈烧绿石（CeO 达 13%）、铀烧绿石（UO_2：10%~20%）、钇铀烧绿石（UO_2：9%~11%、TR：12%），铅烧绿石（PbO：39%）等。

【晶体结构】 等轴晶系，O_h^7-$Fd3m$；$a_0 = 1.020 \sim 1.040nm$；$Z = 4$。a_0 值与 Ti 含量成反相关。烧绿石晶体结构可视为萤石型结构的衍生结构。

【形态】 六八面体晶类，O_h-$m3m(3L^44L^36L^29PC)$。常见八面体、菱形十二面体及其聚形。

【物理性质】 暗棕、浅红棕、黄绿色；非晶质化后颜色变深。浅黄至浅棕色条痕。金刚光泽至油脂光泽。不完全解理。贝壳状断口。硬度 5~5.5；Nb 含量高则硬度大。相对密度 4.03~5.40。

【显微镜下特征】 透射光下呈浅黄、浅红色。反射光下呈褐、黄、浅黄绿色。

【成因】 产于霞石正长岩、碱性伟晶岩、钠长岩、磷灰石-霞石脉、钠闪石正长岩、碳酸岩以及云英岩及钠长石化花岗岩中。

【用途】 提取 Nb、Ta、稀土和放射性元素的矿物原料。

5.4.2 第二类 氢氧化物矿物

氢氧化物矿物的阴离子为 $(OH)^-$，阳离子为过渡元素、亲氧元素。由铝、铁、锰、镁等 30 余种元素组成。氢氧化物矿物有百余种。矿物中有中性水分子 (H_2O) 存在。氢氧化物矿物的类质同象代替有限。矿物形成过程的胶体化学作用导致化学组成复杂。

氢氧化物晶体结构由 $(OH)^-$ 或 $(OH)^-$ 和 O^{2-} 共同形成紧密堆积，多为层状结构、链状结构。层状结构为三水铝石、水镁石结构。分别是以 $(Al-OH)_6$ 和 $(Mg-OH)_6$ 八面体共棱联结成层的层状结构。矿物具有离子键、氢氧键。由于氢键的存在，以及 $(OH)^-$ 的电价较 O^{2-} 为低，导致阳阴离子间键力的减弱。与相应氧化物比较，相对密度和硬度趋于减小。

氢氧化物矿物按阳离子组成可划分为：镁的氢氧化物，有水镁石族等；铝的氢氧化物，有硬水铝石族、三水铝石族等；铁的氢氧化物，有针铁矿族、纤铁矿族等；锰的氢氧化物，有水锰矿族、硬锰矿族等。

水 镁 石 族

水镁石（Brucite）

【化学组成】 $Mg(OH)_2$。MgO：69.12%，H_2O：30.88%。成分中可有 Fe、Mn、Zn 类质同象代替 Mg，FeO 可达 10%，MnO 可达 20%，Zn 可达 4%。

【晶体结构】 三方晶系；$D_{3d}^3-P\bar{3}m1$；$a_h=0.3148nm$，$c_h=0.4769nm$；$Z=1$。水镁石型结构为典型的层状结构。

【晶体形态】 复三方偏方面体晶类，$D_{3d}-3m(L_i^33L^23P)$。晶体常呈板状、鳞片状、叶片状。常见单形有平行双面、六方柱、菱面体等。板状、片状、不规则粒状等集合体。

【物理性质】 白色、灰白色，含锰、铁呈红褐色；玻璃光泽，解理面珍珠光泽。解理//{0001} 极完全；解理薄片具挠性。硬度 2.5。相对密度 2.6。具热电性。溶于盐酸不起泡。

【成因】 接触变质作用、低温热液作用产物。与方解石、透闪石、蛇纹石等共生。

【用途】 耐火材料。

硬水铝石族

硬水铝矿（Diaspora）又称一水硬铝石。

【化学组成】 $AlO(OH)$。Al_2O_3：84.98%，H_2O：15.02%。常含 Fe_2O_3、Mn_2O_3、Cr_2O_3 以及 SiO_2、TiO_2、CaO、MgO 等。

【晶体结构】 斜方晶系，D_{2h}^6-Pbnm；$a_0=0.441nm$，$b_0=0.940nm$，$c_0=0.284nm$；$Z=$

4。晶体结构属硬水铝石型（图 5-20 （a））。

【形态】　斜方双锥晶类，$D_{2h}-mmm(3L^23PC)$。晶体平行 {010} 发育成板状或沿 c 轴成柱状或针状（图 5-20 （b））。常见单形有斜方柱。细鳞片状集合体、结核状块体等。

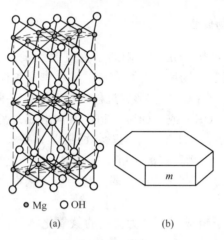

● Mg　○ OH

(a)　　　　　　　　(b)

图 5-20　水镁石晶体形态

【物理性质】　白色、灰色、黄褐或黑褐色。玻璃光泽。解理∥{010} 完全，{110}、{210} 不完全。解理面呈珍珠光泽。贝壳状断口。性脆。硬度 6~7。相对密度 3.3~3.5。差热分析在 450℃剧烈脱水，在 650~700℃变为 $\alpha-Al_2O_3$。

【显微镜下特征】　透射光下无色。成分中含 Mn^{3+} 或 Fe^{3+} 时，N_g—黄白色，N_p—暗紫色或红褐色。二轴晶 （+）。

【简易化学试验】　缓慢溶于氢氟酸。强热后可溶于硫酸。置试管中灼烧爆裂成白色鳞片，强热之生水。加硝酸钴溶液热之，变为蓝色。

【成因】　主要形成于外生作用，广泛分布于铝土矿矿床中。

【用途】　铝的重要矿物原料。

三水铝石族

三水铝石（Gibbsite）

【化学组成】　$Al(OH)_3$。Al_2O_3：65.4%，H_2O：34.6%。含有 Fe^{2+}、Ga^{2+} 成类质同象代替 Al^{3+}。

【晶体结构】　单斜晶系，$C_{2h}^5-P2_1/n$；$a_0=0.864nm$，$b_0=0.507nm$，$c_0=0.972nm$，$\beta=94°34'$；$Z=8$。具水镁石型结构。

【形态】　斜方柱晶类，$C_{2h}-2/m(L^2PC)$。单晶呈假六方形极细片状。常见单形有平行双面、斜方柱。通常成结核状、豆状集合体或隐晶质块状集合体等。

【物理性质】　白色，常带灰、绿和褐色；玻璃光泽，解理面呈珍珠光泽，透明到半透明。集合体和隐晶质者暗淡。解理∥{001} 极完全。性脆。硬度 2.5~3.5。相对密度 2.30~2.43。差热分析在 300 ℃出现吸热谷，在 550℃出现吸热谷。

【显微镜下特征】 偏光显微镜下无色。

【简易化学试验】 溶于热硫酸及碱中。闭管中加热析出白色不透明土状体。吹管焰下不熔，析出 OH，发白变为不透明体，加硝酸钴溶液后再灼烧显深蓝色。

【成因】 长石等铝硅酸盐经风化作用而形成。部分三水铝石为低温热液成因。

【用途】 铝的主要矿石矿物原料，也用于制造耐火材料和高铝水泥原料。

铝土矿（Bauxite）

铝土矿是由三水铝石 $Al(OH)_3$、一水铝石 $AlO(OH)$ 为主要组分，并含有高岭土、蛋白石、针铁矿等的混合物。当铝土矿 $Al_2O_3>40\%$，$Al_2O_3 : SiO_2 \geqslant 2 : 1$ 时才具有工业价值，作为铝矿石利用。呈土状、豆状、鲕状等产出。因成分不固定，导致物理性质变化很大。灰白色~棕红色，含铁高是呈棕红色。土状光泽。硬度 2~5。相对密度 2~4。新鲜面上用口呵气后有土臭味。将矿样碾成粉末用水湿润不具可塑性。小块铝土矿在氧化焰中灼烧，加 1 滴 $Co(NO_3)_2$ 溶液在烧冷却后有蓝色的 Al 反应。加 HCl 不起泡，据此与石灰岩、碧玉区别。铝土矿为沉积成因，为铝的主要矿石。也可用于制造耐火材料和高铝水泥。

针 铁 矿 族

针铁矿（Goethite）

【化学组成】 FeOOH。Fe：62.9%，O：27%，H_2O：10.1%。热液成因的成分较纯；外生成因者常含 Al_2O_3、SiO_2、MnO_2、CaO 等。含吸附水者称水针铁矿（$\alpha-FeO(OH) \cdot nH_2O$）。

【晶体结构】 斜方晶系；D_{2h}^7-Pbnm；$a_0=0.465nm$，$b_0=1.002nm$，$c_0=0.304nm$；$Z=4$。

【形态】 斜方双锥晶类，$D_{2h}-mmm(3L^23PC)$。晶体平行 c 轴呈针状、柱状并具有纵纹，或平行成薄板状或鳞片状。常见单形有斜方柱。晶体呈针状、柱状、板状。通常呈块状、肾状、鲕状。

【物理性质】 褐黄至褐红色；条痕褐黄色；半金属光泽；结核状，土状者光泽暗淡。解理∥{010} 完全；参差状断口。硬度 5~5.5。相对密度 4.28，土状者低至 3.3。性脆。差热分析在 350~390℃有吸热谷出现。

【显微镜下特征】 透射光下黄至橘红色。反射光下，灰色。强非均质性。内反射淡褐色。

【成因】 针铁矿形成于风化作用、低温热液作用以及域变质作用中。

【用途】 铁矿石原料，颜料等。

褐铁矿（Limonite）

由针铁矿、水针铁矿、纤铁矿和黏土、赤铁矿、含水 SiO_2 等组成的混合物。成分复杂。呈土状、豆状、鲕状等。颜色为土黄~棕褐色，土状光泽。硬度 1~4。相对密度 3~4。褐铁矿为地表风化产物。在硫化物矿床氧化带、含铁质岩体氧化带广泛发育，形成"铁帽"，是重要的找矿标志。

硬锰矿族

硬锰矿（Psilomelane）有两种含义：广义的硬锰矿是一种细分散多矿物的混合物，其中在成分上主要含有多种元素的锰的氧化物和氢氧化物；狭义的硬锰矿为一个矿物种，其特征见以下的描述。

【化学组成】 $BaMn^{2+}Mn_9{}^{4+}O_{20} \cdot 3H_2O$。硬锰矿的成分中，$Mn^{4+}$可被$Mn^{2+}$代替，也可被$W^{6+}$、$Fe^{3+}$、$Al^{3+}$、$V^{5+}$代替。Mg、Co、Cu可代替$Mn^{2+}$。Ba可被Ca、Sr、U、Na等代替。

【晶体结构】 单斜晶系，$C_{2h}^2 - A2/m$；$a_0 = 0.956nm$，$b_0 = 0.288nm$，$c_0 = 1.385nm$；$\beta = 92°30'$；$Z=1$。

【形态】 单晶体少见。通常呈葡萄状，钟乳状、树枝状或土状集合体。

【物理性质】 暗钢灰黑至黑色；条痕褐黑至黑色；半金属光泽至暗淡。硬度5~6。相对密度4.71。性脆。

【简易化学试验】 加H_2O_2剧烈起泡。溶于盐酸放出氯气。在氧化焰中呈紫色反应。

【成因】 典型表生矿物，含锰的碳酸盐和硅酸盐矿物风化形成。亦见于沉积锰矿床中。

【主要用途】 锰的重要矿石矿物。

5.5 第四大类 含氧盐矿物

含氧盐矿物是各种含氧酸的络阴离子与金属阳离子组成的盐类化合物。含氧盐的络阴离子团形状有三角形、四面体、四方四面体等，具有较大半径。络阴离子内部的中心阳离子一般具有较小的半径和较高的电荷，与其周围的O^{2-}结合的价键力（中心阳离子电价/配位数）远大于O^{2-}与络阴离子外部阳离子结合的键力。在晶体结构中它们是独立的构造单位。络阴离子与外部阳离子的结合以离子键为主。含氧盐矿物的化学组成比较复杂。各种元素都可存在，惰性气体型、过渡型离子更为常见，铜型离子在硫酸盐、碳酸盐等也多见。各种离子的类质同象代替也广泛存在且复杂，既有完全和不完全类质同象、等价和异价类质同象，也有络阴离子团相互代替。含氧盐矿物大类按络阴离子类型划分矿物类（表5-6）。

表5-6 含氧盐矿物大类分类

络阴离子类型	矿物类	离子半径/nm	价键力	络阴离子形状
$[NO_3]^-$	硝酸盐	0.257	1	三角形
$[CO_3]^{2-}$	碳酸盐	0.257	2/3	三角形
$[BO_3]^{3-}$	硼酸盐	0.268	1	三角形
$[SiO_4]^{4-}$	硅酸盐	0.290	1/3	四面体
$[AsO_4]^{3-}$	砷酸盐	0.295	1	四面体
$[SO_4]^{2-}$	硫酸盐	0.295	1	四面体

续表 5-6

络阴离子类型	矿物类	离子半径/nm	价键力	络阴离子形状
$[CrO_4]^{2-}$	铬酸盐	0.300	1.25	四面体
$[PO_4]^{2-}$	磷酸盐	0.300	1.5	四面体
$[WO_4]^{2-}$	钨酸盐		1.5	四方四面体
$[MoO_4]^{2-}$	钼酸盐		1.25	四方四面体
$[VO_4]^{2-}$、$[VO_5]$、$[VO_6]$	钒酸盐		1.5	四面体、四方双锥多面体、八面体

含氧盐矿物物理性质上通常为玻璃光泽，少数为金刚光泽、半金属光泽，不导电，导热性差。无水的含氧盐矿物具有较高硬度和熔点，一般不溶于水。

含氧盐矿物在地壳上广泛分布，约占已知矿物种数的 2/3；同时也是重要的矿物原料。如化工、建材、陶瓷、冶金辅助原料，以及贵重的宝玉石原料等，多来自含氧盐矿物。

5.5.1 第一类 硅酸盐矿物

硅酸盐矿物是硅氧络阴离子团与金属阳离子结合形成的含氧盐化合物。硅酸盐矿物有 600 余种，约占已知矿物种的 1/4，其质量约占地壳岩石圈总质量的 85%。硅酸盐矿物是岩浆岩、变质岩、沉积岩岩石的主要造岩矿物。硅酸盐矿物是提取稀有元素 Li、Be、Zr、B、Rb、Cs 等的主要矿物原料。硅酸盐矿物滑石、云母、高岭石、沸石、蒙脱石等作为非金属矿物材料，被广泛应用于工农业生产和生活中。许多硅酸盐矿物是珍贵的宝石矿物，如祖母绿和海蓝宝石（绿柱石）、翡翠（翠绿色硬玉）、碧玺（电气石）等。

组成硅酸盐矿物的元素有 50 余种，主要是惰性气体型离子（如 Na^+、K^+、Mg^{2+}、Ca^{2+}、Ba^{2+}、Al^{3+} 等）和部分过渡型离子（如 Fe^{2+}、Fe^{3+}、Mn^{2+}、Mn^{3+}、Cr^{3+}、Ti^{3+} 等）的元素，铜型离子（如 Cu^+、Zn^{2+}、Pb^{2+}、Sn^{4+} 等）的元素较少见。硅酸盐矿物中有附加阴离子 $(OH)^-$、O^{2-}、F^-、Cl^-、$[CO_3]^{2-}$、$[SO_4]^{2-}$ 等以及 H_2O 分子存在。在硅酸盐矿物的化学组成中广泛存在着类质同象替代。不仅有金属阳离子间的替代，也有 Al^{3+}、以及 Be^{2+} 或 B^{3+} 等替代络阴离子团中的 Si^{4+}，分别形成铝硅酸盐、铍硅酸盐和硼硅酸盐矿物。此外，少数情况下还有 $(OH)^-$ 替代硅酸根中的 O^{2-}。因而，硅酸盐矿物的化学组成复杂。

构成硅酸盐矿物的硅酸根是由 1 个 Si 与 4 个 O 形成硅氧四面体 $[SiO_4]$，彼此以共用角顶的方式连结成各种型式的硅氧骨干。

（1）岛状硅氧骨干。孤立的 $[SiO_4]$ 单四面体（图 5-21（a））及 $[Si_2O_7]$ 双四面体（图 5-21（b））。

（2）环状硅氧骨干。$[SiO_4]$ 四面体以角顶联结形成封闭的环，根据 $[SiO_4]$ 四面体环节的数目可以有三环 $[Si_3O_9]$、四环 $[Si_4O_{12}]$、六环 $[Si_6O_{18}]$ 等多种（图 5-22）。

（3）链状硅氧骨干。$[SiO_4]$ 四面体以角顶联结成沿一个方向无限延伸的链，常见有单链和双链。单链中每个 $[SiO_4]$ 四面体有两个角顶与相邻的 $[SiO_4]$ 四面体共用，如辉石单链 $[Si_2O_6]$、硅灰石单链 $[Si_3O_9]$ 等（图 5-23）。

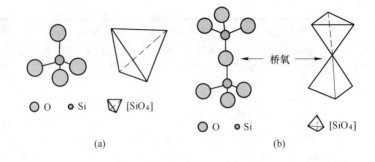

图5-21　[SiO$_4$]四面体（a）和[Si$_2$O$_7$]双四面体（b）

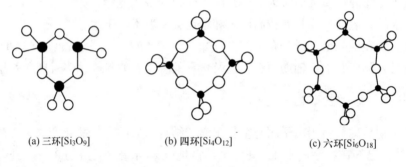

(a) 三环[Si$_3$O$_9$]　　　　　(b) 四环[Si$_4$O$_{12}$]　　　　　(c) 六环[Si$_6$O$_{18}$]

图5-22　环状硅氧骨干

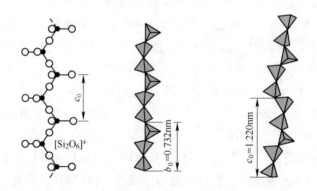

(a) 辉石单链[Si$_2$O$_6$]　　(b) 硅灰石单链[Si$_3$O$_9$]　　(c) 蔷薇辉石单链[Si$_5$O$_{15}$]

图5-23　单链硅氧骨干

　　双链犹如两个单链相互联结而成，有角闪石型双链[Si$_4$O$_{11}$]、矽线石型双链[AlSiO$_6$]、硬钙硅石型双链[Si$_6$O$_{17}$]、星叶石型双链[Si$_8$O$_{24}$]（图5-24）。

　　（4）层状硅氧骨干：[SiO$_4$]四面体以角顶相连，形成在两度空间上无限延伸的层。层状硅氧骨干有多种方式。常见有滑石型、鱼眼石型硅氧骨干等（图5-25）。

　　（5）架状硅氧骨干（图5-26）。在骨干中[SiO$_4$]四面体通过共用4个角顶连接成架状结构，硅酸盐架状骨干中，须有部分Si^{4+}为Al^{3+}所代替，使骨干带有剩余电荷与其他阳离子结合，形成铝硅酸盐。架状硅氧骨干的化学式写成[Al$_x$Si$_{n-x}$O$_{2n}$]$^{x-}$。在架状骨干中剩

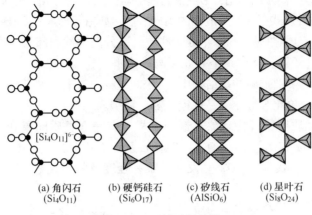

(a) 角闪石　　　(b) 硬钙硅石　　　(c) 矽线石　　　(d) 星叶石
(Si_4O_{11})　　　(Si_6O_{17})　　　$(AlSiO_6)$　　　(Si_8O_{24})

图 5-24　双链硅氧骨干

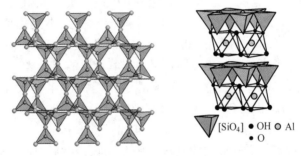

图 5-25　层状硅氧骨干

余电荷是由 Al^{3+} 代替 Si^{4+} 产生的，电荷低且架状骨干中存在着较大空隙，需要低电价、大半径、高配位数的 K^+、Na^+、Ca^{2+} 等离子充填。

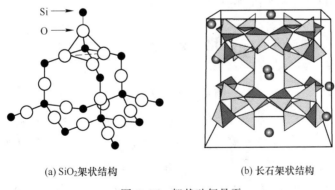

(a) SiO_2 架状结构　　　　　(b) 长石架状结构

图 5-26　架状硅氧骨干

　　在硅酸盐矿物中可以存在两种不同的硅氧骨干，如绿帘石中同时存在孤立 $[SiO_4]$ 四面体和双四面体 $[Si_2O_7]$。在葡萄石晶体结构中为架状层硅氧骨干。可视为层状骨干与架状骨干的过渡形式。

　　铝在硅酸盐结构中起着双重作用，一方面它可以呈四次配位，代替部分的 Si^{4+} 进入络阴离子团，形成铝硅酸盐，如钾长石 $K[AlSi_3O_8]$ 等；另一方面铝可以六次配位，存在于硅氧骨干之外，起着阳离子的作用，形成铝的硅酸盐，如高岭石 $Al_4[Si_4O_{10}](OH)_2$。Al 还可以在同一结构中有两种形式存在，形成铝的铝硅酸盐，如白云母 $KAl_2[AlSi_3O_{10}](OH)_2$。

硅酸盐中的 Si—O 键性质：Si—O 键的性质是部分离子性和部分共价性。$[SiO_4]$ 四面体是一个带电荷的离子团，其中每个氧既可与一个硅（Si^{4+}）形成 Si—O 键，也可以和其他金属离子 M 形成离子键。硅酸盐结构中含有 Si—O—M（骨干外阳离子）键，金属离子 M 比 Si 离子大，化合价比 Si 低，M—O 键比 Si—O 键弱。

硅酸盐矿物中类质同象替代现象普遍而多样。有完全类质同象和不完全类质同象代替。如橄榄石系列 $Mg[SiO_4]$-$Fe[SiO_4]$、斜长石系列 $Na[AlSi_3O_8]$-$Ca[Al_2Si_2O_8]$ 等。也存在络阴离子 $[AlO_4]$ 代替 $[SiO_4]$。发生的难易程度及相互代替的范围与硅氧骨干的形式有关。

具有岛状硅氧骨干的硅酸盐矿物的类质同象代替最广泛。在橄榄石中阳离子 Ni^{2+}、Mg^{2+}、Co^{2+}、Fe^{2+}、Mn^{2+}、Cd^{2+}、Ca^{2+}、Sr^{2+}、Ba^{2+} 相互代替的离子半径变化范围在 0.068（Ni^{2+}）~0.144nm（Ba^{2+}）之间，最大差值达 0.076nm。具链状硅氧骨干的普通角闪石 $A_2B_5[Si_4O_{11}](OH)_2$，A 组的 Ca^{2+}、K^+、Na^+ 等离子半径大小变化范围 0.108（Ca^{2+}）~0.146nm（K^+）相差 0.038nm；B 组的 Mg^{2+}、Fe^{2+}、Fe^{3+}、Al^{3+} 等离子半径变化范围在 0.06（Al^{3+}）~0.08nm（Mg^{2+}），相差 0.019nm。具有层状硅氧骨干的云母 $AB_2[AlSi_3O_{10}](OH)_2$，A 组为 K^+、Na^+，B 组为 Al^{3+}、Mg^{2+}、Fe^{2+}、Mn^{2+}，B 组离子半径大小变化范围在 0.061（Al^{3+}）~0.080nm（Mg^{2+}），相差 0.019nm。具有架状硅氧骨干的斜长石系列 $Na[AlSi_3O_8]$-$Ca[Al_2Si_2O_8]$ 中，Na^+ 与 Ca^{2+} 离子半径相差 0.004nm。

硅酸盐类矿物按硅氧骨干的形式分为五个亚类，即岛状结构硅酸盐亚类、环状结构硅酸盐亚类、链状结构的硅酸盐亚类、层状结构的硅酸盐亚类、架状结构的硅酸盐亚类。

5.5.1.1　第一亚类　岛状结构硅酸盐矿物

本亚类硅酸盐矿物主要有锆石族、橄榄石族、石榴子石族、红柱石族、黄玉族、十字石族、榍石族、符山石族、绿帘石族等。

锆 石 族

锆石（Zircon）

【化学组成】　$Zr[SiO_4]$。ZrO_2：67.1%，SiO_2：32.9%。有时含有 Mn、Ca、Mg、Fe、Al、TR、Th、U、Ti、Nb、Ta 等混入物。$ThO_4 \leq 15\%$，$UO_2 \leq 5\%$。含较高 ThO_4、UO_2 并晶面弯曲者称曲晶石；富含 Hf 者称富铪锆石（$HfO_2 \leq 24\%$）。

【晶体结构】　四方晶系，D_{4h}^{10}-$I4_1/amd$。$a_0 = 0.659$nm，$c_0 = 0.594$nm；$Z = 4$。结构中 Zr 与 Si 沿 c 轴相间排列成四方体心晶胞。

【晶体形态】　复四方双锥晶类，D_{4h}-$4/mmm(L_44L^25PC)$。晶体呈四方双锥状、柱状、板状，且形态与成分密切有关。主要单形：四方柱、四方双锥、复四方双锥。见膝状双晶。与磷钇矿成规则连生。

【物理性质】　无色、淡黄、紫红、淡红、蓝、绿色等。玻璃至金刚光泽，断口油脂光泽。透明到半透明。解理不完全。硬度 7.5~8。相对密度 4.4~4.8。具有荧光性，X 射线照射下发黄色，阴极射线下发弱黄色光；紫外线下发明亮橙黄色光。熔点 $2340 \sim 2550\,^{\circ}\!C$。化学性质稳定。

【显微镜下特征】 偏光显微镜下无色至淡黄色。一轴晶 （+）。

【成因】 锆石广泛存在于酸性和碱性岩浆岩中，在基性岩、中性岩中也有产出。

【用途】 锆石可提取金属锆原料。锆石具耐受高温、耐酸腐蚀等性能，可用作航天器的绝热材料，以及耐火材料、陶瓷原料。

橄 榄 石 族

橄榄石（Olvine）

【化学组成】 $(MgFe)_2SiO_4$ 是 Mg_2SiO_4 和 Fe_2SiO_4 形成的完全类质同象。在富铁的端员中有少量的 Ca^{2+} 及 Mn^{2+} 置换其中的 Fe^{2+}；富镁的端员则可有少量 Cr^{3+} 及 Ni^{2+} 置换其中的 Mg^{2+}。此外还可含有微量的 Fe^{3+}、Zn^{2+} 等。

【晶体结构】 斜方晶系，$D_{2h}^{16}-Pbnm$，其中镁橄榄石 $Mg_2[SiO_4]$：$a_0 = 0.475nm$，$b_0 = 1.020nm$，$c_0 = 0.598nm$；$Z = 4$。铁橄榄石 $Fe_2[SiO_4]$：$a_0 = 0.482nm$，$b_0 = 1.048nm$，$c_0 = 0.609nm$。结构可视为 O^{2-} 平行于 （100） 作近似的六方最紧密堆积，Si^{4+} 充填其中 1/8 的四面体空隙，形成 $[SiO_4]$ 四面体。骨干外阳离子 M 充填其中 1/2 的八面体空隙，形成 $[MO_6]$ 八面体 （图 5-27）。

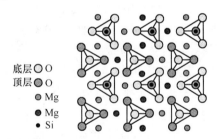

底层 ○ O
顶层 ○ O
○ Mg
● Mg
• Si

图 5-27 橄榄石晶体结构

【晶体形态】 斜方双锥晶类，$D_{2h}-mmm(3L^23PC)$。晶体沿 c 轴呈柱状或厚板状。主要单形有平行双面及斜方双锥及其聚形。粒状晶体。

【物理性质】 橄榄绿、黄绿、金黄绿或祖母绿色，氧化时则变褐色或棕色。纯镁橄榄石无色至黄色；纯铁橄榄石则呈绿黄色。玻璃光泽，透明至半透明。解理 // {010} 中等，// {100} 不完全。贝壳状断口；硬度 $6.5 \sim 7.0$，相对密度 $3.27 \sim 3.48$。脆性，易出现裂纹。

【显微镜下特征】 偏光镜下无色至淡黄、橄榄绿色等，含铁多色性明显。二轴晶。

【成因】 橄榄石常见于基性和超基性岩中。橄榄石不与石英共生。橄榄石受热液作用蚀变形成蛇纹石：

$$3Mg_2SiO_4（橄榄石）+SiO_2（石英）+2H_2O \Longrightarrow 2Mg_3Si_2O_5(OH)_4（蛇纹石）$$

【用途】 富镁橄榄石可作为耐火材料。透明粗粒者可作宝石原料，亦称为"太阳的宝石"。

石榴子石族

【化学组成】 一般化学式为 $A_3B_2[SiO_4]_3$，其中 A 代表二价阳离子 Ca^{2+}、Mg^{2+}、Fe^{2+}、Mn^{2+}、Ca^{2+} 及 Y、K、Na 等；B 代表高价阳离子 Al^{3+}、Fe^{3+}、Cr^{3+}、V^{3+}、Ti^{4+}、Zr^{4+} 等。A、B 族阳离子分别配对可形成一系列石榴子石矿物种，通常划分成两个系列。

（1）镁铝石榴子石系列 $(Mg, Fe, Mn)_3Al_2[SiO_4]_3$：

镁铝石榴子石（Pyrope）$Mg_3Al_2[SiO_4]_3$；

铁铝石榴子石（Almandite）$Fe_3Al_2[SiO_4]_3$；

锰铝石榴子石（Spessartite）$Mn_3Al_2[SiO_4]_3$。

（2）钙铝石榴子石系列 $Ca_3(Al, Fe, Cr, Ti, V, Zr)_2[SiO_4]_3$：

钙铝石榴子石（Grossularite）$Ca_3Al_2[SiO_4]_3$；

钙铁石榴子石（Andradite）$Ca_3Fe_2[SiO_4]_3$；

钙铬石榴子石（Uvarovite）$Ca_3Cr_2[SiO_4]_3$；

钙钒石榴子石（Goldmanite）$Ca_3V_2[SiO_4]_3$；

钙锆石榴子石（Kimzeyite）$Ca_3Zr_2[SiO_4]_3$。

【晶体结构】 等轴晶系；$O_h^{10}-Ia3d$；$a_0 = 1.146 \sim 1.248nm$；$Z = 8$。晶体结构中，$[SiO_4]$ 四面体与由 B 类阳离子（Al^{3+}、Fe^{3+}、Cr^{3+}、V^{3+} 等）组成的配位八面体联结。石榴子石结构中 A 组阳离子配位数为 8，B 组阳离子配位数位 6。

【晶体形态】 六八面体晶类，$O_h-m3m(3L^44L^36L^29PC)$。晶体形态呈菱形十二面体、四角三八面体以及两者的聚形。集合体为粒状或块状。

【物理性质】 呈现褐棕、紫黄等多种颜色，受成分影响（如钙铬石榴子石因含铬呈鲜绿色），但没有严格的规律性；玻璃光泽，断口油脂光泽。透明至半透明。无解理。硬度 6.5~7.5。相对密度 3.5~4.2，脆性。

【显微镜下特征】 偏光镜下淡粉红或淡褐色到深红褐色，高正突起，均质性。钙铝-钙铁榴石明显非均质性。

【成因】 石榴子石产于岩浆岩、变质岩以及矽卡岩中。

【用途】 石榴子石主要作为研磨材料。晶形完好、颜色鲜艳作为宝石。

红 柱 石 族

该族矿物化学成分为 Al_2SiO_5。有 3 种同质多象变体，即红柱石、$Al^{VI}Al^V[SiO_4]O$，蓝晶石 $Al^{VI}Al^{VI}[SiO_4]O$、矽线石 $Al^{VI}[Al^{IV}SiO_5]$（化学式中罗马数字"Ⅳ、Ⅴ、Ⅵ"表示 Al 的配位数 4、5、6）。前两者属于岛状硅氧骨干，矽线石属于链状硅氧骨干。

红柱石 （Andalusite）

【化学组成】 Al_2SiO_4O。Al_2O_3：63.1%，SiO_2：36.9%。常含有 Ag、Fe、Ti 等杂质。

【晶体结构】 斜方晶系，$D_{2h}^{12}-Pnnm$。晶胞参数：$a_0 = 0.778nm$，$b_0 = 0.792nm$，$c_0 =$

0.557nm；$Z=4$。在红柱石晶体结构中，一个 Al^{3+} 与氧呈八面体配位，以共棱的方式联结成平行 c 轴方向延伸的 $[AlO_6]$ 八面体链。剩余的 Al^{3+} 在红柱石结构中为 5 次配位，形成 $[AlO_5]$ 三方双锥多面体，并与 $[SiO_4]$ 四面体相连。

【晶体形态】 斜方双锥晶类；$D_{2h}-mmm(3L^23PC)$。晶体呈柱状，主要单形有斜方柱、平面双面及其聚形。横断面四边形。横断面上呈黑十字形，纵断面上呈与晶体延长方向一致的黑色条纹，称为空晶石。有些红柱石呈放射状，形似菊花者称为菊花石。

【物理性质】 呈粉红色、玫瑰红色、红褐色或灰白色，玻璃光泽，解理∥{110} 中等。硬度 6.5~7.5，相对密度 3.15~3.16。

【显微镜下特征】 薄片中无色，微带粉色，颜色分布不均匀。二轴晶（-）。弱多色性：N_p—淡红，N_m、N_g—淡绿。

【成因】 典型的低级热变质作用成因的矿物，常见于接触变质带的泥质岩中。

【用途】 可用作高级耐火材料，还可作雷达天线罩的材料。菊花石可做观赏石。

蓝晶石（Kyanite）

【化学组成】 Al_2SiO_4O。Al_2O_3：62.93%，SiO_2：37.07%。含 Fe_2O_3、TiO_2、CaO、MgO、K_2O、Na_2O 等杂质的成分。

【晶体结构】 三斜晶系，$C_i^1-P\bar{1}$；$a_0=0.710nm$，$b_0=0.774nm$，$c_0=0.557nm$；$\alpha=90°06'$；$\beta=101°02'$，$\gamma=105°45'$；$Z=4$。在蓝晶石晶体结构中，$[AlO_6]$ 八面体以共棱的方式连接成链平行 c 轴。链间以共角顶与 3 个八面体共棱连接平行（100）的层，层间以 $[SiO_4]$ 四面体与 $[AlO_6]$ 八面体相联结。链的方向上键力强，链间键力弱。

【晶体形态】 平行双面晶类，$C_i-\bar{1}$（C）。常沿 c 轴呈偏平的柱状或片状晶形。主要单形有平行双面及其聚形。常见双晶。有时呈放射状集合体。

【物理性质】 蓝色、青色或白色，亦有灰色、绿色、黄色、粉红色和黑色者；玻璃光泽，解理面上有珍珠光泽。解理∥{100} 完全，{010} 中等；{001} 有裂开。硬度随方向不同而异，也称二硬石：在（100）面上，平行 c 轴方向为 4.5，垂直 c 轴方向为 6，而在（010）和（110）面上垂直 c 轴方向则为 7。相对密度 3.53~3.65。性脆。

【显微镜下特征】 非均质体，二轴晶，负光性。多色性中等，无色，深蓝和紫蓝。

【成因】 蓝晶石产于区域变质结晶片岩中，其变质相由绿片岩相到角闪岩相。

【用途】 主要用作生产耐火材料、氧化铝、硅铝合金和金属纤维等原料。

黄 玉 族

黄玉（Tapaz）

【化学组成】 $Al_2[SiO_4](F, OH)_2$。SiO_2：33.4%，Al_2O_3：56.6%，H_2O：10.0%。F 可替代 OH，理论含量达 20.65%，随黄玉生成条件而异。伟晶岩型，F 含量接近于理论值；云英岩型，OH 含量增大至 5%~7%；热液型，F 与 OH 的含量相近。

【晶体结构】 斜方晶系，$D_{2h}^{16}-Pbnm$；$a_0=0.465nm$，$b_0=0.880nm$，$c_0=0.840nm$；

$Z=4$。

【晶体形态】　斜方双锥晶类，$D_{2h}-mmm(3L^23PC)$。柱状晶形。常见单形：斜方柱、斜方双锥、平行双面及其聚形。断面呈菱形，柱面有纵纹。呈不规则粒状、块状集合体。

【物理性质】　颜色有多种多样，无色或微带蓝绿色、黄色、乳白色、黄褐色或红黄色等；透明；玻璃光泽。解理∥{001} 完全。硬度8。相对密度3.52~3.57。在长、短波紫外线的照射下，各种颜色的黄玉显示不同的荧光。紫外荧光一般较弱，长波下可显橙黄色（酒黄、褐和紫色者）或弱的黄绿色（蓝和无色者）荧光；含铬黄玉在长波下有橙色荧光。

【显微镜下特征】　透射光下无色，透明。二轴晶（+）。

【成因】　典型的气成热液矿物，产于花岗伟晶岩、酸性火山岩、云英岩和高温热液钨锡石英脉中。与石英电气石、萤石黑钨矿等共生。

【用途】　用于研磨材料。深黄色、蓝色、绿色和红色者可作为宝石原料（托帕石）。

榍　石　族

榍石（Sphene 或 Titanite）

【化学组成】　$CaTi[SiO_4]O$。CaO：26.6%，TiO_2：40.8%，SiO_2：30.6%。Ca 可被 Na、TR、Mn、Sr、Ba 代替；Ti 可被 Al、Fe^{3+}、Nb、Ta、Th、Sn、Cr 代替；O 可被（OH）、F、Cl 代替。有富含 TR 的钇榍石（$(Y,Ce)_2O_3$ 可达 12%~18%）、富含 Mn 的红榍石等变种。

【晶体结构】　单斜晶系；C_{2h}^5-C2/c；$a_0=0.655nm$，$b_0=0.870nm$，$c_0=0.743nm$；$\beta=119°43'$；$Z=4$。

【晶体形态】　斜方柱晶类，$C_{2h}-2/m(L^2PC)$。晶体形态多种多样，常见晶形为具有楔形横截面的扁平信封状晶体。单形有平行双面、斜方柱及其聚形。见接触双晶或穿插双晶。

【物理性质】　蜜黄色、褐色、绿色、灰色、黑色，成分中含有较多量的 MnO 时可呈红色或玫瑰色；无色或白色条痕；透明至半透明；金刚光泽，油脂光泽或树脂光泽。解理∥{110} 中等；具 {221} 裂开。硬度5~6。相对密度3.29~3.60。

【显微镜下特征】　透射光下呈淡淡的黄色。二轴晶（+），多色性弱。

【简易化学试验】　溶于 H_2SO_4 或磷酸，加过氧化氢出现橙红色。在浓盐酸溶液加金属锡煮沸出现紫色（$TiCl_3$）。吹管焰烧膨胀，熔成黄、褐、黑色的玻璃体。与磷酸在还原焰中烧，加锡出现紫色球珠（钛的反应）。

【成因】　榍石作为副矿物广泛分布于各种岩浆岩中。

【用途】　钛矿石原料。作为稀有元素找矿标志。透明晶形完好可作宝石原料。

绿　帘　石　族

该族矿物化学式可用 $A_2B_3[SiO_4][Si_2O_7]O(OH)$ 表示。A 组阳离子为 Ca^{2+}，以及 K^+、

Na^+、Mg^{2+}、Mn^{2+}、Sr^{2+}、TR^{3+}，B 组阳离子为 Al^{3+}、Fe^{3+}、Mn^{3+} 以及 Ti^{3+}、Cr^{3+}、V^{3+} 等。A、B 之间离子互相置换形成一系列的变种。该族矿物属于双岛状酸盐矿物，晶体结构的共同特点是 Al 的配位八面体共棱联结成沿 b 轴的不同形式的链，链间以 $[Si_2O_7]$ 双四面体和 $[SiO_4]$ 四面体联结。Ca 位于大空隙中。绿帘石族包括褐帘石（Allanite）、绿帘石（Epidote）、红帘石（Piemontite）、黝帘石（Zoisite）。

绿帘石（Epidote）

【化学组成】 $Ca_2FeAl_3[SiO_4][Si_2O_7]O(OH)$，成分不稳定。成分中 Fe^{3+} 可被 Al^{3+} 完全代替，为斜黝帘石 $Ca_2AlAl_3[SiO_4][Si_2O_7]O(OH)$，形成绿帘石-斜黝帘石完全类质同象系列。斜黝帘石的斜方晶系同质多象变体称为黝帘石。

【晶体结构】 单斜晶系，$C_{2h}^2-P2_1/m$；$a_0 = 0.898nm$，$b_0 = 0.564nm$，$c_0 = 1.022nm$；$\beta = 115°25' \sim 115°24'$；$Z = 2$。

【晶体形态】 斜方柱晶类，$C_{2h}-2/m(L^2PC)$。晶体常呈柱状，延长方向平行 b 轴。常见单形平行双面、斜方柱及其聚形。平行 b 轴晶带上的晶面具有明显的条纹。可见聚片双晶。常呈柱状、放射状、晶簇状集合体。

【物理性质】 颜色呈各种不同色调的草绿色，随铁含量增加颜色变深。含锰高的绿帘石称红帘石。玻璃光泽，透明到半透明。解理∥{001}完全。硬度 6~6.5，相对密度 3.38~3.49。

【显微镜下特征】 透射光下无色至浅黄绿色。二轴晶（−）。多色性变化与 Fe^{3+} 含量有关。

【成因】 绿帘石的形成与热液作用有关。

【用途】 色泽好的绿帘石可做观赏石或宝玉石。

5.5.1.2 第二亚类 环状结构硅酸盐矿物

环状硅酸盐矿物是由 $[SiO_4]$ 四面体以角顶相连构成封闭环状硅氧骨干 $[Si_nO_{3n}]$ 与金属阳离子结合的硅酸盐矿物。环与环之间通过活性氧与其他金属阳离子（主要有 Mg^{2+}、Fe^{2+}、Al^{3+}、Mn^{2+}、Ca^{2+}、Na^+、K^+ 等）的成键而相互维系。环的中心为较大的空隙，常为 $(OH)^-$、水分子或大半径阳离子所占据。环状结构硅酸盐矿物亚类主要有绿柱石族（具 $[Si_6O_{18}]$ 环）、透视石族、电气石族、堇青石族，斧石族（具 $[Si_4O_{12}]$ 环）、异性石族（具 $[Si_3O_9]$ 环）、大隅石族（具 $[Si_{12}O_{30}]$ 环）等。

绿柱石族

绿柱石（Beryl）

【化学组成】 $Be_3Al_2[Si_6O_{18}]$。BeO：14.1%，Al_2O_3：19.0%，SiO_2：66.9%。含 Na、K、Li、Rb、Cs 等碱金属。

【晶体结构】 六方晶系，D_{6h}^2-P6/mcc；$a_0 = 0.9188nm$，$c_0 = 0.9189nm$；$Z = 2$。绿柱石晶体结构为六方原始格子。结构中 $[SiO_4]$ 四面体组成的六方环垂直 c 轴平行排列，上下两个环错动25°，由 Al^{3+} 及 Be^{2+} 连接。在环中心平行 c 轴有宽阔的孔道，以容纳大半径的

离子 K^+、Na^+、Cs^+、Rb^{2+} 以及水分子。

【晶体形态】 六方双锥晶类，$D_{6h}-6/mmm(L^6 6L^2 7PC)$。晶体呈柱状。常见单形有六方柱、平行双面、六方双锥及其聚形。柱面上常有 $//c$ 轴的条纹。

【物理性质】 无色、绿色、黄绿色、粉红色、鲜绿色等。含 Fe^{2+} 呈深蓝色称海蓝宝石。由 Cr_2O_3 引起碧绿苍翠的称祖母绿。含 Cs 呈粉红色，含少量 Fe_2O_3 及 Cl 呈黄绿色。玻璃光泽，透明至半透明。解理不完全。硬度 7.5 ~ 8。相对密度 2.6 ~ 2.9。溶于强碱和 HF。

【显微镜下特征】 透射光下无色透明。一轴晶（-），负光性。

【成因】 主要产于花岗伟晶岩、云英岩及高温热液矿脉中。

【用途】 为 Be 的矿物原料。色泽美丽作为宝石材料。

电气石族

电气石（Tourmaline）

【化学组成】 $(Na，Ca)(R)_3 Al_6 [Si_6 O_{18}](BO_3)_3 (OH，F)_4$，其中 R 为 Mg、Fe、Li、Al、Mn 等。$R=Mg^{2+}$ 时称为镁电气石（Dravite），$R=Fe^{2+}$ 时称为黑电气石（Sehorl），$R=(Li^+，Al^{3+})$ 时称为锂电气石（Elbaite），$R=Mn$ 时称为钠锰电气石（Tsilaisite）。镁电气石-黑电气石之间、黑电气石-锂电气石之间可形成完全类质同象系列；镁电气石-锂电气石之间为不完全类质同象系列。

【晶体结构】 三方晶系，C_{3v}^5-R3m；$a_0=1.584 ~ 1.603nm$；$c_0=0.709 ~ 0.722nm$；$Z=3$。电气石晶体结构是硅氧四面体连接成复三方环 $[Si_6 O_{18}]$，并沿 z 轴方向排列。B 组成 $[BO_3]^{3-}$ 平面三角形。Mg^{2+} 与 O^{2-} 及 $(OH)^-$ 组成配位八面体，与 $[BO_3]$ 共用 1 个 O^{2-} 相连。

【晶体形态】 复三方单锥晶类，$C_{3v}-3m(L^3 3P)$。晶体呈柱状。常见单形有三方柱、六方柱、三方单锥、复三方单锥及其聚形。晶体两端晶面不同，横断面呈球状三角形，柱面上有纵纹。双晶依 $[10\bar{1}1]$。集合体呈放射状、束状、棒状等。

【物理性质】 无色、玫瑰红色、蓝色、黄色、褐色和黑色等多样。黑电气石为绿黑色至深黑色；锂电气石呈玫瑰色、蓝色或绿色；镁电气石的颜色变化在无色到暗褐色。含锰呈红色或粉红色，含铬、钒呈绿色。玻璃光泽，透明到不透明。无解理，参差状断口，硬度 7。相对密度 3.06 ~ 3.26。具有压电性和焦电性。在加热或施加压力，晶体在垂直 z 轴的方向一端产生正静电，另一端则产生负静电。在垂直 z 轴由中心向外形成水平色带。

【显微镜下特征】 偏光显微镜下具有多色性，一轴晶（-）。N_o 为棕黄到浅黄色，N_e 为无色。成分中富含 Fe，Mn 时折射率增大。

【成因】 电气石多产于伟晶岩和热液矿床，以及变质矿床中。

【用途】 电气石晶体用于无线电工业，作波长调整器、偏光仪中的偏光片等。电气石粉、超细电气石粉可用于卷烟、涂料、纺织、化妆品、净化水质和空气、防电磁辐射、保健品等行业。色泽鲜艳、透明的电气石作为宝石材料（碧玺）。

5.5.1.3　第三亚类　链状结构硅酸盐矿物

链状结构硅酸盐矿物是由 $[SiO_4]$ 以四面体角顶相连成无限延伸的链状硅氧骨干与金属阳离子结合的硅酸盐矿物。链状硅氧骨干的种类及形式复杂多样，已发现链的类型有 20 余种。其中最主要的是具单链硅氧骨干的辉石族 $[Si_2O_6]^{4-}$ 和硅灰石族 $[Si_3O_9]^{6-}$、蔷薇辉石族 $[Si_5O_{15}]^{10-}$ 等；具双链硅氧骨干的角闪石族 $[Si_4O_{11}]^{6-}$、矽线石族 $[SiAlO_5]^{2-}$ 矿物。它们多为岩浆岩和变质岩的主要造岩矿物，尤其是辉石族和角闪石族矿物的分布更为广泛。

A　单链结构硅酸盐矿物

辉 石 族

辉石族矿物的化学通式可表示成 $XY[T_2O_6]$。其中：$T = Si^{4+}$、Al^{3+}，占据硅氧骨干中的四面体位置。$X = Na^+$、Ca^{2+}、Mn^{2+}、Fe^{2+}、Mg^{2+}、Li^+ 等，在晶体结构中占据 M_2 位置；$Y = Mn^{2+}$、Fe^{2+}、Mg^{2+}、Fe^{3+}、Cr^{3+}、Al^{3+}、Ti^{4+} 等，在晶体结构中占据 M_1 位置。各类阳离子类质同象广泛。自然界产出的大部分辉石族矿物，可看成是 $Mg_2[Si_2O_6]$-$Fe_2[Si_2O_6]$-$CaMg[Si_2O_6]$-$CaFe[Si_2O_6]$ 体系和 $NaAl[Si_2O_6]$-$NaFe[Si_2O_6]$-$CaAl[AlSiO_6]$-$Ca(Mg, Fe)[Si_2O_6]$ 体系的成员。辉石族矿物划分为斜方辉石（正辉石）亚族和单斜辉石（斜辉石）亚族。

辉石族矿物晶体结构中，$[SiO_4]$ 四面体各以 2 个角顶共用形成沿 c 轴方向无限延伸的单链，单链的重复周期为 $[Si_2O_6]$。图 5-28 所示为理想化了的透辉石族矿物晶体结构沿 c 轴的投影。在 a 轴和 b 轴方向上 $[Si_2O_6]$ 链以相反取向交替排列，由此形成平行 $\{100\}$ 的似层状，在 a 轴方向上活性氧与活性氧相对形成 M_1 位，惰性氧与惰性氧相对形成 M_2。M_1 为较小的阳离子 Mg，Fe 等占据，呈六次配位的八面体，并以共棱的方式联结成平行 c 轴延伸的与 $[Si_2O_6]$ 链相匹配的八面体折状链；在 M_2 中，在斜方辉石亚族中为 Fe、Mg 等占据，为畸变的八面体配位，在单斜辉石中为大半径阳离子 Ca、Na、Li 等占据，为八次配位。

辉石族矿物晶体均呈柱状晶形，其横截面呈假正方或八边形；并发育平行于链延伸方向的 $\{210\}$ 或 $\{110\}$ 解理，其解理夹角为 87° 和 93°，与单链的排列方式有关。

该族矿物的颜色随成分而异，含 Fe、Ti、Mn 者，颜色变深；具玻璃光泽。硬度 5~6；相对密度 3.1~3.6，随成分的变化而变化。

透辉石（Diopside）

【化学组成】　$CaMg[Si_2O_6]$-$CaFe[Si_2O_6]$ 类质同象系列。透辉石（CaO：25.9%，MgO：18.5%，SiO_2：55.6%）、钙铁辉石（CaO：22.2%，FeO：29.4%，SiO_2：48.4%）。Al_2O_3 在 1%~3%，可高达 8%；Al^{3+} 可替代 Mg^{2+} 和 Fe^{2+}；若 Al 替代 Si 超过 7%，称为铝透辉石；富含 Cr_2O_3 者称为铬透辉石。

【晶体结构】　单斜晶系，C_{2h}^6-$C2/c$；$a_0 = 0.9746 \sim 0.9845nm$，$b_0 = 0.8899 \sim 0.9024nm$，$c_0 = 0.5251 \sim 0.5245nm$，$\beta = 105°38' \sim 104°44'$；$Z = 4$。辉石型晶体结构。

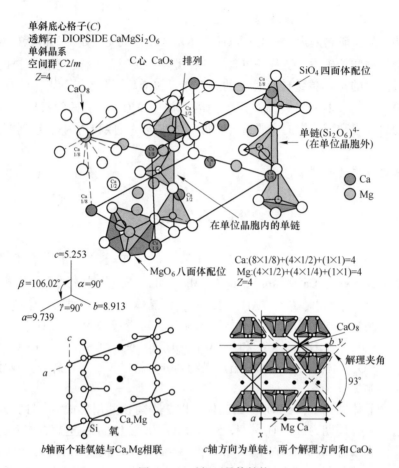

图 5-28　透辉石晶体结构

【晶体形态】　斜方柱晶类，C_{2h}-$2/m$（L^2PC）。常呈柱状晶体。常见单形：平行双面、斜方柱及其两者的聚形。晶体横断面呈正方形或八边形。常见简单双晶和聚片双晶。

【物理性质】　白色、灰绿、浅绿至翠绿。无色至浅绿色条痕。随着铁的含量多而颜色由浅至深。解理 // {110} 完全，解理夹角 87°（或 93°）；具 {100} 和 [010] 裂开。硬度 5.5~6。相对密度 3.22~3.56。紫外光下发出蓝或乳白色和橙黄色荧光。

【显微镜下特征】　透射光下无色至黄绿色、褐绿色。颜色随着 Mg 被铁替代增多，从无色逐渐增至暗绿色，多色性也有加强。

【成因】　透辉石广泛分布于基性与超基性岩中。铬透辉石是金伯利岩的特征矿物。透辉石-钙铁辉石是矽卡岩特征矿物。在区域变质的片岩中透辉石是常见矿物。

【用途】　作为陶瓷原料。蓝田玉是由蛇纹石化的透辉石矿物组成的。

普通辉石（Augite）

【化学组成】　$(Ca, Na)(Mg, Fe^{2+}, Fe^{3+}, Al, Ti)[(Si, Al)_2O_6]$，含 $CaSiO_3$ 组分 25%~45%，含 $MgSiO_3$ 组分 10%~65%，含 $FeSiO_3$ 10%~65%。在普通辉石中，$[AlO_4]$ 代替 $[SiO_4]$ 可达 1/8~1/2，次要成分有 Ti、Na、Cr、Ni、Mn 等以及 V、Co、Cu、Sc、

Zr、Y、La 等。

【晶体结构】 单斜晶系，C_{2h}^6-C2/c；$Z=4$；$a_0=0.972\sim0.982$nm，$b_0=0.889$nm，$c_0=0.524\sim0.525$nm；$\beta=105°4'\sim107°$。辉石型晶体结构（图5-29）。

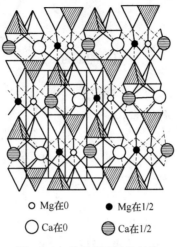

○ Mg在0   ● Mg在1/2

◯ Ca在0   ⊜ Ca在1/2

图 5-29 普通辉石晶体结构

【形态】 斜方柱晶类，$C_{2h}-2/m(L^2PC)$。晶体呈短柱状，常见单形：平行双面、斜方柱以及两者的聚形。横断面近八边体。见简单双晶和聚片双晶。集合体为粒状、放射状、块状。

【物理性质】 绿黑至黑色，条痕无色至浅灰绿色，玻璃光泽（风化面光泽暗淡），近乎不透明。解理∥{110} 中等，两组解理夹角为87°（或93°）。硬度5~6，相对密度3.23~3.52。

【显微镜下特征】 透射光下呈浅褐、褐、暗绿色，含 Ti 呈紫色色调。二轴晶（+），多色性弱到中等。钛普通辉石 N_p—浅绿色，N_m—浅褐色、紫色，N_g—灰绿色、紫色。

【成因】 普通辉石是基性岩、超基性岩中常见造岩矿物。在变质岩石中常见。

锂辉石（Spodumenite）

【化学组成】 $LiAl(SiO_3)_2$。Li_2O：8.07%，Al_2O_3：27.44%，SiO_2：64.49%。含有稀有、稀土元素。

【晶体结构】 单斜晶系，C_2^3-C2；$a_0=0.9483$nm，$b_0=0.8392$nm，$c_0=0.5218$nm；$Z=4$。辉石型结构。

【形态】 轴双面晶类，$C_2-2(L^2)$。晶体呈柱状。常见单形有平行双面、单面、轴双面及其聚形。柱面具纵纹。见简单双晶。集合体呈板柱状、粒状或板状。

【物理性质】 颜色呈灰白、灰绿、翠绿、紫色或黄色等。含有 Cr 呈翠绿色，称为翠绿锂辉石。含有 Mn 的呈紫色称为紫色锂辉石。玻璃光泽，无色条痕。解理∥{110} 完全，两组解理夹角87°。硬度6.5~7，相对密度3.03~3.22。焙烧至1000℃左右时转变为β型锂辉石，并具热裂性质。发光性：紫锂辉石在紫外线下为粉红到橙色，X 射线下发橙色，同时也发磷光；黄绿色锂辉石紫外线下发橙黄色光，X 射线下发光性强。

【显微镜下特征】 透射光无色。二轴晶（+）。多色性弱。N_p—绿色、紫色，N_g—无色。

【成因】 锂辉石主要产于富锂花岗伟晶岩中，共生矿物有石英、钠长石、微斜长石等。

【用途】 提取锂的矿物原料。锂辉石也用于化工、陶瓷等。

硬玉（Jadeite）

【化学组成】 $NaAl[Si_2O_6]$。SiO_2：59.4%，Na_2O：15.94%，Al_2O_3：25.2%。还含有$CaO(\leqslant 1.62\%)$、$MgO(\leqslant 0.91\%)$、$Fe_2O_3(\leqslant 0.64\%)$。含有微量的铬、镍等。铬是翡翠具有翠绿色的主要因素，翡翠含Cr_2O_3 0.2%~0.5%，个别达2%~3.75%以上。

【晶体结构】 单斜晶系，$C_{2h}^6 - C2/c$；$a_0 = 0.948 \sim 9.423nm$，$b_0 = 0.8562 \sim 0.8564nm$，$c_0 = 0.5210 \sim 0.5223nm$；$\beta = 107°58' \sim 107°56'$；$Z = 4$。晶体结构为辉石型结构。

【形态】 斜方柱晶类，$C_{2h} - 2/m(L^2PC)$。具有柱状、板状晶体。主要单形：平行双面、斜方柱及其聚形。粒状、纤维状集合体。

【物理性质】 颜色有白、粉红、绿、淡紫、紫罗兰紫、褐和黑等色。玻璃光泽，透明。解理∥{110}中等，两组解理夹角87°。硬度6.5~7。相对密度3.33。

【显微镜下特征】 透射光下无色。二轴晶（+），多色性不明显。

【成因】 硬玉产于低温高压（压力5000~7000Pa，温度在150~300℃）生成的变质岩中。与蓝闪石、白云母、硬柱石、石英共（伴）生。色素离子（Cr）在漫长的地质时间里不间断进入硬玉晶格，形成翡翠颜色。在显微镜下观察，组成翡翠的硬玉紧密地交织在一起，具纤维状结构。使翡翠具有细腻和坚韧的特点。

【用途】 翡翠的主要组成矿物。含有超过50%以上的硬玉才被视为翡翠。

硅 灰 石 族

硅灰石（Wollastonite）

【化学组成】 $Ca_3[Si_3O_9]$。SiO_2：51.75%，CaO：48.25%。常含铁、锰、镁等。

【晶体结构】 三斜晶系，$C_i^1 - P\bar{1}$；$a_0 = 0.794nm$，$b_0 = 0.732nm$，$c_0 = 0.707nm$；$\alpha = 90°02'$，$\beta = 95°22'$，$\gamma = 103°26'$；$Z = 2$。硅灰石晶体结构：$[Si_2O_7]$和$[SiO_4]$平行b轴交替排列成单链，$[CaO_6]$八面体共棱连成沿b轴的链。

【晶体形态】 平行双面晶类，$C_i - \bar{1}(C)$。晶体呈沿b轴延长的板状晶体。常见单形有平行双面及其聚形。集合体呈细板状、放射状或纤维状。

【物理性质】 颜色呈白色，有时带浅灰、浅红色调。玻璃光泽，解理面呈珍珠光泽。解理∥{100}完全，∥{001}、{102}中等。解理∥(100)与(001)夹角为74°。硬度4.5~5.5，相对密度2.75~3.10。溶于浓盐酸。耐酸、耐碱、耐化学腐蚀。吸油性低、电导率低、绝缘性较好。含Mn（0.02%~0.1%）硅灰石能发出强黄色阴极荧光。

【显微镜下特征】 透射光下无色。二轴晶（-）。

【成因】 典型的变质矿物，产于酸性岩与石灰岩的接触带。

【用途】 广泛地应用于陶瓷、化工、冶金、造纸、塑料、涂料等领域。

B 双链结构硅酸盐矿物

角闪石族

角闪石族矿物的化学成分通式可表示为：$A_{0\sim1}X_2Y_5[T_4O_{11}]_2(OH, F, Cl)_2$，其中：$T=Si^{4+}$、$Al^{3+}$，占据硅氧骨干中四面体中心；$A=Na^+$、$Ca^{2+}$、$K^+$、$H_3O^+$，占据时结构中的A位置，位于惰性氧相对的双链之间；$X=Na^+$、Li^+、K^+、Ca^{2+}、Mg^{2+}、Fe^{2+}、Mn^{2+}，占据结构中的M_4位；大半径阳离子Ca^{2+}、Na^+等占据时为八次配位多面体；$Y=Mg^{2+}$、Fe^{2+}、Mn^{2+}、Al^{3+}、Fe^{3+}、Ti^{4+}、Cr^{3+}，占据结构中的M_1、M_2、M_3位，六次配位。A、X、Y组阳离子中及其间的类质同象替代十分普遍和复杂，并可形成许多类质同象系列。现已发现和确定的角闪石矿物种和亚种（或变种）已超过100种。按成分、结构分为斜方角闪石亚族、单斜角闪石亚族。

角闪石型晶体结构中的硅氧骨干可看成是由2个辉石单链联结而成的双链$[Si_4O_{11}]^{6-}$。平行c轴排列和无限延伸，在a、b轴方向上活性氧与活性氧相对处形成八面体空隙（用M_1、M_2、M_3表示）。主要由Y类小半径阳离子Mg^{2+}、Fe^{2+}等充填形成配位八面体，并共棱相联组成平行于c轴延伸的链带。惰性氧与惰性氧相对形成M_4位，为X类阳离子占据。A类阳离子位于惰性氧相对的双链之间，它主要用来平衡$[Al^{3+}O_4]\rightarrow[Si^{4+}O_4]$产生的剩余电荷，故它可为$Na^+$、$K^+$、$H_3O^+$充填，亦可全部空着。

角闪石族的晶体结构特征决定了角闪石族矿物具有平行c轴方向延长的柱状、针状、纤维状晶形。发育平行于｛110｝（或｛210｝）的完全解理，解理面夹角为56°和124°（图5-30）；这是区分辉石族与角闪石族矿物的非常重要的依据之一。

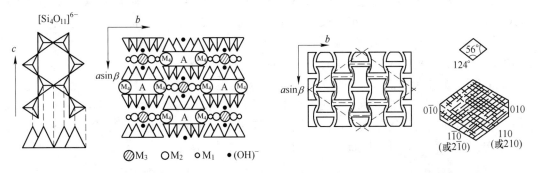

(a) 角闪石晶体结构沿c轴的投影图　　(b) 横截面及解理纹

图5-30 角闪石晶体结构与解理产生方向示意图

角闪石族矿物的颜色、相对密度、折射率等物理性质受化学成分变化影响。成分中Fe含量增高时，其颜色加深，相对密度和折射率增大。

透闪石 （Tremolite）

【化学组成】 $Ca_2(Mg, Fe)_5Si_8O_{22}(OH)$。CaO：13.8%，MgO：24.6%，$SiO_2$：58.8%，$H_2O$：2.8%。FeO 含量可达 3%，成分中还有 Na、K、Mn 代替 Ca；F、Cl 代替（OH）。

【晶体结构】 单斜晶系，C_{2h}^3-C2/m；晶胞参数：$a_0=0.984nm$，$b_0=1.005nm$，$c_0=0.5275nm$；$\beta=104°22'$；$Z=2$。晶体结构为角闪石型双链结构。

【晶体形态】 斜方柱晶类，$C_{2h}-C2/m(L^2PC)$。晶体常呈细粒状，常见单形为斜方柱、平行双面及其聚形。集合体为柱状、纤维状或放射状。

【物理性质】 无色、白色至浅灰色，条痕为无色；透明，玻璃光泽，纤维状者呈丝绢光泽。解理∥{100}完全，解理夹角为 124°或 56°，有时可见 {100} 裂理，贝壳状断口。硬度为 5~6，相对密度在 3.02~3.44。发荧光，短波紫外线黄色，长波紫外线粉红色。

【显微镜下特征】 透射光下无色。二轴晶（-）。

【成因】 透闪石是灰岩、白云岩遭受接触变质的产物。在区域变质作用中，由不纯灰岩、基性岩或硬砂岩等变质形成。

【用途】 陶瓷、玻璃原料、填料和玉石材料等。透闪石石棉具有挠性、耐酸性和耐火特点。透闪石玉的原料主要有新疆羊脂玉、青海玉、俄罗斯玉、岫岩玉河磨料。

普通角闪石 （Hornblende）

【化学组成】 $Ca_2(Mg^{2+}, Fe^{2+}, Fe^{3+}, Al^{3+})_5[(Al, Si)_8O_{22}](OH, F)_2$，当 Mg/$(Mg+Fe^{2+})\geq0.5$ 时为镁角闪石；<0.5 时为铁角闪石。

【晶体结构】 单斜晶系，C_{2h}^3-C2/m；$a_0=0.979nm$，$b_0=1.799nm$，$c_0=0.528nm$；$\beta=105°31'$；$Z=2$。角闪石双链状结构。Al 在角闪石中有六次配位 $[AlO_6]$ 和四次配位 $[AlO_4]$ 两种形式出现。

【形态】 斜方柱晶类，$C_{2h}-C2/m(L^2PC)$。晶体常呈柱状，常见单形为斜方柱、平行双面及其聚形。其横断面为假六边形。见接触双晶。粒状、针状或纤维状集合体。

【物理性质】 绿黑至黑色，条痕为浅灰绿色，透明到半透明，玻璃光泽。两组解理∥{110}完全，夹角为 124°和 56°。硬度 5~6，相对密度 3.0~3.4。有（100）裂开。

【显微镜下特征】 透射光下浅绿色、浅黄褐色。呈明显多色性。N_g—浅绿色，N_m—浅黄绿色、褐色，N_p—无色、浅黄色。二轴晶（-）。

【成因】 分布于中性及中酸性火成岩中，也是变质岩的主要组成矿物。

【用途】 角闪石石棉纤维长、劈分性好、质地柔软、抗拉强度大、耐酸、耐碱、耐高温等，是防毒面具的最优过滤材料，可用于空气超净化过滤、液体过滤，医药工业中过滤细菌、分离病毒等。亦可用作石棉纺织制品、石棉水泥制品。

矽线石族

矽线石 （Sillimanite）

【化学组成】 $Al[AlSiO_5]$。SiO_2：37.1%，Al_2O_3：62.90%。有少量 Fe 代替 Al，可含

微量 Ti、Ca、Fe、Mg 等。是红柱石、蓝晶石的同质多象变体。

【晶体结构】 斜方晶系，$D_{2h}^{16}-Pbnm$；$a_0 = 0.743$，$b_0 = 0.758$，$c_0 = 0.574nm$；$Z = 4$。矽线石双链结构是 [SiO_4] 和 [AlO_4] 两四面体沿 c 轴交替排列的双链 [$AlSiO_5$]$^{3-}$。

【晶体形态】 斜方双锥晶类，$D_{2h}-mmm(3L^23PC)$。具有 $//c$ 轴延长针状、长柱状晶体，常见单形：斜方柱、斜方双锥及其聚形。横断面近正方形，柱面有条纹。集合体呈放射状。

【物理性质】 白色、灰色或浅绿、浅褐色等；透明，玻璃光泽。解理 $//$ ｛010｝ 完全，解理面平行结构中的双链。硬度 $6.5 \sim 7.5$。相对密度 $3.23 \sim 3.27$。加热到 1545℃ 转变为莫来石和石英。

【显微镜下特征】 透射光下呈无色，弱多色性。N_g —暗褐色或浅蓝色，N_m —褐色或绿色，N_p —浅褐色或浅黄色。二轴晶（+）。

【成因】 矽线石是典型的变质矿物，分布很广泛。常见于火成岩（尤其是花岗岩）与富含铝质岩石的接触带及片岩、片麻岩发育的地区。

【用途】 主要为制造高铝耐火材料和耐酸材料，用于陶瓷、内燃机火花塞的绝缘体及飞机、汽车、船舰部件用的硅铝合金等。

5.5.1.4 第四亚类 层状结构硅酸盐矿物

该亚类矿物为具有由 [SiO_4] 四面体以角顶相连成二维无限延伸的层状硅氧骨干与金属阳离子结合而成的硅酸盐矿物。组成元素主要为 K、Na、Mg、Ca、Fe、Al、Li 等。类质同象代替发育。有层间水存在。附加阴离子（OH）、O、F、Cl 等。

在晶体结构中，[SiO_4] 四面体彼此以 3 个角顶相连形成二维延展六方形网层，也称四面体片（T）。在四面体片中的活性氧与处于同一平面上的羟基 OH 形成八面体空隙，为六次配位的 Mg、Al、Fe^{3+} Fe^{2+} 等充填，配位八面体共棱连接成八面体片（O）。四面体片（T）与八面体片（O）组合，形成结构单元层。它有两种基本形式：（1）由 1 个四面体片（T）和 1 个八面体片（O）组成 TO 型（图 5-31（b））；（2）由 2 个四面体片（T）夹 1 个八面体片（O）组成 TOT 型（图 5-31（c））。整个层状结构以结构单元层周期性叠堆而成。

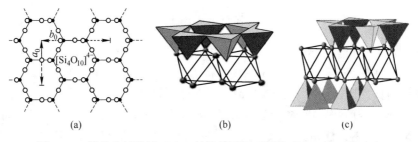

(a)   (b)   (c)

图 5-31 层状硅氧骨干（a）、结构单元层 TO 型（b）、TOT 型（c）

[SiO_4] 四面体组成的六方环范围内有 3 个八面体与之相适应。当这 3 个八面体中心位置均为二价阳离子（如 Mg^{2+}）占据时，形成的结构为三八面体型结构。若 3 个八面体位置只有 3 个为三价离子（如 Al^{3+}）充填，这种结构称为二八面体型结构。若二价离子和

三价离子同时存在，则可形成过渡型结构。

结构单元层在垂直网片方向周期性地重复叠置构成层状结构的空间格架，结构单元层之间存在的空隙称为层间域。若在结构单元层内部电荷已达平衡，则在层间域中无需有其他阳离子存在，如高岭石；如果结构单元层内部电荷未达平衡，则在层间域中有一定量的阳离子（如 Na、K、Ca 等）充填，如云母；还可吸附一定量的水分子或有机分子，如蒙脱石等（图 5-32）。

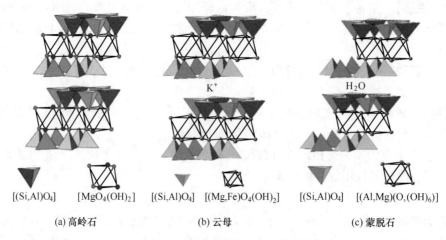

K^+ H_2O

[(Si,Al)O_4] [MgO$_4$(OH)$_2$]   [(Si,Al)O_4] [(Mg,Fe)O_4(OH)$_2$]   [(Si,Al)O_4] [(Al,Mg)(O,(OH)$_6$)]

(a) 高岭石   (b) 云母   (c) 蒙脱石

图 5-32 高岭石、云母和蒙脱石的晶体结构的层间域

（层间域中分别为无阳离子、有 K^+、H_2O 分子）

本亚类矿物结构单元层叠置方式不同，构成多型变体。由于结构单元层底面的相似性，导致不同层状矿物间的结构单元层相互连生、堆叠，形成混层矿物或间层矿物。

层状硅酸盐亚类矿物有滑石族、云母族（白云母亚族、锂云母亚族）、伊利石族、蛭石族、绿泥石族、高岭石族、蛇纹石族、埃洛石族、蒙脱石族、叶蜡石族、葡萄石族。

滑 石 族

滑石（Talc）

【化学组成】 $Mg_3[Si_4O_{10}](OH)_2$。MgO：31.72%，SiO_2：63.52%，H_2O：4.76%。部分 MgO 为 FeO 所替换。含 FeO>33.7%时称为铁滑石，含 NiO 达 30.6%时称为镍滑石。

【晶体结构】 单斜晶系，C_{2h}^6-$C2/c$ 或 C_i^4-Cc（三斜晶系）；$a_0=0.527nm$，$b_0=0.912nm$，$c_0=1.855nm$；$\beta=100°00'$；$Z=4$。滑石晶体结构的结构单元层为 TOT 型，三八面体型。

【晶体形态】 斜方柱晶类，C_{2h}-$2/m(L^2PC)$。微细晶体呈假六方片状或菱形板状，单晶少见。单形有单面、双面、斜方柱及其聚形。致密块状、叶片状、纤维状或放射状集合体。

【物理性质】 白色或各种浅色，条痕常为白色，油脂光泽（块状）或珍珠光泽（片状集合体），半透明。解理∥{001} 极完全，薄片具挠性。硬度 1，相对密度 2.6~2.8。有滑腻感，绝缘性、耐酸性好。

【显微镜下特征】 透射光下无色透明，低正突起。最高干涉色可达Ⅲ级橙色。

【简易化学试验】 与硝酸钴反应呈玫瑰红色。

【成因】 典型热液作用产物。是富镁质超基性岩、白云岩、白云质灰岩热变质交代产物。

【用途】 滑石在造纸、油漆染料、陶瓷、橡胶、塑料、铸造、农业等广泛应用。

叶 蜡 石 族

叶蜡石（Pyrophyllite）

【化学组成】 $Al_2[Si_4O_{10}](OH)_2$。Al_2O_3：28.3%，SiO_2：66.7%，H_2O：5.0%。有各种杂质伴生。

【晶体结构】 单斜晶系，$C_{2h}^6 - C2/c$ 或 $C_i^4 - Cc$（三斜晶系）；$a_0 = 0.515$nm，$b_0 = 0.892$nm，$c_0 = 1.859$nm；$\beta = 99°55'$；$Z = 4$。晶体结构的结构单元层为 TOT 型结构，二八面体型。

【晶体形态】 斜方柱晶类，$C_{2h} - C2/c(L^2PC)$。晶体少见。单形有双面、斜方柱及其聚形。常见致密块状、叶片状、放射状集合体。

【物理性质】 常呈淡黄、乳灰白、灰绿等颜色，含铁的氧化物或汞则呈现褐红或血红色。蜡状光泽、有滑感。解理∥{001} 完全，隐晶质贝壳状断口。叶片柔软无弹性。硬度 1.5～2.0。相对密度 2.65～2.90。绝缘、绝热性好，化学性能稳定，高温下被硫酸分解。

【显微镜下特征】 偏光显微镜下呈无色。二轴晶（−）。叶腊石与硝酸钴反应呈蓝色。

【成因】 叶蜡石是富铝岩石受到热液作用的产物。主要中酸性喷出岩、凝灰岩经热液作用蚀变形成。福建寿山、浙江青田的叶蜡石是白垩纪流纹岩和流纹凝灰岩经热液蚀变生成。

【用途】 叶蜡石作为陶瓷和耐火材料。质纯细腻、色泽美观为玉石、雕刻石等，如寿山石、青田石等。

云 母 族

该族矿物化学式为 $XY_{2-3}[(Si，Al)_4 10_{10}](OH，F)_2$ 其中 X 为 K^+、Na^+ 和少量的 Ca^{2+}、Ba^{2+}、Rb^+、Cs^+、H_3O^+ 等大半径阳离子，位于结构单元层之间，K 为 12 次配位。Y 主要为 Mg、Al、Fe 以及 Mn、Li、Cr、Ti 等，为八面体配位。一般 Si∶Al = 3∶1。存在 $KMg_3[Si_3AlO_{10}][OH，F]_2 - KFe_3[Si_3AlO_{10}](OH，F)_2$ 完全类质同象。划分以下亚族：白云母亚族、黑云母亚族（黑云母，金云母）、锂云母亚族。

云母族晶体结构为 TOT 型结构。由 2 层四面体片夹 1 层八面体片构成云母晶体结构单元层。在结构单元层中有 $[AlO_4]$ 代替 $[SiO_4]$，有剩余的电价，使结构单元层间域有 Na^+、K^+ 充填，增强层间联系。八面体片中若为 Mg^{2+}、Fe^{2+} 离子充填则为三八面体型，为 Al^{3+} 等阳离子充填为二八面体型。结构单元层的叠置方式不同构成云母族矿物的多型。

白云母亚族

白云母（Muscovite）

【化学组成】 $KAl_2[Si_3AlO_{10}](OH，F)_2$。$K_2O$：11.8%，$SiO_2$：45%，$Al_2O_3$：38%，$H_2O$：4.5%。含有 Ba、Na、Rb、$Fe^{3+}$、Cr、V、$Fe^{2+}$、Mg、Li、Ca、F 等。

【晶体结构】 单斜晶系，C_{3h}^6-$C2/c$；$a_0=0.519nm$，$b_0=0.900nm$，$c_0=2.010nm$；$\beta=95°11'$；$Z=4$。白云母晶体结构的结构单元层为 TOT 型，二八面体型。层间域有 K^+ 离子。增强层间联系。

【形态】 斜方柱晶类，C_{3h}-$2/m(L^2PC)$。通常呈板状或片状，外形成假六方形或菱形。柱面有明显的横条纹。单形有双面、斜方柱及其聚形。依云母律生成接触双晶或穿插三连晶。

【物理性质】 浅黄、浅绿、浅红或红褐色。无色条痕：透明至半透明，玻璃光泽，解理面珍珠光泽。解理∥｛001｝极完全，具（100）和（010）裂开。硬度 2~3，相对密度 2.76~3.10。薄片具弹性。绝缘性和隔热性强。

【显微镜下特征】 透射光下无色。二轴晶（-）。

【成因】 白云母是分布很广的造岩矿物之一，在岩浆岩、沉积岩、变质岩中均有产出。

【用途】 白云母具有良好的电绝缘和热绝缘、化学性质稳定、抗各种射线辐射性能，良好的防水防潮性。广泛用于电器工业、电子工业、航空、航天等领域。各种粒级的云母粉体在建材、塑料、油漆、颜料等作为填料，可改变制品的抗冻、防腐、耐磨、密实等性能。

黑云母亚族

黑云母（Biotite）

【化学组成】 $K(Mg，Fe^{2+})_3[Si_3AlO_{10}](OH，F)_2$。$K\{(Mg，Fe^{2+})_3[Si_3AlO_{10}](OH，F)_2\}$-$K\{Mg_3[Si_3AlO_{10}](OH，F)_2\}$ 为完全类质同象，当 Mg：Fe<2：1 时为黑云母，Mg：Fe>2 为金云母。K 可被 Na、Ca、Rb、Cs、Ba 代替，Mg、Fe 可被 Al、Fe^{3+}、Ti、Mn、Li 代替，（OH）可被 F、Cl 代替。

【晶体结构】 单斜晶系，C_s^3-Cm；$a_0=0.53nm$，$b_0=0.92nm$，$c_0=1.02nm$；$\beta=100°$；$Z=2$。晶体结构的结构单元层为 TOT 型，三八面体型结构层。

【形态】 斜方单锥晶类，C_s-$Cm(L^22P)$。晶体呈假六方板状或短柱状。单形有双面、斜方柱及其聚形。依云母律成双晶。集合体为片状、鳞片状。

【物理性质】 深褐色、黑色为主。含铁量高，颜色较深，呈红棕色；富 Ti 呈浅红褐色，富 Fe^{3+} 呈绿色。条痕为白色略带浅绿色。透明至半透明，玻璃光泽，解理面珍珠光泽。解理∥｛001｝极完全，不平坦断口。硬度为 2~3，相对密度在 3.02~3.12。电绝缘性差。强酸可使黑云母腐蚀，并呈脱色现象。

【显微镜下特征】 透射光下褐色、黄色、绿色。二轴晶（－）。多色性强。N_g—深褐色或草绿色，N_m—深褐色、红褐色或草绿色，N_p—黄或淡黄色。

【成因】 黑云母分布广泛。在岩浆岩、变质岩、沉积岩中都有出现。

【用途】 用于建筑材料等。

锂云母亚族

锂云母（Lepidolite）

【化学组成】 $K(Li，Al)_{2.5~3}[Si_{3.5~3}Al_{0.5~1}O_{10}](OH，F)_2$。成分变化较大，$Fe_2O_3$：8%~12%，$Li_2O$：1.23%~5.90%，$Al_2O_3$：22%~29%，$SiO_2$：47%~60%，F：4%~9%，还含有 Na^+、Rb^+、Cs^+ 置换 K^+；有 Fe^{2+}、Mn^{2+}、Ca^{2+}、Mg^{2+}、Ti^{3+} 等置换 Li^+、Al^{3+}。

【晶体结构】 单斜晶系，空间群 Cm，或 $C2/m$；$a_0 = 0.53nm$，$b_0 = 0.92nm$，$c_0 = 1.02nm$；$\beta = 100°$。晶体结构的结构单元层为 TOT 型。

【形态】 反映双面晶类，$C_s-m(P)$。晶体呈假六边形，发育完好晶体少见。通常呈片状、鳞片状集合体。

【物理性质】 颜色为玫瑰色、浅紫色、浅至无色，透明，玻璃光泽。解理面具有珍珠光泽。解理 // {001} 极完全。薄片具弹性。硬度 2~3，相对密度 2.8~2.9。

【显微镜下特征】 透射光下呈无色，有的呈浅玫瑰色或淡紫色。二轴晶（－）。

【简易化学试验】 吹管下染火焰呈红色（Li 的焰色反应）。熔化时发泡，产生深红色锂焰。

【成因】 锂云母产在花岗伟晶岩中。

【用途】 锂云母是提炼锂的重要矿物原料。也含有铷和铯。

铁锂云母（Zinnwaldite）

【化学组成】 化学式为 $K(Li，Fe^{2+}，Al)_3[(Si，Al)_4O_{10}](F，OH)_2$；成分变化较大，K 能被 Na、Ba、Rb、Sr 代替；在八面体位置上的 Li、Fe、Al 可被 Ti、Mn、Mg 等代替。含 Li_2O 1.1%~5%。

【晶体结构】 单斜晶系，C_s^3-Cm；$a_0 = 0.527nm$，$b_0 = 0.909nm$，$c_0 = 1.007nm$；$\beta = 100°$；$Z = 2$。晶体结构的结构单元层为 TOT，三八面体型。

【形态】 反映双面晶类；$C_s-m(P)$。晶体呈假六方板状，通常呈片状或鳞片状集合体。见片状结晶集合成玫瑰花瓣状。

【物理性质】 灰褐色、淡黄或褐绿色，浅绿色。玻璃光泽，解理面珍珠光泽。解理 // {001} 极完全。薄片具弹性。硬度 2~3。相对密度 2.9~3.2。

【显微镜下特征】 偏光显微镜下特征：无色或浅褐色。二轴晶（－）。

【成因】 主要产于云英岩、花岗伟晶岩、高温热液脉中。

【用途】 铁锂云母是提取锂的矿物原料。

高 岭 石 族

高岭石（Kaolinite）

【化学组成】 $Al_2[Si_4O_{10}](OH)_4$。Al_2O_3：41.2%，SiO_2：48.0%，H_2O：10.8%。有少量 Mg、Fe、Cr、Cu 等代替 Al。

【晶体结构】 三斜晶系，$C_i^3-P\bar{1}$，$a_0=0.514nm$，$b_0=0.893nm$，$c_0=0.737nm$；$\alpha=91°8'$，$\beta=104°7'$，$\gamma=90°$；$Z=1$。高岭石结构单元层由 TO 型。层间没有阳离子或水分子存在，氢键加强了结构层之间的连结。若层间域内充填一层水分子，则为埃洛石。

【晶体形态】 呈隐晶质致密块状或土状集合体。电镜下呈自形假六方板状、半自形或它形片状晶体。鳞片在 $0.2\sim5\mu m$，厚度 $0.05\sim2\mu m$。集合体为片状、鳞片状、放射状等。

【物理性质】 纯者白色，因含杂质可染成其他颜色。集合体光泽暗淡或呈蜡状。一组解理//{001} 极完全，硬度 $1.0\sim3.5$，相对密度 $2.60\sim2.63$。鳞片具有挠性。致密块体具粗糙感，干燥时具吸水性，湿态具可塑性，加水不膨胀。在水中呈悬浮状。

【显微镜下特征】 透射光下呈无色。细鳞片状。二轴晶（-）。

【简易化学试验】 用 0.001%亚甲基蓝溶液及盐酸饱和溶液染色，置 $24\sim39$ h 样品呈紫色。用 0.01%二氨基偏氮苯溶液染色呈黄色。硝酸钴实验呈蓝色。热分析：高岭石差热曲线在 $500\sim600℃$ 处的吸热谷为（OH），以 H_2O 形式逸出，由晶格破坏所致；$950\sim1000℃$ 处放热峰为游离 Al_2O_3 和 SiO_2 生成新矿物（γ-Al_2O_3、红柱石、方石英）的效应。

【成因】 高岭石分布很广，主要是富铝硅酸盐在酸性介质条件下，经风化作用或低温热液交代变化的产物。

【用途】 高岭石具有白度高、强吸水性、易于分散悬浮于水中、良好的可塑性和高黏接性、抗酸碱性、优良的电绝缘性、离子吸附性、阳离子交换性以及良好的烧结性、较高耐火度等性能，用途广泛。

高岭土由小于 $0.2\mu m$ 的高岭石、迪开石、埃洛石以及石英和长石等组成。化学成分中有大量 Al_2O_3、SiO_2 和少量 Fe_2O_3、TiO_2 以及微量 K_2O、Na_2O、CaO 和 MgO 等。用于陶瓷，也称瓷土。

蛇 纹 石 族

蛇纹石（Serpentine）

【化学组成】 $Mg_6[Si_4O_{10}](OH)_8$。MgO：43.6%，SiO_2：44.1%，H_2O：12.9%。Mg 可被 Fe、Mn、Cr、Ni、Al 代替，形成各种成分变种：铁叶蛇纹石、锰叶蛇纹石、铬叶蛇纹石、镍叶蛇纹石和铝叶蛇纹石。F 可代替（OH），量高时为氟叶蛇纹石。

【晶体结构】 单斜晶系，C_m 或 $C2/m$；$a_0=0.53nm$，$b_0=0.92nm$，$c_0=0.748nm$；$\beta=90°\sim93°$；$Z=2$。晶体结构单元层为 TO 型，三八面体型。

【晶体形态】 叶片状、鳞片状、致密块状集合体，有时呈具胶凝体特征的肉冻状块体。

【物理性质】 叶蛇纹石呈黄绿至绿色、白色、棕色、黑色，具有蛇皮状青绿斑纹。蜡状光泽~玻璃光泽，解理∥{001} 极完全，{010} 不完全。硬度 3~3.5。相对密度 2.6~2.7。利蛇纹石呈暗棕色。玻璃光泽或珍珠光泽。解理∥（001）极完全。硬度 2，相对密度 2.653。解理片不具弹性。纤蛇纹石通常呈白色、淡绿色、黄色等。具丝绢光泽。平行纤维方向可劈成极细具弹性的纤维。半透明至不透明。硬度为 2.5~3；相对密度在 2.36~2.5。

【显微镜下特征】 透射光下呈无色、淡黄、淡绿、褐色等。

【成因】 产于热液交代成因。富含 Mg 的岩石如超基性岩（橄榄岩、辉石岩）或白云岩经热液交代作用可形成蛇纹石。在矽卡岩中也有蛇纹石产生。

【用途】 蛇纹石具有耐热、抗腐蚀、耐磨、隔热、隔音及较好的工艺特性，并伴生有益组分，广泛用于化肥、炼钢熔剂、耐火材料、建筑用板材、雕刻工艺、提取氧化镁和多孔氧化硅、医疗方面，可净化高氟水等。蛇纹石石棉用于保温和防火材料。致密块状质地细腻、色泽美观者为玉石，如岫岩玉即是其中一种。

绿 泥 石 族

本族矿物化学式为 $X_mY_4O_{10}(OH)_8$，$X=Li^+$、Al^{3+}、Fe^{3+}、Fe^{2+}、Mg^{2+}、Mn^{2+}、Cr^{3+}，占据八面体空隙。M=5~6，Y=Al、Si，位于四面体位置。绿泥石化学成分为 $(Mg,Fe,Al)_3(OH)_6\cdot\{(Mg,Al,Fe^{3+})_3[(Al,Si)_4O_{10}](OH)_2\}$，由于类质同象代替广泛，成分复杂，矿物种属多。本族矿物晶体结构为 TOT 型，在层间域被带有正电荷的 $[MgOH_6]$ 八面体片所充填，与 TOT 结构单元层的底面氧之间有较强的氢键，具有较高的热稳定性。

绿泥石（Chlorite）

【化学组成】 $(Mg,Fe,Al)_3(OH)_6\cdot\{(Mg,Al,Fe^{3+})_3[(Al,Si)_4O_{10}](OH)_2\}$。类质同象代替广泛，成分复杂，矿物种属多。主要有叶绿泥石、斜绿泥石、铁绿泥石、鲕绿泥石等。

【晶体结构】 叶绿泥石：单斜晶系，C_{2h}^3-2/c；$a_0=0.52nm$，$b_0=0.921nm$，$c_0=2.86nm$；$\beta=95°50'$；$Z=4$。斜绿泥石：单斜晶系，C_{2h}^2-C2/m；$a_0=0.52~0.53nm$，$b_0=0.92~0.93nm$，$c_0=1.436nm$；$\beta=96°30'$；$Z=4$。绿泥石晶体结构为 TOT 型结构单元层（滑石型结构）与层间域中的氢氧镁石层（$[Mg(OH)_6]$ 八面体）层交替排列而成。

【晶体形态】 斜方柱晶类，$C_{2h}-2/m(L^2PC)$。晶体为假六方晶体片状，集合体鳞片状。

【物理性质】 颜色随成分变化，含镁的绿泥石为浅蓝色；含铁量增加颜色加深，由深绿到黑绿色；含锰的绿泥石呈橘红色到浅褐色；含铬呈浅紫色到玫瑰色。透明，玻璃光泽至无光泽，解理面可呈珍珠光泽。一组解理∥{001} 完全，薄片无弹性，具挠性。相对密度 2.6~3.3，硬度 2~3。

【显微镜下特征】　透射光下淡绿色到黄黄色，具多色性，有异常干涉色。

【成因】　绿泥石主要是中、低温热液作用，浅变质作用和沉积作用的产物。

【用途】　绿泥石集合体中色泽艳丽、质地致密、细腻坚韧、块度较大者，可用作玉雕材料，称绿泥石玉。有绿冻石、仁布玉、果日阿玉、崂山海底玉等。

蒙 脱 石 族

蒙脱石（Montmorillonite）

【化学组成】　化学式 $(E_x)(H_2O)_4\{(Al_{2-x}, Mg_x)_2[(Si, Al)_4O_{10}](OH)_2\}$。式中 E 为层间可交换阳离子 Na^+、Ca^{2+}、K^+、Li^+ 等。x 为 E 作为一价阳离子时单位化学式的层电荷数，一般在 0.2~0.6 之间。根据层间主要阳离子的种类，分钠蒙脱石、钙蒙脱石等变种。

【晶体结构】　单斜晶系；C_{2h}^3-C2/m；$a_0 = 0.517nm$，$b_0 = 0.894nm$，$c_0 = 0.96~2.05nm$ 之间变化。晶体结构为 TOT 型，二八面体型结构。在晶体构造层间域含水分子及阳离子。

【晶体形态】　电镜下为细小鳞片状。集合体呈土状隐晶质块状。

【物理性质】　白色、浅灰、粉红、浅绿色。透明，玻璃光泽，土状光泽。鳞片状者解理∥{001} 完全。硬度 2~2.5。相对密度 2~2.7。柔软有滑感。加水体积膨胀几倍，变成糊状物。具有很强的吸附力及阳离子交换性能。

【显微镜下特征】　透射光下无色。淡绿色或粉红色。二轴晶（-）。

【成因】　主要由基性火成岩在碱性环境中风化而成，也有海底沉积火山灰分解后的产物。蒙脱石为膨润土的主要成分。

【用途】　蒙脱石用途广泛。特别是利用其阳离子交换性能制成的蒙脱石有机复合体，广泛用于高温润脂、橡胶、塑料、油漆；利用其吸附性能，可用于食油精制脱色除毒、净化石油、核废料处理、污水处理、医药等。

5.5.1.5　第五亚类　架状结构硅酸盐矿物

本亚类矿物是由 $[SiO_4]$ 和 $[AlO_4]$ 四面体以角顶相连成三维无限伸展的架状骨干 $[Al_xSi_{n-x}O_{2n}]^{x-}$ 与阳离子结合形成的硅酸盐矿物。在硅氧架状结构中，空隙较大，部分 Si^{4+} 被 Al^{3+} 代替的数目有限，产生的负电荷不多。要求低电价、大半径阳离子充填。常见的阳离子是 K^+、Na^+、Ca^{2+}、Ba^{2+}，偶尔还有 Rb^+、Cs^+ 等。架状硅酸盐的阳离子类质同象主要是以 K-Na-Ca 为主。架状结构可连通成孔道，F^-、Cl^-、$(OH)^-$、S^{2-}、$[SO_4]^{2-}$、$[CO_3]^{2-}$ 等附加阴离子存于空隙中，并与 K、Na、Ca 等阳离子相连，以补偿结构中过剩的正电荷。在这些空隙或孔道中还存在"沸石水"。

本亚类的矿物有长石族、白榴石族、霞石族、沸石族等。

长 石 族

长石族矿物的化学式可写为：$M[Al_xSi_{n-x}O_{2n}]^{x-}$。$M = Na^+$、$K^+$、$Ca^{2+}$、$Ba^{2+}$ 以及少量的

Li、Rb、Cs、Sr 和 NH_4 等。$x \leqslant 2$，$n=4$。长石由钾长石（Orthoclase，Or）$K[AlSi_3O_8]$–钠长石（Albite，Ab）$Na[AlSi_3O_8]$–钙长石（Anorthite，An）$Ca[Al_2Si_2O_8]$ 的端员分子组合而成。钾长石和钠长石在高温条件下形成完全的类质同象系列（称为碱性长石）。温度降低时混溶性逐渐减小，导致出溶钾长石（或钠长石）形成（称为条纹长石）。钠长石和钙长石形成的完全类质同象系列称为斜长石。钾长石和钙长石几乎在任何温度下都不混溶。

钡长石（$Ba[Al_2Si_2O_8]$，Cn）在自然界中产出很少，在碱性长石或斜长石中可含少量 Cn 分子，含 BaO>2%时可命名为某一长石的成分变种。

长石族矿物具有类似的晶体结构（图 5-33）。结构中最重要的结构单元为 $[TO_4]$（T=Si，Al，…）四面体组成的两种四元环，一种是近于垂直 a 轴的（$\bar{2}01$）四元环，另一种为垂直 b 轴的（010）四元环。沿 a 轴四元环共角顶连接成折线状的链，此链是结构中最强的链；沿 c 轴四元环也共角顶连接成链。链与链之间再以桥氧相联，形成整个架状结构。

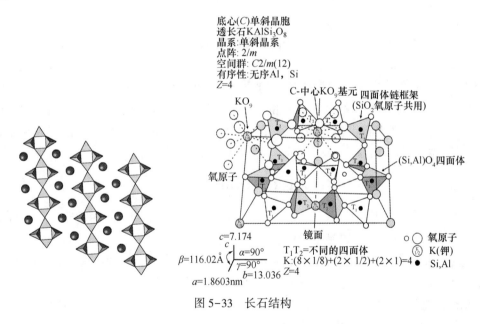

底心(C)单斜晶胞
透长石$KAlSi_3O_8$
晶系:单斜晶系
点阵: $2/m$
空间群: $C2/m(12)$
有序性:无序Al，Si
$Z=4$

C-中心KO_9基元
KO_9
四面体链框架
(SiO_2氧原子共用)
$(Si,Al)O_4$四面体
氧原子
镜面

$c=7.174$
$\beta=116.02\text{Å}$
$\alpha=90°$
$\gamma=90°$
$b=13.036$
$a=1.8603nm$
$Z=4$

T_1T_2=不同的四面体
K:(8×1/8)+(2×1/2)+(2×1)=4

○ ◯ 氧原子
Ⓚ K(钾)
● Si,Al

图 5-33　长石结构

长石晶体形态多呈板状、柱状。常见单形：平行双面、斜方柱及其聚形。

长石双晶复杂多样，表 5-7 为一些常见的双晶。

表 5-7　常见长石双晶

命名	钠长石	曼巴斯	巴夫诺	钠长石卡斯巴	卡斯巴	Pericline
接触双晶	多个	简单	简单	简单	复杂	多个
穿插双晶	法向	法向	法向	平行	平行	平行

续表5-7

命名	钠长石	曼巴斯	巴夫诺	钠长石卡斯巴	卡斯巴	Pericline
双晶轴-双晶面						
双晶						

钾钠长石亚族

钾钠长石亚族化学组成理论上为钾长石（Or）K[AlSi_3O_8]-钠长石（Ab）Na[AlSi_3O_8]系列，通常只包括富K端员的矿物。有正长石、微斜长石、透长石和以钠长石为主的歪长石。习惯上将钾钠长石系列（除歪长石外）统称为钾长石，亦称为碱性长石系列。

正长石（Orthoclase）

【化学组成】　$KAlSi_3O_8$。K_2O：16.9%，Al_2O_3：18.4%，SiO_2：64.7%。含有部分钠长石组分（可达20%）。K可被Ba代替。

【晶体结构】　单斜晶系，C_{2h}^3-C2/m；$a_0=0.8562nm$，$b_0=1.2996nm$，$c_0=0.7193nm$；$\beta=116°09'$；$Z=4$。正长石通常被用来描述单斜对称的钾长石。

【晶体形态】　斜方柱晶类，$C_{2h}-2/m(L^2PC)$。常呈短柱状或平行{010}的厚板状。主要单形：斜方柱、平行双面及其聚形。见卡巴斯律双晶、曼尼巴双晶、巴维诺双晶等（图5-34）。

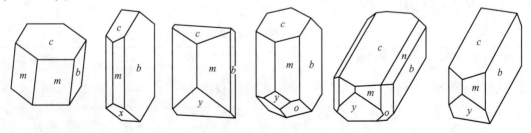

图5-34　正长石晶体形态

【物理性质】 呈肉红色、褐黄色、浅黄色、灰白或浅绿色；白色条痕。透明~半透明，玻璃光泽。解理∥{001}、{010} 完全，两组解理夹角近于90°。硬度6，相对密度2.57。

冰长石为钾长石低温变种。成分纯净，呈乳白色。主要单形为 {110} 等。常呈假斜方晶体横断面矩菱形。具有曼尼双晶和巴维诺双晶。某些冰长石因表面呈现蛋白光彩而被称为月光石。此光彩来自于冰长石中层状、细小的包裹体，由轻微反射造成。

【显微镜下特征】 偏光显微镜下无色透明，负突起低。二轴晶（-）。

【简易化学试验】 将小块正长石置于HF酸中浸蚀1~3min，再在60%的亚硝酸钴钠溶液中浸蚀10min，显柠檬黄色。

【成因】 正长石分布广泛，是中性、酸性和碱性成分的岩浆岩、火山碎屑岩的主要造岩矿物。正长石也是变质岩、沉积岩中的主要矿物。

【用途】 在工业上是制作玻璃与陶瓷的重要材料。用于制造显像管玻璃、绝缘电瓷和瓷器釉材料，是普通玻璃工业和搪瓷工业的重要配料。并可制造钾肥和磨料。

斜长石亚族

斜长石亚族是钠长石（Albite，Ab）和钙长石（Anorthite，An）$NaAlSi_3O_8-CaAl_2Si_2O_8$ 的类质同象系列。该亚族接钠长石和钙长石分子含量通常划分为：

钠长石（Albite）：$Ab_{100~90}$、$An_{0~10}$；

奥（更）长石（Oligoclase）：$Ab_{90~70}$、$An_{10~30}$；

中长石（Andesine）：$Ab_{70~50}$、$An_{30~50}$；

拉长石（Labradorite）：$Ab_{50~30}$、$An_{50~70}$；

培长石（Bytownite）：$Ab_{30~10}$、$An_{70~90}$；

钙长石（Anorthite）：$Ab_{10~0}$、$An_{90~100}$。

在晶体结构、物理性质等特征基本一样，一般统称斜长石（Plagioclase）。

钠长石（Albite）

【化学组成】 $Na[AlSi_3O_8]$。Na_2O：11.8%；Al_2O_3：19.4%；SiO_2：68.8%。斜长石中含钠长石成分90%~100%的均可称钠长石。

【晶体结构】 三斜晶系。C_i^1-P1，$a_0=0.814nm$，$b_0=1.279nm$，$c_0=0.7154nm$；$\alpha=94°20'$，$\beta=116°34'$，$\gamma=87°39'$；$Z=4$。架状硅氧骨干长石型结构。

【形态】 平行双面晶类，C_i-1（C）。晶体常沿 {010} 呈板状，单形为单面、平行双面及其聚形。有时沿 a 轴延长。双晶发育。常见聚片双晶。

【物理性质】 白色、灰白色，淡蓝或淡绿色等颜色。透明，玻璃光泽，珍珠光泽。解理∥（001）完全，∥{010} 中等，两组解理夹角为94°和86°。硬度6~6.5，相对密度2.61~2.64。熔点为1100℃左右。

【显微镜下特征】 偏光镜下无色透明；二轴晶（+）。最高干涉色一级黄；平行消光。

【成因】 产于花岗岩、花岗伟晶岩、正长岩、粗面岩、霞正长岩等，亦见于变质岩、沉积岩以及热液作用中。

【用途】 钠长石应用在陶瓷工业、化工等其他行业。可作为玻璃溶剂、陶瓷坯体配料、陶瓷釉料（使釉面变得柔软，降低釉的熔融温度）、搪瓷原料等。

钙长石（Anorthite）

【化学组成】 $Ca[Al_2Si_2O_8]$。CaO：20.1%，Al_2O_3：36.7%，SiO_2：43.2%，作为斜长石的端元组分。含 $Ca[Al_2Si_2O_8]$ 成分在 90%~100% 的可称钙长石。

【晶体结构】 三斜晶系；$C_i^1-P\bar{1}$，$a_0=0.8177nm$，$b_0=1.2877nm$，$c_0=1.4169nm$；$\alpha=93°10'$，$\beta=115°51'$，$\gamma=91°13'$；Z=8。钙长石有体心钙长石（I_1）和原始钙长石（P_1），两者转变温度在 200~300℃。

【晶体形态】 平行双面晶类，$C_i-\bar{1}$（C）。板状或沿 c 轴延长的短柱状。可见主要单形有单面、双面及其聚形。常见聚片双晶、卡斯巴、曼尼双晶等。

【物理性质】 无色、白色、褐色。灰色条痕。玻璃光泽，透明到半透明。解理 // {110} 完全，// {100} 不完全，解理夹角 86°24'。贝壳状断口。硬度 6~6.52，相对密度 2.6~2.76。性脆。

【显微镜下特征】 偏光显微镜下无色、灰白色，二轴晶（−）。

【简易化学实验】 取粉末 1g，加稀盐酸 10mL，加热使溶解，过滤。滤液显钙盐和硅酸盐的各种反应。

【成因】 主要形成于基性岩中，如辉绿岩和辉长岩。

【用途】 钙长石矿物除了作为玻璃工业原料外（占总用量的 50%~60%），在陶瓷工业中的用量占 30%，其余用于化工、磨料磨具、玻璃纤维、电焊条等其他行业。

霞 石 族

霞石族、白榴石族、方钠石族、日光榴石族和方柱石族矿物具有与长石族相同的架状硅氧骨干，在化学成分上比长石族矿物少 1 个或 2 个 SiO_2 分子，被称为似长石矿物。它们具有下列特点：（1）K 或 Na 与 Si+Al 的含量比，在霞石中为 1:2，白榴石中约为 1:3，而长石中为 1:4。似长石矿物多是在富碱贫硅的介质中形成的，一般不与石英共生。（2）结构开阔并较松弛，具有较大的空洞，易于容纳半径大的 K^+、Na^+、Ca^{2+}、Li^+、Cs^+ 等阳离子。（3）与长石矿物同为不含水的架状结构硅酸盐。（4）与长石族矿物相比，似长石矿物的相对密度较低，一般在 2.3~2.6。硬度较小：5~6.5。折射率低。

霞石（Nepheline）

【化学组成】 $KNa_3[AlSiO_4]_4$。SiO_2：44%，Al_2O_3：33%，Na_2O：16%，K_2O：5%~6%。含有少量的 Ca、Mg、Mn、Ti、Be 等。在高温时 $Na[AlSiO_4]$-$K[AlSiO_4]$ 形成连续类质同象。

【晶体结构】 六方晶系，$C_6^6-P6_3$；$a_0=1.00nm$，$c_0=0.841nm$；Z=2。架状结构硅酸盐矿物。

【晶体形态】 六方单锥晶类，C_6-6（L^6）。晶体呈六方短柱状、厚板状。常见单形六方柱、六方双锥、平行双面及其聚形。集合体呈粒状或致密块状。

【物理性质】　呈无色、白色、灰色或微带浅黄、浅绿、浅红、浅褐、蓝灰等色调。透明，混浊者似不透明。玻璃光泽，断口呈明显的油脂光泽，故称为脂光石。条痕无色或白色。无解理，有时∥{0001} 不完全解理。贝壳状断口。性脆。硬度 5~6。相对密度 2.55~2.66。

【显微镜下特征】　透射光下无色透明。一轴晶（-）。

【成因】　霞石产于富 Na_2O 少 SiO_2 的碱性岩中，主要产于与正长石有关的侵入岩、火山岩及伟晶岩中。它在 SiO_2 不饱和的条件下形成，霞石和石英不能同时出现同一岩石中。

【用途】　为玻璃和陶瓷工业的原料。

方 钠 石 族

该族矿物为含 Na、Ca 的 $[AlSiO_4]_6$ 铝硅酸盐。包括方钠石、黝钠石、蓝方石、青金石、水方钠石。

方钠石（Sodalite）

【化学组成】　$Na_8[AlSiO_4]_6Cl_2$。SiO_2：37.1%，Al_2O_3：31.7%，Na_2O：25.5%，Cl：7.3%。含有 Mo、Ba 等。Na 可被 Ca 替代，Cl 被 $[SO_4]^{2-}$、$(OH)^-$ 替代。

【晶体结构】　等轴晶系，$T_d^4-P\bar{4}3n$；$a_0=0.887nm$；$Z=1$。方钠石晶体结构由 $[SiO_4]$ 四面体和 $[AlO_4]$ 四面体组成架状结构（图 5-35），由平行 {100} 的 6 个四元环和平行 {111} 的 8 个六元环组成，并按八次配位堆积。每个六元环为骨架共用。六元环相交于晶胞的角顶与中心，形成大洞穴。Cl^- 分布骨架的洞穴中心，Na^+ 位于立方体骨架的对角线上。每个 Na^+ 被 1 个 Cl^- 和 6 个氧围绕。

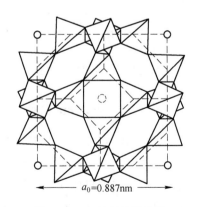

图 5-35　方钠石晶体结构

【形态】　六四面体晶类，$T_d-\bar{4}3m(3L_i^44L^36P)$。晶体呈菱形十二面体。单形 d{110}、a{100}。依（111）成双晶。粒状集合体。

【物理性质】　无色或蓝、灰、红、黄、绿色等。透明，玻璃光泽，断口呈油脂光泽；条痕无色或白色。解理∥{110} 中等。硬度 5.5~6，相对密度 2.13~2.29。在紫外光下发橘红色荧光。具脆性。

【显微镜下特征】 偏光显微镜下呈无色或极淡的红或蓝色。均质体。$N = 1.483 \sim 1.490$。

【简易化学试验】 吹管火焰下膨胀,熔成无色玻璃体。溶于 HCl 蒸发析出硅胶。矿物置于玻璃片上以 HNO_3 溶解,缓慢蒸发可形成 NaCl 晶体。矿物溶于 HNO_3 后加入 $AgNO_3$,可生成 AgCl 白色沉淀,以检验 Cl 的存在。

【成因】 产于富 Na 贫 Si 的碱性岩中,如霞石正长岩、霞石伟晶岩。在粗面岩、透长岩、火山喷出岩见到方钠石产出。

日光榴石族

日光榴石 (Helvite)

【化学组分】 $Mn_8[BeSiO_4]_8S_2$。BeO:$10.40\% \sim 13.52\%$,MnO:$30.57\% \sim 40.58\%$,SiO_2:$30.34\% \sim 33.26\%$,S:$4.9\% \sim 5.77\%$。含有 FeO($2.09\% \sim 15.12\%$)、ZnO 等。有锌日光榴石($Zn_4[BeSiO_4]_3S$)、铍榴石($Fe_4[BeSiO_4]_3S$)变种。

【晶体结构】 等轴晶系,$T_d^4 - P\bar{4}3n$;$a_0 = 8.29nm$;$Z = 2$。方钠石型结构。

【晶体形态】 六四面体晶类,$T_d - \bar{4}3m(3L_i^4L^26P)$。晶体呈四面体。依 {111} 形成双晶。粒状或致密块状集合体。

【物理性质】 黄色、黄褐色,少数为绿色。无色或白色条痕。透明,玻璃光泽或松脂光泽。解理∥{111} 不完全。贝壳状断口。硬度 6~6.5。相对密度 3.2~3.44。

【显微镜下特征】 透射光下淡黄色、淡褐色至无色。均质体。

【简易化学试验】 将日光榴石粉末与 As_2O_3 放在沸腾的 H_2SO_4 中,呈黄色 As_2S_3 被膜。将日光榴石粉末用 HCl 或 H_2PO_4 加热溶解,放出 H_2S 气味。吹管火焰下熔成黄褐色玻璃体。

【成因】 产于伟晶岩和接触交代矿床中。在伟晶岩中与钠长石等共生。在接触交代矿床中与磁铁矿、萤石等共生。

【用途】 提取金属铍的矿物原料之一。

香花石 (Hsianghualite)

【化学组成】 $Ca_3Li_2[BeSiO_4]_2F_2$。SiO_2:$35.66\% \sim 37.92\%$,CaO:$34.29\% \sim 35.18\%$,BeO:$15.78\% \sim 16.30\%$,Li_2O:$5.60\% \sim 6.92\%$,F:$7.27\% \sim 8.38\%$。组成中 Ca 可被 Na、K 代替,Al、Mg 和 Fe 离子在碱性热液环境下呈四次配位代替 Si 和 Be。

【晶体结构】 等轴晶系,$T^5 - I2_13$;$a_0 = 1.2876nm$;$Z = 8$。晶体结构为架状结构,比较复杂(图 5-36)。

【形态】 五角三四面体晶类,$T-23(3L^24L^3)$。晶体细小,直径 0.2~2mm。主要单形有立方体、四面体、菱形十二面体、三角三四面体、四角三四面体、五角三四面体的聚形。f 晶面上有斜纹。

【物理性质】 无色,乳白色。透明,玻璃光泽。硬度 6.5,相对密度 2.9~3.0。脆性。

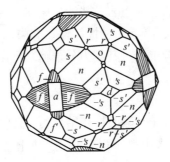

图 5-36　香花石晶体结构

【显微镜下特征】　透射光下无色透明，均质性。$N = 1.613$（黄光）。

【成因】　产于我国湖南泥盆系石灰岩与花岗岩接触带的含 Be 绿色和白色条纹岩中。与锂铍石、萤石、金绿宝石、锂霞石、塔菲石、尼日利亚石等共生。

沸 石 族

【化学组成】　化学式为 $A_m X_p O_{2p} \cdot n H_2O$，其中 A = Na、Ca、K 和少量的 Ba、Sr、Mg 等；X = Si、Al。四面体位置上的 Al : Si ≤ 1（约为 1 : 5 到 1 : 1）。沸石族矿物类质同象有 Ca ↔ Na，Ba ↔ K 和 NaSi ↔ CaAl、KSi ↔ BaAl，使沸石化学组成在相当大范围内变化。自然界已发现的沸石有 80 多种，较常见的有方沸石、菱沸石、钙沸石、片沸石、钠沸石、丝光沸石、辉沸石等，以含钙、钠为主。

【晶体结构】　晶体所属晶系随矿物种的不同而异，以单斜晶系和斜方晶系占多数。方沸石、菱沸石常呈等轴晶系。沸石的晶体构造的架状骨干是由硅（铝）氧四面体连成三维的格架（图 5-37），存在着由 [Si，Al] O₄ 四面体组成的四元环、五元环、六元环、八元环、十二元环等。不同的沸石中环的元数不同，连接方式不同，形成各种不同形式的通道。按通道体系特征分为一维通道、二维通道、三维通道。沸石的水分子与骨架离子和可交换金属阳离子的联系，一般都是松弛而微弱的。水分子比阳离子更自由地移动和出入孔道。沸石水在加热可逐渐逸出，晶体结构不改变。在适当条件下脱水的沸石可重新吸水。

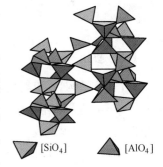

[SiO₄]　　[AlO₄]

图 5-37　沸石晶体结构

【晶体形态】　矿物晶体的形态呈纤维状（如毛沸石、丝光沸石呈针状或纤维状）、柱状、板状（如片沸石、辉沸石呈板状）、菱面体、八面体、立方体和粒状（如方沸石、菱沸石常呈等轴状晶形）等多种形态。钙十字沸石和辉沸石双晶常见。

【物理性质】　纯净的各种沸石均为无色或白色，含有氧化铁或其他杂质带浅色。玻璃光泽。解理随晶体结构而异。沸石的硬度较低（3～5.5）。相对密度 2.0～2.3，含钡的可达 2.5～2.8。无色或白色，相对密度 2～2.3，较低折射率。易被酸分解。以吹管焰灼烧沸石膨胀起泡，犹如沸腾，故得名沸石。

【成因】　形成于热液晚期阶段，与方解石、石髓、石英共生。常见于喷出岩，特别是玄武岩的孔隙中，也见于沉积岩、变质岩及热液矿床和某些近代温泉沉积中。

【用途】 沸石具有吸附性、离子交换性、催化和耐酸耐热等性能，被广泛用作吸附剂、离子交换剂和催化剂。工业上常将其作为分子筛。可作土壤改良剂。

5.5.2 第二类 硼酸盐矿物

硼酸盐矿物为金属元素阳离子与硼酸根相结合的化合物。已发现有 120 余种矿物。阴离子除主要的硼酸根及其复杂络阴离子根外，还可见附加阴离子 $[CO_3]^{2-}$、$[SO_4]^{2-}$、$[NO_3]^-$、$[PO_4]^{3-}$、$[AsO_4]^{3-}$、$[SiO_4]^{4-}$ 和 O^{2-}、F^-、(OH)、Cl^- 等。含有结晶水 H_2O。硼酸盐的组成元素有 20 余种。阳离子主要为惰性气体型、过渡型离子。含有稀土元素等。在硼酸盐矿物晶体结构中，硼酸盐络阴离子中的基本组成单位有两种：B 呈三次配位的硼氧三角形 $[BO_3]^{3-}$ 和四次配位的硼氧四面体 $[BO_4]^{5-}$，还有 $[B(OH)_4]$、$[B(O,OH)_3]$ 和 $[B(O,OH)_4]$ 等。它们可以单独与金属元素阳离子结合形成岛状结构硼酸盐，还可以各种不同方式相互连接成环状、链状、层状、架状复杂络阴离子根。硼酸盐矿物可划分为岛状硼酸盐亚类、环状硼酸盐亚类、链状硼酸盐亚类、层状硼酸盐亚类、架状硼酸盐亚类。硼酸盐矿物为表生作用、接触交代作用和火山作用的产物。

硼 砂 族

该族属于具 $[B_2B_2O_5(OH)_4]^{2-}$，包括硼砂、三方硼砂等矿物种。

硼砂（Borax）

【化学组成】 $(Na_2[B_4O_{10}]_{10}\cdot H_2O)$。$Na_2O$：16.26%，$B_2O_3$：36.51%，$H_2O$：47.23%。

【晶体结构】 单斜晶系，C_{2h}^6-C2/c；$a_0=1.184nm$，$b_0=1.063nm$，$c_0=1.232nm$；$\beta=106°35'$；$Z=4$。晶体结构为双环结构：硼酸根由 2 个 $[BO_3OH]$ 四面体和 2 个 $[BO_2OH]$ 三角形彼此共角顶组成，通过氢氧键与 $[Na(H_2O)_6]$ 八面体共棱形成 $//c$ 轴的柱相连。这一结构特征使硼砂具 $//\{100\}$ 解理。

【晶体形态】 斜方柱晶类，$C_{2h}-2/m\ (L^2PC)$。晶体为短柱状或厚板状。常见单形：平行双面、斜方柱及其两者聚形。集合体为晶簇状、粒状、多孔的土块状、皮壳状等。

【物理性质】 无色或白色带灰或带浅色调的黄、蓝、绿等，玻璃光泽。解理 $//\{110\}$ 完全，$\{110\}$ 不完全。硬度 2~2.5。相对密度 1.73。易溶于水和甘油中，微溶于酒精。水溶液呈弱碱性。硼砂在空气可缓慢风化。硼砂有杀菌作用，口服对人有害。差热分析曲线在 73~82℃ 和 137℃ 有两个吸热谷。灼烧 600℃ 熔成玻璃状球体。

【简易化学试验】 火烧时膨胀，染火焰黄色。和萤石及中硫酸钾同烧时，火焰呈绿色。

【成因】 干旱地区盐湖和干盐湖的蒸发沉积成因。与石盐、钠硼解石、无水芒硝、石膏、方解石等伴生。

【用途】 硼砂是制取含硼化合物的基本原料。

硼镁铁矿族

该族矿物具 [BO_3] 键，包括硼镁铁矿、硼镍矿、硼镁锰矿等矿物种。

硼镁铁矿（Ludwigite）

【化学组成】 $(Mg，Fe)_2Fe[BO_3]O_2$。B_2O_3：16.83%，MgO：41.29%，Fe_2O_3：40.88%。Mg^{2+} 与 Fe^{2+} 形成完全类质同象。当 $Mg^{2+}>Fe^{2+}$ 称硼镁铁矿；当 $Fe^{2+}>Mg^{2+}$ 称硼铁矿。其中 Fe^{3+} 可为 Al^{3+} 所替代（≤11%）。

【晶体结构】 斜方晶系，D_{2h}^9-Pcma；$a_0=0.923\sim0.944nm$，$b_0=0.302\sim0.307nm$，$c_0=1.216\sim1.228nm$；Z=4。晶体结构中，Mg 和 Fe 八面体链平行 b 轴构成 Z 形或反 Z 形。围成的三方柱形孔道为 [BO_3] 三角形占据。[BO_3] 三角形平面平行于（010），有一边与 c 轴平行。

【形态】 斜方双锥晶类，$D_{2h}-mmm(3L^23PC)$。晶体呈长柱状、针状。放射状或粒状、致密块集合体。

【物理性质】 暗绿色或黑色。浅黑绿色至黑色条痕。光泽暗淡，纤维状者见丝绢光泽。不透明，无解理。硬度 5.5~6，相对密度 3.6~4.7。粉末呈弱磁性。

【显微镜下特征】 偏光镜下为微红褐色。二轴晶（+）。多色性：N_p—暗褐色，N_m—红褐色，N_p—黄褐色。

【简易化学试验】 溶于浓硫酸，加几滴酒精加热，点燃火焰呈鲜艳的绿色（B 的反应）。

【成因】 产于蛇纹石化白云石大理岩或镁矽卡岩中，常与磁铁矿、透辉石、金云母、镁橄榄石等共生。硼镁铁矿发生变化生成纤维状硼镁石和磁铁矿。

【用途】 制取硼及硼化物的原料。

5.5.3 第三类 硫酸盐矿物

硫酸盐矿物是金属阳离子与硫酸根相结合的化合物。该类矿物有 180 余种，占地壳质量的 0.1%。主要是表生作用形成的矿物；其次是热液后期产物。

在硫酸盐矿物的化学组成中，与硫酸根结合的阳离子有 20 余种，主要有惰性气体性和过渡型离子以及铜型离子，主要有 K^+、Na^+、Ca^{2+}、Mg^{2+}、Ba^{2+}、Sr^{2+}、Pb^{2+}、Fe^{2+}、Cu^{2+}、Zn^{2+}、Al^{3+} 等。阴离子为 $[SO_4]^{2-}$，附加阴离子有 $(OH)^-$、F^-、Cl^-、O^{2-}、$(CO_3)^{2-}$ 等。在成分中含有三价金属阳离子或强极化阳离子 Cu^{2+} 时，常见附加阴离子。硫酸盐矿物的类质同象有 Mg-Fe、Ba-Sr 的完全类质同象。

硫酸盐矿物的晶体结构为由络阴离子团 [SO_4] 构成四面体，半径=0.295nm。与较大半径阳离子 Ba^{2+}、Sr^{2+}、Pb^{2+} 等结合成稳定的无水化合物；与离子半径较小的二价阳离子（如 Ca^{2+}、Mg^{2+} 等）结合，则需要在阳离子外围有一层水分子（H_2O）组成水合离子，形成含水硫酸盐。水分子数量随着阳离子半径减小而增多，一般为 2、4、6 和 7 个水分子。如石膏 $Ca(H_2O)_2[SO_4]$、泻利盐 $Mg[SO_4]\cdot 7H_2O$ 等。硫酸盐中阳离子的配位数：Ba、Sr、Pb 为 12；K 为 9 和 10；Ca 为 8 和 9；Na、Mg、Cu、Al、Fe 等为 6。

硫酸盐矿物主要有重晶石族、石膏族、硬石膏族、芒硝族、无水芒硝族、明矾石-黄钾铁矾族、胆矾族、明矾族、泻利盐族、叶绿矾族等。

重晶石-天青石族

该族包括重晶石、天青石、铅矾矿物种。

重晶石（Barite）

【化学组成】 $Ba[SO_4]$。成分中有 Sr、Pb 和 Ca 类质同象替代。Sr-Ba 成完全类质同象代替，端员组分 $Sr[SO_4]$ 为天青石。当成分中含有 PbO $17\%\sim22\%$ 时称为北投石。

【晶体结构】 斜方晶系。$D_{2h}^{16}-Pnma$；$a_0=0.8878nm$，$b_0=0.545nm$，$c_0=0.7152nm$；$Z=4$。

【晶体形态】 斜方双锥晶类，$D_{2h}-mmm(3L^23PC)$。单晶体为平行 $\{001\}$ 的板状或厚板状。常见单形：平行双面、斜方双锥及其聚形。通常呈板状、粒状、纤维状、钟乳状、结核状集合体。

【物理性质】 无色或白色，以及黄、褐、淡红等颜色。玻璃光泽，解理面为珍珠光泽。解理 $//\{001\}$ 和 $\{210\}$ 完全，$//\{010\}$ 中等。解理夹角 $(001)\wedge(210)=90°$。硬度 $3\sim3.5$。相对密度 4.5 左右。性脆。

【简易化学试验】 与 HCl 不起作用，可与碳酸盐矿物区分。以 HCl 浸湿后染火呈黄绿色火焰（钡离子的焰色反应），可与天青石（锶离子的焰色反应呈深紫红色）区别。

【成因】 产于中低温热液作用，与方铅矿、闪锌矿、黄铜矿、辰砂、石英等共生，形成石英-重晶石脉、萤石-重晶石脉等。产于沉积岩中的重晶石呈结核状、块状出现。

【用途】 提取 Ba 的原料。也作为钻探泥浆的加重剂，作为橡胶、塑料、造纸等的填充剂。

天青石（Celestite）

【化学成分】 $Sr(SO_4)$。含 Sr：$45\%\sim47\%$，有时含钡和钙。可含 Pb、Ca、Fe 等元素。

【晶体结构】 斜方晶系，$D_{2h}^{16}-Pnma$；$a_0=0.8359nm$，$b_0=0.5352nm$，$c_0=0.6866nm$；$Z=4$。1152℃ 以上转变为高温六方变体。

【晶体形态】 斜方双锥晶类，$D_{2h}-mmm(3L^23PC)$。单晶体为平行 $\{001\}$ 的板状或厚板状。常见单形：平行双面、斜方双锥及其聚形。完好晶体少见，呈钟乳状、纤维状、粒状集合体。

【物理性质】 浅蓝色或天蓝色，故称天青石，当有杂质混入时呈黑色。条痕白色。透明。玻璃光泽，解理面具有珍珠状晕影，性脆，解理 $//\{001\}$ 完全，$//\{210\}$ 中等，三组解理夹角近于 90°。硬度为 $3\sim3.5$。相对密度 $3.97\sim4.0$。深紫色染火焰。

【成因】　产于白云岩、石灰岩、泥灰岩、含石膏黏土等沉积岩以及热液矿床、沉积矿床中。

【用途】　用于提炼锶和制备锶化合物。制作显像管的屏幕、红色焰火和信号弹等。

石　膏　族

石膏（Gypsum）

【化学组成】　$Ca[SO_4]\cdot 2H_2O$。CaO：32.5%，SO_3：46.6%，H_2O：20.9%。有黏土、有机质等机械混入物。有时含 SiO_2、Al_2O_3、Fe_2O_3、MgO、Na_2O、CO_2、Cl 等杂质。

【晶体结构】　单斜晶系 C_{2h}^6-A2/a；$a_0=0.568nm$，$b_0=1.518nm$，$c_0=0.629nm$；$\beta=113°50'$；$Z=4$。石膏晶体结构（图5-38）：晶体结构中 Ca^{2+} 与 $[SO_4]$ 四面体连接成平行于（010）的双层结构层，H_2O 分子分布于双层之间，与 $[SO_4]$ 中的 O^{2-} 以氢键相联系，水分子之间以分子键相联系。

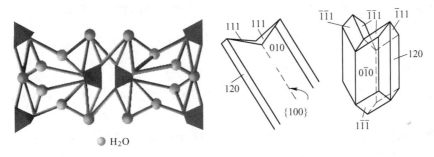

● H_2O

图5-38　石膏晶体结构与双晶形态

【晶体形态】　斜方柱晶类，$C_{2h}-2/m(L^2PC)$。晶体常依发育成板状，亦有呈粒状。常见单形：平行双面、斜方柱及其聚形；晶面和常具纵纹；有时呈扁豆状。燕尾双晶和箭头双晶。集合体多呈致密粒状或纤维状。

【物理性质】　白色、无色，含杂质而成灰、浅黄、浅褐等色。条痕白色。透明。玻璃光泽，解理面珍珠光泽，纤维状集合体丝绢光泽。解理∥{010}完全，解理∥{100}和∥{110}中等。性脆。硬度1.5~2。相对密度2.3。热分析：石膏在加热105~180℃时转变为烧石膏；200~220℃时转变为Ⅲ型硬石膏；约350℃时转变为Ⅱ型石膏；1120℃时进一步转变为Ⅰ型硬石膏。熔融温度1450℃。

【成因】　主要为化学沉积作用的产物，有低温热液成因。

【用途】　石膏在水泥、建材、药用、农药等领域广泛应用。

明矾石-黄钾铁矾族

明矾石-黄钾铁矾族包括明矾石亚族（明矾石、钠明矾石等）和黄钾铁矾亚族（黄钾铁矾、铅铁矾、铜铅铁矾等）。

明矾石（Alunite）

【化学组成】　$KAl_3(SO_4)_2(OH)_6$。K_2O：11.4%，Al_2O_3：37.0%，SO_3：38.6%，H_2O：13.0%。Na 常代替 K，Na>K 时称钠明矾石。有少量 Fe^{3+} 代替 Al^{3+}。

【晶体结构】　三方晶系，C_{3v}^5-$R3m$；$a_{rh}=0.705nm$；$\alpha_{rh}=59°14'$；$Z=1$；$a_h=0.701nm$，$c_h=1.738nm$；$Z=3$。

【形态】　复三方单锥晶类，C_{3v}-$3m(L^33P)$。晶体呈细小的假立方体（为 2 个三方单锥的聚形）。通常呈粒状、致密块状、纤维状等集合体。

【物理性质】　白色，含杂质呈浅灰色、浅黄、浅红、浅褐色。透明或半透明，玻璃光泽。解理面珍珠光泽。解理∥{0001} 中等。硬度 2~2.5。相对密度 2.6~2.8。具有强烈的热电效应。加热至 500℃ 以上析出结构水 $KAl[SO_4]_2$ 和 $Al_2[SO_4]_2$。800℃ 以上失去 SO_3 转变为 $Al_2O_3K_2SO_4$。

【成因】　明矾石为中酸性火山喷出岩经过低温热液作用生成的蚀变产物，在流纹岩、粗面岩和安山岩内薄层产出。

【用途】　工业上提取明矾和硫酸铝的原料，也用来炼铝和制造钾肥、硫酸。

黄钾铁矾（Jarosite）

【化学组成】　$KFe_3[SO_4]_2(OH)_6$。K_2O：9.4%，Fe_2O_3：47.9%，SO_3：31.9%，H_2O：10.8%。当钠类质同象代替钾时，称为钠黄钾铁矾。钾还可被 NH_4、Ag、Pb、H_2O 等代替。

【晶体结构】　三方晶系，C_{3v}^5-$R3m$；$a_{rh}=0.735nm$；$\alpha_{rh}=60°38'$；$Z=1$；$a_h=0.721nm$，$c_h=1.703nm$；$Z=3$。

【晶体形态】　复三方单锥晶类，C_{3v}-$3m(L^33P)$。晶体细小而罕见，呈板状或假菱面体状（实为 2 个三方单锥构成的聚形）。通常呈致密块状及隐晶质的土状、皮壳状集合体产生。

【物理性质】　赭黄色至暗褐色，条痕浅黄色。玻璃光泽。解理 {0001} 中等。硬度 2.5~3.5，相对密度 2.91~3.26。具脆性、强热电性。差热分析在 485℃ 和 750℃ 出现两个吸热谷。

【显微镜下特征】　透射光下黄色。一轴晶（-）。多色性，N_o—黄色，N_e—淡黄色至无色。

【成因】　黄钾铁矾是由黄铁矿经氧化分解后形成的次生矿物，在硫化矿床氧化带普遍出现，是重要的找矿标志。

5.5.4　第四类　碳酸盐矿物

碳酸盐矿物是络阴离子团 $[CO_3]^{2-}$ 与阳离子组成的化合物。已知的碳酸盐矿物有 100 余种。碳酸盐矿物既是重要的非金属矿物原料，也是提取 Zn、Cu、Fe、Mn、Mg 等金属元素及放射性元素 Th、U 和稀土元素的重要矿物原料。

碳酸盐矿物的阴离子为 $[CO_3]^{2-}$，其次有附加阴离子 $(OH)^-$、F^-、O^{2-}、$[SO_4]^{2-}$、

$[PO_4]^{2-}$ 等。阳离子有惰性气体型离子 Ca、Mg、Sr、Ba、Na、K、Al 等，过渡型 Fe、Co、Mn、Ni 等，铜型离子 Cu、Pb、Zn、Cd、Bi、Te 等，稀土元素 Y、La、Ce 和放射性元素 Th、U 等。矿物中存在有结晶水 H_2O。

碳酸盐矿物中的阳离子类质同象代替相当普遍和复杂。有 $Ca[CO_3]-Mn[CO_3]$、$Fe\{CO_3\}-Mn[CO_3]$、$Fe[CO_3]-Mg[CO_3]$ 等完全类质同象系列；有 $Fe[CO_3]-Zn[CO_3]$、$Ca[CO_3]-Fe[CO_3]$、$Mn[CO_3]-Mg[CO_3]$ 间的不完全类质同象系列。在阳离子为稀土元素的碳酸盐矿物中，阳离子间的类质同象代替更为普遍和复杂，广泛存在等价或异价类质同象、完全或不完全类质同象代替关系。

碳酸盐中 $[CO_3]^{2-}$ 络阴离子中 C^{4+} 的配位数为 3，与 3 个 O^{2-} 构成平面三角形，半径约 0.255nm。C—O 之间的化学键为共价键。$[CO_3]^{2-}$ 与金属阳离子之间以离子键为主。

碳酸盐矿物晶体结构的方解石型和文石型结构如图 5-39 所示。

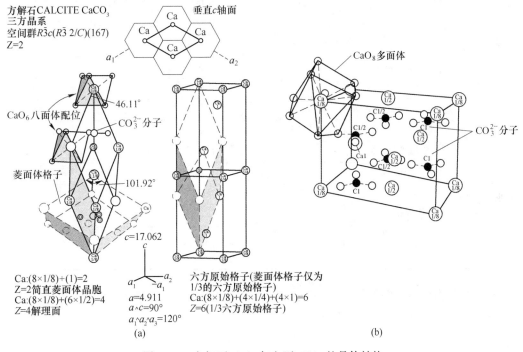

图 5-39 方解石（a）与文石（b）的晶体结构

（1）方解石型结构。可以视为 NaCl 型结构的衍生结构。将 NaCl 结构中的 Na^+ 和 Cl^- 分别用 Ca^{2+} 和 $[CO_3]^{2-}$ 取代之，并将 $[CO_3]^{2-}$ 平面三角形垂直某三次轴成层排列。Ca^{2+} 与 O^{2-} 的配位数为 6。方解石 $\{10\bar{1}0\}$ 为电性中和面，从而产生该方向的完全解理和菱面体形态。

（2）文石型结构。结构中的 Ca^{2+} 和 $[CO_3]^{2-}$ 按六方最紧密堆积的重复规律排列，每个 Ca 离子周围虽然围绕着 6 个 $[CO_3]^{2-}$，但与其相接触的 O 不是 6 个，而是 9 个，即 Ca 离子的配位数为 9。每个 O 与 3 个 Ca、1 个 C 联结。

方解石族和文石族系列矿物种中型变现象十分明显。随着阳离子从 Co^{2+}，Zn^{2+}，Mg^{2+}，… 到 Ba^{2+}，半径依次增大，方解石型结构内部的菱面体面角逐增（由晶胞参数变化引起），文石型结构内部的斜方柱面角逐减。在这两个阶段的接合点（即阳离子为 Ca^{2+} 处）发生一个突变，即从方解石型变为碳酸盐类矿物文石型，这种成分变化引起结构从渐变到突变的全过程就称为一个完整的型变系列。半径小于或等于 Ca^{2+} 的形成方解石型结构；大于 Ca^{2+} 的半径形成文石型结构（表5-8）。

表 5-8　方解石型结构与文石型结构的型变现象

结构型	矿物名称及化学式	阳离子及其半径/nm		菱面体 $\{10\bar{1}1\}$ 之面角	斜方柱 $\{110\}$ 面角
方解石型结构	菱钴矿 $Co[CO_3]$	Co^{2+}	0.074	72°19′	—
	菱锌矿 $Zn[CO_3]$	Zn^{2+}	0.074	72°19′	—
	菱镁矿 $Mg[CO_3]$	Mg^{2+}	0.072	72°31′	—
	菱铁矿 $Fe[CO_3]$	Fe^{2+}	0.083	73°0′	—
	菱锰矿 $Mn[CO_3]$	Mn^{2+}	0.083	73°24′	—
	白云石 $CaMg[CO_3]_2$	Mg^{2+}	0.072	73°45′	—
		Ca^{2+}	0.106		
	菱镉矿 $Cd[CO_3]$	Cd^{2+}	0.095	73°58′	—
	方解石 $Ca[CO_3]$	Ca^{2+}	0.106	74°55′	—
文石型结构	文石 $Ca[CO_3]$	Ca^{2+}	0.106	—	63°45′
	碳酸锶矿 $Sr[CO_3]$	Sr^{2+}	0.118	—	62°46′
	白铅矿 $Pb[CO_3]$	Pb^{2+}	0.119	—	62°41′
	碳酸钡矿 $Ba[CO_3]$	Ba^{2+}	0.143	—	62°12′
钡解石型结构（介于方解石型结构、文石型结构之间的过渡型）	碳酸钙钡矿（钡解石）$CaBa[CO_3]$	Ca^{2+}	0.106	—	60°27′
		Ba^{2+}	0.143	—	

　　碳酸盐矿物包括方解石族、文石族、白云石-菱钡镁石族、钡解石族、孔雀石族、蓝铜矿族、氟碳铈矿族等30余个矿物族。

方 解 石 族

　　该族矿物包括方解石（$Ca[CO_3]$）、菱镁矿（$Mg[CO_3]$）、菱铁矿（$Fe[CO_3]$）、菱锰矿（$Mn[CO_3]$）、菱锌矿（$Zn[CO_3]$）等。该族矿物成分中类质同象代替普遍，导致矿物成分在较宽广范围内变化。可形成完全类质同象的有 $Ca[CO_3]$-$Mn[CO_3]$、$Fe[CO_3]$-$Mn[CO_3]$、$Mg[CO_3]$-$Fe[CO_3]$、$Fe[CO_3]$-$Zn[CO_3]$、$Zn[CO_3]$-$Mn[CO_3]$；形成不完全类质同象的有 $Ca[CO_3]$ 和 $Zn[CO_3]$、$Fe[CO_3]$ 和 $Zn[CO_3]$、$Mg[CO_3]$ 和 $Zn[CO_3]$、$Ca[CO_3]$ 和 $Fe[CO_3]$、$Mn[CO_3]$ 和 $Mg[CO_3]$。

方解石（Calcite）

　　【化学组成】$CaCO_3$。CaO：56.03%，CaO_2：43.97%。常含 Mn、Fe、Zn、Mg、Pb、

Sr、Ba、Co、TR 等类质同象替代物；当它们达一定的量时，可形成锰方解石、铁方解石、锌方解石、镁方解石等变种。

【晶体结构】 三方晶系，$D_{3d}^6-R\bar{3}c$；原始菱面体晶胞：$a_{rh}=0.637nm$；$\alpha=46°07'$；$Z=2$；如果转换成六方（双重体心）格子，则：$a_h=0.499nm$，$c_h=1.706nm$；$Z=6$。方解石型晶体结构。

【晶体形态】 复三方偏三角面体晶类，$D_{3d}-\bar{3}m(L_i^33L^23P)$。常见晶体主要为柱状、板状、菱面体、复三方偏三角面体。常见单形：平行双面、六方柱、菱面体、复三方偏三角面体及其聚形（图 5-40）。不同聚形达百余种。常见接触双晶、聚片双晶。方解石呈平行连生体称为层解石，纤维状平行连生体称为纤维方解石。常见致密块状、粒状、钟乳状等集合体。

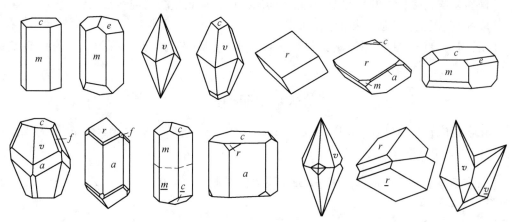

图 5-40 方解石常见形态与双晶

【物理性质】 无色或白色，含有 Fe、Mn、Cu 等元素，呈浅黄、浅红、紫、褐黑色等。三组解理∥$\{10\bar{1}1\}$ 完全；在应力影响下，沿 $\{01\bar{1}2\}$ 聚片双晶方向滑移成裂开。硬度 3。相对密度 2.6~2.9。含有 Ti、Cu、Mo、Sn、Y、Yb 的方解石在一定波长紫外线作用下发光。无色透明的方解石称为冰洲石。冰洲石具明显的双折射现象。

【显微镜下特征】 偏光显微镜下薄片无色。一轴晶（-），或光轴角很小的二轴晶。重折射率高。反射光下灰色，内反射无色。

【简易化学试验】 加 HCl 急剧起泡。灼热后的方解石碎块置于石蕊试纸上呈碱性反应。可染火焰为桔黄色，为 CaO 的焰色反应。

【成因】 在各种地质作用中产生。

【用途】 应用领域较广，在造纸、塑料、橡胶、电缆、油漆、涂料医药等领域广泛应用。冰洲石具有极强的双折射率和偏光性能，被广泛用于光学领域。

菱镁矿（Magnesite）

【化学组成】 （$MgCO_3$）。MgO：47.81%，CO_2：52.19%。$MgCO_3-FeCO_3$ 之间可形成完全类质同象，菱镁矿含 FeO 约9%者称为铁菱镁矿；更富含 Fe 者称为菱铁镁矿。有时含 Mn、Ca、Ni、Si 等混入物。

【晶体结构】　三方晶系，$D_{3d}^6-R\bar{3}c$。菱面体晶胞：$a_{rh}=0.566nm$；$\alpha=48°10'$；$Z=2$；六方晶胞：$a_h=0.462nm$；$c_h=1.499nm$；$Z=6$。方解石型结构。

【晶体形态】　三方偏三角面体晶类，$D_{3d}-\bar{3}m(L_i^33L^23P)$。晶体少见。主要单形：菱面体、六方柱、平行双面、复三方偏三角面体等及其聚形。集合体粒状、致密块体。

【物理性质】　白色或浅黄白、灰白色，有时带淡红色调，含铁者呈黄至褐色、棕色；陶瓷状者大都呈雪白色。玻璃光泽。三组解理∥{$10\bar{1}1$}完全。瓷状者呈贝壳状断口。硬度4~4.5。性脆。相对密度2.9~3.1。

【显微镜下特征】　偏光镜下薄片无色，一轴晶（−），折射率及重折率随铁含量增高而变大。具很高重折率。含$CoO(>5\%)$者可呈红色和紫红色的多色性。

【简易化学试验】　加冷盐酸不起泡或作用极慢，加热盐酸则剧烈起泡。

【成因】　沉积、变质、热液交代成因。

【用途】　菱镁矿主要用作耐火材料、含镁水泥，可作为防热、保温、隔音的建筑材料，也用于制药、化工等。

菱铁矿（Siderite）

【化学组成】　$Fe(CO_3)$。FeO：62.01%，CO_2：37.99%，常含 Mg 和 Mn，形成锰菱铁矿、镁菱铁矿等变种。

【晶体结构】　三方晶系，$D_{3d}^6-R\bar{3}c$。菱面体晶胞，$a_{rh}=0.576nm$；$\alpha=47°54'$；$Z=2$。方解石型结构。

【晶体形态】　复三方偏方面体晶类，$D_{3d}-\bar{3}m(L^33L^23PC)$。晶体呈菱面体状、晶面常弯曲。主要单形：菱面体、六方柱、平行双面、复三方偏三角面体及其聚形。其集合体成粗粒状至细粒状。亦有呈结核状、葡萄状、土状者。

【物理性质】　灰白或黄白色，风化后呈褐色、褐黑色。玻璃光泽。透明至半透明。三组解理∥{$10\bar{1}1$}完全。硬度3.5~4.5。相对密度3.7~4.0，菱铁矿在阴极射线下呈橘红色。差热分析在400~600℃之间有大的吸热谷，在600~800℃之间有放热峰。

【简易化学试验】　隐晶质的菱铁矿在冷盐酸中作用缓慢，在热盐酸中作用加剧，可产生黄绿色$FeCl_2$。用1%铁氰化钾溶液浸蚀表面，出现滕氏蓝（Fe^{2+}）。

【成因】　沉积作用、热液作用形成。

【用途】　提取铁的矿物原料。

菱锰矿（Rhodochrosite）

【化学组成】　$Mn[CO_3]$。MnO：61.71%，CO_2：38.29%。与$FeCO_3$、$CaCO_3$、$ZnCO_3$可形成完全类质同象系列，故常含 Fe（达26.18%）、Ca（达8%）、Zn（达14.88%）、Mg（达12.98%），形成铁菱锰矿、钙菱锰矿、菱锌锰矿等。有时含少量 Cd、Co 等。

【晶体结构】　三方晶系，$D_{3d}^6-\bar{3}m$。菱面体晶胞；$a_{rh}=0.584nm$；$\alpha=47°46'$；$Z=2$；六方晶胞：$a_h=0.473nm$；$c_h=1.549nm$；$Z=6$。方解石型结构。

【晶体形态】 复三方偏三角面体晶类，$D_{3d}-\bar{3}m(L^33L^23PC)$。晶体呈菱面体状，主要单形：菱面体、六方柱、平行双面及其聚形。块状、鲕状、肾状、土状等集合体。

【物理性质】 晶体呈淡玫瑰色或淡紫红色，随含 Ca 量的增高，颜色变浅；致密块状体呈白、黄、灰白、褐黄色等，当有 Fe 代替 Mn 时，变为黄或褐色。氧化后表面变褐黑色。玻璃光泽。解理∥$\{10\bar{1}1\}$ 完全。硬度 3.5~4.5。性脆。相对密度 3.6~3.7。

【显微镜下特征】 透射光无色或浅玫瑰红色。一轴晶（-），折射率随含 Ca 量的增高而降低，随含 Fe 量的增高而升高。

【成因】 热液、沉积及变质条件下形成，但以外生沉积为主，形成菱锰矿沉积层。

【用途】 提取锰的重要矿石矿物。

白云石族

白云石（Dolomite）

【化学组成】 $CaMg[CO_3]_2$。CaO：30.41%，MgO：21.87%，CO_2：47.72%。CaO/MgO 比为 1.39。成分中 Mg 可被 Fe、Mn、Co、Zn 等替代。其中 Fe 能与 Mg 完全替代，形成 $CaMg[CO_3]_2$-$CaFe[CO_3]_2$ 完全类中同象系列。当 Fe>Mg 时称为铁白云石。Fe 与 Mn 有限替代，其 Mn 的端元 $CaMn[CO_3]_2$ 称为锰白云石。

【晶体结构】 三方晶系，$C_{3d}^2-R\bar{3}$。菱面体晶胞：$a_{rh}=0.601$nm，$\alpha=47°37'$；Z=1；六方晶胞：$a_h=0.481$nm，$c_h=1.601$nm；Z=3。白云石为方解石型结构。

【晶体形态】 菱面体晶类，$C_{3d}-\bar{3}(L_i^3)$，晶体呈菱面体。常见单形六方柱、平行双面、菱面体及其聚形。常见双晶。集合体为粒状、致密块状等。

【物理性质】 纯者多为白色、含铁者灰色-暗褐色，带黄色或褐色色调。玻璃光泽至珍珠光泽，透明。解理∥$\{10\bar{1}1\}$ 完全，解理面弯曲。硬度 3~4。相对密度 2.86~3.20。在阴极射线作用下发鲜明的橘红光。

【简易化学试验】 矿物粉末在冷稀盐酸中反应缓慢。用 0.2mol/L HCl+ 0.1 茜素红硫溶液浸泡，白云石不染色，方解石染红紫色；用煮沸锥虫蓝溶液浸泡，白云石染成蓝色，方解石不染色。

【成因】 主要为沉积作用、热液作用产物。

【用途】 主要用于耐火材料。也用于提取金属镁、制药等。

孔雀石族

孔雀石（Malachite）

【化学组成】 $Cu_2(OH)_2CO_3$。CuO：71.9%，CO_2：19.9%，H_2O：8.15%。成分中含有锌（可达 12%，锌孔雀石）。还含有 Ca、Fe、Si、Ti、Na、Pb、Mn、V 等。

【晶体结构】 单斜晶系，$C_{2h}^5-P2_1/c$；$a_0=0.948$nm，$b_0=1.203$nm，$c_0=0.321$nm；$\beta=$

$98°$；$Z=4$。双链结构。

【晶体形态】 斜方柱晶类，$C_{2h}-2/m(L^2PC)$。晶体少见。通常沿 c 轴呈柱状、针状或纤维状。主要单形：平行双面、斜方柱及其聚形。呈钟乳状、块状、皮壳状、结核状和纤维状集合体。

【物理性质】 深绿到鲜艳绿（孔雀绿）。常有纹带，丝绢光泽或玻璃光泽，半透明至不透明。解理 $// \{\bar{2}01\}$ 完全，$// \{010\}$ 中等。贝壳状至参差状断口。硬度 $3.5 \sim 4.5$。相对密度 $3.54 \sim 4.1$。性脆。遇盐酸起反应溶解。

【显微镜下特征】 透射显微镜下薄片呈绿色，二轴晶（−）。多色性为无色−黄绿−暗绿。反光显微镜下呈灰微带红色。内反射为翠绿色。

【成因】 硫化物氧化带产物。

【用途】 富集时可作为铜矿石。

蓝铜矿族

蓝铜矿（Azurite）

【化学组成】 $Cu_3[CO_3]_2(OH)_2$。CuO：69.24%，CO_2：25.53%，H_2O：5.23%。

【晶体结构】 单斜晶系，$C_{2h}^5-P2_1/c$；$a_0=0.500nm$，$b_0=0.585nm$，$c_0=1.035nm$；$\beta=92°20'$；$Z=2$。

【晶体形态】 斜方柱晶类，$C_{2h}-2/m(L^2PC)$。晶体常呈短柱状、柱状或厚板状。主要单形：平行双面、斜方柱及其聚形。集合体呈致密粒状、晶簇状、放射状、土状或皮壳状、被膜状等。

【物理性质】 深蓝色，土状块体呈浅蓝色。浅蓝色条痕。晶体呈玻璃光泽，土状块体呈土状光泽。透明至半透明。解理 $// \{011\}$、$\{100\}$ 完全或中等。贝壳状断口。硬度 $3.5 \sim 4$。相对密度 $3.7 \sim 3.9$。性脆。

【显微镜下特征】 透射光下浅蓝色至暗蓝色。反光显微镜下呈灰微带红色，内反射为明显蓝色。

【成因】 产于铜矿床氧化带中，与孔雀石共生或伴生。

氟碳铈矿族

氟碳铈矿（Bastnaesite）

【化学组成】 $(Ce, La, \cdots)[CO_3]F$。TR_2O_3：74.77%，CO_2：20.17%，F：8.73%。Ce 可被铈族其他稀土元素代替。存在 $3Th \rightarrow 4Ce$，$Th+F \rightarrow Ce$，$Ca+Th \rightarrow 2Ce$ 形式的类质同象代替。

【晶体结构】 六方晶系，$D_{3h}^4-P\bar{6}2c$；$a_0=0.705 \sim 0.723nm$，$c_0=0.979 \sim 0.988nm$；$Z=6$。灼烧后等轴相的 $a_0=0.555nm$。氟碳铈矿的晶体结构为 Ce、F 和 $[CO_3]$ 组成的岛状结构。其中 $[CO_3]$ 直立围绕 z 轴旋转做定向排列，$[CO_3]$ 之间互相近于垂直。Ce 为 11 次

配位。

【形态】 复三方双锥晶类，$D_{2h}-\overline{6}2m(L_i^63L^23P)$。晶体呈六方柱状或以 {0001} 发育的板状。主要单形有平行双面、六方柱、三方双锥及其聚形。集合体呈细粒状、致密块状。

【物理性质】 黄色、浅绿色或褐色。玻璃光泽或油脂光泽，黄白色条痕。透明~半透明。解理 // {10$\overline{1}$0} 不完全。硬度 5~6，性脆。相对密度 4.72~5.12。弱磁性。在阴极射线下发光。

【简易化学试验】 溶于稀盐酸、硫酸中，在磷酸中迅速分解。

【成因】 氟碳铈矿形成于热液作用。

【用途】 提取铈族稀土元素的重要矿物原料。

5.5.5 第五类 磷酸盐、砷酸盐、钒酸盐矿物

自然界已发现的磷酸盐矿物有 200 余种。磷以五价形式存在，与氧构成 [PO_4] 四面体。与 [PO_4] 四面体结合的阳离子有 Fe、Al、Ca、Mn、U、Na、Mg、Cu、Zn、Pb、Be 等。四面体内为共价键，与外部阳离子间为离子键。矿物中类质同象广泛。磷酸盐矿物中不仅有阳离子的类质同象代替，也有阴离子等价、异价类质同象代替。

自然界已发现的砷酸盐矿物有 123 种。砷与氧形成 [AsO_4] 四面体的络阴离子团，构成砷酸盐的基本结构单位。在砷酸盐中 [AsO_4] 绝大部分呈岛状。与 [AsO_4] 结合的阳离子主要是铜型离子等。砷酸盐矿物呈片状或针状，多数为胶体状。颜色鲜艳。

自然界已发现的钒酸盐矿物有 50 余种。钒在自然界以五价阳离子形式出现，可有 4、5、6 三种配位数。钒与氧可形成四面体 [VO_4]$^{3-}$、四方锥多面体 [VO_5]$^{5-}$、三方双锥多面体 [VO_5]$^{5-}$ 和八面体 [VO_6]^7。这几种多面体形成钒酸盐矿物的基本构造单位。[VO_4] 多呈岛状出现，[VO_5]、[VO_6] 可呈链状。钒酸盐矿物呈针状、片状晶体出现，颜色鲜艳（含有 Cu、Pb、K 等）。矿物硬度较低。

独居石族

独居石（Monazite）

【化学成分】 (Ce, La, Y, Th)[PO_4]。Ce_2O_3：34.99%，La_2O_3：34.74%，P_2O_5：30.27%。成分变化很大，混入物有 Y、Th、Ca、[SiO_4] 和 [SO_4] 等。富含 Ca、Th、U 的独居石称富钍独居石 (TR, Th, Ca, V)[(Si, P)O_4]，含 ThO_2 达 30%，U_3O_8 达 4%。

【晶体结构】 单斜晶系，$C_{2h}^5-P2_1/m$；$a_0=0.678nm$，$b_0=0.704nm$，$c_0=0.647nm$；$\beta=104°24'$；$Z=4$。独居石的晶体结构中，[PO_4] 呈孤立四面体，阳离子 Ce 位于四面体中，与 6 个 [PO_4] 四面体连接。Ce 的配位数为 9。

【形态】 斜方柱晶类，$C_{2h}-2/m(L^2PC)$。常沿 {100} 呈板状或柱状晶体。常见单形有平行双面、斜方柱及其聚形。晶面常有条纹。

【物理性质】 呈黄褐色、棕色、红色，间或有绿色。半透明至透明。条痕白色或浅红

黄色。具有油脂光泽。解理∥{100}完全，{010}不完全。硬度5.0～5.5。性脆。相对密度4.9～5.5。弱～中等电磁性。在X射线下发绿光。在阴极射线下不发光。因含Th、U具有放射性。溶于H_3PO_4、$HClO_4$、H_2SO_4中。

【成因】 独居石主要作为副矿物产在花岗岩、正长岩、片麻岩和花岗伟晶岩中。

【用途】 独居石是提取稀土元素矿物原料。

磷 灰 石 族

磷灰石（Apatite）

【化学组成】 $Ca_5[PO_4]_3(F, Cl, OH)$。CaO：54.58%，P_2O_5：41.36%，F：1.23%，Cl：2.27%，H_2O：0.56%。成分中的钙常被稀土元素和微量元素Sr代替，稀土含量不超过5%。按照附加阴离子不同有以下变种：氟磷灰石（fluorapatite）$Ca_5[PO_4]_3F$、氯磷灰石（chlorapatite）$Ca_5[PO_4]_3Cl$、羟磷灰石（hydroxylapatite）$Ca_5[PO_4]_3(OH)$、碳磷灰石（carbonate-apatite）$Ca_5[PO_4, CO_3(OH)]_3(F, OH)$。常见的是氟磷灰石，即一般所指的磷灰石。

【晶体结构】 六方晶系，$C_{6h}^3-R6_3/m$；$a_0 = 0.943 \sim 0.938nm$，$c_0 = 0.688 \sim 0.686nm$；$Z=2$。

【晶体形态】 六方双锥晶类，$C_{6h}-6/m(L^6PC)$。常呈短柱、短柱状、厚板状或板状晶形。主要单形：六方柱、六方双锥、平行双面及其聚形（图5-41）。集合体呈粒状、致密块状。

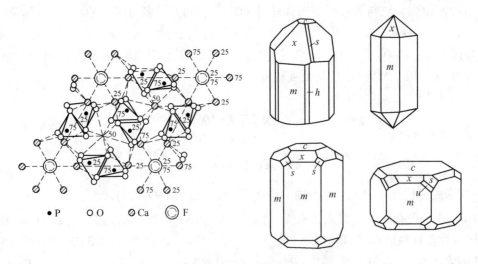

图5-41 磷灰石晶体结构与晶体形态

【物理性质】 无杂质者为无色，常呈浅绿、黄绿、褐红、浅紫色。含有机质被染成深灰至黑色。透明至半透明，玻璃光泽，断口油脂光泽。解理∥{0001}中等，∥{10$\bar{1}$0}不完全。性脆。断口不平坦。硬度5。相对密度3.18～3.21。加热有磷光。

【简易化学试验】 以钼酸铵粉末置于矿物上，加一滴硝酸，生成黄色磷钼酸胺沉淀。若有磷酸盐和有机质存在时出现蓝色沉淀。

【显微镜下特征】 透射光下薄片无色。

【成因】 磷灰石在岩浆作用、沉积作用、变质作用中形成。

【用途】 制取磷肥，也用来制造黄磷、磷酸、磷化物及其他磷酸盐类，用于医药、食品、火柴、颜料、制糖、陶瓷、国防等工业部门。

绿松石族

绿松石（Turquoise）

【化学成分】 $Cu(Al,Fe)_6(H_2O)_2(PO_4)_4(OH)_8$。$P_2O_5$：34.9%，$Al_2O_3$：37.60%，$CuO$：9.87%，$H_2O$：17.72%。成分中 Al 与 Fe 可成完全类质同象代替。富铝端员称绿松石，富铁端员称磷铜铁矿。Cu 可被 Zn 作不完全类质同象代替。

【晶体结构】 三斜晶系，$C_i^1-P\bar{1}$。$a_0 = 0.749 \sim 0.768nm$，$b_0 = 0.995nm$，$c_0 = 0.769nm$；$\alpha = 111°37'$，$\beta = 115°23'$，$\gamma = 69°26'$；$Z = 1$。

【形态】 平行双面晶类，$C_i-\bar{1}$（C）。晶体少见，在电子显微镜下（放大 3000 ~ 5000 倍）能见到微小晶体。偶尔见到柱状晶体。主要单形有平行双面及其聚形。常呈隐晶质，致密块状、葡萄状、豆状等。

【物理性质】 颜色多呈天蓝色、淡蓝色、绿蓝色、绿色、带绿的苍白色。含铜的氧化物时呈蓝色，含铁的氧化物时呈绿色，白色或绿色条痕。蜡状光泽，解理 // {010} 完全，{001} 中等。硬度为 5 ~ 6。相对密度 2.6 ~ 2.9。在长波紫外光下，可发淡绿到蓝色的荧光。

【显微镜下特征】 透射光下浅绿色。

【差热分析】 绿松石在 100℃ 时失去吸附水，颜色变浅。200 ~ 300℃ 发生吸热效应，结晶水析出，300 ~ 370℃ 羟基逸出，晶体结构破坏。760 ~ 800℃ 产生放热效应，生成鳞石英型的磷酸铝结晶相，变为棕色。

【成因】 绿松石为含铜硫化物及含磷、铝的岩石经风化淋滤作用形成。

【用途】 优质绿松石为宝石原料。绿松石质地细腻、柔和，硬度适中，色彩娇艳柔媚。通常分为 4 个品种，即瓷松、绿松、泡（面）松及铁线松等。

5.5.6 第六类 钨酸盐、钼酸盐矿物

钨酸盐是络阴离子 $[WO_4]^{2-}$ 与金属阳离子结合的化合物。钼酸盐矿物是络阴离子 $[MoO_4]$ 与金属阳离子结合形成的化合物。该类矿物的 $[WO_4]^{2-}$、$[MoO_4]$ 均为二价，与其结合的阳离子主要是 O、Mo、W、Mg、Ca、Ce、U、Fe、Cu、Co、Pb、As 以及 Al、Si、P 等元素。该类矿物已知有 20 余种。钨在地质作用中具有显著的亲氧性，形成氧化物

（黑钨矿）和钨酸盐（白钨矿）。钼与硫具有明显的亲和性，形成辉钼矿（MoS_2）。钼酸盐出现在金属矿床氧化带。

白 钨 矿 族

白钨矿（Scheelite）

【化学组成】　$Ca[WO_4]$。CaO：19.40%，WO_3：80.60%。在高温时含有较高的 Mo 与辉钼矿共生。部分钙可被 Cu 代替，含 CuO 较多者（7%）称为含铜白钨矿。Mn、Fe、Nb、Ta、U、Ir、Ce、Pr、Sm、Zn、Nd 等也会进入白钨矿晶格。

【晶体结构】　四方晶系，C_{4h}^6-$I\,4_1/a$；$a_0 = 1.140nm$，$c_0 = 0.525nm$；$Z = 4$。白钨矿晶体结构中 Ca^{2+} 和扁平状的 $[WO_4]^{2-}$ 四面体围绕 c 轴成四次螺旋式相间排列（图 5-42（a））。Ca^{2+} 与周围 4 个 $[WO_4]^{2-}$ 中的 8 个 O^{2-} 相结合，配位数为 8。

【晶体形态】　四方双锥晶类，C_{4h}-$4/m(L^4PC)$。单晶体为近于八面体的四方双锥形态。四方双锥的晶面常具斜纹和蚀象。常见单形：四方双锥、平行双面及其聚形（图 5-42（b））。粒状集合体。

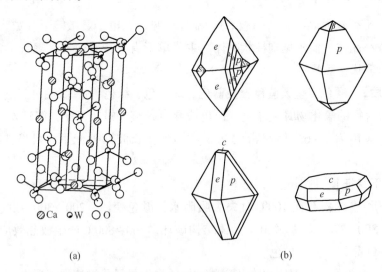

(a)　　　　　　　　　　　　　　　(b)

图 5-42　白钨矿晶体结构与形态特征

【物理性质】　白色，带有浅黄或浅绿，油脂光泽或金刚光泽。硬度 4.5。性脆。解理 ∥{101} 中等，参差状断口。相对密度 6.1。具有发光性，在长紫外线照射下发出淡蓝色荧光。含 Mo 荧光变浅黄色。在盐酸中煮呈黄色，加入锡粒呈蓝色。

【显微镜下特征】　透射光下无色，干涉色低。一轴晶（+）。

【简易化学试验】　在盐酸中煮呈黄色，加入锡粒呈蓝色。

【成因】　热液作用产物。与黑钨矿、石榴子石、石英、硫化物等共生。

【用途】　重要的钨矿石矿物。

5.6 第五大类 卤化物

该类矿物为氟（F）、氯（Cl）、溴（Br）、碘（I）与阳离子结合形成的化合物，约有100余种，其中以 F 和 Cl 的化合物为主。阳离子主要为碱金属和碱土金属 Na、K、Ca、Mg 以及 Rb、Cs、Sr、Y、TR 等。半径较小的 F^- 与半径相对较小的阳离子（Ca、Mg、Al^{3+} 等）结合形成稳定的化合物，这些化合物溶点和沸点高、溶解度低、硬度较大。较大的 Cl^-、Br^-、I^- 与离子半径较大的阳离子 Na、K、Rb、Cs 等化合，这些化合物溶点和沸点低，易溶于水，硬度小。

卤化物晶体结构有氯化钠型、氯化铯型、闪锌矿型、萤石型。4 种结构与阴阳离子半径密切相关。氯化钠型的阴阳离子半径之比 $R^+/R^- = 0.414 \sim 0.73$，氯化铯型结构的 $R^+/R^- = 0.73 \sim 1$，闪锌矿型结构的 $R^+/R^- < 0.41$，萤石型结构的 $R^+/R^- > 0.73$。

根据晶体化学特点和性质可划分为两类：

第一类：氟化物矿物类。在自然界发现约 25 种。组成矿物的元素有 15 种，其中 Ca 的作用突出。形成的矿物以萤石最为重要。

第二类：氯、溴、碘化物矿物类。该类矿物已知有 18 种，组成矿物的元素有 16 种，以 Na、K、Mg 最为常见，其次为重金属元素 Cu、Ag、Pb 等。氯化物分布广泛，溴化物、碘化物在自然界少见。

萤 石 族

萤石（Fluorite）

【化学成分】 CaF_2。Ca：51.1%，F：48.9%。Ca 常被稀土元素（Y、Ce 等）代替，代替数量在（Y，Ce）：Ca = 1 : 6。当含 Y 多时为钇萤石（Yitrian Fluorite，$(Ca，Y)(F，O)_2$）。常见混入物还有 Cl（萤石呈黄色）；含有 Fe_2O_3、Al_2O_3、SiO_2 和沥青物质等。

【晶体结构】 等轴晶系，O_h^5-Fm3m；$a_0 = 0.546nm$；$Z = 4$。萤石型结构（图 5-43（a））。

【晶体形态】 六八面体晶类，$O_h-m3m（3L^44L^36L^29PC）$。晶体呈立方体、八面体、菱形十二面体、六八面体以及立方体、八面体聚形等。立方体有条纹（图 5-43（b））。见穿插双晶。块状、粒状集合体。

【物理性质】 颜色多变，有紫色、绿色、无色、白色、黄色、粉红色、蓝色和黑色等。条痕白色。透明至半透明，玻璃光泽。解理 // {111} 完全。硬度 4。相对密度 3.18。萤石具有发光性：紫外光照射下有紫或紫红色荧光，阴极射线下发紫或紫红色光。含量 Eu、La、Ce、Yb 萤石中具有较强荧光性（Eu—蓝色，Yb、Sm—绿色）。某些萤石有热发光性，即在酒精灯上加热，或太阳光下曝晒可发出磷光。另外紫色萤石具有摩擦发光的特性。

【显微镜下特征】 透射光下为无色透明，具有不同色调的带状构造。均质体。$N = 1.434$，N 随 Y、Ce 的含量增高而提高。

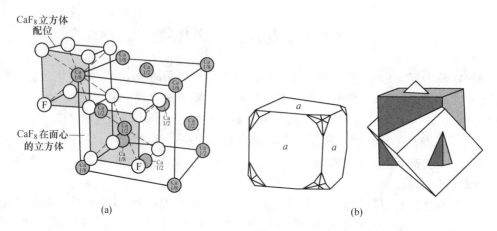

图 5-43　萤石晶体结构与晶体形态

【成因】　萤石可形成于各种地质作用。

【用途】　冶金熔剂，化工工业上用于制氟化物原料。

石 盐 族

石盐（Halite）

【化学成分】　$NaCl$。Na：39.34%，Cl：60.66%。常含有杂质多种机械混入物，如 Br、Rb、Cs、Sr 及卤水、气泡、黏土和其他盐类矿物。

【晶体结构】　等轴晶系，O_h^5-Fm3m；$a_0=0.5628nm$；$Z=4$。氯化钠型结构。

【晶体形态】　晶体六八面体晶类，$O_h-m3m(3L^44L^36L^29PC)$。单晶体为立方体与八面体及其聚形。在立方体晶面上有阶梯状凹陷。双晶依 {111} 生成。集合体为粒状、块状等。

【物理性质】　纯净的石盐无色透明或白色，含杂质时可染成灰、黄、红、黑等色。新鲜面呈玻璃光泽，潮解后表面呈油脂光泽。透明至半透明。三组解理∥(100) 完全。硬度 2.5，相对密度 2.17。易溶于水，味咸。燃烧火焰呈黄色；部分具荧光特性；具弱导电性和高的热导性。在 0℃时溶解度为 5.7%；100℃时溶解度 39.8%。

【显微镜下特征】　透射光下无色透明。均质体。$N=1.544$。

【成因】　石盐是化学沉积成因的矿物，与钾盐、光卤石、石膏、芒硝等共生或伴生。

【用途】　石盐除加工成精盐可供食用外，还是化学工业最基本的原料之一。

钾盐（Sylvite）

【化学组成】　KCl。K：52.5%，Cl：47.5%。含有微量的 Br、Rb、Cs 等类质同象混入物和气液包裹体（N_2、CO_2、H_2、CH_4、He 等）以及石盐等固态包裹体。

【晶体结构】　等轴晶系，O_h^5-Fm3m；$a_0=0.6277nm$；$Z=4$。晶体结构为氯化钠型。

【形态】　六八面体晶类，$O_h-m3m(3L^44L^36L^29PC)$。晶体呈立方体 a {100}、八面体

$m\{111\}$ 或由立方体和八面体的聚形。集合体通常呈粒状、致密块状、针状、皮壳状等。

【物理性质】 纯净者无色透明，含微细气泡者呈乳白色，含细微赤铁矿呈红色。玻璃光泽。解理 // $\{100\}$ 完全。硬度 1.5~2。性脆。相对密度 1.97~1.99。味苦咸且涩。易溶于水。烧之火焰呈紫色。熔点 790℃。差热分析在 700~800℃ 之间有一特征吸热谷。

【显微镜下特征】 透射光下无色或淡红色。均质体。$N = 1.4913$。

【成因】 与石盐相似。产于干涸盐湖中，位于盐层上部，其下为石盐、石膏、硬石膏等。

【用途】 制造钾肥，化工制取各种含钾化合物。

光卤石族

光卤石（Carnallite）

【化学成分】 $KMgCl_3 \cdot 6H_2O$。K：14.1%，Mg：8.7%，Cl：38.3%，H_2O：38.9%。含有 Br、Rb、Cs 及 Li、Ti。有石盐、钾盐、硬石膏、赤铁矿等机械混入物。常含有黏土、卤水以及 N_2、H_2、CH_4 等包裹体。

【晶体结构】 斜方晶系，D_{2h}^6-Pbnn；$a_0 = 0.956nm$，$b_0 = 1.605nm$，$c_0 = 2.256nm$；$Z = 12$。晶体结构是垂直 c 轴呈层状。Mg 被 6 个 H_2O 包围，K 被 6 个 Cl 围绕。

【形态】 斜方双锥晶类，$D_{2h}-mmm(3L^23PC)$。晶体呈假六方双锥状。主要单形平行双面、斜方柱和斜方双锥。集合体粒状、致密块状。

【物理性质】 白色或无色，常因含细微氧化铁而呈红色，含氢氧化铁呈黄褐色。透明到半透明。新鲜面呈玻璃光泽，油脂光泽。无解理。硬度 2~3。性脆，相对密度 1.6。具强荧光性。在空气中极易潮解，易溶于水，味咸苦涩。加热到 110~120℃ 分解为 MgCl·$4H_2O$ 和 KCl。加热到 750~800℃ 时，脱水熔融，沉淀出 MgO。

【显微镜下特征】 偏光显微镜下无色。二轴晶（+）有时可见到聚片双晶和格子双晶。

【简易化学试验】 吹管焰烧之易溶染成紫色火焰。

【成因】 光卤石是含镁、钾盐湖中蒸发作用最后形成的矿物，经常与石盐、钾石盐等共生。中国柴达木盆地达布逊湖盛产光卤石，由石盐-光卤石-石盐互层构成。

【用途】 用于制造钾肥和钾的化合物，也是提炼金属镁的重要原料。

角银矿族

角银矿（Chlorargyrite）

【化学组成】 AgCl。Ag：75.3%，Cl：24.7%。Cl 和 Br 可形成类质同象代替。当成分 Cl > Br 时称为氯角银矿，Cl < Br 时称为溴角银矿。

【晶体结构】 等轴晶系。O_h^5-Fm3m；$a_0 = 0.5547nm$。氯化钠型结构。

【晶体形态】 六八面体晶类，$O_h-m3m(3L^44L^36L^29PC)$。晶体呈立方体，但少见；通常呈块状或被膜状集合体。

【物理性质】　白色微带各种浅的色调。新鲜者无色，或微带黄色，在日光中暴露变暗灰色。透明。结晶质呈金刚光泽，隐晶质为蜡状光泽。硬度 1.5~2。相对密度 5.55。具延展性。

【显微镜下特征】　透射光下无色，均质体，$N=2.07$。

【成因】　由含银硫化物氧化后与下渗的含氯地面水反应形成。

【用途】　用于提炼银。

II 金属矿床

6 岩石与矿石

岩石是在各种地质作用下形成的具有一定结构构造的、由一种矿物和多种矿物组成的集合体，是构成地壳和上地幔的物质组成。岩石是地质作用的产物，按照成因分为岩浆岩、沉积岩和变质岩三大类。岩浆岩是地壳或下地幔高温、高压熔融状态的岩浆侵入地表以下或喷出地表冷凝形成的岩石；分为侵入岩和喷出岩（火山岩）。沉积岩是由成层堆积于陆地或海洋中的碎屑、胶体和有机物等疏松沉积物沉积、固结形成的岩石。变质岩是地壳已有的岩石（沉积岩、岩浆岩或变质岩）经受变质作用后形成的岩石。

地表出露的岩石主要以沉积岩为主，分布面积占70%左右；岩浆岩、变质岩也分布广泛。从地表到地壳下16km的岩石圈，岩浆岩占总体积的95%。铁镁质的岩浆岩是构成大洋地壳的主体，沉积岩不足5%，变质岩更少。

矿石的定义：（1）矿石是指在一定经济条件下，可从中提取有用组分或其本身具有某种可被利用的性能的矿物集合体。（2）矿石既可以是含有可被利用的有用矿物并达到一定数量可被开采利用的岩石，也可以是从矿床中开采出的具有选冶金属价值的固体物质。（3）矿石一般是由有用矿物与其伴生的脉石矿物组成，既可以提取其中的有价值的金属元素，也可以利用矿物的物理化学性能。

矿石的定义是相对的、动态的，不仅取决于技术条件，也根据国家社会对具体资源的需求而定。对于含有一定量的金属元素但技术条件限制还不能利用的，可能就是岩石或被认为有害组分。如在岩石中发现的铂金属，开始认为是有害杂质，直到查明铂的物理化学性质，掌握了冶炼制取铂的方法，含铂岩石才成为有价值的铂矿石。矿石是动态的，随着技术发展，原来的岩石成为矿石。如含铁石英岩，应用磁选技术、浮选技术选出铁精矿，成了铁矿石。还有某些以前认为是贫矿或呆矿的，也随着技术发展成为可被利用的矿石（图6-1）。

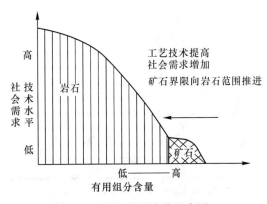

图6-1 矿石-岩石变化示意图

6.1　岩　浆　岩

6.1.1　岩浆岩基本特征

6.1.1.1　岩浆作用

岩浆是上地幔和地壳深处形成的，以硅酸盐为主要成分的炽热、黏稠、含挥发分（H_2O、CO_2 等）的熔融体（熔体）。在熔体成分中还有氧化物、硫化物、碳酸盐等；同时含有 Cr、V、Ti 铂族元素，铜镍以及稀土元素等成矿元素。岩浆的温度高于 1000℃。岩浆沿构造薄弱带上升到地壳上部或地表，在运移过程中，受到物理化学条件改变的影响，组分发生变化，最后凝固成岩浆岩。侵入岩是岩浆侵入杂地壳中冷凝形成的岩石。由于冷却较慢，挥发分较多，故矿物结晶程度较好。其根据侵入深度分为深成岩、浅成岩。喷出岩是岩浆及其其他岩石经过火山喷发地表后冷凝和堆积形成的岩石。宁静火山溢流出来的熔岩流经冷凝形成的岩石为熔岩；火山强烈爆发出来的各种碎屑物堆积形成的岩石为火山碎屑岩。喷出岩由于冷却较快，挥发分大量逃逸，矿物结晶程度差，甚至有玻璃质。

6.1.1.2　岩石化学成分

岩浆岩的主要化学成分是氧硅铝铁镁钙钠钾和水，占岩浆岩平均化学成分的98%，各氧化物含量变化较大（表6-1）。

表6-1　岩浆岩化学组成

氧化物	平均含量（质量）/%	变化范围（质量）/%
SiO_2	59.12	34~75
Al_2O_3	15.34	10~20
MgO	0.12	1~15
CaO	5.08	0~15
Fe_2O_3	3.08	Fe_2O_3+FeO 0.5~15
FeO	3.80	
Na_2O	3.84	0~15
K_2O	3.13	<10, <Na_2O
MnO	0.12	0~0.3
H_2O	1.18	变化较大
TiO_2	1.05	0~2
P_2O_5	0.28	0~0.5
CO_2	0.102	
ZrO	0.039	0~1
Cr_2O_3	0.055	0~0.5
其他	0.204	

注：据 F. W. Clark, H. S. Washington, 1924。

6.1.1.3 岩浆岩矿物成分

岩浆岩中矿物成分复杂，总数达 1000 余种，常见的有 20 余种，是岩浆岩石分类和鉴定的主要依据。根据化学成分和矿物的颜色，岩浆岩可以分成两大类：

（1）铁镁矿物（暗色矿物）。铁镁矿物是指 FeO、MgO 含量较高，SiO_2 含量较低的硅酸盐类矿物，主要有橄榄石族、辉石族、角闪石族、黑云母族矿物。这些矿物颜色较深，称为暗色矿物。

（2）硅铝矿物（浅色矿物）。硅铝矿物是指 K、Na、Ca 等与 SiO_2、Al_2O_3 组成的铝硅酸盐类矿物，主要包括石英、长石族（钾长石、斜长石）霞石族、白榴石族等。这些矿物的颜色较浅。

6.1.2 岩浆岩的结构构造

岩浆岩的结构是指岩石中矿物结晶程度、颗粒大小、形状特征及彼此相互之间的关系等特征。岩浆岩的构造是指岩石中不同矿物集合体之间或矿物集合体与岩石其他组成部分之间的排列以及空间充填方式构成的岩石特征。

岩浆岩的主要结构类型有（图 6-2）：

（1）依据岩浆岩中结晶部分和非结晶部分的比例，岩浆岩的结构分为全晶质结构、玻璃质结构、半晶质结构。全晶质结构是指岩石全部由已结晶的矿物组成，这是岩浆在温度下降较缓慢条件下结晶形成的，多见于较深的侵入岩中。玻璃质结构是指岩石几乎全部由未结晶的火山玻璃组成，是温度快速下降条件下（喷出地表）各种组分尚未结晶就冷却形成玻璃质，主要出现在酸性喷出岩中。玻璃质是未结晶的不稳定的固态物质。半晶质结构是指由部分晶质和玻璃质组成。

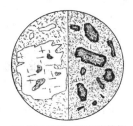

(a) 等粒结构、似斑状结构、不等粒结构、斑状结构　　(b) 熔蚀结构、暗化边结构　　(c) 半自形晶结构、它形晶结构、自形晶结构　　(d) 全晶质结构、斑晶结构、玻璃质结构

图 6-2　岩浆岩石主要结构类型

（2）按照岩石中显晶质矿物颗粒大小，可划分为粗粒结构（晶粒>5mm）、中粒结构（晶粒 2~5mm）、细粒结构（晶粒<2mm），在显微镜下细分为显微晶质结构和显微隐晶质结构等。斑状结构是指岩石中矿物颗粒大小截然不同的两群，大颗粒为斑晶，细小或玻璃质为基质。斑状结构为喷出岩和浅成岩的重要特征。斑晶形成深部或上升过程，结晶时间早，经历时间长，结晶颗粒较大。颗粒小和玻璃质是上升到地表，快速凝结，形成细小晶粒，或因来不及结晶而成玻璃质。

（3）根据岩石中矿物的自形程度划分。自形程度是指组成岩石的矿物形态特点，取决于矿物结晶习性、岩浆结晶的物理化学条件、结晶时间、空间等。自形晶是矿物颗粒基本按照结晶习性发育成被规则晶面包围的晶体；半自形晶是一部分，矿物颗粒按结晶习性发育成规则晶面，而其他晶面发育不好，形成不规则形态晶粒。它形晶是矿物颗粒为不规则形态的晶粒。

自形粒状结构指岩石由自形晶组成，它形粒状结构指岩石由它形晶组成。半自形粒状结构指岩石由半自形晶组成。

（4）按照岩石中矿物颗粒间的关系分为交生结构：两种矿物互相穿插有规律地生长在一起。进一步还可分为文象结构（石英呈不规则形态有规律镶嵌在长石中）、条纹结构（钾长石和钠长石有规律交生）。

1）反应边结构：早生成的矿物与熔体反应，在矿物的边缘形成另一种新的矿物，包围着早前形成的矿物。

2）环带结构：反应生成的矿物为同一种矿物，只是在组分上有所差别，形成环带状特征。如斜长石环带结构，自内向外由基性逐渐向酸性变化为正环带结构，反之为反环带结构。

3）包含结构：在较大矿物颗粒中包嵌有许多小的早期矿物颗粒。

4）填隙结构：在斜长石晶粒间隙填充辉石等暗色矿物以及隐晶质或玻璃质。

火山岩具有特殊结构，如凝灰结构、火山角砾结构、集块结构、熔结结构等。

岩浆岩主要构造类型有：

（1）块状构造。组成岩石的矿物整体上均匀分布，岩石各个部分在成分上或结构上基本上一样。

（2）带状构造。颜色或粒度不同的矿物在岩石中相间排列，成带出现。

（3）斑杂构造。岩石不同部位的颜色和矿物成分或结构差别较大。整个岩石看上去分布不均匀，斑杂无章。

（4）晶洞构造。在侵入岩中有近圆形空心的空洞。若在晶洞壁上生长着排列很好的自形晶体则为晶腺构造。

（5）流动构造。岩浆岩中片状矿物、板状矿物作平行排列，形成流面构造。柱状、针状矿物成定向排列形成流线构造。喷出岩具有气孔构造、枕状构造、流纹构造（由不同颜色不同成分的条带条纹和球粒定向排列以及拉长的气孔等表现出来的一种流动构造，是酸性熔岩常见构造。

6.1.3 岩浆岩的分类与岩石类型

6.1.3.1 岩浆岩的分类

SiO_2 是岩浆岩中重要的氧化物，以 SiO_2 含量作为岩浆岩石分类的主要参数。$SiO_2 > 66\%$ 的岩浆岩为酸性岩，$53\% \sim 66\%$ 为中性岩，$45\% \sim 53\%$ 为基性岩，$< 45\%$ 为超基性岩。把 $K_2O + Na_2O$ 质量分数之和称为碱含量。可采用里特曼指数确定岩石碱性程度：$\sigma = \dfrac{w(K_2O + Na_2O)^2}{w(SiO_2 - 0.43)}$。

$\sigma < 3.3$ 为钙碱性岩，$\sigma = 3.3 \sim 9$ 为碱性岩；$\sigma > 9$ 为过碱性岩。岩浆岩的分类见表6-2。

表6-2　岩浆岩的分类

酸度	超基性岩				基性岩			中性岩				酸性岩	
碱度	钙碱性	偏碱性	过碱	碳酸	钙碱性	碱性	过碱性	钙碱性	碱性	碱性	过碱性	钙碱性	碱性
岩石类型	橄榄岩-苦橄岩类	金伯利岩类	霓霞岩-霞石岩	碳酸岩类	辉长岩-玄武岩类	碱性辉长岩-碱性玄武岩类	碱性辉长岩-碱性玄武岩类	闪长岩-安山岩类	闪长岩-安山岩类	正长岩-粗面岩类	霞石正长岩-响岩	花岗岩-流纹岩类	花岗岩-流纹岩类
SiO_2(质量分数/%)	38~45	20~38	38~45	<20	45~53	45~53	45~53	53~66	53~66	53~66	53~66	>66	>66
K_2O+Na_2O(质量分数/%)	<3.5	<3.5	<3.5	<3.5	平均3.6	平均4.6	平均7	平均5.5	平均9	平均9	平均14	平均6~8	平均6~8
σ	<3.5	<3.5	<3.5	<3.5	<3.3	3.3~9	>9	<3.3	3.3~9	3.3~9	>9	<3.3	3.3~9
石英含量(体积分数/%)	不含	不含	不含	不含	不含	不含	不含	<20	<20	<20	<20	>20	>20
似长石含量(体积分数)/%	不含	不含	含量变化大	可含	不含	不含或少含	>5	不含或含少含	不含或含少含	不含或含少含	5~50	不含	不含
长石种类及含量	不含	不含	少量碱性长石	少量碱性长石	基性斜长石	碱性长石、斜长石为主，中长石、更长石	碱性长石、斜长石为主，中长石、更长石	中性斜长石	碱性、含碱中性斜长石	碱性长石	碱性长石	碱性长石、中酸性斜长石	碱性长石
镁铁矿物种类含量	橄榄石、斜方辉石、单斜辉石	橄榄石透辉石、石镁铝榴石金云母	碱性暗色矿物	碱性暗色矿物	辉石为主，橄榄石角闪石	单斜辉石为主，橄榄石	单斜辉石为主，橄榄石	角闪石为主，辉石黑云母次之	角闪石为主，辉石黑云母次之	碱性辉石、角闪石为主，富铁云母次之	碱性辉石、角闪石为主，富铁云母次之	黑云母为主，角闪石次之，石	碱性角闪石、富铁黑云母为主
色素/%	>66	>66	30~90	30~90	40~90	40~90	40~90	15~40	15~40	15~40	15~40	<15	<15
代表性侵入岩　深成岩	纯橄榄岩、橄榄岩、二辉岩		霓霞岩、磷霞岩	碳酸岩	辉长岩、苏长岩斜长岩	碱性辉长岩	碱性辉长岩	闪长岩	二长岩	正长岩、碱性正长岩	霞石正长岩	花岗岩、花岗闪长岩	碱性花岗岩
代表性侵入岩　浅成岩	苦橄玢岩	金伯利岩	霓霞岩、磷霞岩		辉绿岩、辉绿玢岩	碱性辉绿岩、碱性辉绿玢岩	碱性辉绿岩、碱性辉绿玢岩	闪长玢岩	二长斑岩	正长斑岩	霞石正长斑岩	花岗斑岩、花岗闪长玢岩	
代表性喷出岩	苦橄岩、玻基纯橄岩		霞石岩	碳酸熔岩	拉斑玄武岩、高铝玄武岩	碱性玄武岩	碧玄岩	安山岩	粗安岩	粗面岩、碱性粗面岩	响岩	流纹岩、英安岩	宽细流纹岩、碱流岩

6.1.3.2　常见岩浆岩石类型

（1）橄榄岩。属于硅酸不饱和的钙碱性系列岩石。化学成分贫硅（$SiO_2<45\%$）、富镁铁。颜色较深。主要矿物有橄榄石（$40\%\sim90\%$）、辉石，次要矿物有角闪石、黑云母、基性斜长石，副矿物有尖晶石、铬铁矿、钛铁矿、磷灰石、磁铁矿。细粒结构，块状构造。橄榄石易蛇纹石化。橄榄石达90%以上为纯橄榄岩。含橄榄石与斜方辉石为方辉橄榄岩。

（2）辉石岩。几乎全由辉石（>90%）组成，含橄榄石、角闪石以及金属矿物等。斜方辉石含量为$90\%\sim100\%$时命名为方辉辉石岩；若几乎全部由透辉石组成，命名为透辉石岩。当辉石含量$60\%\sim90\%$，橄榄石含量小于40%时，命名为橄榄辉石岩。

（3）金伯利岩。是一种少见不含长石的偏碱性超基性的浅成岩。SiO_2含量在33%，$K_2O>Na_2O$。主要矿物有橄榄石、辉石、镁铝榴石、金云母、铬铁矿、钙钛矿、钛铁矿等；次要矿物有黑云母、斜长石、尖晶石钙钛矿、钛铁矿等。有细粒、斑状、块状、角砾状等结构。橄榄石被蛇纹石化。

（4）碳酸岩。是化学成分中SiO_2含量很低（<20%）、碳酸盐矿物含量大于50%的超基性岩石。普遍含有稀土元素。主要矿物有方解石、白云石、铁白云石。次要矿物有碱性长石、霓石、钠闪石、透辉石、霞石、黄长石等。副矿物有磷灰石。稀土矿物种类很多，主要有铌钽铁矿、独居石、烧绿石、铌金红石、铀铌钽矿等。岩石结构为结晶粒状结构。主要岩石有方解石碳酸岩、白云石碳酸岩、方解石白云碳酸岩。碳酸岩含有大量稀土元素。

（5）辉长岩。岩石颜色较深，主要矿物是辉石和基性斜长石，次要矿物有角闪石、黑云母、橄榄石、钾长石，以及副矿物磷灰石、磁铁矿、尖晶石等。粗粒结构，块状构造。

（6）玄武岩。是一种深色细粒或隐晶质岩石，具斑状结构。主要矿物有斜长石、辉石。斜长石斑晶比基质斜长石含钙长石成分多一些。含一定数量的橄榄石斑晶称为橄榄玄武岩。根据化学成分及标准矿物成分划分为拉斑玄武岩（$w(Al_2O_3)<16\%\sim17\%$）、高铝玄武岩（$w(Al_2O_3)>16\%\sim17\%$）。

（7）闪长岩。为钙碱性系列中性岩。浅灰~绿色。主要矿物是中性斜长石和角闪石，次要矿物有辉石、黑云母、石英、钾长石，副矿物有磷灰石、磁铁矿、榍石等。等粒结构，块状构造。长石具环带结构。石英闪长岩中石英含量在$5\%\sim20\%$，暗色矿物15%左右，斜长石（中长石）占50%左右。半自形粒状结构，块状构造。

（8）安山岩。是与闪长岩成分对应的熔岩代表。安山岩呈紫红色、灰绿色等。具斑状结构，气孔状、杏仁状构造。斑晶主要是斜长石和角闪石。基质由微晶斜长石和玻璃质组成。进一步分类有辉石安山岩、角闪安山岩、黑云母安山岩和玻基安山岩等。

（9）花岗岩。灰白色，肉红色。主要矿物成分是石英（>30%）、钾长石、酸性斜长石，次要矿物有黑云母、角闪石，副矿物有磷灰石、锆石、榍石、磁铁矿。钾长石多于斜长石。根据暗色矿物进一步命名为黑云母花岗岩、角闪花岗岩、二云母花岗岩等。把不含暗色矿物（暗色矿物<1%）的花岗岩称为白岗岩。

（10）碱性花岗岩。化学成分以富钠质为特点。主要矿物有石英、碱性长石。碱性暗色矿物有碱性角闪石（钠闪石、钠铁闪石）、碱性辉石（霓辉石、霓石）、含钛黑云母、铁锂云母等，副矿物有磷灰石、磁铁矿、锆石等。碱性暗色矿物呈它形粒状结构、包含结构。有霓辉石花岗岩、霓石花岗岩、钠铁花岗岩、铁云母花岗岩。

（11）花岗闪长岩。主要矿物成分石英、斜长石、钾长石，斜长石多于钾长石。暗色矿物角闪石、黑云母含量较高。半自形粒状结构，斜长石环带结构等。

（12）流纹岩。成分上与花岗岩相当的喷出岩。灰色灰红色，常见流纹构造、气孔构造，斑状结构、玻璃质结构。含较多石英斑晶，有溶蚀。其次是碱性长石（透长石或正长石）及斜长石斑晶。对肉眼不见斑晶，岩石呈霏细结构者称为霏细岩。

（13）英安岩。在矿物成分上与花岗闪长岩基本相同的喷出岩。具斑状结构，流纹状构造、气孔状构造。有明显的石英及透长石斑晶，基质为隐晶质和玻璃质。

（14）霞石正长岩。属于 SiO_2 不饱和的过碱性中性岩，（K_2O+Na_2O）大于 10%。浅色粒状。主要矿物为碱性长石（正长石、微斜长石、钠长石），碱性暗色矿物（辉石、钠闪石、黑云母）和霞石等。不含石英。副矿物种类较多，多数为含 Ti、Zr、Nb 的硅酸盐矿物，锆石、独居石、褐帘石、硅铈矿等以及磷灰石、榍石、金红石等。半自形粒状、嵌晶结构等。块状、条带状、片麻状构造等。

6.2 沉 积 岩

6.2.1 沉积岩基本特征

6.2.1.1 沉积作用

沉积岩是由风化的碎屑物和溶解的物质经过搬运作用、沉积作用和成岩作用形成的。地壳中的岩石受到机械风化、化学风化、生物化学风化的作用，形成碎屑、溶液，在风力、水流、冰川和自身重力，搬运到动力减弱、物理化学条件改变的环境（如湖、海、盆地等），逐渐沉积下来。沉积方式有机械沉积、化学沉积和生物化学沉积。沉积后，受到压实、孔隙减少、脱水固结或重结晶作用等形成岩石。

沉积岩在地壳表层分布较广，特别是岩石圈的上部与表层。占陆地面积 75% 左右，海底几乎为沉积物覆盖。沉积岩厚度在地壳表层变化较大，有的可达几万米，有的则很薄或没有沉积岩分布。显著特征是具有层理构造。含有化石。沉积岩中赋存着大量矿产。世界资源总储量的 75% 以上为沉积成因和沉积变质成因的。

6.2.1.2 沉积岩的结构构造

沉积岩的结构，是指沉积岩组成物质的形状、大小和结晶程度。主要有：

（1）碎屑结构。指母岩风化后的碎屑经外力作用胶结而成的结构。碎屑结构由碎屑物质和胶结物质两部分组成。碎屑物质主要是那些抗风化能力强的矿物，如石英、长石等；胶结物质是填充与碎屑之间的物质，最常见有方解石、赤铁矿、石膏、有机质等。根据碎屑颗粒大小可划分为砾（直径>2mm）、砂（直径 0.05~2mm）、粉砂（直径 0.005~0.050mm）、泥（直径<0.005mm）。

（2）泥质结构。由极小的黏土质（矿物）组成，比较致密、柔软的结构。

（3）化学结构和生物结构。由各种溶解物质或胶体物质沉淀而成的沉积岩，具有化学结构。在岩石中含有大量的生物遗体或生物碎片，形成生物结构。

（4）沉积岩的构造。指沉积岩中各种物质成分特有的空间分布和排列方式。层埋构造是指沉积物在岩层的垂直方向上由于成分、颜色、结构的不同形成的层状的构造。在同一个基本稳定的条件下形成的沉积单位叫做层，层与层之间的界面称为层面。岩层的厚度可以反映沉积环境的变化。有水平层理、波状层理、斜层理、交错层理等。

（5）层面构造。是沉积岩层面上保留的自然作用产生的一些痕迹。层面构造同样记录了沉积岩形成过程中的地理环境。各种层面构造包括波痕、缝合线构造、叠层构造、鲕状构造等。

6.2.2 沉积岩种类

依据物质来源，沉积岩可分为陆源沉积岩、火山源沉积岩和化学沉积岩三大类。陆源沉积岩包括碎屑岩、砂岩粉砂岩、泥质岩；火山源沉积岩包括集块岩、火山角砾岩、凝灰岩；化学沉积岩（也称内源沉积岩）包括铝质岩、铁质岩、锰质岩、磷质岩、硅质岩、碳酸盐岩、蒸发岩、可燃性有机岩。

（1）砾岩。含有砾石含量占50%以上、砾石直径2~1000mm的沉积岩。砾石有岩石和矿物碎屑。砾石之间为砂粒、基质或胶结物充填。有保留棱角的砾石，称为角砾岩。

（2）砂岩。由砂砾组成的岩石，根据砂砾的大小可分为粗砂岩（>0.5mm）、细砂岩（0.5~0.25mm）、粉砂岩（0.25~0.05mm）。砂岩的碎屑主要成分是石英、长石、岩屑。胶结物为钙质、硅质铁质等。根据其成分又可分为石英砂岩（含石英砂超过90%）、长石砂岩、岩屑砂岩等。

（3）泥岩。粒度小于0.04mm的陆源碎屑和黏土组成的岩石。成分复杂，有黏土矿物高岭土、绿泥石、云母，以及钙质、铁质、硅质物质等。泥质结构。有层理、面理构造。

（4）页岩。具薄层状页理构造的一类岩石，页理主要由鳞片状黏土矿物层层累积、平行排列并压紧形成。常含有石英、长石、云母等细小碎屑以及铁质、有机质等。页岩有紫色、灰色、绿色等不同颜色，常保存有古生物化石。

（5）火山碎屑岩。火山喷发碎屑由空中坠落就地沉积或经一定距离的流水冲刷搬运沉积而成岩石。凝灰岩是主要由粒径小于2mm的火山灰（岩屑、晶屑、玻屑）及火山碎屑等（含量50%以上）固结而成的岩石。火山角砾岩主要是由粒径为2~64mm的熔岩碎块或角砾（含量50%以上）固结而成的岩石。火山集块岩主要是由粗火山碎屑（>64mm）（如熔岩碎块等（占50%以上））固结而成的岩石。此类岩石颜色有黑色、紫色、红色、白色、淡绿色等，外貌疏松多孔、粗糙，有层理。

（6）石灰岩。属于典型的化学沉积岩。石灰岩呈现不同深度的灰色以及黄、浅红、褐红等色。碳酸盐矿物含量大于50%，主要矿物成分为方解石、白云石等，常混入二氧化硅、氧化铁、黏土矿物和碎屑矿物，结晶粒状结构、鲕状结构、豆状结构、生物结构或碎屑结构等。层理构造。按成因可分为生物灰岩、化学灰岩及碎屑灰岩等。

（7）白云岩。白云石为主要组分（50%以上）的碳酸盐岩。常混入方解石、黏土矿物、石膏等杂质。外表特征与石灰岩极为相似，但加冷稀盐酸不起泡或起泡微弱，具有粗糙的断面，且风化表面多出现格状溶沟。白云岩属于化学沉积岩，有碎屑白云岩、微晶白云岩、结晶白云岩。

6.3 变 质 岩

6.3.1 变质岩基本特征

6.3.1.1 变质岩作用

地壳中已生成的岩石在地壳运动、岩浆活动的影响下，发生了矿物成分、结构和构造上的变化，引起这种变化发生的作用叫做变质作用。经过变质作用生成的岩石叫做变质岩。引起岩石发生变质的因素主要是温度、压力变化，以及性质活泼的气体和溶液等。由岩浆岩变质的称为正变质岩；由沉积岩变质的称为副变质岩；若由原岩为变质岩经再次变质作用形成的岩石，称为复变质岩。其变质作用称为叠加变质（多期变质）作用，由低级到高级的称为递增变质作用，反之称为退化变质作用。

6.3.1.2 变质岩的化学成分

变质岩化学成分复杂多样，主要由 Si、Al、Fe、Mn、Mg、Ca、K、Na、H、C、Ti、P 等的氧化物组成。在正变质岩中，SiO_2 的含量一般在 35%~78% 内；Al_2O_3 的含量一般为 0.86%~28%，多数情况下小于 20%；副变质岩中 Al_2O_3 的含量一般为 17%~40%，可形成红柱石、刚玉等高铝矿物。正变质岩中（Fe_2O_3+FeO）的含量为 3%~15%；副变质岩中（Fe_2O_3+FeO）的含量不定，有时很高。正变质岩中，多数情况下 CaO 含量高于 MgO；副变质岩中，尤其是黏土质变质岩，多数情况下 MgO>CaO。

6.3.1.3 变质岩矿物成分的一般特征

变质岩中的常见矿物有橄榄石、辉石、角闪石、石英、长石、云母等。在区域变质作用中，低级变质矿物：绢云母、绿泥石、蛇纹石、滑石、钠长石等。中级变质矿物：白云母、钾微斜长石、硬绿泥石、镁铁闪石、蓝晶石、透闪石、阳起石、红柱石等。高级变质矿物：夕线石、紫苏辉石、正长石等。

变质矿物的**等化学系列**共生组合：原岩化学成分相同或基本相同的所有变质岩石，矿物组合是由变质条件决定的，即变质条件相同，矿物组合相同；反之则不同。

等物理系列：化学成分不同的岩石，在相同或基本相同的变质条件下形成的所有岩石。可有不同的矿物共生组合。例如原岩为碳酸盐类岩石或页岩，同样在中级变质条件下，前者则形成大理岩，而后者形成黑云母片岩，二者居于同一个等物理系列。

6.3.1.4 变质岩的结构

变质岩的结构按成因可分为四大类：变余结构、变晶结构、交代结构、碎裂结构（图6-3）。

（1）变余（残留）结构。岩石大部分发生变化，原岩的结构还清楚地保留一部分，这种结构称为变余结构。

（2）变晶结构。变晶结构是变质岩的最大特征之一。常见有斑状变晶结构、粒状变晶结构（粗粒>3mm，中粒 3~1mm，细粒 1~0.1mm，显微细粒 <0.1mm）、花岗变晶结构、鳞片变晶结构、包含变晶结构（变嵌晶结构）等。

（3）交代结构有交代假象结构（某种矿物被另一种矿物交代，但仍保留原有矿物的

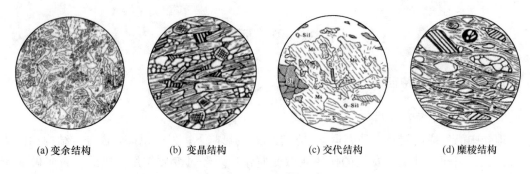

(a) 变余结构　　　　(b) 变晶结构　　　　(c) 交代结构　　　　(d) 糜棱结构

图 6-3　变质岩结构示意图

形状）和交代残留结构（被交代矿物被分割成零星孤岛状的残留体，被包在交代矿物之中）以及交代穿孔结构、交代蠕英结构等。

（4）破裂结构。动力变质岩特有的结构，主要有：1）碎裂结构：岩石受力后，只在矿物颗粒接触处和裂开处被碎裂成小颗粒（即碎边），并使矿物破碎成外形不规则的带棱角的颗粒。碎块无较大位移。2）碎斑结构：破碎强烈，碎屑粉末（碎基）中残留有较大矿物颗粒（碎斑）。3）糜棱结构：碎粒及碎块呈定向排列的结构，碎基含量 50%~90%。

6.3.1.5　变质岩的构造

变质岩按成因分为变余构造、变成构造和混合岩构造。

（1）变余构造（残留构造）。变质后仍保留原岩的构造者称为变余构造。命名："变余" +原岩构造。如变余层理构造。

（2）变成构造。包括：1）千枚状构造。鳞片状矿物初步定向排列，岩石薄片状，片理面具有强烈的绢丝光泽。2）片状构造。大量片状、柱状或纤维状矿物呈平行或近平行连续排列，形成岩石的片理。仅有柱状矿物呈平行排列时，可形成线理构造。3）线理构造。其与千枚状构造的区别在于岩石的变质程度较高，矿物粒度较粗，肉眼可以分辨矿物的颗粒。4）片麻状构造。在粒状矿物之间含部分片、柱状矿物呈断续定向排列。

（3）混合构造。是混合岩特有的构造。把原来存在的高级变质岩称为基体，长英质称为脉体。混合构造是指基体与脉体在空间分布上的相互关系。按照其形态特征可划分为条带状构造、眼球状构造、网脉状构造、肠状构造、片麻状构造等。

（4）块状构造。岩石中以粒状矿物为主，排列紧密、无定向性、岩石结构较均匀。

6.3.2　常见变质岩石类型

按照变质作用类型，变质岩可划分为区域变质岩（包括板岩、千枚岩、片岩、片麻岩、角闪岩（角闪质岩）、变粒岩（长英质变粒岩）、榴辉岩）、接触变质岩（包括角岩、矽卡岩、大理岩、石英岩）、混合岩（包括混合片麻岩、混合花岗岩类等）、动力变质岩（包括碎裂岩、糜棱岩等）。

（1）板岩。具板状构造的浅变质岩石，由泥质岩、粉砂岩或中酸性凝灰岩经轻微变质作用形成。原岩的矿物成分只有部分重结晶，仅发生脱水，硬度增高，岩石外表呈致密隐晶质，矿物颗粒很细，肉眼难以鉴别。有时在板理面上有少量的云母、绿泥石等新生矿物。板岩有黑色炭质板岩、灰绿色钙质板岩等。

（2）千枚岩。是具有典型的千枚状构造的浅变质岩石。由泥质岩、粉砂岩或中酸性凝灰岩经低级变质作用形成，变质程度比板岩的稍高。原岩矿物成分基本上已全部重结晶，主要由细小的绢云母、绿泥石、石英、钠长石等新生矿物组成。当原岩中含 FeO 较多时，可出现硬绿泥石、黑云母。岩石一般呈细粒鳞片变晶结构，颗粒平均粒径小于 0.1mm，岩石的片理面上具有明显的丝绢光泽，并常具小的皱纹构造。

（3）片岩。片岩多为显晶质的等粒鳞片变晶结构，或基质为鳞片变晶结构的斑状变晶结构，片状构造。主要由片状矿物（云母、绿泥石、滑石等）、柱状矿物（阳起石、透闪石、普通角闪石等）和粒状矿物（长石、石英等）组成。有时也含有石榴子石、十字石、蓝晶石等特征变质矿物的变斑晶。片岩中片状矿物含量一般大于 20%；对于粒状矿物组成的片岩，岩石中定向构造发育，含量一般大于 65%。粒状矿物常以石英为主，可含有一定数量的长石，长石含量小于 20%。变晶粒度常大于 0.1 mm。片岩的矿物成分可用肉眼辨认。常见云母片岩、绿片岩、角闪片岩、石英片岩等。可以是超基性岩、基性岩、各种凝灰岩和含杂质砂岩、泥灰岩和泥质岩经低中级变质作用而形成。

（4）片麻岩。片麻状构造，片麻岩的主要矿物成分为石英、长石及一定量的片状、柱状矿物，（长石+石英）>50%，长石>25%，片、柱状矿物<30%。变晶粒度>1mm。片状或柱状矿物增多时过渡为片岩，片状或柱状矿物可以是云母、角闪石、辉石等。有时可含矽线石、蓝晶石、石榴子石、堇青石等特征变质矿物。

（5）变粒岩。具有特征的等粒变晶结构，粒度在 0.5mm 以下（0.3~0.1mm），块状构造。长石、石英粒状矿物>70%，一般长石>25%，且多于石英。云母或其他暗色矿物较少（一般少于 30%）。暗色矿物可以是黑云母、普通角闪石、透闪石、透辉石、电气石、磁铁矿等。

（6）麻粒岩。一种在高温和中压下稳定的区域变质岩，其特征是暗色矿物中主要为紫苏辉石、透辉石，浅色矿物有长石和石英，石英显暗色，有时含石榴子石、矽线石、蓝晶石、堇青石等。中、粗粒状变晶结构或不等粒变晶结构；块状构造。含有拉长透镜状石英颗粒或集合体，使岩石略显定向构造。

（7）斜长角闪岩。岩石以角闪石和斜长石为主要成分，具有纤维状变晶结构，片状构造；以角闪石为主的暗色矿物含量高于 50%，浅色矿物以斜长石为主，石英很少或没有。如辉石斜长角闪岩、黑云母斜长角闪岩、石榴斜长角闪岩等。

（8）榴辉岩。主要由绿色绿辉石和粉红色的石榴子石（钙铝-铁铝-镁铝榴石）组成。可含少量石英，有时含蓝晶石、辉石、金红石、尖晶石等。岩石一般为深色、中粗粒、不等径粒粒状变晶结构，块状构造。以密度大（3.6~3.9g/cm^3）为特征。

（9）大理岩。以碳酸盐矿物为主要组成的一种变质岩，碳酸盐矿物含量>50%，主要为方解石或白云石，此外含有钙镁硅酸盐及铝硅酸盐矿物，岩石呈粒状变晶结构，粒度中至粗粒。块状构造。有时由于原岩不纯可出现云母或透闪石类，呈定向排列，方解石也可呈似扁豆状颗粒显示定向特征。

（10）混合岩。混合岩是一种复杂的变质岩，它是由变质岩（基体）和在混合岩化时呈流动状态的花岗质物质（脉体）组成的岩石。基体指的是混合岩形成过程中残留的变质岩部分；脉体是指混合岩形成过程中处于活动状态的新生部分，通常是花岗质、长英质、伟晶质、细晶质或石英脉等，颜色比基体浅。基体与脉体以不同的形式、不同数量比相

"混合"，可形成不同形态的各种混合岩：1）混合岩类。新生脉体物质>15%；命名：构造+混合岩；如角砾状混合岩、条带状混合岩、条纹状混合岩、片麻状混合岩等。2）混合花岗岩。成分上与侵入花岗岩无多大区别，根据野外地质特征区分。命名：构造+混合花岗岩；如雾迷状混合花岗岩（雾迷岩）、片麻状混合花岗岩、块状混合花岗岩等。

6.4　矿石类型

6.4.1　矿石的基本属性

矿石是指可从中提取有用组分或其本身具有某种可被利用的性能的矿物集合体。矿石中有用成分（元素）的单位含量称为矿石品位。金、铂等贵金属矿石用 $n\times10^{-6}$ 表示（百万分之一），也有用克/吨（g/t）表示。其他矿石常用百分数（ $n\times10^{-2}$ ）表示。常用矿石品位来衡量矿石的价值，相同有效成分矿石中脉石（矿石中的无用矿物或有用成分含量甚微而不能利用的矿物）的成分和有害杂质的多少也影响矿石价值。

矿石的广义定义：凡是地壳中的矿物自然集合体，在现代技术经济水平条件下，能以工业规模从中提取国民经济所必需的金属或其他矿物产品者，称为矿石。

矿石一般由矿石矿物和脉石矿物组成。矿石矿物是指矿石中可被利用的金属或非金属矿物，也称有用矿物。如铬矿石中的铬铁矿，铜矿石中的黄铜矿、斑铜矿、辉铜矿和孔雀石，石棉矿石中的石棉等。脉石矿物是指那些与矿石矿物相伴生的、暂不能利用或无用的矿物。如铬矿石中的橄榄石、辉石，铜矿石中的石英、绢云母等，石棉矿石中的白云石和方解石等。在金属矿床中，脉石矿物主要是非金属矿物，也包括一些金属矿物，因无综合利用价值，也称脉石矿物。矿石中所含矿石矿物和脉石矿物的分量比，随不同金属矿石而异。在同一种矿石中亦随矿石贫富品位不同而有所差别。在许多金属矿石中，脉石矿物的分量往往远远超过矿石矿物的分量。因此，矿石在冶炼之前，须经选矿弃去大部分脉石矿物后才能冶炼。

矿石矿物按矿物含量的多寡可分为：

（1）主要矿物。指在矿石中含量较多、且在某一矿种中起主要作用的矿物。

（2）次要矿物。指矿石中含量较少、对矿石品位不起决定作用的矿物。

（3）微量矿物。指矿石中一般含量很少，对矿石不大起作用的矿物。矿石中某些特征元素矿物，如镍矿石中微量铂族元素矿物，虽含量较少，但有较高的综合利用价值，这类微量矿物仍有较大的经济意义。

在研究矿石的矿物组成时，还应区分矿物的成因（原生的、次生的、变质的）和矿物的工艺特征（易选冶的、难选冶的）等。

矿石中除主要组分外，还伴生有益组分和有害组分。有益组分是可回收的伴生组分或能改善产品性能的组分。如铁矿石中伴生有锰、钒、钴、铌和稀土金属元素等。有害组分对矿石质量有很大影响，如铁矿石中含硫高，会降低金属抗张强度，使钢在高温下变脆；含磷多了又会使钢在冷却时变脆等。

矿石的概念是相对的，随着人类对新矿物原料要求的不断增长和工艺技术条件的不断提高，在一定技术经济条件下被认为是无用的矿物也可能成为有用矿物，一些非矿岩石或废弃物也会成为有价值的矿石。

在矿产勘查中，常用的边界品位是划分矿与非矿界线的最低品位。工业品位是指在当前能供开采利用矿段或矿体的最低平均品位，又称最低工业品位，只有达到此品位才能计算工业储量。

矿石中金属元素或有用组分的含量的表示方法不同，大多数金属矿石，如铁、铜、铅、锌等矿石，是以其中金属元素含量的质量百分比表示；有些金属矿石品位是以其中的氧化物（如 WO_3、V_2O_5 等）的质量百分比表示；大多数非金属矿物原料是以其中有用矿物或化合物的质量百分比表示，如钾盐、明矾石等；有些非金属矿物则取决于矿物本身的物理、化学特性，如水晶及宝石类；贵金属矿石以 10^{-6}（百万分之一）以及克/吨（g/t）表示；原生金刚石矿石以"克拉/t"或"mg/t"表示（1 克拉 = 0.2g）；砂矿以"g/m^3"或"kg/m^3"表示。对不同矿种的矿石工业品位要求是不同的，矿种虽同，但矿石类型不一，工业品位要求也有差别。对矿石的工业品位要求是随经济技术进步而改变的，一般来说，工业品位取决于以下因素：矿床规模、开采条件、矿石综合利用的可能性、矿石的工艺条件等。

6.4.2 矿石结构

矿石结构是指矿石中矿物颗粒大小形态以及空间分布显示的特征。主要是在显微镜下观察矿物的结晶形态（自形、半自形、它形晶）、矿物粒度大小、不同矿物之间空间位置关系、溶蚀等特征。矿石结构的形成不仅受到组成矿物的晶体结构和化学组分的影响，还受到形成环境的制约。即使是相同矿物在不同的成矿条件下也会形成不同的矿石结构。通过对矿石结构的研究，可以帮助查明和解决矿物共生关系、矿床生成的物理化学条件和矿床成因等问题，以及合理选择矿石的加工技术和选矿方法。

6.4.2.1 常见矿石结构类型

常见矿石结构类型参见附录 3，分为 28 种。

（1）自形晶粒状结构。矿石中金属矿物呈现较好的晶形。形成自形晶粒状的矿物多为结晶生长力强的矿物，如磁铁矿、铬铁矿等。多为岩浆结晶作用形成。

（2）半自形晶粒状结构。矿石由一种或多种矿物组成，其中矿物的含量50%以上，其晶粒具有部分完整的晶面。

（3）它形晶粒状结构。矿石矿物呈不规则粒状，不具有完好晶面，表现为同时结晶的矿物晶粒互相占据空间或结晶晚于其他矿物的矿物形状受到粒间空隙的限制。

（4）包含结构。在一种晶体矿物中包含有同种或另一种细小晶体的矿物。在结晶早期，液相在温度较快下降且强烈过饱和时出现多结晶中心，形成细粒自形晶状矿物；温度下降缓慢形成较大颗粒包裹早先形成的细小矿物，形成包含结构。

（5）海绵陨铁结构。他形金属矿物充填在自形硅酸盐矿物晶隙之间。这是在岩浆结晶分异过程中金属矿物晚于硅酸盐矿物结晶形成的典型结构。

（6）斑状结构。金属矿物颗粒较大、晶形较好、分布在较细小矿物组成的基质中。其中呈斑晶的矿物结晶较早，细粒基质结晶较晚。

（7）交代溶蚀结构。晚生成的矿物沿早生成的矿物的边缘、裂隙、解理等部位进行的溶蚀交代现象。晶粒边缘不平整、锯齿状、港湾状等。交代矿物呈楔状、星状出现在被交代矿物中。

（8）交代反应边结构。交代作用发生在矿物晶体周边时，交代矿物在被交代矿物边缘形成镶边结构。

（9）交代残余结构。交代矿物中残留一些被交代矿物的不规则状、岛状等残余体。各残余体之间的结晶方位多具一致性，可大致恢复被交代矿物颗粒轮廓。

（10）骸晶结构。早期结晶具有较完整晶形的矿物，被后生成的矿物从晶体内部向边部进行溶蚀交代，保留被交代晶形残骸外形者。

（11）乳滴状结构。一种矿物（客矿物）在另一种矿物（主矿物）中呈乳滴状颗粒分布。在高温下形成的固溶体矿物在温度缓慢下降达到共析点以下时，发生固溶体两相分离的现象。

（12）文象结构。由固溶体分离出来的独立晶体的客矿物沿主矿物晶粒内结构裂隙分布，呈文字或蠕虫状。主矿物与客矿物接触边界平整无交代溶蚀现象。

（13）叶片状结构。沿主矿物的解理、裂理或双晶结合面等方向分离出的客矿物呈叶片状、板状晶体定向排列的现象。有叶片格子结构和叶片结状结构。这由高温环境形成的固溶体在温度下降缓慢时分离完全所致。

（14）假象结构。交代溶蚀作用进行彻底，早生成的矿物被后来的矿物全部交代但保留原来矿物的晶形轮廓。

（15）交错结构。在被交代的矿物边缘或解理裂隙中，有交代矿物的细脉交错穿插。这些细脉宽窄不一脉壁不规则，脉与脉之间有分叉、汇合现象。

（16）碎屑结构。化学性质稳定的金属矿物呈机械碎屑存在。有砾状、砂状、泥状结构。

（17）胶结结构。金属矿物呈胶结物状态出现。被胶结的多为石英等矿物碎屑或晶屑。

（18）草莓状结构。是生物化学作用形成。如黄铁矿草莓状结构是铁细菌与 H_2S 反应形成的。

（19）花岗变晶结构。重结晶矿物近于等粒状紧密相嵌。呈浑圆状、多角状、半自形状晶粒等。

（20）斑状变晶结构。大小不等的矿物结晶颗粒呈斑晶。斑晶和基质基本上同时形成，且无交代溶蚀现象。若细粒及粗粒变晶的数量相差不大，分布无规律，则称为不等粒变晶结构。

（21）包含变晶结构。一种矿物的粗大变晶中包含着细小的自形变晶。有自形变晶、半自形变晶、它形变晶结构等。

（22）花岗压碎结构。当脆性矿物受到压力后产生大小不等碎块以及裂缝或小位移。在裂缝中有塑性矿物存在。碎块是同一种矿物晶屑，大多碎屑能各自拼成一完整矿物晶形。

（23）放射状结构。矿石中纤维状、针状矿物晶体由中心向外成放射状排列。

（24）鳞片变晶结构。矿物呈鳞片状定向排列。在较高温度下重结晶矿物在定向压力下形成。

（25）揉皱结构。矿物受力作用后产生塑性变形、解理缝弯曲等现象。

（26）塑性流变结构。矿物在压力作用下发生晶形弯曲变形，形成矿物显微褶曲、拖尾状等现象。

（27）压力影结构。在剪应力作用下，矿石中硬度大的矿物残粒不易发生变形，在残粒周围形成的空隙常为压溶物质、基质残余物充填，形成椭圆形或不对称眼球状压力影。

（28）斑状压碎结构。被压碎的矿物晶屑颗粒大小相差较大，在细小晶屑碎块中有较大的晶屑碎块出现。

6.4.2.2 金属矿石结构的成因特点

有些金属矿石结构可以出现在不同成因中（表6-3）。矿物的各种结构类型对选矿工艺会产生不同的影响，如交代作用形成的交代溶蚀状、残余状、结状等交代结构的矿石，有用矿物的解离度差，选矿要彻底分离它们是比较困难的。压碎状一般有利于磨矿及单解离。格状等固溶体分离结构，由于接触边界平滑也比较容易分离，但对于呈细小乳滴状的矿物颗粒，要分离出来就非常困难。其他如粒状（自形晶、半自形晶、他形晶）、交织状、海绵晶铁状等结构，除矿物成分复杂、结晶颗粒细小者外，一般比较容易选别。

表6-3 金属矿石结构的主要成因类型

成　因	矿石结构类型
岩浆结晶、熔离作用	自形粒状结构、半自形粒状结构、它形粒状结构、海绵陨铁结构、斑状结构、似斑状结构、包含结构、共熔边结构、嵌晶结构、填隙结构、胶状结构
热液交代作用	自形粒状结构、半自形粒状结构、它形粒状结构、斑状结构、似斑状结构、溶蚀结构、反应边结构、交代残余结构、骸晶结构、乳滴状结构、交错结构等
固溶体分离作用	乳滴状结构、叶片状结构、格子状结构、结状结构、文象结构、自形、半自形、它形晶结构等
沉积作用	碎屑结构、凝灰结构、胶结结构、生物结构、草莓状结构
胶体重结晶作用	自形变晶结构、不等粒变晶结构、花岗变晶结构、放射状变晶结构
变质作用	花岗压碎结构、花岗等粒结构、花岗变晶结构、鳞片变晶结构、嵌晶结构、填隙结构、糜棱结构、揉皱结构等

6.4.3 矿石构造

矿石构造是指矿石中各种矿物集合体的形状、大小和空间分布的关系，强调有用矿物和矿物集合体特征。

6.4.3.1 常见的矿石构造类型

常见的矿石构造类型参见附录3，分为17种。

（1）块状构造。矿石致密而无空洞。金属矿物含量在80%以上，矿物颗粒粒径差别不大且分布无方向。在内生、外生、变质作用的各类矿石中都可出现。此类构造为富矿石。

（2）浸染状构造。矿石矿物含量低于30%，呈星散状、不规则状分布在矿石中，脉石矿物含量高呈致密状分布。金属矿物含量在40%~80%，无定向排列者为稠密浸染状构造。

（3）斑杂状构造。矿石矿物呈等粒斑点分布。斑点大小比较接近（0.5~1.0cm）且含量在50%以下者，为斑点状构造；斑点大小不一，不规则分布于脉石矿物，有的部位稠密，有的部位稀疏，称为斑杂状构造。

（4）豆状构造。铬铁矿矿物集合体组成致密的球（瘤）状（直径多为 $1\sim3cm$）或豆状（直径 $0.5\sim1cm$），分布在橄榄岩（基质）中。

（5）条带状构造。金属矿物与脉石矿物呈条带相间排列，大致沿一个方向延长状分布。金属矿物的条带有一定连续性。相互平行、宽窄不一。在岩浆矿石中，铬铁矿矿石条带状构造是由自形的铬铁矿和橄榄石集合体构成黑绿相间的"互层状"。在变质作用形成的条带状中矿物出现变形、定向排列。

（6）脉状、交错脉状及网脉状构造。矿物集合体呈延长的脉状分布于矿石或围岩中，脉体由一种或多种矿物组成。如果两组脉相互交切则称为交错脉状构造；如果几组不规则的脉交切成网状则称为网脉状构造。

（7）角砾状构造。围岩或早期形成的矿石碎块，被后期的矿物集合体所胶结，形成角砾状构造。火山角砾状构造为：围岩或同源岩浆早期凝结的岩屑呈角砾状被胶结物。

（8）火山气孔状、气管状和杏仁状构造。含矿火山岩浆在喷溢时外压力骤降，引起气体逸散形成气孔状和气管状构造。若气孔被石英、方解石等矿物所充填时，为杏仁状构造。

（9）晶洞或晶簇状构造。在矿体、围岩或矿石的空洞中生长着具有自形、半自形的矿物集合体，保留有部分空洞的为晶洞构造；晶洞内矿物晶体群为晶簇状构造。当含矿热液沿裂隙充填，多组晶体垂直裂隙两壁，分别向中间作对称有规律生长，形似梳子，称为梳状构造。

（10）交代残余构造。若含矿热液沿围岩裂隙交代，其中残留围岩或早期形成的矿石块体，称为交代残余构造。

（11）胶状构造。胶体溶液在沿围岩或原生矿体的裂隙下渗过程中，不断地凝聚沉淀，形成具有同心圆状或者多层互相平行弯曲外形的非晶质致密状集合体。根据粒径可划分鲕状（$<2mm$）、肾状、葡萄状、钟乳状、同心圆状构造等。

（12）多孔状和蜂窝状构造。在风化作用中，矿石内易溶组分（矿物）被带走，难溶组分（矿物）形成骨架，矿石呈疏松多孔。形似蜂窝者可称为蜂窝状构造。

（13）结核状构造。多数形成于较鲕粒、肾体更深的海或湖盆地中，含矿胶体溶液围绕碎屑凝聚成大小不等的球形、椭球形及不规则状的独立结核体。

（14）草莓状构造。通常是指由黄铁矿组成的草莓状集合体，因其形如草莓而得名。

（15）土状构造。矿物集合体呈疏松粉末状、被膜状。

（16）层状构造。由不同颜色、成分和结构的矿物集合体，分别平行于层理方向成层分布，有时可出现斜层理或交错层理。

（17）片状构造和片麻状构造。片状、板状和柱状、针状矿物呈定向排列形成片状构造。矿石矿物集合体成定向排列在矿石中，与脉石矿物呈相间断续分布，称为片麻状构造。

（18）皱纹状构造。原生条带状或层状及层纹状构造的矿石，在变质作用过程中发生褶皱形成皱纹状构造。如果片理或片麻理发生褶曲称为褶曲构造。

（19）变余构造。变质岩中保留了原岩构造，如变余层理构造、变余气孔构造等。

（20）变成构造。变质结晶和重结晶作用形成的构造，如板状、片状、千枚状、片麻状、条带状、块状构造等。

6.4.3.2 金属矿石构造的主要成因类型

岩浆成因的矿石构造特点是，矿物集合体为晶质的，一般无溶蚀接触边缘。矿石成分与母岩成分基本相同。以块状、浸染状、豆状、斑杂状构造常见。火山成因的矿石构造特点是矿物集合体为晶质、隐晶质和少量非晶质。具有角砾状、晶洞或气孔状构造。热液作用的矿石构造有充填型和交代型。充填型矿石构造受裂隙控制，与脉石矿物界限清晰。交代型矿石构造边界曲折、模糊不清等，主要构造有块状、网脉状、浸染状、条带状、交代残余构造等；沉积矿石构造特点与沉积岩的构造相当，典型结构有层状、鲕状、结核状、草莓状构造等。变质矿石构造的主要特点是矿物集合体为晶质，形态不规则，多呈拉长、碎裂、弯曲变形或塑性流动，定向排列，有时保留原生矿石的某些特点。常见矿石构造有条带状、变余、片状（片麻状）、皱纹（褶曲）构造等。不同成因的矿石构造见表6-4。

表 6-4 金属矿石构造的主要成因类型

成矿作用	矿石构造类型
岩浆结晶分异作用	斑杂状、流层状、条带状、浸染状、块状
岩浆熔离作用	豆状、浸染状、块状、斑点状、细脉-浸染状
火山作用	角砾状、脉状、浸染状、块状、气孔状、流纹状、浸染状
伟晶作用	脉状、浸染状、块状、交代残余、交代假象、晶洞状等
热液作用	脉状、块状、浸染状、细脉-浸染状、残留-假象、交代条带状、角砾状
胶体化学沉积作用	鲕状、肾状、豆状、结核状、胶状、似层状、块状、透镜状
生物化学沉积作用	纹层状、浸染状、角砾状鲕状、块状、条带状、草莓状、透镜状
火山沉积作用	纹层状、条带状、角砾状、鲕状、块状、团块状、浸染状
风化作用	蜂窝状、葡萄状、结核状、豆状、皮壳状、土状和粉末状、脉状、角砾状、浸染状等
接触变质作用	斑点状、块状、浸染状、变余状、条带状
动力变质作用	块状、条带状、片状、片麻状、变余状、褶曲状等

6.4.4 矿石类型

6.4.4.1 矿石成因类型

依据形成矿石的地质作用类型划分，这种分类与矿床成因分类一致。一般分成岩浆型、伟晶岩型、火山岩型、风化型、沉积型、变质型矿石等。

6.4.4.2 矿石自然类型

矿石自然类型按照矿石结构构造、矿物共生组合、主元素和有害元素高低、氧化程度等自然特性划分。是研究矿石质量特征、矿石矿物内部结构构造，进行矿石加工技术试验，划分工业类型和技术品级的依据。如按照矿石结构可划分为块状矿石、浸染状矿石、条带状矿石等；按照氧化程度可划分为原生矿石、氧化矿石、混合矿石等；按照有用矿物赋存状态可划分为微细浸染型矿石、离子吸附型等。

6.4.4.3 矿石工业类型

矿石工业类型是在划分矿石自然类型基础上，根据加工技术实验结构和加工处理的需要，为经济合理利用矿产资源，将采选冶方法及工艺流程不同的矿石，按工业要求划分工业类型。进行矿石工业类型划分是主要考虑以下几个方面：

（1）根据共生矿物的种类，可以划分为单一矿石、共生矿石、综合矿石等。如铁矿石、钒钛磁铁矿石，单铜矿石、铜金矿石、铜铅锌矿石、铜钼矿石、铜锡矿石等。他们的选矿处理方法各不同，需区别对待。

（2）根据有用组分高低，矿石可划分为富矿石、贫矿石。

（3）根据矿石结构构造划分，可分为块状矿石、浸染状矿石等。

（4）根据含矿岩石、围岩性质以脉石的成分划分，如金矿石的石英脉型、蚀变岩型、再如含铜砂岩、含铜页岩等。由于岩石或脉石成分不同，采用的选矿工艺技术、药剂以及选矿指标、效果等，有较大差异。

（5）根据选矿的难易程度，可划分为易选矿石（精矿品位高于国家或行业规定的最低要求，回收率大于90%）、较易选矿石（精矿品位高于国家或行业规定的最低标准，回收率在70%~90%）、难选矿石（精矿品位达到国家或行业规定标准，回收率在50%~70%）。

6.4.4.4 矿石工艺类型

矿石工艺类型是按矿石工艺性质的差别，对矿石所做的分类。目的是为制定选冶工艺流程提供可靠依据。矿石工艺类型是在矿石自然类型基础上，通过研究矿石物质成分进行划分。有时与矿石工业类型相似，有时有所不同。

6.4.5 矿石类型划分

金属矿床的矿石类型以自然类型、成因类型和工业类型划分。以铁矿石、金矿石、铜矿石为例，说明金属矿石类型划分的重要性。

6.4.5.1 铁矿石分类

铁矿石是指岩石（或矿物）中 TFe 含量达到最低工业品位要求。按照矿物组分、结构、构造和采、选、冶及工艺流程等特点，铁矿石可分为自然类型和工业类型两大类。

（1）自然类型。

1）根据含铁矿物种类可分为磁铁矿石、赤铁矿石、假象或半假象赤铁矿石、钒钛磁铁矿石、褐铁矿石、菱铁矿石以及由其中两种或两种以上含铁矿物组成的混合矿石。

2）按有害杂质（S、P、Cu、Pb、Zn、V、Ti、Co、Ni、Sn、F、As）含量的高低，可分为高铁矿石、低硫铁矿石、高磷铁矿石、低磷铁矿石等。

3）按结构、构造可分为浸染状铁矿石、网脉浸染状矿石、条纹状矿石、条带状矿石、致密块状、角砾状矿石，以及鲕状、豆状、肾状、蜂窝状、粉状、土状矿石等。

4）按脉石矿物可分为石英型、闪石型、辉石型、长石型、绢云母绿泥石型、夕卡岩型、阳起石型、蛇纹石型、铁白云石型和碧玉型铁矿石等。

（2）工业类型。

1）工业上能利用的铁矿石。包括炼钢用铁矿石、炼铁用铁矿石、需选铁矿石。

2）工业上暂不能利用的铁矿石。矿石含铁量介于最低工业品位与边界品位之间。

（3）工业质量要求。

1）炼钢用铁矿石（原称平炉富矿）。矿石入炉块度要求：平炉用铁矿石 50~250mm；电炉用铁矿石 50~100mm；转炉用铁矿石 10~50mm。直接用于炼钢的矿石质量（适用于磁铁矿石、赤铁矿石、褐铁矿石）。

2）炼铁用铁矿石（原称高炉富矿）。矿石入炉块度要求：一般为 8~40mm。

炼铁用铁矿石，按造渣组分的酸碱度可划分为碱性矿石（$(CaO+MgO)/(SiO_2+Al_2O_3)>1.2$）、自熔性矿石（$(CaO+MgO)/(SiO_2+Al_2O_3)$ 在 $0.8~1.2$）、半自熔性矿石（$(CaO+MgO)/(SiO_2+Al_2O_3)=0.5~0.8$）、酸性矿石（$(CaO+MgO)/(SiO_2+Al_2O_3)<0.5$）。酸性转炉炼钢生铁矿石 $P≤0.03\%$；碱性平炉生铁矿石 $P≤0.03\%~0.18\%$；碱性侧吹转炉炼钢生铁矿石 $P≤0.2\%~0.8\%$；托马斯生铁矿石 $P≤0.8\%~1.2\%$；普通铸造生铁矿石 $P≤0.05\%~0.15\%$；高磷铸造生铁矿石 $P≤0.15\%~0.6\%$。

（4）需选铁矿石。对于含铁量较低或含铁量虽高但有害杂质含量超过规定要求的矿石或含伴生有益组分的铁矿石，均需进行选矿处理，选出的铁精矿经配料烧结或球团处理后才能入炉使用。

需经选矿处理的铁矿石要求：磁铁矿石 $w(TFe)≥25\%$，$w(Fe)≥20\%$；赤铁矿石 $w(TFe)≥28\%~30\%$；菱铁矿石 $w(TFe)≥25\%$；褐铁矿石 $w(TFe)≥30\%$。

对需选矿石的工业类型划分通常以单一弱磁选工艺流程为基础，采用磁性铁占有率来划分。根据我国矿山生产经验，其一般标准是：矿石类型 $w(Fe/TFe)/\%$：单一弱磁选矿石 $≥65$；其他流程选矿石 <65；对磁铁矿石、赤铁矿石也可采用另一种划分标准：$w(Fe/TFe)≥85$，磁铁矿石；$w(Fe/TFe)$ $85~15$，混合矿石；$w(Fe/TFe)≤15$，赤铁矿石。

6.4.5.2　金矿石

金矿石是指含有金元素或金化合物的矿石，能经过选矿成为含金品位较高的金精矿或者说是金矿砂。金精矿需要经过冶炼提成，才能成为精金及金制品。

金矿石主要类型：破碎带蚀变岩型、石英脉型、多金属硫化物-金矿石、微细浸染型、红土型、铁帽型、砂金矿型。

根据选矿实际情况，可将金的矿石划分为贫硫化物金矿石、多硫化物金矿石、含金多金属矿石、含碲化金金矿石、含金铜矿石等。

应根据各类型矿石的特点，采用重选、混汞、浮选、氰化、硫脲、炭浆和树脂吸附等技术中的一种或多种综合性工艺选别金矿石。

6.4.5.3　铜矿石

铜矿石是铜元素主要以化合物形式，少数以单质形式存在的矿物形态。自然界中的含铜矿石有 200 多种。常见的铜矿石可分为自然铜、硫化矿和氧化矿三种类型。自然铜在自然界中很少，主要是硫化矿和氧化矿。

铜硫化矿石是主要的炼铜原料。主要硫化矿物有黄铜矿、斑铜矿、辉铜矿，还有黄铁矿、闪锌矿、方铅矿、镍黄铁矿等。铜矿石中的脉石主要为石英，其次为方解石、长石、云母、绿泥石、重晶石等。脉石主要成分为 SiO_2、CaO、MgO、Al_2O_3 等。铜矿石中还含有少量的砷、锑、铋、钴、硒、碲、金、银等。

　　铜的氧化矿石，以孔雀石、蓝铜矿以及褐铁矿、赤铁矿和菱铁矿等为主。

　　按脉石的性质，分为酸性矿、碱性矿和中性矿；酸性矿石含石英石（SiO_2）多，碱性矿石含石灰石等碱性氧化物（如 CaO、MgO）多。

　　按含铜品位，分为富矿（$w(Cu) > 2\%$）、中等矿（$w(Cu) = 1\% \sim 2\%$）和贫矿（$w(Cu) < 1\%$）。

　　按伴生有益组分，可分为铜-金、铜-铅锌、铜-钼、铜-镍、铜-钴、铜-镍-铂族等矿石类型。

7 金属矿床

7.1 矿床分类

7.1.1 矿床的主要工业指标

矿床是在地壳中由地质作用形成的，现有经济技术条件下可被利用的有用矿物的聚集体，具有地质的和经济的双重含义。判断矿床的基本条件：（1）有用元素或有用矿物的含量要达到最低可采品位或品级。（2）矿石工艺性质，现有工艺技术可将有用组分提取出来。（3）矿体的形状和内部结构、埋藏深度、赋存条件，能够被开采出来。（4）矿床规模，指可采矿石的储藏量。（5）具有经济价值。

上述条件的综合分析和评价决定着一个矿床的经济价值。矿床的主要工业技术指标：

（1）边界品位。在圈定矿体时对单个样品有用组分含量的最低要求，是划分矿体与围岩的分界指标。

（2）最低工业品位。对工业可采矿体、块段或单个工程中有用组分平均含量的最低要求。是划分矿石品级、区分工业矿体与非工业矿体的分界指标。

（3）综合工业品位。在某些矿床或矿体中，有两种以上矿产，其中任何一种都达不到各自单独的工业品位要求，可按等价原则，将其折算为某一主组分的等价品位，或是按几种矿产品的综合价格制定综合工业品位，并据此确定相应的综合边界品位。

（4）矿体最小可采厚度。在一定技术经济条件下有开采价值的单层矿体的最小厚度。它是区分能利用储量与暂不能利用储量的标准之一。夹石剔除厚度：在储量计算圈定矿体时，允许夹在矿体中间非工业矿石（夹石）部分的最小厚度。大于这一厚度的夹石予以剔除，小于此厚度的夹石则合并于矿体中连续采样计算储量。

（5）共（伴）生组分综合利用指标。与主要有用组分共（伴）生的具有综合利用价值的其他有用组分的最低含量。共生有用组分多为类质同象。

（6）有害杂质平均允许含量。指块段或单工程中对产品质量和加工过程起不良影响组分的最大允许含量。

（7）最低工业米百分率。它是对矿体厚度（m）与品位（%）乘积要求的综合指标。在贵金属矿床中采用最低工业米克吨值（$m \cdot g/t$）。用于圈定厚度小于最小可采厚度而品位高于最低工业品位的薄而富矿体。当厚度与平均品位乘积等于或大于此指标时可圈定为工业可采矿体。所计算储量为表内储量，否则划入表外储量。

（8）精矿质量要求。由国家（或工业主管部门、或企业）颁发的精矿产品技术标准。规定精矿中有用组分含量、有害杂质的限量。达不到精矿质量要求的矿石，不能列入能利用（表内）矿石。

（9）矿石或矿物的物理技术性能方面的要求。评价某些矿产时，除对矿石或矿物的品位提出要求外，还要对其物理技术性能进行测定，作为矿石质量评价的一项重要指标。如耐火黏土的耐火度，云母的片度、剥分性和电绝缘性能，石棉纤维的长度、劈分性、抗拉强度、耐热、耐酸、耐碱性能，装饰用大理岩的块度、色泽花纹和力学性能等。

（10）矿产资源储量。指经过矿产资源勘查和可行性评价工作获得的矿产资源蕴藏量。包括矿石量和有用组分的储量。

1）储量。指基础储量中的经济可采部分。在预可行性研究、可行性研究或编制年度采掘计划时，经过了对经济、开采、选冶、环境、法律、市场、社会和政府等诸因素的研究及相应修改，结果表明在当时是经济可采或已经开采的部分，用扣除了设计、采矿损失的可实际开采数量表述。依据地质可靠程度和可行性评价阶段不同，又可分为可采储量和预可采储量。

2）基础储量。是查明矿产资源的一部分。它能满足现行采矿和生产所需的指标要求（包括品位、质量、厚度、开采技术条件等），是经详查、勘探所获控制的、探明的，并通过可行性研究、预可行性研究，认为属于经济的、边际经济的部分，用未扣除设计、采矿损失的数量表述。

3）资源量。指查明矿产资源的一部分和潜在矿产资源。包括经可行性研究或预可行性研究证实为次边际经济的矿产资源、经过勘查而未进行可行性研究或预可行性研究的内蕴经济的矿产资源，以及经过预查后预测的矿产资源。

目前我国根据地质勘查可靠程度、经济意义、可行性研究程度对储量进行分类（见图7-1和表7-1）。

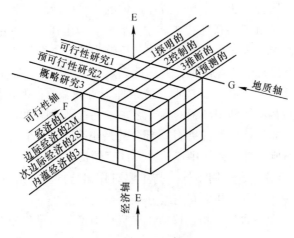

图7-1　固体矿产资源/分类

表7-1　中国固体矿产资源分类与编码表

大类	类型	编码	含义
储量	可采储量	111	探明的经可行性研究的经济的基础储量的可采部分
	预可采储量	121	探明的经预可行性研究的经济的基础储量的可采部分
	预可采储量	122	控制的经预可行性研究的经济的基础储量的可采部分

大类	类 型	编码	含 义
基础储量	探明的（可研）经济基础储量	111b	探明的经可行性研究的经济的基础储量
	探明的（预可研）经济基础储量	121b	探明的经预可行性研究的经济的基础储量
	控制的经济基础储量	122b	控制的经预可行性研究的经济的基础储量
	探明的（可研）边际经济基础储量	2M11	探明的经可行性研究的边际经济的基础储量
	探明的（预可研）边际经济基础储量	2M21	探明的经预可行性研究的边际经济的基础储量
	控制的边际经济基础储量	2M22	控制的经预可行性研究的边际经济的基础储量
资源量	探明的（可研）次边际经济资源量	2S11	探明的经可行性研究的次边际经济的资源量
	探明的（预可研）次边际经济资源量	2S21	探明的经预可行性研究的次边际经济的资源量
	控制的次边际经济资源量	2S22	控制的经预可行性研究的次边际经济的资源量
	探明的内蕴经济资源量	331	探明的经概略（可行性）研究的内蕴经济的资源量
	控制的内蕴经济资源量	332	控制的经概略（可行性）研究的内蕴经济的资源量
	推断的内蕴经济资源量	333	推断的经概略（可行性）研究的内蕴经济的资源量
	预测资源量	334?	潜在矿产资源

注：表中编码，第1位表示经济意义，即1＝经济的，2M＝边际经济的，2S＝次边际经济的，3＝内蕴经济的；第2位表示可行性评价阶段，即1＝可行性研究，2＝预可行性研究，3＝概略研究；第3位表示地质可靠程度，即1＝探明的，2＝控制的，3＝推断的，4＝预测的。其他符号：?＝经济意义未定的，b＝未扣除设计、采矿损失的可采储量。

7.1.2 矿床分类

7.1.2.1 矿床的成因分类

矿床是地质作用的产物。成矿作用是指在地球的演化过程中，使分散在地壳和上地幔中的化学元素，在一定的地质环境中相对富集而形成矿床的作用。按照形成矿床的地质作用类型可划分为内生作用、外生作用和变质作用（表7-2）。内生成矿作用是由地球内部热能影响形成矿床的地质作用，有岩浆成矿作用、伟晶成矿作用、热液成矿作用和接触交代成矿作用；外生成矿作用的能量来自地球外部，为太阳能、大气、水和生物等产生的、导致在地壳表层形成矿床的各种地质作用，有风化成矿作用、沉积成矿作用。变质成矿作用是在内生或外生作用形成的岩石或矿石受到构造运动或热事件作用改造重新形成的矿床，有区域变质成矿作用、热变质成矿作用。在地壳演化过程中，内生作用和外生作用也在不断发展变化，各种作用形成的矿物也处于相互转化中。一个矿床受到多种作用叠加改造形成，称为叠加成矿作用。

表7-2 矿床成因分类

成矿作用	矿床类型	矿床亚类	矿床实例
内生作用	岩浆矿床	岩浆分结矿床 岩浆熔离矿床 岩浆爆发矿床 岩浆喷溢矿床	攀枝花钒钛磁铁矿床 金川铜镍矿床 瓦房店金刚石矿床

续表 7-2

成矿作用	矿床类型	矿床亚类	矿床实例
内生作用	伟晶岩矿床	伟晶岩矿床	可可托海稀有金属矿床
	热液矿床	斑（玢）岩型矿床 矽卡岩型矿床 高中温热液矿床 低温热液矿床	德兴铜矿床 金山店铁矿 赣南钨矿床、玲珑金矿床 锡矿山锑矿床
	热水喷流矿床	火山成因的块状硫化物矿床 沉积岩中的块状硫化物矿床	红透山铜矿床 东升庙铅锌矿床
外生作用	风化矿床	残积和坡积矿床 残余矿床、淋积矿床	红土型镍矿 离子吸附型稀土矿
	沉积矿床	机械沉积矿床 蒸发沉积矿床 化学沉积矿床 生物化学沉积矿床 可燃性有机（岩）矿床	砂金矿床 盐类矿床 宁乡铁矿、下雷锰矿 碳硅泥岩型铀矿
变质作用	变质矿床	接触变质矿床 沉积变质矿床 混合岩化矿床	鞍山式铁矿床、绿岩型金矿 翁泉沟硼镁铁矿床

7.1.2.2 矿床工业类型分类

矿床工业类型分类是按照某种矿产的来源、在工业上的使用价值、采选、冶金等加工工艺方面特征进行划分。目前我国矿产资源分为以下类别：

（1）金属矿产。1）黑色金属矿产。包括铁、锰、铬、钛、钒等。2）有色金属矿产。包括铜、铅、锌、钴、镍、铝、镁、钨、钼、锡、锑、铋、汞等。3）贵金属矿产。包括金、银、铂族金属（铂、钌铑钯锇铱）。4）稀有稀土金属矿产。稀有金属矿床包括铌、钽、锂、铍、锆、锶、铷、铯等；稀土金属矿床包括钇、镧、镨、钕、钐、铕、镝等；分散金属矿床包括锗、镓、铟、铼、镉、铊、硒、碲等。5）放射性矿产包括铀、钍等。

（2）非金属矿产。1）冶金辅助原料矿产。包括菱镁矿、耐火黏土、萤石、蓝晶石、红柱石、矽线石、溶剂石灰岩、冶金用白云岩矿床等。2）化学工业原料矿产。包括硼、磷、自然硫、硫铁矿、明矾石、芒硝、重晶石、钠硝石、毒重石、天然碱、灰岩、白云岩矿床等。3）工业制造原料矿产。包括石墨、金刚石、云母、石棉、刚玉、重晶石矿床等。4）陶瓷及玻璃工业原料矿产。长石、石英、高岭土、膨润土矿床等。5）建筑及水泥原料矿产。石灰岩、石膏、花岗岩、大理岩、砂岩等。6）宝玉石材料矿产。包括硬玉（翡翠）、透闪石玉（羊脂玉等）、玛瑙、金刚石、绿松石、红蓝宝石（刚玉）、电气石、孔雀石、蛇纹石（岫岩玉等）、叶蜡石、绿柱石等。

（3）可燃有机矿产。1）固体燃料矿产。包括煤、油页岩、可燃冰等。2）液体燃料矿产。石油。3）气体燃料矿产。天然气、页岩气。

（4）地下水资源。1）地下饮用水、温泉、矿泉水等。2）地下气资源。包括地下二氧化碳气、氦气和氧气、地下硫化氢气等。

7.2 金属矿床成因类型

7.2.1 岩浆型矿床

7.2.1.1 岩浆型矿床地质特征

岩浆是形成于上地幔或地壳深处的，以硅酸盐为主要成分并富含挥发组分的高温的熔融体。岩浆的温度一般在 $900\sim1200℃$ 之间，最高可达 $1400℃$。硅酸盐是岩浆的主要成分，SiO_2 的含量在 30% 到高于 66%；金属氧化物如 Al_2O_3、Fe_2O_3、FeO、MgO、CaO、Na_2O 等占 $20\%\sim60\%$。其他如重金属、轻金属、稀有金属及放射性元素等，它们的总量不超过 5%。在地壳深处或上地幔岩浆冷凝过程中，岩浆中有用组分析出、聚集和定位的过程称为岩浆成矿作用。

岩浆矿床地质特征：（1）矿床形成的深度、温度范围变化很大；（2）矿床在成因上与超基性、基性岩以及碱性岩有关，成矿作用与成岩作用在空间、时间上具有一致性，铬铁矿床常产于富镁质超基性岩，Cu-Ni 硫化物矿床产于富铁质基性-超基性岩，钒钛磁铁矿床产于富铁质基性岩；（3）矿体产于侵入体内部或附近围岩中，矿体与围岩接触关系为渐变或突变。矿体形态呈不规则状，有层状、似层状、透镜状、脉状、柱状等；（4）岩浆矿床中矿石矿物以氧化物为主，其次是硫化物和磷酸盐，主要矿石矿物有自然铂、自然钯、砷铂矿、黄铁矿、黄铜矿、镍黄铁矿、硫铑矿、钛铁矿、钛铁尖晶石、磁铁矿、铬铁矿等，脉石矿物主要是橄榄石、辉石、斜长石等。（5）岩浆矿床成矿元素主要有 Fe、Ni-Cu、Cr、Pt 族元素（Pt、Pd、Os、Ir、Rh、Ru）、Mn 等。在岩浆分异结晶作用中，钛、镍、锆、铂族元素以及磷等富集成矿，较丰富的微量元素锂、铷、硼、锶、钪、稀土、铌钽、钨、钼、钒、铀、钍、金银、锗、锡等以类质同象形式存在于矿物中。根据成矿作用的方式和特点，岩浆成矿作用主要可分为结晶分异成矿作用、熔离成矿作用、岩浆喷发与喷溢成矿作用。

7.2.1.2 岩浆结晶分异成矿作用与矿床

岩浆冷凝时，受温度压力影响和物质组分以及结晶温度不同分异出成分不同的矿物，导致岩浆成分的改变。这种随着矿物结晶作用不断改变岩浆成分的过程，称为岩浆结晶分异作用。由岩浆结晶分异作用形成的矿床为结晶分结矿床。当富含 Cr、Pt 等成矿元素的铁镁质-超镁铁质的岩浆侵入到地壳深部一定部位时，随着温度缓慢下降，矿物按照一定顺序依次结晶。最早结晶的矿物顺序是橄榄石、自然铂、铬铁矿、辉石、基性斜长石等。由于重力和对流作用，密度大的金属矿物逐渐下沉，密度小的矿物上浮，发生岩浆分异。铬铁矿、自然铂、橄榄石等在底部形成层状矿体。在构造运动相对稳定环境，含矿残余岩浆中的金属矿物充填在早期形成的硅酸盐矿物晶粒间，形成海绵陨铁状结构的似层状矿体。在构造运动活动条件下含矿残余岩浆被挤入岩体原生构造裂隙或附近围岩裂隙中，形成贯入矿体（图7-2）。典型的矿床有攀枝花、大庙钒钛磁铁矿床、西藏铬矿床等。

7.2.1.3 岩浆熔离作用与矿床

岩浆熔离作用是使成分均匀的岩浆熔体在冷却过程分成两个成分不同的互不混熔的熔体。在岩浆熔离过程中，铁、铬、钛等氧化物和铜镍等硫化物在熔融状态与硅酸盐分离，

218

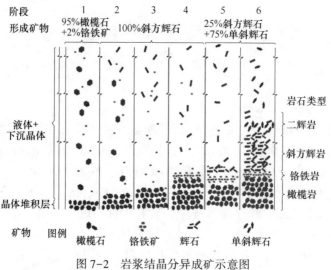

图 7-2 岩浆结晶分异成矿示意图

形成矿床。当熔离作用开始后，从岩浆中熔离出来的富含硫化物的熔浆呈小珠滴状悬浮于硅酸盐熔浆中。硫化物熔浆比重大于硅酸盐熔浆，向岩浆底部下沉。如果温度下降缓慢、环境稳定，金属硫化物聚集在岩体的底部，形成海绵陨铁结构浸染状和致密块状矿石组成的底部层状矿体；如果温度下降较快，岩浆结晶速度较快，则在岩体内部形成规模小的浸染状矿石组成的矿体。在构造运动发生压滤作用下，在岩体的原生裂隙或附近围岩裂隙形成脉状矿体。深部熔离成矿作用是深部岩浆房内由于重力分异作用分化为下部富 Mg、Fe、Ni 的橄榄岩熔浆及上部富 Ca、Al、Si 的辉长岩-辉石岩浆。在侵入到浅部时，则以硫化物熔离为主，形成含硫化物的硅酸盐熔浆和富矿矿浆。通过深部熔离作用的岩浆有利于形成富矿床，即使较小的岩体也能形成较高工业价值的铜镍硫化物矿床（图 7-3）。典型矿床有金川铜镍矿床、吉林红旗岭镍铜矿床等。

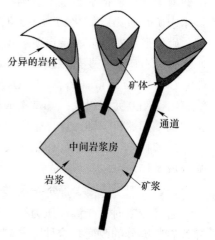

图 7-3 岩浆熔离成矿模式

7.2.1.4 岩浆爆发、喷溢成矿作用与矿床

岩浆爆发矿床是经过结晶分异作用或熔离作用的岩浆，喷发到近地表形成的矿床。主要有金伯利岩中的金刚石矿床。金伯利岩是一种偏碱性的超基性岩。从深部向上运移的基性-超基性岩浆，由结晶分异作用形成含有橄榄石、石榴石、铬铁矿及少量金刚石的"晶粥"；当岩浆上升至硅铝层（变质基底）或沉积盖层有断裂存在时，形成爆发；爆发过程中喷发角砾岩常将火山管道堵塞，喷发暂时停止；随着内压力不断增加，引起重新爆发。喷发反复多次，金刚石常富集于金伯利岩筒或裂隙某一部位。岩管中金刚石品位最高，岩

脉次之，岩床最差。剖面上岩管呈圆形、椭圆形透镜状和哑铃状。金伯利岩具斑状结构和（或）角砾状构造。主要矿物有镁橄榄石、金云母、斜方辉石、钛铁矿、镁石榴子石、透辉石、铬铁矿、石榴石、金刚石等。

岩浆喷溢型矿床是在残余岩浆中富集形成矿浆，以喷溢方式成矿。若不发生火山活动将形成晚期岩浆矿床。矿床主要产于基性、超基性火山岩中，矿体呈似层状，受火山活动间歇期控制。矿石主要为致密块状、角砾状、浸染状。主要矿石矿物为磁铁矿、赤铁矿、铜镍硫化物等。主要矿床类型有智利拉科铁矿床。矿石成分由磁铁矿和赤铁矿组成，矿石品位高（TFe65%）。此类矿浆形成于结晶分异作用和晚期的熔离作用。

7.2.1.5 伟晶作用与矿床

在花岗岩浆作用末期，含有碱金属的铝硅酸盐和大量挥发分以及多种稀有、稀土金属和放射性元素的复杂成分的残余岩浆熔体和气态溶液物质，沿着围岩（或固结的母岩）裂隙贯入，形成花岗伟晶岩体。伟晶岩矿床成矿作用有两种方式：（1）岩浆结晶分异和热液交代两个阶段形成伟晶岩矿床。其成矿过程大致为：伟晶岩浆（富含挥发分、稀有元素）→侵入母岩、围岩→结晶分异→交代作用→稀有元素富集成矿。（2）重结晶作用。在花岗岩浆冷凝后的残余气态溶液富含挥发分和稀有元素，在适当条件下对母岩造岩矿物产生重结晶作用，形成伟晶岩主体。随着母岩不断重结晶热液成分发生改变，产生交代作用，形成稀土、稀有元素富集成矿。

花岗伟晶岩矿床特点：

（1）矿物成分有石英、长石、云母、电气石、绿柱石等，还有锂云母、锂辉石、磷锂石、硅铍石、硅铍钇矿等含稀有元素矿物。

（2）矿物晶体形态完好，晶体粗大。石英、长石具有文象结构、交代溶蚀结构等。

（3）在伟晶岩矿床常见带状构造，一个伟晶岩体（脉）从脉的边部到脉体中心矿物成分呈有规律的变化。

（4）富含 SiO_2、K_2O、Na_2O 和挥发分（F、Cl、B、OH 等）及稀有、稀土和放射性元素（Li、Be、Cs、Rb、Sn、Nb、Ta、TR、U、Th 等）等40余种元素。可富集形成有经济意义的工业矿床。

（5）伟晶岩矿床的矿体呈脉状、囊状、透镜状、串珠状等。矿体沿走向长几米到几百米甚至千米。延深可达百米。

（6）花岗岩体越大，伟晶岩脉越多、规模越大，矿化越好。围绕的花岗岩体出现稀有金属元素富集依次为稀土→铌（钽）→铍→锂、铷。

（7）主要矿床类型有白云母钠长石伟晶岩矿床、锂云母长石伟晶岩矿床、石英长石伟晶岩矿床、刚玉伟晶岩矿床、黑云斜长伟晶岩矿床等，含有稀有、稀土元素、放射性元素（表7-3）。

表 7-3　伟晶岩矿床

伟晶岩类型	主要矿物	次要矿物	特征矿化元素	矿床类型
黑云斜长伟晶岩	石英、斜长石、黑云母	磷灰石、钾长石、绿柱石、独居石、电气石	U、TR、Nb、Ta、Zr 等	放射性元素矿床
				稀有元素矿床
石英微斜长石伟晶岩	石英、斜长石、钾长石、白云母	锆石、磷灰石、绿柱石、电气石、锂辉石、黄玉	Be、Nb、Ta 等	稀有元素矿床
白云母钠长石伟晶岩	石英、斜长石、白云母	钾长石、铌钽铁矿、锡石、磷灰石、锂云母	Be、Ta（Nb）、Sn 等	稀有元素矿床
锂云母-钠长石伟晶岩	石英、锂云母、钠长石	白云母、磷灰石、电气石	Li、Be、Nb、Sn、Rb、Cs、Ga 等	稀有元素矿床
				稀土元素矿床

7.2.2　热液型矿床

7.2.2.1　热液型矿床基本特征

热液型矿床是指各种成因的含矿热液发生温度、压力、组分变化，在各种有利构造和岩石中沉淀富集形成的矿床。矿床形成温度在 400~50℃，少数在 500~600℃。热液含有 Cl^-、H_2S、S^{2-}、SO_4^{2-}、$(HCO_3)^{2-}$、CO_2、F^-、BO_3^{3-} 等阴离子，及亲硫元素、过渡元素以及稀土元素等成矿元素。热液成矿作用的方式有充填作用和交代作用。充填作用是热液在化学性质不活泼的围岩中流动时，与围岩的物质交换和化学反应不明显。热液中的有用组分由于物理化学条件变化的影响，直接沉淀在围岩裂隙或断裂构造、空洞中。充填作用形成的矿体形态受裂隙断裂构造多孔性岩层、层面和不整合面等形态产状控制，以脉状矿体常见；矿脉与围岩界线清楚，矿石呈梳状、晶簇状、角砾状等构造。交代作用是热液在化学性质活泼的围岩裂隙和孔隙流动时与围岩发生化学反应，产生某些矿物细微溶解和沉淀作用，原有矿物逐渐被溶解代之，出现新矿物。交代过程中原矿物被溶解和新矿物的沉淀几乎是同时，围岩保持固体状态，保留原岩的结构构造。交代作用形成的矿体形态不规则，与围岩界线不规则。矿体中有残余的围岩。

矿床根据成矿温度可分为高温、中温、低温热液矿床。高温热液矿床形成温度在 300~400℃之间，也有高于 400℃的。形成高温热液的矿物组合有黑钨矿、锡石、辉钼矿、辉铋矿、磁黄铁矿、石英、白钨矿、白云母、黄玉、电气石等，钨矿床、锡矿床、钼矿床等。中温热液矿床形成温度在 300~200℃之间，形成中温热液的矿物组合黄铁矿、黄铜矿、方铅矿、闪锌矿、毒砂以及石英方解石等。主要矿床有铅锌矿床、铜（钴）矿床、多金属硫化物-金矿床等。低温热液矿床形成温度在 200~50℃之间。主要低温热液矿物组合有雌黄、雄黄、辉锑矿、辰砂、辉银矿、自然金、自然银、碲金矿、硒银矿，以及石英、方解石、蛋白石、高岭土、沸石、萤石、玉髓等。围岩蚀变为明矾石化、黏土化、蛋白石化、青磐岩化等。主要矿床类型有雄黄-雌黄矿床、汞矿床、锑矿床、金矿床等。

含矿热液来自岩浆热液、火山热液、地下水热液、变质热液等。按照成矿温度和热液来源、成矿作用划分为以下主要矿床类型：（1）岩浆高中温热液型矿床；（2）浅成低温热液型（火山热液型）矿床；（3）地下水（热卤水）热液型矿床（卡林型、密西西比河型）；（4）斑岩-矽卡岩型矿床。

7.2.2.2　岩浆热液型矿床

成矿与岩浆分泌出来的含矿热水溶液在侵入岩体内或附近围岩中，通过充填作用、交代作用富集有用组分成矿。岩浆热液矿床的特征：

（1）矿床与岩浆岩有关。在时间上产于同一构造岩浆期，在空间上表现为一定矿床类型与一定岩浆岩空间分布的相关性。与酸性岩（花岗岩、石英二长岩、花岗斑岩）和中酸性岩（花岗闪长岩、花岗闪长斑岩）有关的矿床有钨、铋、钼、铜、铅、锌和金矿床。与中性岩（闪长岩、石英闪长岩和石英闪长斑岩）有关的矿床有铜、铅、锌、金和铁矿床。与碱性岩有关的有稀土元素、磁铁矿床。与基性岩（辉长岩、辉绿岩）有关的有铁、钴、镍、铜和黄铁矿床。

（2）矿床与围岩关系密切。脆性大的围岩如石英岩、花岗岩、砂岩等受破碎易形成充填为主的热液矿床。围岩是硅铝铁高的岩石形成热液型矿床。钙镁高的碳酸盐岩石易形成矽卡岩型矿床。围岩中含量高的微量元素也是矿床的主成矿元素。

（3）矿床受构造控制。区域性大断裂常是母岩体侵位的通道，与侵入体裂隙系统、深大断裂次一级断裂为控矿构造。含矿构造为断裂破碎带、褶皱轴部构造、断裂交会部位、远离侵入体的层间破碎带或滑移带、节理裂隙带等。构造控矿空间是压力降低区、成矿流体汇集区、成矿物质沉淀场所。

岩浆热液高温矿床类型有锡石-石英脉型矿床、钨矿床、辉钼矿-石英脉矿床、含金石英脉型矿床等。岩浆中温热液型矿床主要类型有多金属铅锌矿床、锡石-硫化物矿床、多金属硫化物-金矿床、萤石矿床、重晶石矿床等。

7.2.2.3　地下水（热卤水）热液型矿床

地下水热液主要来源是天水、岩体封存水、油田水等。受到地壳深部热源影响下，地下水变为地下热水使活动性及溶滤围岩物质能力相应增大，萃取围岩中的成矿物质形成含矿热液。主要形成温度 200～50℃，形成于地表以下 1.5km 范围内。形成机制有侧分泌、压实作用、地下水渗流循环、热泉等作用。形成的矿物主要有自然金、方铅矿、闪锌矿、辉锑矿、辰砂、雄黄、雌黄、黄铁矿、黄铜矿、辉铜矿、斑铜矿，以及石英、方解石、白云石等。

在地壳浅部和表层的地热异常区，地下水热液矿床由地热或地热增温率导致岩层内同生水或循环地下水活动性增强，萃取围岩中的成矿物质形成含矿溶液；当地下水含矿热液运移到有利构造和围岩中时，通过充填和交代成矿方式形成矿床。地下热卤水是地质作用中以水为主体，具有一定盐度（35%），含有多种具有强烈化学活性的挥发分的热水溶液。地下水（热卤水）含矿热液矿床的形成作用有侧分泌作用、压实热液作用、下渗水环流热液作用。侧分泌作用热液是大气降水、原生水或结晶时的释放水；热液流经围岩时成矿组分从附近围岩中析出进入热液，形成含矿气水热液，矿质被热液带到有利空间沉淀成矿。压实热液作用是岩石在压实过程中，岩层中孔隙水受压二次释放出来，在这些热液作用下可形成后生的金属和非金属矿床。下渗水环流热液作用使下渗水沿断裂、裂隙带循环，通过加温，围岩中有用组分活化转移进入热液，并在有利的岩性条件下富集成矿。

地下水热液矿床主要的金属矿床有 Pb、Zn、Hg、Sb、Au、Ag、As、U、Ni、Mo 等，非金属矿床有水晶、冰洲石、石棉、蛇纹石、重晶石等。此类矿床有碳酸盐建造中的金矿床（卡林型金矿床）、层状铅锌矿床（密西西比式铅锌矿床）、层状锑、汞矿床等（表7-4）。

表7-4　热液型主要金属矿床

热液类型	矿床	主 要 矿 物	次 要 矿 物
与深成岩浆活动有关	金矿床	自然金、石英、毒砂、黄铁矿、磁黄铁矿、黄铜矿、方铅矿	闪锌矿、辉铋矿、磁铁矿、绢云母
	锡矿床	石英、锡石、黄玉	绿柱石、萤石、黑钨矿、辉钼矿
	钼矿床	辉钼矿、石英、黄铁矿	黑钨矿、锡石、黄玉
	钨矿床	石英、黑钨矿、辉铜矿	白钨矿
	铋矿床	辉铋矿、石英、黄铁矿、黄铜矿、自然铋	方解石、菱铁矿
	铜、铅、锌矿床	方铅矿、闪锌矿、黄铁矿、黄铜矿、石英	磁黄铁矿、斑铜矿、绢云母、绿泥石、方解石、重晶石
火山热液（浅成低温热液）	金、银矿床	自然金、自然银、黄铁矿、黄铜矿、辉银矿、石英	闪锌矿、方铅矿、辉锑矿、砷黝铜矿、玉髓、方解石等
	锡钨铋矿床	黑钨矿、锡石、辉铋矿、石英	绿柱石、毒砂、云母等
	块状硫化物矿床	黄铜矿、黄铁矿、闪锌矿、方铅矿、磁黄铁矿	磁铁矿、方解石、石英等
	铜钼矿床	黄铜矿、辉钼矿、黄铁矿	闪锌矿、方铅矿、石英等
地下水或卤水热液	铅-锌矿床	方铅矿、闪锌矿、方解石、白云石	黄铁矿、石英
	砷矿、锑矿	雌黄、雄黄、辉锑矿、辰砂、锡石	玉髓、石英、方解石、石英、萤石、方解石、黄铁矿
	金矿床	自然金、银金矿、辉锑矿、毒砂、黄铁矿	石英、方解石、黏土矿物
斑岩型矽卡岩型	钼矿、铜矿、铁矿	辉钼矿、黄铜矿、磁铁矿	方铅矿、闪锌矿、辉铜矿、石英等

7.2.2.4　浅成低温热液型矿床

浅成低温热液矿床是地壳深部热液、火山岩地区的地热（热泉）系统并加入大气降水的成矿热液，上升到浅部（<1.5km），在较低温度（50~200℃）和压力条件下形成的矿床（图7-4）。热液类型有火山活动逸出的含矿气体或挥发分，在地表或近地表条件下，因温度下降凝聚形成含矿热水溶液；在火山活动地区因岩浆提供充足的热源，使地下水变热并从围岩中吸取某些元素形成含矿的热水溶液。这些含矿的热水溶液可以独立或混合地与围岩发生接触交代或填充，形成各种矿床。

陆相火山喷发过程中，喷出大量气体和成矿物质与围岩相互作用，通过升华作用在火山口及周围，形成有用物质堆积-陆相火山喷气矿床。火山喷气过程为初期富 H_2S_2，后期富含碳酸质，成矿物质通过由气相升华固相沉淀。矿床位于地表或地表附近，形成温度在

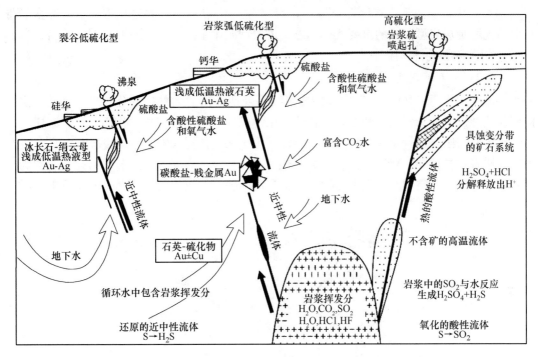

图 7-4　浅成低温热液型金矿床成矿模式

600℃以上。矿体为似层状，与火山岩互层产出。矿石为浸染状构造。矿物有自然硫、雌黄、雄黄、硼砂等。矿床类型有硫矿床、砷矿床、硼矿床。

随火山喷发作用，火山热液与火山岩及其围岩发生交代作用，形成浅成低温热液矿床（亦称火山热液矿床）。矿床与中性、基性火山岩有关。矿体呈似层状、透镜状、脉状等。围岩蚀变有青磐岩化、绿泥石化等。矿床类型：火山岩中的铅锌矿床（东南沿海中生代火山岩铅锌矿床）、安山岩中含金-铜石英脉矿床（台湾金爪石金矿）、玄武岩中自然铜-沸石矿床（四川二叠系玄武岩中自然铜矿床）。浅成低温热液金矿床分为低硫型与高硫型矿床，有黑龙江高松山、福建紫金铜金矿床等。

7.2.2.5　斑岩型矿床

斑岩型矿床指在时间上、空间上和成因上与浅成或超浅成中酸性斑岩体有关的矿床。矿床的形成是与火成岩同源的浅成或超浅成的侵入体（次火山岩），随上升的岩浆热液和地下水发生对流循环，冷凝析出含矿热液，沿着有利构造运移，在合适部位通过交代作用或充填作用成矿，也称为次火山热液矿床。斑岩是具有斑状结构的火成岩，斑晶一般由碱性长石或石英组成，基质为细粒或隐晶（玻璃质）。斑岩型矿床与钙碱性岩浆浆作用密切相关，岩性主要为石英斑岩、花岗斑岩、正长斑岩、闪长玢岩、花岗闪长斑岩、石英闪长斑岩等。矿体呈细脉状、似层状等。矿物组合是低温矿物组合叠加在高温矿物上。金属矿物主要有黄铁矿、黄铜矿、辉钼矿，次要矿物有斑铜矿、黝铜矿、方铅矿、闪锌矿、磁铁矿、磁黄铁矿以及金、银矿物等。非金属矿物有石英、绢云母、绿泥石、重晶石等。矿石结构以细脉浸染状为主。由矿化中心向外依次为浸染状—细脉状浸染状—细脉状、脉状。围岩蚀变具明显的、规律的水平和垂直分带，由岩体中心向外：钾化带→石英-绢云母化带（绢英岩化带、似千枚岩化带）→泥化带（黏土化带）→青磐岩化带。围岩蚀变的带状分布规律是斑岩型矿床的重要找矿标志。斑岩型矿床主要有斑岩型铜-钼矿床、铁矿床、金-铜-钼矿床、硅锌矿床等。

7.2.2.6   矽卡岩型矿床

接触交代作用指在中酸性-中基性岩浆结晶晚期析出的大量挥发分和热液，通过交代作用使接触带附近的侵入岩和围岩在岩性及化学成分上均发生变化的作用，在岩浆中，含矿气水溶液与围岩进行交代作用，形成接触交代矿床。在侵入岩类与碳酸盐类岩石（或其他钙镁质岩石）的接触带及附近，由岩浆热液与碳酸质岩石交代变质形成的蚀变岩称为矽卡岩。由于矿床在空间及时间上与矽卡岩有一定的联系，故称为矽卡岩矿床（图7-5）。

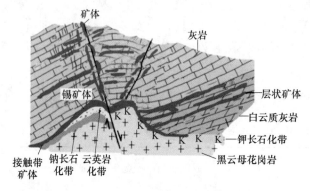

图7-5   矽卡岩型矿床

矽卡岩型矿床的特征主要：

（1）矽卡岩型矿床大多产于中酸性岩浆岩与碳酸盐类岩石的接触带上。矿床形成温度在800~200℃，金属矿物形成在500~200℃。

（2）有利于矽卡岩型矿床形成的岩浆岩主要是中酸性、中深成侵入体。岩体规模在2~10km²。其中铁矿床与闪长岩、石英闪长岩，铜铅锌矿床与花岗闪长岩及花岗岩，钨锡钼矿床与斜长花岗岩、黑云母花岗岩、白岗岩等关系密切。

（3）中酸性侵入体与镁质白云岩类围岩形成镁矽卡岩，主要组成矿物有镁橄榄石、透辉石、尖晶石、硼镁石、金云母等富 Mg 硅酸盐矿物等；与钙质石灰岩形成钙矽卡岩，主要组成矿物有石榴石、辉石类、角闪石、硅灰石富 Ca 硅酸盐矿物等。

（4）成矿构造为接触带构造、层间裂隙或破碎带、断裂构造、褶皱构造、捕虏体构造等。矿体的产状、形状均比较复杂，矿体连续性也差。

（5）矿石物质成分复杂，常见金属氧化物矿物有磁铁矿、赤铁矿、白钨矿、锡石等；金属硫化物矿物有黄铜矿、闪锌矿、方铅矿、辉钼矿、磁黄铁矿、辉铋矿、毒砂等，非金属矿物有石榴石、辉石、镁橄榄石、符山石、方柱石、蛇纹石、透闪石、阳起石、绿帘石、金云母，以及硼镁铁矿、硼镁石、日光榴石、香花石、铍榴石等。

（6）矿床形成作用为接触渗滤交代作用、接触扩散交代作用。接触渗滤交代作用发生在岩体与围岩接触面有裂隙穿过的部位，来自岩体的热水溶液携带着各种成矿物质靠压力差沿裂隙流动，与围岩发生交代作用，形成各种矽卡岩矿物和金属矿物富集。接触扩散交代作用（双交代作用）发生在两种岩石的接触面上，当溶液沿着岩浆岩与碳酸盐岩接触界面流动时，使两种岩石中的组分通过粒间溶液进行扩散交代，形成矽卡岩和金属矿物富集。矿床类型有磁铁矿-赤铁矿矿床、黄铜矿-磁黄铁矿矿床、白钨矿矿床锡石-硫化物矿床、辉钼矿矿床、铍矿床、硼矿床-硼镁铁矿等。

矽卡岩型矿床中常见矿物见表7-5。

表7-5　矽卡岩型矿床中常见矿物

类型	主要矿物	次要矿物	金属矿物	温度/℃	压力/kPa
镁矽卡岩	镁橄榄石、透辉石、尖晶石	刚玉、普通辉石、堇青石、镁铝榴石	磁铁矿	400~900	3~8
	硅镁石、金云母、叶蛇纹石	透闪石、阳起石、直闪石、普通角闪石、黑云母、电气石、菱镁矿、铁白云石、硼镁石、硼镁铁矿、镁硼石	含镉闪锌矿、赤铁矿、锡石、辉砷钴矿		
钙矽卡岩	透辉石-钙铁辉石系列、钙铁-钙铝榴石系列、硅灰石	斜长石、蔷薇辉石	磁铁矿	300~800	<5
	方柱石、符山石、绿帘石、阳起石、透闪石、方解石	黑柱石、硅钙硼石、绿泥石、磷灰石、萤石、金云母、日光榴石、硅铍石、铍榴石、金绿宝石、香花石	赤铁矿、白钨矿、锡石、辉钼矿、黄铜矿、方铅矿、闪锌矿、磁黄铁矿、毒砂、辉铋矿		

7.2.2.7　海底火山-热水喷流型矿床

成矿作用是在海底或接近海底的火山喷发间歇期或晚期形成的火山热液，并有海水介入。火山热液在喷溢出海底的过程中，在喷流口以下热液通道中通过交代、充填作用，在喷流口以上海底热水与海水相互作用，使成矿物质在热液通道和海底沉淀富集成矿。该类矿床具有双层结构，上部与火山岩呈整合产出的块状硫化物层状矿体，为喷流沉积系统；下部为不与火山岩整合的脉状、网脉状矿体，为热水补给系统。

（1）海底火山块状硫化物矿床（volcanic associated massive sulfide deposits，VMSD）。产于海相火山岩系中，岩石主要是酸性火山熔岩、火山碎屑岩、流纹岩等。矿体呈层状、似层状透镜状，其下有脉状、网脉状矿体。矿石中硫化物体积大于50%，矿石具有典型块状构造。矿石具有角砾状、条带状、浸染状构造等。矿床具有围岩蚀变是硅化、绢云母化、绿泥石化等。主要矿石矿物有磁黄铁矿、黄铁矿、黄铜矿、闪锌矿、方铅矿、自然金，脉石矿物有石英、方解石、重晶石等。自下而上具有磁黄铁矿-黄铜矿-闪锌矿、黄铁矿-方铅矿、重晶石的矿化分带特征。我国辽宁红透山铜锌矿床等。

（2）沉积岩中块状硫化物矿床（sediment-hosted massive sulfide deposits，SMSD）。矿床产于由海底喷流（气）-沉积作用形成的，以碳酸盐岩（白云岩为主）或碳质泥页岩等沉积岩（或其变质岩）为容矿岩石的硫化物矿床（表7-6）。矿体具有层状特征，受后期构造挤压，多已变形、褶皱。主要矿石矿物是方铅矿、闪锌矿、黄铁矿、磁黄铁矿、黄铜矿、重晶石等。具有条带状、纹层状、块状构造、角砾状构造。成矿元素Zn、Pb、Cu等

（矿化）具有明显的水平和垂直分带现象。成矿作用为"海底（火山）喷流-沉积成矿"。矿床在成分上富含 Pb、Zn，伴生 Ag、Ba。规模大、品位高。

海底块状硫化物矿床见表 7-6。

表 7-6 海底块状硫化物矿床

类型	亚类	容矿岩石	大地构造环境	成矿时代（Ga）	Hutchison 分类
VMSD	诺兰达型	分异完全的玄武岩到流纹安山岩套，火成碎屑岩、杂砂岩	消亡板块边缘上的俯冲带	太古代（>2.5）早元古代（>1.8）前寒武-泥盆纪	Zn-Cu-Au/Ag
	黑矿型	双峰拉斑玄武岩钙碱性熔岩套，火山碎屑岩	汇聚板块边缘的岛弧火山带和弧后盆地	早元古代（>1.8）奥陶纪中生代第三纪	多金属型 Pb-Zn-Cu-Au/Ag
	塞浦路斯型	蛇绿岩套、拉斑玄武岩	扩张洋中脊	寒武-奥陶纪中生代	含铜黄铁矿型 Cu、Au
	别子型	基性岩、拉斑玄武岩、杂砂岩、页岩	弧前海沟	晚元古代 1.2~0.8 古生代	铜锌黄铁矿型 Cu-Zn、Au
SMSD	沙利文型	页岩（泥岩）、浊积岩	大陆裂谷	中元古代（1.7~1.0）前寒武-泥盆纪	碎屑岩为容矿岩石 Zn-Pb-Ag
	银矿山型	灰岩白云岩、砂岩页岩	陆架，同生断裂控制的盆地	晚元古代~1.0 密西西比期	碳酸盐岩为容矿围岩 Zn-Pb-Ag

7.2.3 沉积型矿床

外生作用是指在地表或近地表较低的温度和压力下，由于太阳能、水、大气和生物等因素的参与而形成矿物的各种地质作用，包括风化作用和沉积作用。风化作用形成风化壳型矿床，沉积作用形成沉积型矿床。

7.2.3.1 沉积型矿床的基本特征

沉积作用是指地表风化产物及火山喷发物等被流水、风、冰川和生物等介质挟带，搬运至适宜的环境中沉积下来，形成新的矿物或矿物组合的作用。沉积矿床是经沉积作用形成的有用物质富集。

沉积矿床与顶底板岩石具有同时形成、受岩相岩性控制、有特定地层的特点。矿体呈层状、似层状，具层理，与围岩产状一致。规模较大含矿岩系的厚度从数米到百余米，甚至达千米。面积可达上千平方千米。物质组成复杂，有氧化物、含氧盐、卤化物、自然元素以及硫化物。

沉积作用主要发生在河流、湖泊及海洋中。沉积物通常以难溶的矿物碎屑和岩屑、真溶液方式或胶体溶液方式被介质搬运，相应的沉积方式有机械沉积（碎屑和岩屑沉积）、化学沉积（真溶液或胶体溶液因蒸发浓缩、化学反应、电性中和等沉积）和生物化学沉积（生物作用有关的沉积）。相应沉积矿床类型有机械沉积矿床、蒸发沉积矿床-盐类矿床、化学沉积矿床、生物-化学沉积矿床。

7.2.3.2 机械沉积型矿床

原生岩石经风化作用所形成的岩石碎屑、难溶矿物经过水流、风力、冰川等营力，搬运在河谷、湖盆或其他有利场所，发生按颗粒大小、形状、密度和矿物成分的差异，依次沉积沉积下来，有用组分富集形成的矿床。矿物具有物理性质、化学性质稳定，密度大（表7-7）的特征。机械沉积矿床的物质来源于原生矿床、岩浆岩副矿物、变质岩副矿物。地貌条件为低山丘陵、海滨、湖滨、河漫滩等。搬运介质主要有河流、湖水、海水、波浪、风、冰川等。依据形成动力条件有风成砂矿床、冰川砂矿床、水成砂矿床。水成砂矿床又分为冲积砂矿床、洪积砂矿床、湖滨砂矿床、海滨砂矿床。

表7-7 主要重砂矿物特征

矿物	硬度	相对密度	抗风化能力
金刚石	10	3.5	很强
刚玉（红蓝宝石）	9	4	很强
锡石	6~7	6.8~7.1	强
石榴石	6.5~7.5	3.5~4.3	中等
锆石	7	4.5	很强
磁铁矿	5.5~6.5	5.1~5.18	强
铌钽铁矿	5.2~7.5	6	强
钛铁矿	5~6	4.55	强
独居石	5	4.9~5.3	强
金红石	4.2~4.3	6~6.5	强
铬铁矿	4.6	5.5	强
自然金	2.5~3	15~19.5	很强
自然铂	4~4.5	14~19	很强

冲积砂矿床分布与河流相一致，较稳定层状似层状。具有从上到下明显层序：土壤层（富含腐殖质和植物残骸）、泥炭层（砂黏土和有机质沉积物）、小砾石层（有部分重矿物）、大砾石层（主要含矿层）、砂矿基岩层。有金、金刚石、锡石、黑钨矿等砂矿床。

海滨砂矿床通常分布在河口附近，由河流带入重矿物，岸流使重砂矿物沿滨岸分布，拍浪将重矿物推移到海滩，回流和底流的作用将比重小、粒度细的矿物带走，留下密度大的矿物和沙粒富集成砂矿体。如金红石砂矿床、锆石砂矿床等。

7.2.3.3 化学沉积型矿床

原生岩石在风化作用中产生的真溶液和胶体溶液受到水体动力学作用、化学作用和生物化学作用等发生沉积，风化过程中形成的真溶液中的铝、硅、铁、锰、磷、钾、钠、钙、镁等主要元素呈离子状态存在。真溶液进入到内陆湖泊、泻湖或海湾后，干旱气候条件下水分不断蒸发达到饱和状态，从而结晶出各种矿物。

（1）铝质沉积是以水云母、高岭石、蒙脱石为主的黏土矿物沉积，经成岩作用形成页岩。海相页岩中以水云母为主，陆相页岩以高岭石为主。常见矿物有石英、云母、蛋白石、碳酸盐矿物、含水氧化铁矿物、胶黄铁矿、黄铁矿等。海相沉积有一水铝石型铝土矿，陆相沉积有三水铝石型铝土矿。

（2）硅质沉积物主要是蛋白石、石髓和部分石英。硅质沉积物在海洋水体底部分布很广。化学沉积的硅质矿物主要是水生物的硅质残骸堆积物，如硅藻土。其他矿物还有海绿石等。

（3）磷质沉积物主要矿物是磷灰石，成团块状、结核状鲕状分布在碳酸盐岩石和海绿石砂岩中。在海洋环境中海洋生物的骨骼含有磷和碳，有助于磷酸盐矿物的形成。磷质沉积物中含有钡、锶、钍、铀和稀土元素。

（4）铁锰质沉积物在潟湖和海盆的海岸地带形成（图7-6）。铁质沉积物主要是三价铁的氧化物和氢氧化物（如赤铁矿、针铁矿、水针铁矿、菱铁矿等）富集形成沉积铁矿床，含有黄铁矿、磁黄铁矿。锰富集在硅质和硅质黏土质沉积岩中。锰矿物在近岸地带主要是软锰矿、硬锰矿等 Mn^{4+} 的氧化物和氢氧化物。在氧不足的深水地带为水锰矿；在碳酸盐浓度高的地带主要形成菱锰矿、锰方解石等，与蛋白石、菱铁矿等伴生。在深海区有大规模的锰结核富集，其成分以锰铁氧化物为主，还含有镍、铜、钴、钼锌等。

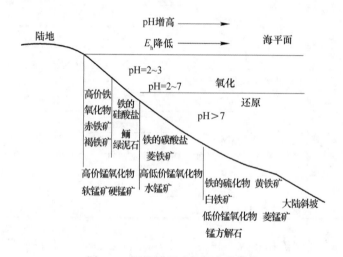

图7-6　沉积铁锰矿物相变化规律

（5）钙镁质沉积物以碳酸盐矿物为主，形成灰岩或白云岩；同时在其他岩石中也存在碳酸盐矿物。主要有方解石、白云岩、菱镁矿等以及石英、重晶石、海绿石、天青石、石膏等。

（6）盐类沉积物是在干热气候条件下，由内陆湖泊或隔离海盆水分蒸发结晶沉淀形成。以氯化物和硫酸盐为主，有石盐、光卤石、石膏、硬石膏、芒硝、泻利盐、杂卤石等。在水体中盐类矿物的沉淀以钙的硫酸盐、镁钾硫酸盐、氯化物的顺序进行。在含盐沉积物中可见到方解石、白云石、硼砂、钠硼解石、多水硼镁石等。

（7）地表岩石经风化作用形成的部分成矿物质，以胶体溶液的形式迁移到有利于胶体聚集的环境中，通过胶体化学分异（聚沉）使有用物质富集为胶体沉积矿床。矿床产于沉积岩或火山沉积岩系沉积间断面上的海侵岩系中，具有明显的分带性，平面上自岸向海盆为 Al-Fe-Mn，剖面上自下而上为 Al-Fe-Mn。矿体呈层状、似层状。矿石矿物主要有赤铁矿、硬锰矿、软锰矿、铝土矿、蛋白石、玉髓等氧化物、氢氧化物以及硫酸盐和硅酸盐矿物等。矿石具鲕状、豆状、肾状、条带状构造，结核状、胶体结构。

（8）生物化学沉积物是由生物作用的产物及其遗体堆积，或生物生命活动促使周围介质中某些物质聚集形成。在表生环境有铁细菌、硅细菌、硫细菌、甲烷菌等微生物的氧化还原作用形成的铁氧化物、氢氧化物、硫化物、碳酸盐等矿物。如氧化亚铁硫杆菌可以将黄铁矿氧化为硫酸铁后产生针铁矿、水针铁矿；硫酸盐还原菌可在形成黄铁矿等硫化物时起到作用，硅细菌形成硅藻土等。由生物作用形成的矿物还有磷灰石以及煤、石油、油页岩等。

（9）现代沉积锰结核。在大洋底部（3600~6000m）有储量巨大的锰结核。主要分布区在有陆源碎屑沉积物的海区及既有陆源物质又有火山物质的大型海盆、海底热液活动的区域。矿体呈不规则饼状。大洋锰结核含有 Mn、Ni、Cu、Co 等。主要矿物为锰的氧化物、氢氧化物（软锰矿、硬锰矿、水锰矿、水钠锰矿等）、针铁矿等。锰结核形成有胶体化学沉积、机械悬浮沉积、火山喷流沉积和生物成矿等成因。

化学沉积型矿床主要有铁矿床、锰矿床、铝土矿床、砂岩型铜矿床、碳硅泥岩型铀矿床等。

7.2.3.4　风化壳型矿床

风化作用指地表或近地表的岩石和矿石，在大气、水、生物等营力影响下在原地遭受破碎，产生化学、生物化学变化，使其组分转入溶液被带走或改造为新的矿物和岩石。在风化作用下有用组分聚集形成的矿床，称为风化矿床。

风化矿床的特点：

（1）风化作用发生在岩石圈、水圈、大气圈、生物圈相互交迭带内，形成温度在 -75~+85℃。

（2）风化矿床具有垂直分带现象。上部为氧化作用带，主要有水针铁矿、水绿泥石、多水高岭石等；其下为水解作用带，有绿高岭石、蛇纹石、水绿泥石、硬锰矿、石髓、蛋白石、水针铁矿等；再下为淋滤作用带，有绿高岭石、石髓、蛋白石、水绿泥石等的碳酸盐化蛇纹岩，碳酸盐有方解石、蛇纹石、白云石、菱镁矿等；向下为原岩带。

（3）富镁铁的超基性岩利于形成铁镍矿床，中酸性岩利于形成铝土矿床、高岭土矿床，基性岩利于形成铁矿床、铝土矿。

（4）在风化成矿作用下，形成的可溶有用物质以离子或络离子状态被高岭土等黏土矿物吸附富集成矿。

风化矿床主要组成矿物有自然金、自然铂、稀土元素、铝的氢氧化物、铁的氧化物和氢氧化物、锰的氧化物和氢氧化物、高岭石等黏土矿物、蛋白石、石髓等。在干旱和半干旱条件下，硅酸盐矿物经风化作用析出的碱金属和碱土金属形成氯化物、硫酸盐等可溶性盐类矿物，有石盐、石膏、硬石膏、芒硝、方解石等。矿床类型为红土型镍矿、红土型铁矿、高岭土矿、红土型金矿、铝土矿、离子吸附型稀土元素矿床以及铁帽型金矿床等。

7.2.4　变质型矿床

7.2.4.1　变质型矿床基本特征

变质作用是指在地表以下较深部位已形成的岩石，由于地壳构造变动、岩浆活动及地热流变化的影响，致使岩石在基本保持固态下发生成分、结构上的变化，生成一系列变质矿物，形成新的岩石和矿床的作用。在变质作用过程中成矿物质富集形成的矿床为变质矿床。变质成矿作用可分为三类：可使工业意义相对小的岩石或矿床转变成工业意义较大的矿床；可使原矿床转变为另一种有工业意义的矿床；原矿床经过变质作用转变为矿石质量提高的矿床。

A　变质成矿作用的方式

（1）重结晶作用。指在原岩基本保持固态条件下，同种矿物的化学组分的溶解、迁移和再次沉淀结晶，使粒度不断加大的作用。如石灰岩变质成为大理岩。

（2）变质结晶作用。在原岩基本保持固态条件下，形成新矿物相的同时，原有矿物发生部分分解或全部消失。这种过程一般是通过特定的化学反应来实现的。在变质结晶作用中形成新矿物相的主要途径有脱挥发分反应、固体-固体反应和氧化-还原反应等。变质时因温度压力影响而使原岩矿石变成不含水或含水少矿物的过程为脱水过程。如 $Fe_2O_3 \cdot nH_2O \longrightarrow Fe_2O_3 + H_2O$。氧化还原作用是低价离子氧化为高价离子或高价离子还原为低价离子的过程，如黄铁矿氧化形成磁铁矿、赤铁矿等。

（3）交代作用。指有一定数量的组分被带进和带出，使岩石的总化学成分发生不同程度改变的成岩成矿作用。变质作用产生的热液与原矿物发生交代作用形成新的矿物。岩石中原矿物的分解消失和新矿物的形成基本同时，它是一种逐渐置换的过程。

（4）变质分异作用。指成分均匀的原岩经变质作用后，形成矿物成分和结构构造不均匀的变质岩的作用。

（5）同韧性剪切带作用。在深部温度压力较高的条件下，岩石发生塑性变形，形成韧性剪切带、糜棱岩和新矿物。

B　变质矿床的特点

矿床产于区域构造运动或岩浆活动的变质岩系中，使原来无工业意义的岩石变成具有工业意义的矿床，或原先形成的矿床经变质作用使原先矿体形态、矿石组分与结构发生不同程度的改变，称为受变质矿床，如含铁石英岩经变质作用形成沉积变质铁矿；原来岩石或矿床受变质作用形成另一种工业意义的矿床，称为变成矿床，如铝土矿受变质作用形成刚玉矿床等。

矿体形态受原矿床矿体形态、变质作用性质、变质程度的影响。矿床规模大小不一，变化较大。矿体长度由几十米、几百米到几千米。矿石结构有变余结构、变晶结构、压碎结构等，条带状、褶曲、网脉状、片状、片麻状、角砾状构造等。变质型矿床主要有沉积变质型铁矿床（鞍山式铁矿、袁家村式铁矿、大栗子式铁矿、镜铁山式铁矿床等）、变质型金红石矿床、沉积变质型（层控型）铜矿床、金-锑-钨矿床、绿岩带型金矿床（石英脉（包括石英-钾长石脉、糜棱岩型、构造蚀变岩型、变质碎屑岩型）、硼矿床等。

根据发生的原因和物理化学条件的不同，变质成矿作用可分为接触变质成矿作用、区域变质成矿作用、区域混合岩化成矿作用。

7.2.4.2　接触变质型矿床

接触变质型矿床是指由岩浆活动引起的发生于地下较浅深度（2~3km）的岩浆侵入体与围岩的接触带上的一种变质作用。根据变质因素和特征的不同，又可分为热变质作用和接触交代作用两种类型（见前述）。

热变质作用是指岩浆侵入围岩，由于受岩浆的热力及挥发分的影响，使围岩矿物发生重结晶、颗粒增大（如石灰岩变质成大理岩），或发生变质结晶、组分重新组合形成新的矿物组合的作用。温度在 350~1000℃。压力在 1~5kPa。围岩与岩浆之间基本无交代作用，挥发性流体一般起催化作用，形成的矿物多是一些高温低压矿物，常见为红柱石、堇青石、硅灰石和透长石等。根据温度和矿物组合，从围岩到侵入体可划分四个相：（1）钠长石-绿帘石角岩相；（2）普通角闪石角岩相；（3）辉石角岩相，以出现斜方辉石为特征；（4）透长石角岩相，以出现透长石为特征，特有的矿物还有磷石英、红柱石等。有重要工业意义的矿床有石墨矿床、红柱石矿床、硅灰石矿床、大理石矿床等。

7.2.4.3　区域变质型矿床

在地壳不同深度的区域内，在温度、压力、应力以及 H_2O、CO_2 为主的化学活动性流体等主要物理化学因素的作用下，使原来岩石矿物成分和结构构造发生变化的地质作用称为区域变质作用。温度自 150~300℃ 到 700~800℃，压力 1~2kPa 到 12~15kPa。区域变质作用形成的变质矿物及其组合主要取决于原岩的成分和变质程度。如果原岩的主要组分为 SiO_2、CaO、MgO、FeO，变质后易形成透闪石、阳起石、透辉石和钙铁辉石等矿物；若原岩主要是由 SiO_2、Al_2O_3 组成的黏土岩，其变质产物中会出现石英或刚玉。随着区域变质程度加深，其变质产物向着结构紧密、体积小、相对密度大、不含 H_2O 和 $(OH)^-$ 的矿物演化。

区域变质作用的矿物组合随着温度压力的不同而有所差异，一般划分绿片岩相、角闪岩相、变粒岩相、蓝片岩相和榴辉岩相等。绿片岩相形成条件为温度 400~550℃，压力 2~12kPa。绿片岩相的矿物为绿泥石、阳起石、绿帘石以及石英、斜长石、石榴石、蓝晶石、叶蜡石、黑云母、方解石等。典型岩石有板岩、千枚岩、片岩、细粒石英岩和大理岩等。角闪岩相形成温度在 450~700℃，压力在 2~12kPa。典型岩石为片岩、片麻岩、角闪岩、石英岩、大理岩等。角闪岩相与绿片岩相的界限是以绿泥石和阳起石的消失，透辉石、十字石、矽线石的出现为特征。麻粒岩相形成的条件是，温度 500~900℃，压力 7~10kPa。以出现紫苏辉石和硅灰石为特征。榴辉岩相为压力在 11kPa 的高压成因，温度变化较大（150~1000℃）。榴辉岩岩石呈层状或带状出现，主要矿物为绿辉石、铁铝榴石、石英、斜长石、钠长石、蓝晶石、黝帘石等。

区域变质成矿作用的能源来自地热增温、构造热能和岩浆热能。成矿物质主要取决于原岩建造（可能伴有变质热液的带入和带出）。区域变质矿床特征：（1）矿床分布于区域变质带中，不限于岩体附近或与其无直接的成因联系；（2）在矿床范围内变质程度一致，不具因变质程度差异而形成的分带；（3）矿石常见片理构造、片麻理构造、条带状构造及皱纹构造等特征；（4）控矿因素是含矿原岩建造和变质程度（相）。主要矿床有铁、金、铜、金红石（钛）、石墨、红柱石、蓝晶石等。

7.2.4.4   混合岩化型矿床

区域混合岩化作用是在区域变质作用基础上，地壳内部热液继续升高，引起深部岩石重熔而产生长英质、碱质（K、Na）的交代反应，使原岩中某些物质活化转移，生成各种混合岩的变质作用。混合岩化作用形成的混合岩是介于变质岩与岩浆岩之间的产物，由浅色花岗质和暗色镁铁质岩两部分组成。混合岩化矿床是在混合岩化过程中有用物质活化转移富集形成的矿床。这类矿床具有热液交代作用和重结晶作用特征。在混合岩化过程中，由于各种交代作用，使原岩中的某些组分发生迁移，富集形成矿床；或使原有矿床的矿石品位增高，形成新矿床。

混合岩化成矿作用可分为两个主要阶段，即早期交代重结晶阶段和中晚期热液交代阶段：

（1）早期交代重结晶阶段。表现为新生的长英质熔浆对原岩组分进行交代反应，并以碱质交代为主（钾化和钠化），同时挥发组分也起重要作用。在交代作用中，变质岩中已有硅酸盐矿物的重结晶，在含矿建造中可导致有用矿物的粒度加大和局部富集，使其具有工业价值。随着交代作用的进行，原来长英质的熔浆逐渐演变为热液，其中含有经交代作用后从原岩中带出的各种组分，它们呈氧化物或络合物存在于热液中，进入中晚期的热液交代阶段。

（2）中晚期热液交代阶段。中晚期热液中含有 Fe、Mg、Ca 等组分，产生 Fe、Mg 质交代作用。条带状磁铁石英岩建造中的富铁矿体，有一部分属于这种成因。含钙镁碳酸盐在这一阶段的热液交代过程中，白云石可分解为菱镁矿、方镁石和水镁石，或与热液中的 SiO_2 等组分交代反应形成滑石。

混合岩化作用形成的矿床特征：

（1）矿床的区域性分布与含矿建造分布一致，成矿物质主要来源于含矿建造；
（2）矿床属于交代成因，由原岩组分与长英质岩浆及变质热液之间相互作用形成；
（3）矿体形态透镜状，或产于构造裂隙的脉状、不规则状；
（4）矿石与岩石出现的结构构造相似，常出现条带状、角砾状、肠状等构造；
（5）矿床形成时代与混合岩化作用时代基本一致。混合岩化作用形成铁、铜、金、铀、稀有元素矿床和刚玉、石墨、磷灰石、菱镁矿、硼矿床等。

7.3   黑色金属矿产资源

7.3.1   铁矿产资源

铁在地壳中的含量在5%左右。铁矿资源是钢铁工业的基本原料。铁矿石经过冶炼过程可制成生铁、熟铁、铁合金、碳素钢、合金钢、特种钢和工具钢等。工业用铁矿石由含铁矿物和脉石矿物组成，主要含铁矿物有磁铁矿、赤铁矿、镜铁矿、菱铁矿、针铁矿以及褐铁矿。铁矿石有磁铁矿石、赤铁矿石、假象赤铁矿石、钒钛磁铁矿石、褐铁矿石、菱铁矿石以及由其中2种或2种以上含铁矿物组成的混合矿石，按有害杂质（S、P、Cu、Zn、Pb、V、Ti、Co、Ni、Sn、F、As）含量的高低，可分为高硫铁矿石、低硫铁矿石、高磷铁矿石、低磷铁矿石等；根据含铁品位可分为平炉富矿石、高炉富矿石、贫矿石。目前我国铁矿石的最低工业品位在 25%~30%。由于组成铁矿石中的 SiO_2、Al_2O_3、CaO、MgO 等为冶炼时的造渣组分，故根据自熔比（$(CaO+MgO)/(SiO_2+Al_2O_3)$）可将铁矿石划分为酸性矿石（自熔比<0.5）、半自熔性矿石（自熔比 0.5~0.8）、自熔性矿石（自熔比 0.8~1.2）、碱性矿石（自熔比>1.2）。铁矿石可分为浸染状矿石、网脉浸染状矿石、条纹状矿石、条带状矿石、致密块状矿石、角砾状矿石，以及鲕状、豆状、肾状、蜂窝状、粉状、土状矿石等。铁矿床类型有岩浆型、火山岩型、矽卡岩型、沉积型、沉积变质型等。

7.3.1.1 岩浆型铁矿床

（1）钒钛磁铁矿床。产于超基性-基性杂岩体中，含矿母岩主要有辉长岩、辉长岩-橄长岩-辉橄岩和斜长岩-辉长岩等。成因上属于结晶分异成矿作用形成的晚期岩浆矿床。攀枝花钒钛磁铁矿矿床属于层状镁铁杂岩中的似层状钒钛磁铁矿矿床。矿体呈层状或脉状。矿石矿物有磁铁矿、钛铁矿、钛铁尖晶石、赤铁矿、黄铁矿、磁黄铁矿、黄铜矿、硫钴矿、镍黄铁矿等。脉石矿物以斜长石、辉石、角闪石为主。矿石中铁钛矿呈粒状或叶片状固溶体分解状态存在于磁铁矿中。钛铁尖晶石以微细网脉状固溶体存在于磁铁矿中。钒以类质同象代替铁形成含钒磁铁矿。矿石构造有致密块状、浸染状。常具典型的海绵陨铁结构。钛铁矿和磁铁矿常呈格状的固溶体结构。矿石含 TFe 35%~45%、TiO_2 6%~16%、V_2O_5 0.5%~2%。钒钛磁铁矿矿床是含有多种有用元素的综合性矿床。

河北大庙钒钛-磁铁矿床主要产在斜长岩和矿染辉长岩中以及两类岩石的接触带上。主要矿体长达数百米，最大宽度>100m，最大延深可到 750m。在深部往往几个矿体连成一个较大的矿体，与围岩界线清楚，呈脉状。矿石呈块状、浸染状构造，海绵陨铁结构等。矿物有磁铁矿、钛铁矿和黄铁矿。非金属矿物有辉石、斜长石等。

（2）磁铁矿-磷灰石矿床。产于超基性-碱性杂岩的岩浆晚期磷矿床，侵入杂岩体由云母辉石岩、辉石岩、正长岩、磷灰岩组成。矿石矿物主要为磷灰石和磁铁矿，矿石平均含 TFe20%~40%，P_2O_5 11%。

如河北省矾山磷灰石矿床。产于中酸性岩浆侵入体中的磁铁矿-磷灰石矿床，磷灰石伴生在磁铁矿矿体中。磁铁矿矿石含 TFe 20%~35%，P_2O_5 为 1%~3%，局部磷灰石富集，可构成磷灰岩。在这类矿床中，磷灰石属综合回收的伴生矿物。如江苏南京梅山磁铁矿磷灰石矿床。

7.3.1.2 矽卡岩型磁铁矿-赤铁矿床

产于中性及中酸性的闪长岩、石英闪长岩、花岗闪长岩与碳酸盐岩接触带。矽卡岩主要为钙矽卡岩矿物组合。矿体为似层状、透镜状等。主要受接触带、断裂及层间破碎带、捕房体等构造控制，与围岩多呈渐变关系。围岩矽卡岩化普遍，且常具有一定的分带性。矿石矿物主要是磁铁矿、赤铁矿、镜铁矿、假象赤铁矿。硫化物矿物有黄铜矿、磁黄铁矿、黄铁矿、方铅矿、闪锌矿等。脉石矿物有石榴子石、透辉石、钙铁辉石、方柱石、钠长石等。矿石中富铁矿石（TFe>45%）比例高。矿石以致密块状、浸染状、斑点状、角砾状构造为主。具有交代结构、它形-半自形粒状结构、交代残余结构等。矿床中的 Cu、Mo、Zn、Be 等可综合回收利用。如湖北程潮、金山店，河北邯邢白涧、西石门；山东莱芜张家洼、西上庄等铁矿床均属此类。

7.3.1.3 热液型赤铁矿-磁铁矿床

高温热液磁铁矿、赤铁矿矿床常与偏碱性花岗岩、花岗闪长岩、闪长岩类有关，高温热液铁矿床矿石矿物主要为磁铁矿、赤铁矿、假象赤铁矿、稀土元素矿物，脉石矿物萤石、辉石金云母等。矿石呈致密块状、条带状、浸染状等。矿石含硫、磷高。常见透辉石化、透闪石化、黑云母化、绿帘石化等。中低温热液赤铁矿矿床常与较小的中酸性侵入体有关，多见绿泥石化、绢云母化、硅化、碳酸盐化等。火山热液型赤铁矿-磁铁铁矿床：矿体呈似层状和透镜状，多见分支复合，膨胀收缩，尖灭再现。矿石矿物为磁铁矿、赤铁矿镜铁矿、褐铁矿以及黄铜矿：矿石具块状、角砾状、浸染状构造。山东文登铁矿床由22个矿体组成，矿石矿物以褐铁矿、菱铁矿为主，矿石品位 TFe 平均 41%（褐铁矿）、30%（菱铁矿）。

7.3.1.4 玢岩铁矿

我国玢岩型铁矿主要产于宁芜火山断陷盆地中，成矿与富钠质辉长闪长岩玢岩类的次火山岩有关。有五种矿化类型：

（1）岩体中部的浸染状及细脉浸染状矿化（陶林式）。属于晚期岩浆-高温气液交代形成。矿石组合为钠长石-透辉石-磷灰石-磁铁矿（含钒钛）。

（2）岩体顶部及边部角砾状、网脉状铁矿化（凹山式）。属于伟晶-高温气液交代期形成，矿物组合为阳起石、透辉石-磷灰石-磁铁矿。

（3）产于接触带上的矿化。在安山岩、凝灰岩中以透辉石-石榴石-磷灰石-磁铁矿，灰岩、砂页岩中以透辉石-金云母-磷灰石-磁铁矿为主。矿石以块状、角砾状为主。

（4）岩体附近火山岩中的脉状似层状矿化（龙虎山式）。属于中低温热液充填矿床。矿石由石英-镜铁矿组成。

（5）产于火山沉积岩的层状铁矿床（龙旗山式），属于火山沉积矿床，矿石矿物组合为石英-赤铁矿组合。

7.3.1.5 沉积型铁矿床

海相沉积型铁矿床产于海侵岩系下部，具有明显的铁矿分带性（由岸边到大洋）。

（1）铁的氧化物矿物相带：典型矿物为赤铁矿、针铁矿、褐铁矿等；（2）硅酸盐矿物相带：形成铁的硅酸盐鲕绿泥石等矿物；（3）碳酸盐矿物相带：在还原条件下形成铁的碳酸盐和碳酸钙，主要为菱铁矿、方解石等；（4）硫化物矿物相带：在强还原条件下形成铁的硫化物，有黄铁矿、白铁矿、胶黄铁矿等。

矿体呈层状、似层状。矿石具有鲕状、豆状、肾状等。矿物成分主要为铁的氧化物、碳酸盐矿物以及铁的硅酸盐矿物、硫化物等。主要矿床有宣龙式铁矿（元古代）、宁乡式铁矿（古生代）和綦江式铁矿床（中生代）。

7.3.1.6 沉积变质型铁矿床

形成于太古代到早元古代的沉积变质铁矿床，因其矿石主要由硅质（碧玉、燧石、石英）和铁质（赤铁矿、磁铁矿）薄层呈互层组成，而称为条带状铁建造（简称BIF）。我国沉积变质型铁矿床储量约占总储量的48%，占富铁矿储量的27%。沉积变质型铁矿主要有鞍山式、袁家村式、大栗子式铁矿、镜铁山式、新余式等。

（1）鞍山式铁矿。分布于鞍本地区、冀东地区等。含铁带一般长几十千米至几百千米，宽几千米到几十千米。含铁建造类型属于阿尔戈马型，形成时代在 2400Ma 以前。铁矿建造常由灰色、浅黑绿色的铁质燧石和赤铁矿或磁铁矿组成条带状构造，受变质作用为千枚岩、片岩、片麻岩、变粒岩等。单个矿体的厚度可在几米到几百米之间变化，走向延长从数十米至几千米。矿石类型有磁铁矿矿石、磁铁矿-赤铁矿石、赤铁矿石、菱铁矿石等。矿石有磁铁矿和石英及少量脉石矿物组成相间的条带状、条纹状和块状构造等，结构呈自形粒状、溶蚀结构等。平均品位 TFe 20%~40%。磁铁富矿石可达 TFe 50%~70%。富铁矿体呈似层状、透镜状等。主要矿石矿物为赤铁矿、磁铁矿、假象磁铁矿、镜铁矿、菱铁矿等，脉石矿物有石英、闪石类、云母、绿泥石、石榴石等。含有黄铁矿、磁黄铁矿等硫化物。如鞍本地区的齐大山、弓长岭、眼前山、大台沟等，冀东地区水厂等超大型、大型铁矿床。

（2）袁家村式铁矿床。含铁建造形成于开阔海盆地中，建造厚度可以从几十米至几百米。形成时代以 2200~1800Ma 为主。铁矿建造的地层层序中也常有火山岩存在。岩石为石英岩、红色或黑色铁质页岩、铁矿建造、黑色页岩和泥质板岩等；受浅变质（绿片岩相），部分变质较深可达角闪岩相。铁矿层中含铁矿物与石英等组成条带状铁矿石，含铁矿物中氧化物相主要为磁铁矿、赤铁矿、假象磁铁矿，硫化物相主要是黄铁矿、黄铜矿、磁黄铁矿，脉石矿物有石英、闪石类矿物等。矿石类型有石英-磁铁矿石、闪石-磁铁矿石、石英-赤铁矿石、闪石-赤铁矿石、赤铁矿-磁铁矿石等。如山西袁家村铁矿等超大型铁矿床。

（3）大栗子式铁矿。受到浅变质作用的碳酸盐型沉积变质铁矿床。矿床产于元古代地层中。含矿岩系主要由碎屑岩-碳酸盐岩组成。矿体呈层状、似层状、扁豆状。矿石矿物有赤铁矿、磁铁矿、菱铁矿、褐铁矿等。矿石以块状、条带状构造为主。矿石类型有赤铁矿型、磁铁矿型、菱铁矿型、褐铁矿型等。磁铁矿型、赤铁矿型矿石的围岩多为千枚岩，菱铁矿型围岩为大理岩。主要大型矿床有吉林大栗子铁矿、云南易门铁矿等。

（4）镜铁山式铁矿床。含铁岩系为杂色千枚岩、石英岩夹泥质大理岩及含碧玉条带的浅变质岩系。铁矿体呈层状、似层状，在灰绿、黑灰色千枚岩间呈整合互层产出。矿石呈条带状，由菱铁矿、镜铁矿、碧玉、重晶石呈细小粒状、鳞片状与较粗粒的铁白云石夹层，构成黑白相间条带。条带宽从小于 2mm 到 100mm 以上。矿石分为菱铁矿矿石、镜铁矿矿石和混合矿石。铁品位 33.56%~40%，硫含量较高（0.09%~1.35%）。铁矿中以含大量镜铁矿和重晶石与国内其他变质海相沉积铁矿相区别。大型矿床有镜铁山铁矿等。

7.3.2 锰矿产资源

锰在地壳中含量在 0.1% 左右。锰元素具有亲氧性，以氧化物、碳酸盐矿物形式出现。主要利用的锰矿物有软锰矿、硬锰矿、菱锰矿等。锰矿中含有 P、S、Pb、As 等有害杂质。锰矿石有氧化锰矿石、碳酸锰矿石、高磷-锰矿石、锰铁矿石等。氧化锰矿石：富锰矿石 $w(Mn)>30\%$，贫矿 10%~15%，铁锰矿石 $w(Mn)=15\%$。碳酸锰矿石：富锰矿石 $w(Mn)>25\%$，贫矿 10%~15%。铁锰矿石 10%~15%。锰矿物以细粒或微细粒嵌布。我国锰矿资源类型以海相沉积型为主，其次为沉积变质、风化型。规模不大，中小型矿床居多。高磷型、高铁型矿石占较高比例，杂质组分含量偏高。

7.3.2.1 沉积锰矿床

海相沉积型锰矿床成矿时代在震旦纪泥盆纪三叠纪等。产于沉积间断面之上海侵岩系中上部，具有明显的矿物相分带（海岸向大洋）：

（1）软锰矿石相带，在沿岸附近的氧化环境中形成四价锰的氧化物，有软锰矿、硬锰矿等。

（2）水锰矿石相带：在离岸稍远海水较深的弱氧化–还原条件下，形成三价锰和四价锰的氧化物，有水锰矿、蛋白石等。

（3）碳酸盐矿石相带：在离岸较远海水较深的还原环境中形成二价锰的矿物，有菱锰矿、锰黄铁矿、锰方解石以及蛋白石、黄铁矿、白铁矿等。

矿体呈层状、透镜状及矿饼群。矿石具鲕状、结核状、条带状构造。矿石矿物主要为软锰矿、菱锰矿、锰方解石等。如我国辽宁瓦房子，湖南湘潭（震旦系）、广西木圭、下雷（泥盆系），贵州遵义（二叠系）等。

按含锰岩系、锰矿石类型，海相锰矿床可划分四种类型：

（1）硅质岩–泥质岩–灰岩型碳酸锰矿床。分布在大陆边缘深海环境，含矿岩系以硅质岩、泥质岩及不纯碳酸盐岩类为主。矿体呈层状。矿石矿物为碳酸锰矿。规模大。如广西下雷锰矿。

（2）黑色页岩型碳酸锰矿床。分布在近海浅水半封闭海湾或滞留盆地环境。含矿岩系为黑色岩系黏土岩夹灰岩、白云岩等。矿体呈层状、扁豆状。矿石类型为碳酸锰型。伴生黄铁矿等。如湖南湘潭锰矿。

（3）细碎屑岩型氧化锰、碳酸型锰矿床。分布在古陆边缘浅海环境。含矿岩系为粉砂岩、粉砂质页岩、泥灰岩。锰矿层产于碎屑岩与碳酸盐岩过渡带，呈透镜状。矿石为氧化锰、碳酸锰。具有条带状、块状、鲕状及球状构造。

（4）白云岩、白云质灰岩型氧化锰、碳酸锰矿床矿体呈层状。矿石以菱锰矿为主。具有条带状、块状构造和豆状、鲕状结构等。

7.3.2.2 风化型锰矿床

由各种含锰岩石或矿床，经风化作用在地表富集形成。矿体呈斗篷状或透镜状。矿石矿物主要为软锰矿、硬锰矿及部分水锰矿。矿石品位一般较高，开采也较易。除个别矿床外，矿体从上到下，往往从锰的风化壳过渡到含锰岩石或原生碳酸锰矿床。风化锰矿床可以分为沉积含锰岩层的锰帽矿床、热液或层控锰矿形成的锰帽矿床、淋滤锰矿、第四系中的堆积锰矿。

7.3.2.3 现代深海沉积锰结核矿床

大洋锰结核可划分为三种类型：陆源碎屑沉积型，分布在北冰洋、波罗的海、白海、巴伦支海、卡拉海等；陆源碎屑–火山物质型，产于大型海盆地，分布在大西洋、印度洋和太平洋；海底热液型，产于东太平洋山脉附近海底，锰结核的分布与海底地热梯度较大的地带有关。锰结核为黑色至黄褐色，外形呈球形、皮壳状、不规则状等。相对密度 2～3。粒径在 0.5～0.25cm，个别粗粒者大于 1m。含有 70 余种化学元素、40 余种矿物。锰矿物有硬锰矿、软锰矿、褐锰矿、钾锰矿、钡镁锰矿、水羟锰矿和钠水锰矿等。铁矿物有针铁矿、赤铁矿、纤铁矿、磁赤铁矿等，含有石英、伊利石、蒙脱石、高岭石、长石、辉石、角闪石、重晶石等。许多元素呈类质同象或隐晶质形式存在。

7.3.3 铬矿产资源

铬在地壳上的含量为 0.01% 左右。铬铁矿主要用于在冶金工业生产各种不锈钢和各种特殊合金钢，在耐火材料和化工工业也有广泛用途。自然界已发现的含铬矿物有50余种，分别为氧化物、硅酸盐类、铬酸盐类矿物。具有工业价值的含铬矿物是铬尖晶石类矿物$(Mg, Fe^{2+})(Cr, Al, Fe^{3+})_2O_2$，以及铬铁矿$(Mg, Fe)Cr_2O_4$、镁铬铁矿$(MgCr_2O_4)$、铝铬铁矿、硬铬尖晶石等。根据矿物组合和$Cr_2O_3$、$Cr_2O_3/FeO$比值，可划分出不同品级矿石。冶金级铬铁矿石：富矿$w(Cr_2O_3) \geq 32\%$，$w(Cr_2O_3/Fe_2O_3) \geq 2.4$；贫矿$w(Cr_2O_3) \geq 8\%$，$w(Cr_2O_3/Fe_2O_3) \geq 2.4$。耐火级铬铁矿石：I级品（用作天然耐火材料）：$w(Cr_2O_3) \geq 35\%$、$w(SiO_2) \leq 8\%$；II级品（用作生产铬砖、铬镁砖）：$w(Cr_2O_3) \geq 30\% \sim 32\%$、$w(SiO_2) \leq 11\%$、$w(CaO) \leq 3\%$。化工级制铬盐用铬铁矿石：$w(Cr_2O_3) \geq 30\%$，$w(Cr_2O_3/Fe_2O_3) \geq 2 \sim 2.5$。铸石级用铬铁矿石：$w(Cr_2O_3) > 10\% \sim 20\%$、$w(SiO_2) < 10\%$。主要矿床成因类型有岩浆型铬铁矿床、砂矿型。

我国的岩浆型铬铁矿床有：

西藏罗布莎铬铁矿床，产于藏南雅鲁藏布江基性–超基性岩带的东段。罗布莎岩体出露面积约$70km^2$，呈向南倾斜的单斜状岩体。岩体有纯橄榄岩相带、斜辉橄榄带、易剥橄榄岩–辉长岩杂岩相带。工业矿体产在斜辉辉橄带。已发现7个矿体群、216个矿体。矿体长度大于100m的有32个，长度在$100 \sim 50m$的有30个。其余矿体的长度小于50m。矿体厚度在$1 \sim 3m$，最厚14m。矿体呈脉状。金属矿物为铬尖晶石、少量赤铁矿、褐铁矿、针铁矿、镍黄铁矿、钛铁矿等。矿石中伴生有铂族元素。块状、浸染状构造等。矿石平均品位：Cr_2O_3 52.63%，铬铁比4.35%，SiO_2 4.66%，MgO 17.6%，Al_2O_3 9.7%，S 0.005%，P 0.0007%，$\sum Pt$ 0.497g/t。

新疆萨尔托海铬铁矿床岩体侵位于变质碎屑岩中。岩体长22.5km，呈北东向展布。岩体由斜辉辉橄岩组成。岩体中已发现大小矿体500余个，成带成群、分段集中分布，构成南北中3个矿带。单个矿体大小不等，最大矿体长150余米，厚10余米。矿体形态为不规则透镜状、豆荚状、囊状。富矿石含Cr_2O_3 35.12%，Al_2O_3 22.1%，Cr_2O_3/FeO 2.67；贫矿石Cr_2O_3 26.33%，Al_2O_3 17.33%，Cr_2O_3/FeO 2.23。矿石致密块状、浸染状构造。

7.3.4 钛矿产资源

钛在地壳中的丰度为0.62%。含钛矿物有140多种，其中含TiO_2在1%以上的矿物有80余种，具有工业价值的矿物有15种。主要矿物有金红石、钛铁矿、锐钛矿、板钛矿、白钛矿、红钛矿、钛磁铁矿、钛铁晶石、钙钛矿、镁钛矿、榍石等。矿石类型有钛–磁铁矿石、金红石矿石和砂钛矿石。主要矿床类型有岩浆岩型钒钛磁铁矿床、金红石矿床，变质型金红石矿床、砂矿型。

7.3.4.1 钒钛磁铁矿型矿床

岩浆晚期分异矿床产于基性–超基性岩体中，主要岩石类型有辉长岩、辉石岩、橄榄岩等。矿体呈层状、似层状赋存在岩体内。矿石为钒钛磁铁矿石，以海绵陨铁结构为主，浸染状（贫矿）、条带状、块状（富矿）构造。主要金属矿物有钛铁矿、钛磁铁矿、尖晶石、磁铁矿，伴有磁黄铁矿、黄铜矿、镍黄铁矿和硫钴矿等硫化物。可综合利用Co、Ni、Cu等。大型矿床有攀枝花钒钛磁铁矿、大庙钒钛磁铁矿床等。

7.3.4.2 金红石型矿床

在区域变质作用中，中基性岩石、泥质岩石中的金红石富集成矿。如在辉长岩、闪长岩中钛磁铁分解形成金红石富集。金红石矿床的围岩多为榴辉岩、角闪岩、辉石岩等变质岩。矿石为金红石-石榴子石角闪岩型、金红石-石榴子石石英云母片岩型、含金红石-石榴子石-绿辉石榴辉岩型。矿石含 TiO_2 2.2%~2.5%，高者可达6%。矿床中除金红石外，还含有石榴石、绿辉石、磷灰石等，可综合回收。有山西碾子沟、河南西峡、湖北枣阳大阜山等金红石矿床。

湖北枣阳大阜山变质型金红石矿床赋存在变辉长辉绿岩中。含矿岩石有石榴石角闪石岩、角闪钠黝帘石岩等。矿体呈似层状、脉状、透镜。金红石是在深变质作用下含钛矿物解离、析出的钛再结晶的产物。呈浸染状与石榴子石共生。矿石含 TiO_2 2.29%~2.41%。

山西代县碾子沟变质型金红石矿床赋存在变质超基性岩体中。含矿岩体呈100m×400m的小岩株。含矿岩石为超基性岩变质的阳起透闪岩、绿泥透闪岩。矿体呈似层状。顶、底板岩石为斜长角闪岩。规模大、埋藏浅。矿石品位（TiO_2）平均为2.2%。

主要工业类型钛矿石质量特征见表7-8。

表7-8   主要工业类型钛矿石质量特征

矿床类型	钒钛磁铁矿型	金红石型
矿石质量	含矿岩体为辉长岩、斜长岩等。金属物为钛铁矿、钛尖晶石、钛磁铁矿等。脉石矿物有橄榄石、辉石角闪石、磷灰石等	含矿岩体为榴辉岩、角闪岩等。矿石有金红石-石榴石的角闪岩、金红石-石榴子石-石英云母片岩、金红石-石榴子石-绿辉石榴辉岩。金属矿物是金红石。伴生矿物有石榴子石、磷灰石、角闪石、绿辉石等
矿石品位	TiO_2 5.22%~13.5%	TiO_2 1.59%~5.6%
矿床规模	大型（TiO_2）≥500万吨，中型500万~50万吨，小型<50万吨	大型（TiO_2）≥20万吨，中型20万~5万吨，小型<5万吨
开采条件	露天开采或地下开采。$w(TFe)≥20\%$，$w(Ti)≥5\%$，$w(V)≥0.18\%$。可采厚度≥1m	多为露天开采。边界品位 $w(TiO_2)≥1\%$。工业品位≥1.5%。可采厚度与夹石剔除厚度≥0.5~1m
共生组分	Fe、V 以及 Cu、Ni、Co	磷灰石、石榴子石、绿辉石、钛铁矿、锆石

7.3.4.3   砂钛矿床

是含钛铁矿的岩石经风化、剥蚀、水动力搬运到沉积环境富集成矿。主要集中在海岸、河滩等有利沉积环境，矿物有金红石、钛铁矿、板钛矿、白钛矿等。特点是：Fe_2O_3（相对于FeO）含量较高、结构疏松、杂质易分离，选出的大部分精矿含 TiO_2 达50%以上。钛铁矿砂矿床包括滨海沉积（海南岛东部沿海岸，广东徐闻、陆丰，福建诏安，广西合浦等矿床）、残破积（海南万宁长安、兴隆矿床等）和河流冲积（岳阳新墙河、云南勐海的勐河等）。

7.4   有色金属矿产资源

7.4.1   钨矿产资源

钨在地壳的含量为（160~190）×10^{-6}。我国钨矿资源分布在江西、湖南、广东以及河南、福建等地。矿床类型有热液型、矽卡岩型、斑岩型、火山岩型、花岗岩型以及风化型、砂矿床。钨矿床伴生组分多,矿床元素组合有 W-(Sn, Bi, Mo)、W-Be、W-(Cu, Pb, Zn, Ag)、W-Nb-Ta、W-Au-Sb-W-REE 等。还有硫、铍、锂、铌、钽、稀土、镉、铟、镓、钪、铼、砷、萤石等。主要矿石矿物为黑钨矿和白钨矿。黑钨矿石中 $w(WO_3) \geqslant$ 0.12%~0.18%;白钨矿石中 $w(WO_3) \geqslant 0.15\% \sim 0.2\%$。矿石的开采品位一般含 WO_3 为 0.2%~0.5%。

(1)热液型钨矿床。矿床产于花岗岩侵入体内或围岩中、花岗岩与围岩接触带上。成矿岩体的主体岩石类型为黑云母花岗岩、二长花岗岩。最佳成矿岩体为同源、同期多次侵入的杂岩体,早到晚循黑云母花岗岩→二云母花岗岩→白云母花岗岩→花岗斑岩的演化规律。岩体蚀变作用强烈,有云英岩化、黄玉化、电气石化等,(钠)长石化发育。矿体呈脉状。矿床具有五层楼模式,自上而下有线脉带、细脉带、薄脉带、大脉带(主矿体)和尖脉带(向下收敛呈楔形,为次矿体)。矿石呈致密块状、网脉状构造。矿石矿物为黑钨矿、白钨矿,以及锡石、黄铜矿、辉铜矿、方铅矿、闪锌矿、毒砂等。非金属矿物有石英、萤石、黄玉、电气石、长石、绿柱石等。含有的 Sn、Mo、Bi、Be、Cu、Li、Zr 以及 Nb、Ta 等可综合利用。大型矿床有江西西华山、大吉山等钨(钼、锡)矿床。

(2)矽卡岩型钨矿床。产于中酸性-酸性岩浆岩与碳酸盐岩接触带中。矿体形态呈不规则囊状、扁豆状、透镜状、层状、似层状、透镜状等。矿石矿物组合有白钨矿、黑钨矿、辉铜矿、锡石、黄铜矿、磁黄铁矿、方铅矿、闪锌矿、磁铁矿、毒砂、萤石以及钙铝榴石、透辉石等。矿石呈浸染状、块状、细脉状构造。有大理岩化、硅化、斜长石化、钾长石化、白云母化、叶蜡石化、黄铁矿化等。大型矿床有湖南瑶岗仙钨矿床、新田岭白钨矿床、柿竹园钨(锡铋钼)矿床、香炉山白钨矿床等。

(3)斑岩型钨矿床。与钨矿化有关的斑岩主要是花岗闪长斑岩、二长花斑岩、花岗斑岩、石英斑岩等。矿体呈石英细脉、网脉状分布。矿石矿物有黑钨矿、白钨矿以及细晶石、铌钽铁矿以及石英、长石等。矿呈网脉状、浸染状构造。典型矿床有莲花山钨矿床、阳储岭钨矿床等。

7.4.2　铝矿产资源

铝在地壳中的含量为 8.20% 左右。铝矿产资源主要是铝土矿床。铝土矿是铝工业、耐火材料、刚玉磨料、高铝水泥等行业的主要生产原料。我国铝土矿资源多属于高铝、高硅、低铁难溶的中低品位矿石。铝土矿根据 Al_2O_3、铝/硅比划分为 7 个品级:一级矿石($w(Al_2O_3)$:60%~70%, $w(Al)/w(Si) \geqslant 12$)、二级矿石($w(Al_2O_3)$:51%~71%, $w(Al)/w(Si) \geqslant 9$)、三级矿石($w(Al_2O_3)$:62%~69%, $w(Al)/w(Si) \geqslant 7$)、四级矿石($w(Al_2O_3) > 62\%$, $w(Al)/w(Si) \geqslant 5$)、五级矿石($w(Al_2O_3) > 58\%$, $w(Al)/w(Si) \geqslant 4$)、六级矿石($w(Al_2O_3) > 54\%$, $w(Al)/w(Si) \geqslant 3$)、七级矿石($w(Al_2O_3) > 48\%$, $w(Al)/w(Si) \geqslant 6$)。矿石矿物有三水铝石、一水软铝石或一水硬铝石,次要矿物有高岭土、赤铁矿、针铁矿、石英、蛋白石、金红石、锐钛矿等。矿石中伴生镓、钒、锂、稀土金属、铌、钽、钛、钪等多种有用元素。我国铝土矿资源主要分布在山西、河南、贵州、广西等省区。

7.4.2.1 红土型铝土矿床

我国产于玄武岩风化壳和碳酸盐岩风化壳的红土型铝土矿矿床，前者是由富含铝的岩石，如玄武岩、霞石正长岩等经红土化作用形成；后者是由新生代碳酸盐岩经红土化作用形成。这类铝土矿矿床的产状一般不规则，有的呈斗篷状覆盖在风化原岩之上，有的经过短距离的搬运再沉积在低凹处，也有呈不规则的喀斯特洞穴堆积。矿层厚数米至数十米，断续延伸，分布面积很广。铝土矿矿床的上部往往为红色、黄色含铁的黏土覆盖。铝土矿石为黄色、棕色和红色。矿石具团块状、结核状、豆状、鲕状或胶状构造。矿物成分多为三水铝石。古风化壳型铝土矿多为一水硬铝石矿床，产于红土型风化壳中。矿石主要是三水铝石或三水铝石及一水软铝石混合型矿石，特点为中铝、低硅、高铝硅比、高铁，是优质的铝工业原料。

7.4.2.2 沉积型铝土矿床

沉积型铝土矿床在广西、河南、贵州、山西等地分布较多。我国铝土矿主要形成于石炭纪、二叠纪内陆湖盆地中，与陆相砂页岩互层；产于海盆地边缘地带，具有海陆交互相沉积特点。赋存在碳酸盐岩侵蚀面（岩溶）和碎屑岩及玄武岩侵蚀面以及砂页岩中间，也称古风化壳沉积型。该类铝土矿矿床由于控矿时代和所处地域不同而呈现多样性的矿石类型，以一水硬铝石型为主，矿石特征为高铝、高硅、中低铝硅比、低铁。主要矿物有一水铝石、三水铝石、赤铁矿、方解石、石英、黏土矿物等。主要沉积铝土矿类型有以下几种：

（1）产于碳酸盐岩侵蚀面上的铝土矿。成矿环境是接近泻湖性质的海湾相。含矿岩系由黏土岩、高铝黏土、含黄铁矿的碳质黏土岩及铝土矿、碎屑铝土矿、鲕状铝土矿及生物碎屑灰岩等组成。有3层铝土矿，铝土矿层向深部可相变为石灰岩。矿体多为层状—似层状、透镜状和漏斗状等，单个矿体一般数百米至2km，宽200m至上千米。矿层厚度变化稳定~很不稳定，一般厚1~6m，规模多为大、中型。矿石结构呈土状、鲕状、豆状、碎屑状等，颜色多为灰白色，矿物成分以一水硬铝石为主，其次为高岭石、水云母、绿泥石、褐铁矿、针铁矿、赤铁矿、一水软铝石等，时有黄铁矿、菱铁矿及三水铝石等。主要化学组分：$w(Al_2O_3)40\%~75\%$，$w(SiO_2)24\%~18\%$。$w(Al)/w(Si)3~12$。为低铁低硫型矿石。如贵州清镇-修文、遵义地区的铝土矿床等。

（2）产于碎屑岩、玄武岩侵蚀面上的铝土矿。成矿环境为泻湖湖泊相，在湖盆中以浅湖-深湖区的过渡带及其附近为成矿的有利地带。属于铁-铝-黏土沉积建造。矿体呈层状—似层状或透镜状，单个矿体一般长数百米到2~3km，厚度在1~4m，规模为大到小型均有，矿石呈致密状、角砾状、鲕状、豆状等构造。矿石颜色呈灰、浅绿、紫红及杂色等，矿物主要为一水硬铝石，其次为高岭石、蒙脱石、多水高岭石、绿泥石、菱铁矿、褐铁矿、黄铁矿等。主要化学组分：$w(Al_2O_3)40\%~70\%$，$w(SiO_2)8\%~20\%$，$w(Al)/w(Si)3~9$。高铁高硫型矿石占有较大比例。如贵州务川-正安-道真地区的铝土矿床等。

（3）砂页岩中间湖泊相铝土矿。含矿层的顶板为石英砂岩，底板为含云母的长石砂岩或局部为黏土砂岩或杂质黏土，而铝土矿层一般在整个含矿层的中下部。矿层厚度与含矿层厚度也往往成正比关系。由于矿种递变，在次生淋滤或复硅等条件下，铝土矿在黏土层中呈似层状及透镜状产出，或为包心构造。属于连续的湖泊相沉积，其物质来源于附近古陆上铝硅酸盐岩石的风化壳。

7.4.3 锡矿产资源

我国锡矿资源主要集中在广西、云南、广东、湖南、江西、内蒙古等省（区），以原生锡矿为主（占80%左右），砂锡矿居次要地位（占16%左右）。原生锡矿中，以大中型矿床为主，其资源储量占绝对多数。锡矿床中的共伴生组合多。以单一锡矿产出的占12%，作为主矿种产出的占60%，作为共伴生矿种的占22%。共生及伴生的矿产有铜、铅、锌、钨、锑、钼、铋、银、铌、钽、铍、铟、镓、锗、镉，以及铁、硫、砷、萤石等。锡矿山生产建设规模：矿石量：大型≥100万吨，中型100万~30万吨，小型<30万吨。锡矿资源主要矿物有锡石、黝锡矿。锡最低工业品位大于0.1%~0.2%。锡矿床成因类型有岩浆热液型（石英脉-云英岩型）、矽卡岩型、斑岩型、砂矿型等。

7.4.3.1 岩浆热液型锡矿床

（1）锡石-石英脉型矿床。与中深至浅成的黑云母花岗岩、花岗斑岩、石英斑岩的岩株、岩墙、岩脉有关。矿体呈脉状产于钟状岩体顶部，矿脉延伸50（在岩体内）~500m（岩体顶部围岩中）。围岩蚀变有云英岩化、电气石化、硅化；矿石中主要矿物有锡石、黑钨矿、辉钼矿、辉铋矿、毒砂、黄铁矿、黄铜矿、方铅矿、闪锌矿以及石英、萤石、黄玉、白云母、方解石、白云石等。矿石品位高，含Sn在0.3%~1%；在锡石和黑钨矿中常含有Nb、Ta、Sc等元素。这类矿床的锡资源量占原生矿床锡总量的50%左右。

（2）锡石-硫化物型矿床。锡石-硫化物型矿床与酸性到基性火山岩-侵入杂岩体有成因联系。矿体产于花岗岩与碳酸盐岩、硅质岩、细碎屑岩的接触带附近，呈层状、似层状。围岩蚀变有矽卡岩化、硅化、绿泥石化等。主要矿物有锡石、磁黄铁矿、黄铁矿、闪锌矿、方铅矿、黄铜矿、毒砂、磁铁矿、赤铁矿、绿泥石、电气石等。含锡矿物还有黄锡矿、辉锑锡铅矿等。锡石颗粒微细，矿石含Sn 0.2%~1.5%；矿石构造为致密块状、浸染状。

7.4.3.2 矽卡岩型锡矿床

矽卡岩型锡矿床主要产于花岗岩与石灰岩接触带中。矿体呈脉状、透镜状产于矽卡岩或云英岩中。组成矽卡岩的矿物有透辉石、符山石、石榴石、阳起石、萤石等。矿石含有锡石以及磁黄铁矿、黄铁矿、毒砂、黄铜矿及闪锌矿、石英、绿泥石等。矿石呈浸染状、细脉网脉状等。含有铜铅锌及稀有分散元素。

7.4.3.3 砂锡矿床

砂锡矿床主要产于含锡伟晶岩矿床和锡石-石英矿床发育区的风化剥蚀带。最有利的成矿空间是古代和现代河谷、滨海和陆棚区。矿体一般呈层状、透镜状产出，长数十至数千米，厚0.5~5m，主要赋存于沙砾层中。矿床规模一般为中、小型。有用矿物有锡石、黑钨矿、白钨矿、钛铁矿、锆石、稀有金属矿物，Sn含量为0.005%~0.3%。

7.4.4 铜矿产资源

铜在地壳中的含量为0.01%，属亲硫元素。通常以硫化物或硫酸盐类矿物出现。矿石矿物有黄铜矿（$CuFeS$）、斑铜矿、辉铜矿、铜蓝、孔雀石、蓝铜矿、自然铜。铜矿床边界品位为0.2%，最低工业品位为0.4%。铜矿床的主要成因类型有岩浆型、矽卡岩型、热液型、斑岩型、块状硫化物型、砂岩型、沉积变质型以及风化型。矿石类型有铜镍硫化物型、铜钼型、铜锌型、黄铁矿型、孔雀石型（氧化型）、铜多金属型等。

7.4.4.1 岩浆铜镍硫化物型矿床

岩浆铜镍硫化物型矿床产于基性-超基性岩浆岩。在岩浆冷凝过程中，铜、镍、钴等与硫结合成硫化物熔融体，从硅酸盐熔融体中分离出来形成熔离矿床。主要矿石矿物有黄铜矿、镍黄铁矿、磁黄铁矿、马基诺矿、磁铁矿、针镍矿、赤铁矿以及自然金、铂族元素矿物等。矿石呈致密块状、浸染状、脉状构造等。包含结构、交代残余结构、海绵陨铁结构等。如金川铜镍矿床、红旗岭通镍矿床等。

7.4.4.2 斑岩型铜矿床

斑岩型铜矿床与斑岩侵入体（花岗闪长斑岩、石英二长斑岩）以及少数偏酸性（花岗斑岩）和偏基性侵入体（闪长斑岩）有空间联系；矿化或直接发生在斑岩侵入体中，或发生在紧靠侵入体的外接触带围岩中；矿体具脉、细脉浸染特征。主要金属矿物为黄铁矿、磁铁矿、黄铜矿、辉铜矿以及斑铜矿、硫砷铜矿和辉铜矿，非金属矿物为石英、绢云母、钾长石、黑云母、高岭石类矿物等。铜平均含量在原生矿石中为 0.3%~0.8%，在氧化矿石中较高（达 1%~1.5%）。与钼、金等密切共生，形成铜、铜-金和铜-钼矿床。具有明显的围岩蚀变分带：绢云母-硅化、黑云母-钾长石化质、黏土化以及青磐岩化。金属元素出现分带性：Fe^{3+}-Mo(Cu)-Cu(Mo)-Cu(Ag)-Fe^{2+}(Au)-Pb-Zn-(Au、Ag)；与黑云母-钾长石、绢云母、石英、蒙脱石、高岭土、青磐岩化相对应；矿床储量大。如我国江西德兴铜矿、西藏甲玛铜矿、黑龙江多宝山铜矿等。

7.4.4.3 沉积变质型（层控型）铜矿床

沉积变质型（层控型）铜矿床主要产于元古宙的老地层中，沿特定地层层位的岩性（细粉砂岩-炭质、砂泥质板岩-白云岩）层中分布，铜矿的第二大类型。铜矿在成矿层中可呈连续千米以上的层状矿体，呈长几百米及不同距离的无矿间隔再现的透镜状矿体群。铜矿物为硫化物、黄铜矿、辉铜矿、斑铜矿、黄铁矿以及氧化带中孔雀石、蓝铜矿等。如我国有中条山铜矿床等，世界上在非洲刚果金-赞比亚铜矿带有分布。

7.4.4.4 砂岩型铜矿床

砂岩型铜矿床是在沉积盆地周边含铜丰富的老地层及古铜矿层，经过风化剥蚀、运移至盆地内沉积成矿。铜矿赋存在氧化沉积层（红褐色层）的上下层或同层色变的半氧化浅色层（灰白色层）中，也有地下热水（地热加温水或中生代火山热液）溶滤铜矿源层中的铜运移至盆地内，透、交代充填在氧化层（红层）旁侧的弱还原层（浅色砂岩层）中成矿，如滇中大姚姚安砂岩铜矿，产于页岩中的四川峨眉四峨山铜矿等。

7.4.4.5 海底火山-块状硫化矿（物）型铜矿床

海底火山-块状硫化矿（物）型铜矿床产于海底火山喷发的火山口（裂隙口）内外；矿物（黄铜矿）和大量黄铁矿经常与数量不等的共生闪锌矿与酸-中酸性的长英质火山熔岩、凝灰岩共同熔结、沉积，形成富铜的块状黄铁矿矿石。赋矿的火山岩层的成岩、成矿时代为太古宙—元古宙，少数见于古生代的寒武纪—泥盆纪。火山喷发处较近的块状硫化物矿石，品位常在 1.5%~3%之间。离火口较远处的含铜凝灰岩质沉积岩层中的浸染状矿石品位较低（0.8%~1.5%）。矿石矿物有黄铜矿、闪锌矿、方铅矿、黄铁矿等。产于基性

-中酸性火山岩中有裂隙式喷溢-侵入的板状花岗闪长斑岩体中的海相次火山岩型矿床。典型矿例如加拿大的基德克里克铜矿，诺兰达铜矿、中国红透山铜矿等。

7.4.4.6　矽卡岩型铜矿床

矽卡岩型铜矿床产于中酸性侵入岩与碳酸盐质围岩（石灰岩、白云岩）接触带上，岩体带来的气、液体成分交代围岩，围岩中的主成分（钙镁）结合，形成以透辉石和石榴子石为主体的矿物集合体。黄铜矿、黄铁矿等金属矿物呈浸染状、细脉状或块状产于其中，时有磁黄铁矿或磁铁矿共生。矿体形态呈似层状、透镜状、脉状、囊状、团块状、星散状产出，品位一般较高（Cu>1%），储量不大。矿石矿物有黄铜矿、斑铜矿、辉铜矿以及石榴子石、透辉石、橄榄石、绿泥石、阳起石等。矿石结构构造为致密块状、浸染状。按元素组合可划分为 Fe-Cu、Cu-Fe-Mo、Cu-Sn(Zn)-W、Cu-Pb-Zn 型等。如我国长江中下游地区的铜官山、凤凰山铜矿等。

7.4.5　铅锌矿产资源

地壳中 Pb 的含量为 0.0016%，Zn 为 0.005%。具有亲硫性，以硫化物形式出现。在地质成矿作用中，铅锌经常共生在一起，特别是在中低温热液条件下富集成矿。常用工业矿物有方铅矿、白铅矿、和铅矾；锌矿物有闪锌矿、红锌矿、菱锌矿、异极矿。目前对铅锌矿石的要求是：边界品位为 Pb 0.5%~1.3%，Zn 0.5%~1%；最低工业品位为 Pb 0.7%~1.0%，Zn 1%~2%。

世界铅锌矿资源分布广泛，主要分布在澳大利亚、美国、加拿大、俄罗斯等。我国铅锌矿产分布的主要特点表现为部分不均一性，即为呈群呈带的分布特点，相对集中于南岭地区、三江地区、秦岭—祁连山地区、狼山—渣尔泰区。我国铅锌矿床成矿时代从太古宙到新生代皆有，以古生代铅锌矿资源量最为丰富。矿石类型复杂，主要有铅锌矿石、铅锌铜矿石、铅锡矿石、铅锑矿石、铅锌锡锑矿石、锌铜矿石等。单一的铅或锌矿石类型少。我国铅锌矿床中的共伴生有用元素或者有用矿物高达 50 余种，主要有金、银、铜、锡、镉、铟、锗、硫、萤石及稀有分散元素。这些共伴生有用元素或者有用矿物大多数可以回收，从而大大提升了铅锌矿床的利用价值。

铅锌矿床类型主要有花岗热液型、矽卡岩型、斑岩型、海相火山岩型、陆相火山岩型、层控型（碳酸岩型、泥岩）、细碎岩型、砂砾岩型。

7.4.5.1　花岗热液型铅锌矿床

花岗热液型铅锌矿床与花岗岩关系密切。矿体产于岩体内构造破碎带、外接触带等，呈脉状、网脉状、不规则状、围岩蚀变硅化、绢云母化、绿泥石化等。主要矿石矿物有方铅矿、闪锌矿、黄铁矿、黄铜矿、毒砂等。脉石矿物有石英、白云母、方解石等。矿石类型有多金属硫化物型、铅锌矿石、铅锌-金银矿石等。矿石具有块状、脉状、浸染状构造。如湖南东坡铅锌矿、广东连平铅锌矿等。

7.4.5.2　矽卡岩型铅锌矿床

矽卡岩型铅锌矿床主要产于花岗岩、石英二长岩等酸性-中酸性侵入岩与石灰岩接触带及其附近围岩。矿床具有岩体—蚀变花岗岩（闪长岩）—矽卡岩—铅锌矿化带—大理岩、灰岩的分带现象。矿体呈脉状、透镜状、不规则状等。围岩蚀变有钾长石化、绿泥石化、石榴透辉石矽卡岩化、角岩化等。矿石矿物有方铅矿、闪锌矿、黄铁矿、黄铜矿、磁黄铁矿、辉钼矿、磁铁矿等，脉石矿物有石英、绿泥石、绢云母、辉石、角闪石、石榴石以及绿帘石等。矿石类型有含铜磁铁矿-铅锌矿石、铅锌矿石等。矿石有浸染状、块状等。含有 W、Sn、Cu、Bi、Au、Ag、In、Cd、Ga 等伴生金属元素。如湖南水口山、辽宁桓仁铅锌矿、甘肃厂坝铅锌矿田等。

7.4.5.3　斑岩型铅锌矿床

斑岩型铅锌矿床产于花岗闪长斑岩、正长斑岩、流纹质英安斑岩等。矿体呈透镜状、网脉状、似层状、脉状等。矿石呈浸染状、块状、条带状、网脉状构造等。主要矿物有方铅矿、闪锌矿、黄铁矿、磁铁矿、黄铜矿等，脉石矿物有石英、方解石、长石、绢云母、重晶石等。围岩蚀变具有钾长石化、绢云母化、绿泥石化、黏土化的分带性。含有益伴生组分 Ag、Au、Mo、Sn、Co、Ga、In、Tl 等。如云南姚安铅锌矿等。

7.4.5.4　海相火山岩型铅锌矿床

海相火山岩型铅锌矿床的含矿岩系为火山岩及火山沉积岩，下盘岩石常是火山熔岩和凝灰岩。有些矿床具有明显的沉积、热液两种不同成矿作用同时存在。矿体主要赋存在绿片岩系内，有片岩与大理岩接触部位和片岩与大理岩互层地段。矿体为层状、似层状、透镜状、筒状（下部）等。矿石为致密块状、浸染状。主要矿物有方铅矿、闪锌矿、黄铁矿、黄铜矿、石英、绿泥石、石膏、方解石等。如青海锡铁山、甘肃白银厂小铁山等。

7.4.5.5　层控型铅锌矿床

（1）碳酸盐岩型铅锌矿床产于碳酸盐岩系中，受一定层位控制。多为沉积改造或后生矿床。矿体呈层状、似层状、透镜状等。围岩蚀变微弱。矿石矿物有黄铁矿、方铅矿、闪锌矿、黄铜矿、磁黄铁矿等。含有锡石、辉铋矿、白钨矿、辉锑矿等。脉石矿物有石英、方解石、重晶石、萤石等。致密块状、浸染状矿石。如广东凡口大型铅锌矿床，辽宁青城子铅锌矿床等。

（2）泥岩-细碎屑岩型铅锌矿床。含矿岩系为泥岩、粉砂岩、细砂岩和碳酸质岩石，并有少量凝灰质夹层。矿床赋存于泥岩-细碎屑岩向碳酸岩转变的过渡带。矿体多为层状、似层状。矿石矿物方铅矿、闪锌矿、黄铁矿等。脉石矿物有方解石、白云石、菱铁矿、重晶石、石英、萤石等。如内蒙东升庙铅锌矿床。

7.4.6　钼矿产资源

钼在地壳中的含量为 1.1×10^{-6}，与 W、Nb、Ta 具有相同的地球化学性质。以 Mo^{4+} 形式与硫具有极强的化学亲和力，在结晶溶液中的硫与钼首先结合形成辉钼矿。在岩浆演化过程中钼与卤族元素形成络合物，使得钼在热液中集中，形成热液型矿床。在表生环境中辉钼矿比较稳定。含钼矿物约有 26 种，常见有辉钼矿、钼铅矿、钼钨钙矿、铁钼华。我国钼矿资源较为丰富，多属于低品位矿床。其中品位小于 0.1% 的占总储量的 65%。0.1% ~ 0.2% 的占 30%，0.2% ~ 0.3% 的占 4%，大于 0.3% 的占 1%。伴生有益组分有钨、锡、铜以及铼等。主要矿床类型有斑岩型、矽卡岩型等。

7.4.6.1　斑岩型钼矿床

斑岩型钼矿床产于花岗岩类岩体内部及其围岩中。矿体形态呈似层状、透镜状、脉状。一般由浸染状细脉或细微网脉交织形成矿体。矿体产于斑岩体上部、边部及内外接触带附近。从中心向上向外矿化，钼（铜）矿化→铜（钼）矿化→铅锌矿化→金矿化。金属矿物为黄铁矿、黄铜矿、斑铜矿、黝铜矿、辉钼矿、方铅矿、闪锌矿、磁铁矿及金银矿物等，脉石矿物为石英、长石、重晶石、绢云母及黏土矿物等。呈他形及半自形粒状结构、交代结构，浸染状构造、细脉-浸染状构造、条带状构造和角砾状构造等。从斑岩体中心向上、向外，矿石及矿化类型为浸染状→细脉浸染状→细脉状→脉状。从岩体中心向上、向外，蚀变类型为钾（钾长石、黑云母）化带→石英绢云母化带→泥化带→青盘岩化带。斑岩中常有爆破角砾岩筒浸染的钼矿体。按照成矿金属组合，斑岩型矿床有单钼矿床，如吉林大黑山矿；钼钨矿床，如河南南泥湾-三道庄矿；钼铜矿床，如河北小寺沟；钼铜金矿床，如西藏甲玛等。

7.4.6.2 矽卡岩型钼矿床

矽卡岩型钼矿床产在花岗岩、石英二长岩等中酸性侵入体与碳酸盐类岩石的接触带中。常见的矿石构造有两种：一种是辉钼矿呈浸染状交代石榴子石和透辉石等矽卡岩；另一种是辉钼矿呈薄膜状或细脉状充填在矽卡岩的破碎裂隙中，有时与斑岩钼矿共生。金属矿物主要是辉钼矿，其次是黄铜矿、黄铁矿及少量闪锌矿、方铅矿；脉石矿物，除矽卡岩矿物外，还有石英、碳酸盐矿物等。此外，还有铜-钼矿床、钼-钨矿床，如辽宁杨家杖子钼矿等。

7.4.6.3 岩浆热液型钼矿床

岩浆热液型钼矿床与花岗岩侵入体热液有关。石英脉呈大脉或细脉群产出，有单一钼矿化和钼钨矿化，发育有硅化、云英岩化，为特征围岩蚀变。广东白石峰钼钨矿床产于细粒二云花岗岩体内外接触带的裂隙中。有石英脉型钨-钼矿体、钼矿体两类。矿石矿物主要有辉钼矿、黑钨矿、白钨矿、辉铋矿、黄铁矿、黄铜矿、磁黄铁矿、闪锌矿、方铅矿等，脉石矿物有石英、长石、黑云母、白云母、黄玉、方解石、叶蜡石、绿泥石等，矿石有黑钨矿-辉钼矿-白钨矿-石英长石、黑钨矿-辉钼矿-石英长石、辉钼矿-黄铁矿长石石英、锡石-黑钨矿-辉钼矿-萤石石英等矿物组合。矿石为网脉状、浸染状构造等，呈自形-半自形粒状结构、溶蚀结构、残余结构、乳滴状结构等。含有铼、银等有益组分，可回收利用。

7.4.7 镍矿产资源

镍在地壳中的含量为 0.018%。常见的镍矿物有镍黄铁矿、辉砷镍矿、针硫镍矿、红砷镍矿等。矿石类型有硫化镍矿石（Ni > 0.3% ~ 0.5%）、硅酸镍矿石（Ni ≥ 0.81% ~ 1.0%）、红土镍矿（Ni = 1% ~ 3%）。约 60% 的世界镍矿储量为红土镍矿，40% 为硫化镍矿，17% 为海底铁锰结核中的镍。我国硫化物型镍矿资源较为丰富，主要分布在西北、西南和东北等地区。我国三大镍矿分别为金川镍矿、喀拉通克镍矿、黄山镍矿。硫化镍矿石中还含有铂族元素、金银等，具有综合利用价值。矿床成因类型有岩浆型、风化型等。

7.4.7.1 岩浆岩型铜镍硫化物矿床

岩浆岩型铜镍硫化物矿床产于基性-超基性岩体中。围岩为橄榄岩、辉长岩苏长岩等。矿石矿物有镍黄铁矿、黄铜矿、磁黄铁矿、黄铁矿、磁铁矿等；脉石矿物有橄榄石、辉石、角闪石、斜长石、蛇纹石等。矿石呈乳滴状、固溶体结构、文象等粒结构、海绵陨铁结构等，致密块状、网脉状、浸染状构造等。硫化镍矿主要以镍黄铁矿 $(Fe，Ni)_9S_8$、紫硫镍铁矿 (Ni_2FeS_4)、针镍矿 (NiS) 等游离硫化镍形态存在，有相当一部分镍以类质同象赋存于磁黄铁矿中。按镍含量不同，原生镍矿可分为三个等级：特富矿 $(Ni \geqslant 3\%)$、富矿 $(1\% \leqslant Ni \leqslant 3\%)$、贫矿 $(0.3\% \leqslant Ni \leqslant 1\%)$。

甘肃金川铜镍硫化物矿床是我国最大的镍矿床。岩体属纯橄榄岩-二辉橄榄岩-斜长橄榄岩型。岩体普遍受蛇纹石化、绿泥石化、透闪石化，局部有碳酸盐化。矿体可分为岩浆熔离型、深部熔离-贯入型以及贯入型三种。(1) 熔离型。矿体呈似层状、透镜状，分布在岩体的各个部位及各岩相中，矿体与围岩呈渐变过渡关系。矿石构造以稀疏浸染状为主，主要为贫矿。(2) 深部熔离-贯入型。为区内的主要矿体类型，占全区储量的96%以上。矿体形态较规则，呈大透镜状，分布于岩体深部，延深千余米。各矿体的产状与岩体或岩体底部形态大体一致。矿石构造为块状、浸染状；多为海绵陨铁结构。(3) 贯入型。矿体呈透镜状、脉状及团块状，单个矿体规模不大，常成群出现，主要赋存在熔离-贯入型矿体的下部、矿体与围岩间界线清楚。矿体绝大部分是富矿，矿石构造为致密块状。

7.4.7.2 风化壳型镍矿床

(1) 红土镍矿。产于由超基性岩风化作用形成的红土风化壳中，由铁、铝、硅等含水氧化物组成疏松的黏土状矿石，是含镁铁硅酸盐矿物的超基性岩经长期风化产生的。由于铁的氧化，矿石呈红色，被称为红土镍矿。红土镍矿的可采部分一般由3层组成：褐铁矿层、过渡层和腐殖土层。红土镍矿含铁高，含硅镁低，含镍为 1%~2%。镍主要以镍褐铁矿（很少结晶到不结晶的氧化铁）的形式存在。适合露天开采。红土镍矿火法处理工艺是还原熔炼生产镍铁。

(2) 硅酸镍矿（硅镁镍矿）。是从蛇纹石到类似黏土的水蛇纹石与皂石等镁矿物的一系列混合物的总称。产于矿床的上部，受风化淋滤作用，铁多、硅少、镁少、镍较低；矿床的下部，由于风化富集，镍矿多硅、多镁、低铁，镍较高，称为镁质硅酸镍矿。矿石含有暗镍蛇纹石、镍铝绿泥石、镍镁绿泥石。矿石呈蜂窝状、块状、粉末状构造。硅酸镍矿石含铁低，含硅镁高，含镍为 1.6%~4.0%。按氧化镁含量分为铁质矿石 $(MgO<10\%)$、铁镁质矿石 $(MgO\ 10\%~20\%)$、镁质矿石 $(MgO>20\%)$。较难选冶。

7.4.8 锑矿产资源

锑在地壳中的含量为 0.0001%。目前已知含锑矿物有 120 余种，含锑 20% 以上的锑矿物约有 20 种。有辉锑矿、锑华、黄锑华、锑赭石等。锑矿床的边界品位为 Sb 0.5%~0.7%；最低工业品位 Sb 1.0%~1.5%。锑矿工业类型有单锑硫化物矿床，矿石成分简单，以辉锑矿为主，易采易选易炼，经济价值巨大。锑与金、钨等共生矿床则矿石成分较复杂，以辉锑矿、自然金、白钨矿、黑钨矿为主，有综合利用价值；锑（复）硫盐多金属伴生矿床矿石成分复杂，综合利用价值大，属难选冶矿石类型。矿石类型有硫化物型、硫盐型、钨酸盐型、氧化物型等，含元素 Sb、Sb-Hg、Sb-Au、Sb-Au-W 等。矿床成因类型有碳酸盐岩型、碎屑岩型、浅变质岩型、海（陆）相火山岩型、岩浆热液型和外生堆积型。

7.4.8.1 碳酸盐岩型锑矿床

碳酸盐岩型锑矿床产于碳酸盐岩中。成矿物质来自矿源层，为受岩浆热液或地下水热液（热卤水）改造或叠加形成的矿床。矿体呈层状、似层状。围岩蚀变有硅化、方解石化、白云石化、黄铁矿化、重晶石化等。矿石为单一硫化物，主要矿物有辉锑矿以及少量黄铁矿、磁黄铁矿、闪锌矿、磁铁矿。非金属矿物有雌黄、石英、方解石、石膏、方解石、重晶石、绢云母高岭石等。锑的氧化物有锑赭石、锑华、黄锑华、红锑矿等。矿石构造有块状、浸染状、脉状、条带状等。具有交代残余结构等。我国湖南锡矿山锑矿床含矿岩系为灰岩、钙质砂岩、白云岩、页岩等构成的碳酸盐岩类和碎屑岩类。矿体为层状、似层状、扁豆状、透镜状等。矿石为辉锑矿石；金属矿物主要为辉锑矿，有少量黄铁矿、磁黄铁矿闪锌矿、雌黄等。脉石矿为石英、方解石、石膏、高岭石、叶蜡石以及锑华等。矿石构造为块状、晶簇状、角砾状、浸染状、条带状、脉状等。围岩蚀变有方解石化、白云石化、硅化等。

7.4.8.2 碎屑岩型锑矿床

碎屑岩型锑矿床产于泥岩、粉砂岩、细砂岩并夹有不纯碳酸盐岩中。含矿岩系中含有有机质和黄铁矿。成矿物质来自矿源层，成矿热液为岩浆热液或岩浆期后深部循环热卤水。矿体为脉状，产于细碎屑岩向碳酸盐岩过渡部位、层间破碎带中。矿石为单一硫化物型，矿物有辉锑矿、石英、方解石、重晶石、黄铁矿等。贵州半坡锑矿床主要赋矿岩石为石英砂岩、白云岩。矿体充填在断裂中，呈脉状、囊状、细脉群等。在构造交汇部位为富矿体赋存场所。矿石为石英-辉锑矿型。主要矿物为辉锑矿、黄铁矿、石英、方解石、白云石、重晶石、绢云母等。围岩蚀变为硅化、碳酸盐化、重晶石化、绢云母化等。

7.4.8.3 浅变质岩型锑矿床

浅变质岩型锑矿床产于板岩、千枚岩等浅变质岩系中。含矿岩系为细碎屑岩夹火山沉积岩，形成 Sb、Au、Cu、Mn、Zn、W 的火山沉积物矿源层，经变质作用形成 W-Sb、Au-Sb、Sb-Au-W 石英脉型矿床。矿体赋存在层间破碎带、层间裂隙、断层中，呈脉状、透镜状、似层状等。矿石矿物比较单一，主要是辉锑矿和少量黄铁矿、白铁矿。脉石矿物有石英、方解石、萤石、玉髓、绢云母等。矿石中伴生有益组分为 Au、Ag、Se、Ga、Ge、Tl、In 等。湖南沃溪金-锑-钨矿床赋存在板溪群马底驿板岩中。含矿石英脉受层间断裂控制，呈扁豆状、脉状等。围岩蚀变有硅化、黄铁矿化、绢云母化、伊利石化、绿泥石化、碳酸盐化等。矿石中金属矿物有辉锑矿、黑钨矿、白钨矿、自然金、黄铁矿、黄铜矿、闪锌矿、方铅矿等，脉石矿物有石英、方解石、绢云母、绿泥石、铁白云石、叶蜡石、高岭石等，矿石结构有变余嵌晶、花岗变晶、交代、压碎结构等。矿石构造有条带状、块状、网脉状、浸染状、角砾状构造等。

7.4.8.4 海相火山岩型锑矿床

海相火山岩型锑矿床赋存在火山岩及火山沉积岩中。火山活动带来 Sb、Au、Hg、Cu 等物质形成火山沉积矿源层，同时通过加热地下卤水或海水，形成含矿热液迁移、富集成矿。贵州晴隆锑矿床产于由顶部灰岩、中部火山碎屑岩、底部玄武岩构成的含矿层。形成以大厂锑矿床为中心的，共有 8 个锑矿床以及萤石矿、黄铁矿床的锑成矿带。围岩蚀变有硅化、黏土化、萤石化、黄铁矿化等。每一个矿床由若干个矿体组成，并按一定方向排列成带状。矿体呈层状、似层状、透镜状，与地层产状基本一致。主要金属矿物有辉锑矿、黄铜矿、黄铁矿、辰砂等，脉石矿物有石英、萤石、方解石、黏土矿物、重晶石、石膏等，矿石类型有辉锑矿-石英-黏土矿物、石英-辉锑矿、辉锑矿-萤石-石英等。矿石结构有自形-半自形粒状、交代残余结构等。矿石构造有角砾状、块状、浸染状等。

7.4.9 汞矿产资源

汞在地壳中的含量为 $0.083×10^{-6}$。具有强烈的亲硫性，自然界以硫化物为主，部分呈硒化物、碲化物、氯化物等出现。工业矿物主要为辰砂（HgS）。我国汞矿资源主要分布在扬子成矿带、昆仑-秦岭成矿带、三江成矿带、华南成矿带。已知的特大型和许多大型汞矿床主要集中于黔、湘、川地区以及广西、广东、陕西、甘肃、青海等省区。大多数矿床产于中、下寒武统地层中，具有区域层控特点，矿床规模巨大，多呈层带状或层状产出。依据矿床物质成分，可划分为7种工业类型：单汞矿床、汞铀矿床、汞砷矿床、汞锑矿床、汞铜矿床、汞锑铜矿床、砂汞矿床。目前汞矿床的边界品位 Hg 为 0.04%，最低工业品位 Hg 为 0.08%~0.10%。矿石中含锑、钨、金、银、砷等有益组分。汞矿床的成因类型有碳酸盐岩型、碎屑岩型、火山岩型、岩浆热液型、硅质岩型等。

7.4.9.1 碳酸盐岩型汞矿床

碳酸盐岩型汞矿床产于白云岩、灰岩、泥质白云岩等碳酸盐岩中，有的矿床含有石膏岩层。显示层控特征。成矿热液为高浓度热卤水或地下水热液。矿体呈层状、似层状、细脉状等。矿层不穿越上覆泥质盖层（盖层屏蔽作用显著）。围岩蚀变为硅化、碳酸盐化、重晶石化等。大多数矿床为单汞矿床。成矿温度低于200℃。硫同位素显示近似于海水硫酸盐硫，成矿热液为高浓度热卤水。我国重要的汞矿床，如贵州万山、丹寨水银厂、四川羊石坑、陕西公馆汞矿等超大型、大型汞矿床，多为此种类型。

万山汞矿带由岩屋坪、万山、龙田冲3个矿田组成，已查明22个汞矿床。赋矿地层为中、下寒武统碳酸盐岩。含矿围岩是细粒条带状白云岩、石灰岩。围岩蚀变有硅化、白云岩化。矿体呈层状、似层状，层控型明显。矿石矿物为辰砂，次为黑辰砂、自然汞、辉硒汞矿等。有少量辉锑矿、闪锌矿、黄铁矿、雄黄、方铅矿等。脉石矿物有石英、方解石、重晶石、白云石等。矿床平均汞品位高于0.25%，最高块段品位可达2%~5%。

贵州务川木油厂汞矿田有7个汞矿床。稳定矿化和工业矿体赋存在碳酸盐岩中，厚达300余米，汞矿化范围厚达800余米。矿层连续稳定，受层控明显。围岩蚀变为硅化、方解石化。矿石组成简单，矿石矿物是辰砂以及少量的辉锑矿、闪锌矿、雄黄、方铅矿、辉铜矿等。矿石工业类型以单汞辰砂矿为主。矿石平均品位 Hg 为 0.147%。

7.4.9.2 碎屑岩型汞矿床

碎屑岩型汞矿床产于粉砂岩、砂岩、泥质岩、硅质岩、泥板岩等碎屑岩系中。成矿与构造岩浆活动有一定联系。矿化受构造控制。矿体呈脉状、似层状、透镜状等。矿石的主要金属矿物为辰砂、辉锑矿、白钨矿以及黄铁矿、黄铜矿、闪锌矿、菱铁矿、雄黄等，脉石矿物有石英、方解石、白云石、高岭石、重晶石绿泥石滑石等，矿石类型有石英-辰砂型、石英-辰砂-辉锑矿型、石英-方解石-辰砂型等。矿石构造有浸染状、块状、条带状等。如广西南丹玉兰、陕西穆黑汞矿等。

广西南丹玉兰汞矿床产于上泥盆统碎屑岩、泥质岩、硅质岩、泥质碳酸盐岩、粉砂岩的层间破碎带中。围岩蚀变有黄铁矿化、方解石化、硅化、高岭石化和重晶石化。矿体在垂向和斜向上呈管状或带状，在水平断面呈饼状或透镜状。矿体延深大于延长。矿石矿物以辰砂为主，其次有黑辰砂、黄铁矿、白铁矿、黄铜矿等。脉石矿物有方解石、石英、重晶石、萤石、绢云母等。矿石品位 Hg 在 0.2% ~ 2%，最高达 10% ~ 20%。伴有 Tl（0.01% ~ 0.19%）、Ga（0.0022% ~ 0.009%）、Se、Ge 等元素可综合利用。

7.5 贵金属矿产资源

7.5.1 金矿产资源

金在地壳上含量约为 4×10^{-9}。金矿物主要有自然金、银金矿、金银矿，以及碲金矿、针碲金矿、硒金矿等。金矿石类型有石英脉型、蚀变岩型、微细浸染型、糜棱岩型、角砾岩型、冰长石（明矾石）-绢云母型、红土型（铁帽型）、砂（金）矿型等。金矿物颗粒细小，呈包裹、粒间、晶隙等形式赋存在黄铁矿、毒砂、磁黄铁矿、黄铜矿等硫化物和石英等载体矿物中。矿石中也有纳米金出现。目前金矿床边界品位为 1×10^{-6}，最低工业品位为 2.5×10^{-6}。

我国金矿资源比较丰富。金矿床分布广泛。山东、黑龙江、河南、湖北、陕西、四川、辽宁等省金矿床多。江西伴生金矿丰富，有铜（钼）-金、银-金、铜镍-金等。金矿床分内生、外生两大类。内生矿床中以岩浆-热液破碎带蚀变岩型和石英脉型为最重要，卡林型-类卡林型具有较大找矿潜力。我国地处中亚（或古特提斯）造山带、环太平洋造山带和特提斯-喜马拉雅造山带 3 个全球性造山带，稳定地块之间的褶皱造山带是造山型金矿形成的有利地质环境。金矿成矿时代的跨度很大，从距今约 28 亿年的太古宙开始，一直到第四纪，都有金矿形成。按照矿床形成的大地构造环境、容矿岩石建造、成矿作用，金矿床可划分为绿岩型、变质碎屑岩型、岩浆岩型、岩浆热液型、斑岩型-矽卡岩型、浅成低温热液型（火山热液型）、卡林型-类卡林型、海相火山喷流（气）型（海底火山块状硫化物型）、风化壳型（砂金、铁帽、红土型）。

7.5.1.1 绿岩型金矿床

绿岩型金矿床主要分布于太古宙古老基底隆起区，华北克拉通北缘、小秦岭和秦岭地区、华南褶皱带、祁连山褶皱带等。基底的地球化学场与金矿成矿作用关系十分密切。大多数金矿赋存于深大断裂系统中，产于太古宙—古元古代变中基性火山-沉积杂岩（绿岩带）中。在我国华北太古代克拉通的乌拉山—大青山、辽—吉、小秦岭、胶东地区等，是重要金矿集区（产于造山带中的金矿床也称为造山型金矿床）。容矿岩系是一套中深变质的斜长角闪岩、斜长角闪片麻岩（称为绿岩带），原岩为变中基性火山-沉积杂岩。围岩蚀变主要有硅化、黄铁矿化、绢云母化（也称黄铁绢英岩化）；其次为碳酸盐化、钠化、绿泥石化等。矿化体呈脉状，矿脉延伸较大，延深大于延长。主要矿物为黄铁矿、方铅矿、闪锌矿、黄铜矿，脉石矿物为石英、绢云母、钠长石、绿泥石及碳酸盐类等。金矿物以自然金为主，其次是碲金矿、银金矿。金主要赋存于黄铁矿中。绿岩型金矿床是我国金矿床主要类型之一，分布点多面广，储量与产量都很大。据矿体产出形式分为三个亚类：

（1）石英脉（石英-钾长石脉）型。如夹皮沟、小营盘、小秦岭、哈达门沟金矿等。（2）糜棱岩型。如排山楼金矿床。（3）构造蚀变岩型（片理化带）。如金厂峪、诸暨金矿床等。

7.5.1.2　变质细碎屑岩型金矿床

变质细碎屑岩型金矿床泛指与元古宙变碎屑岩、千枚岩、板岩及片岩类有空间关系的金矿床，主要分布在江南古陆，辽东、内蒙古白云、阿尔泰，以及广东云开等地区。容矿岩系为千枚岩、板岩及片岩类，原岩为碎屑岩、泥质-半泥质岩石。矿体产于细碎屑岩层或两类岩石接触部位、背斜轴部。矿体呈脉状、网脉状。围岩蚀变有硅化、黄铁矿化、绢云母化、碳酸盐化等。主要矿石矿物有自然金、黄铁矿、毒矿、辉锑矿、白钨矿等，脉石矿物有石英、绢云母和绿泥石等。据统计，已知该类金矿床（点）有100多处，找矿远景较大。根据矿化体产出形式可划分为两个亚类：（1）石英脉型金矿。如湘西、黄金洞、四道沟、银洞坡等金矿床。（2）构造蚀变岩型金矿。如猫岭、金山、河台金矿床。

7.5.1.3　卡林型金矿床

卡林型金矿床产于渗透性良好的角砾薄层碳质粉砂质碳酸盐岩中，呈微细浸染状的金矿床。在我国滇桂黔"金三角"区以及川西北、秦岭、湘中、鄂西南、赣西北分布。矿床赋存于震旦纪-三叠纪的细碎屑岩、黏土岩、粉砂岩、泥质岩、碳酸盐岩中。在秦岭地区赋存于砂岩、板岩、硅质岩以及火山凝灰岩等。矿体与围岩没有明显界线，呈层状、似层状、透镜状等。围岩蚀变有硅化、碳酸盐化、黏土化、绢云母化、绿泥石化、钠长石化、重晶石化等。矿石矿物有自然金、黄铁矿、毒砂、辉锑矿、雄黄、雌黄、辰砂、磁黄铁矿等；脉石矿物有石英、方解石、白云石、绢云母、重晶石、地开石、伊利石、高岭石、石膏、萤石等。主要载金矿物为黄铁矿和黏土矿物，其次是毒砂和石英等。金呈微细粒、显微粒状。这类金矿床品位低、金颗粒细小、矿化均匀、储量大、埋藏浅，适于露采。根据矿化体产出形式可分为3个亚类：（1）微细浸染型金矿。如广西凤山、金牙，贵州板其、丫他、戈塘、紫木凼，四川东北寨、丘洛、毛儿盖，湖南高家坳等金矿床。（2）脉型金矿，如广西叫曼金矿床。（3）构造角砾岩型金矿。如陕西双王金矿床等。

7.5.1.4　岩浆热液型金矿床

岩浆热液型金矿床与岩浆热液作用有关，产于花岗岩类侵入体（包括内带和外带）中的金矿床。该类金矿床（点）分布很广。金矿化带内通常有数条平行矿体。矿体与矿化带、矿化带与围岩呈渐变过渡。矿化类型主要是石英脉型和破碎蚀变岩型。石英脉型与围岩界线清楚，矿石品位高。蚀变岩型规模大品位偏低。围岩蚀变有硅化、黄铁矿化、绢云母化、钾化、碳酸盐化、绿泥石化等。矿石矿物为黄铁矿、黄铜矿、方铅矿、闪锌矿、辉铋矿等，脉石矿物主要是石英、云母、绿泥石等。金矿物有自然金、银金矿、碲金矿等。根据矿体产出形式可划分4个亚类：（1）石英脉型。如玲珑、五龙、峪耳崖金矿床等。（2）破碎蚀变岩型。如焦家、新城、三山岛金矿床等。（3）细脉浸染型。如界河金矿床等。（4）矽卡岩型。如鸡冠嘴、鸡笼山金矿床等。

7.5.1.5　浅成低温热液型金矿床

浅成低温热液型金矿床系指在成因上与中、新生代的火山作用有关，矿体直接产于火山岩及次火山岩体内或其附近的浅成热液金矿床。矿床产于由深大断裂控制的断陷盆地。矿体受火山岩（次火山岩）构造控制。矿体赋存的主要部位：一是火山穹隆，破火山口周围的环状、放射状断裂系统；二是浅成-超浅成次火山岩的顶部或接触带附近。围岩蚀变为硅化、黄铁矿化、绢云母化、碳酸盐化、冰长石化和钠长石化，其中硅化和钠长石化一般接近矿脉。矿石矿物主要有自然金、银金矿、辉银矿、碲金矿、黄铁矿等，以及其他硫化物、碲化物矿物。脉石矿物主要有石英、方解石、绿泥石及玉髓状石英等。成矿流体主要为大气降水与岩浆水的混合热液（成矿温度150~300℃）。矿床往往有分带现象，一般上部以 Ag、Pb、Zn 矿为主，下部以 Au、Cu 矿为主。有高硫化物矿床（Au-Cu）和低硫化物矿床（Au-Ag），这类金矿分布在大兴安岭火山岩带、东北东部火山岩带、东南沿海火山岩带。岩性为酸性、中酸性，部分为中基性及碱性火山岩类。时代为侏罗纪—白垩纪。目前已探获储量约占岩金总储量的7%，矿床平均规模为5.5t/个，具有较大的找矿前景。如高松山（低硫型）、紫金（高硫型）等金矿床。

7.5.1.6 风化壳型金矿床

风化壳型金矿床指在地表或近地表含金地质体、含金多金属的硫化物，经表生风化淋滤作用形成的金矿床。该类金矿多为近代形成的，其分布范围与含金地质体的出露范围基本一致。该类金矿按其形成条件和组分特征可划分为两个亚类：（1）铁帽型金矿。产于硫化物矿床氧化带中的金矿床，如安徽新桥、戴家冲金矿床等；（2）红土型金矿。产于红土风化壳中的金矿床，如云南墨江、广西上林镇墟金矿床。

据不完全统计，我国已知的铁帽型金矿床（点）有50多处，如鄂东、铜陵地区、江西武山、四川木里耳泽、宁夏金场子及湖南大坊等。

7.5.1.7 砂金矿

砂金是金的重要来源之一。我国砂金矿点多面广，北起黑龙江，南至珠江和海南岛，西自阿勒泰与雅鲁藏布江，东至胶东、皖南、福建，许多江河水系都有砂金，都有前人淘金的遗迹。据1989年统计，全国砂金矿床（点）总计有3000余处，其中矿床有700多处。探明储量占金矿总储量的13%。砂金具有生产成本低、收效快、易采易选、便于群采等优点，同时通过砂金可以寻找岩金矿床。

7.5.2 银矿产资源

银在地壳中的含量为 0.08×10^{-6}。银属铜型离子，具有亲硫性，极化能力强。在自然界中常以自然银、硫化物、硫盐等形式存在，其离子半径较大，还能与阴离子 Se 和 Te 形成硒化物和碲化物。自然界中银矿物和含银矿物有200多种，其中以银为主要元素的银矿物和含银矿物有60余种。具有重要经济价值的有自然银（Ag）、银金矿（AgAu）、辉银矿（Ag_2S）、深红银矿（Ag_3SbS_3）、淡红银矿（Ag_3ASS_3）、角银矿（AgCl）、脆硫锑银矿（Ag_2SbS_3）、锑银矿（Ag_3Sb）、硒银矿（Ag_3Se）、碲银矿（Ag_2Te）、锌锑方辉银矿（$Ag_2Sb_2S_3$）、硫锑铜银矿（$(AgCu)Sb_2S_3$）等12种。银矿物可呈独立矿物嵌布于载体矿物中，还有与方铅矿、闪锌矿、黄铁矿、黄铜矿等呈细微的连晶出现。银还呈类质同象状态赋存于方铅矿、自然金、黝铜矿、黄铜矿等矿物中。目前银矿床边界品位（40~50）×10^{-6}，最低工业品位（80~100）×10^{-6}。银矿成因类型主要有岩浆热液型、斑岩-矽卡岩型、浅成低温热液型、层控型、沉积-变质型、风化型等。

7.5.2.1 岩浆热液型银矿床

岩浆热液型银矿床形成于岩浆热液作用，与侵入岩具有空间和时间上的紧密联系。矿体呈脉状、网脉状、似层状等。围岩蚀变有硅化、绢云母化、绿泥石化等。矿石主要由闪锌矿、方铅矿、银矿物组成。银矿物有自然银、深红银矿、银黝铜矿、黑硫银锡矿等；其次有黄铁矿、毒砂、黄铜矿、磁黄铁矿等。银除独立矿物外，还以类质同象形式存在于方铅矿中。

7.5.2.2　浅成低温热液型银矿床

浅成低温热液型银矿床为火山热液作用的产物。矿床赋存在英安岩、安山岩、流纹岩、熔结凝灰岩等火山熔岩、火山碎屑岩中。矿体产于构造破碎带中，以充填-交代作用的黄铁矿-石英脉、石英网脉等形式出现。围岩蚀变有青磐岩化、硅化等。矿石中金属矿物有黄铁矿、闪锌矿、方铅矿、黄铜矿、自然金、自然银、辉银矿、碲银矿等。脉石矿物有石英、绿泥石等。如浙江冶岭头银金矿床等。

7.5.3　铂族元素矿产资源

铂族元素包括铂（Pt，0.037×10^{-6}）、钯（Pd，0.0006×10^{-6}）、锇（Os，0.0001×10^{-6}）、铱（Ir，0.0004×10^{-6}）、钌（Ru，0.001×10^{-6}）、铑（Rh）六种金属。目前已发现200余种铂族元素矿物。可分为4大类：（1）自然金属元素矿物。自然铂、自然钯、自然铑、自然锇等。（2）金属互化物。钯铂矿、锇铱矿、钌锇铱矿，以及铂族金属与铁、镍、铜、金、银、铅、锡等以金属键结合的金属互化物。（3）半金属互化物。铂、钯、铱、锇等与铋、碲、硒、锑等以金属键或具有相当金属键成分的共价键型化合物。（4）硫化物与砷化物。工业矿物主要有砷铂矿、自然铂、铋碲钯矿、碲钯矿、砷铂锇矿、碲钯铱矿及铋碲钯镍矿。砷铂矿和铋碲钯矿多见于原生铂矿床，自然铂多产于砂铂矿。

铂族金属矿物在矿石中的含量一般甚微，以每吨几克（10^{-6}或g/t）计。矿物颗粒小，6种元素在不同的矿床中含量各异。如南非的布什维尔德杂岩体中铂是主要元素，以铂为100计，钯为40，钌为10，铑为6，铱为1，锇小于1；俄罗斯的诺里尔斯克以钯为主（是铂的3倍）；加拿大的萨德伯里矿石中铂、钯比率接近。

我国铂族矿产以伴生金属为主。铂族元素以共、伴生组分赋存在铁、铜镍硫化物矿床中。矿石中的硫化物、砷化物和硫砷化物为铂族的主要载体矿物，特别是自然金、自然银、黄铜矿、磁黄铁矿、镍黄铁矿、辉砷镍矿与斑铜矿等，如在自然金中铂可达600g/t，钯达1000g/t；黄铜矿中的含钯量是磁黄铁矿中的100倍。目前世界铂族元素主要产自南非的布什维尔德、俄罗斯的诺里尔斯克、加拿大的萨德贝里、美国的斯特尔沃特四大矿区。铂族元素矿床成因类型有岩浆岩型、热液型、沉积型。

7.5.3.1　岩浆岩型矿床

（1）铜镍硫化物-铂族矿床。产于超基性-基性岩中。是来自上地幔的高Mg拉斑玄武岩或拉斑橄榄玄武岩浆系列经岩浆熔离和不混熔作用形成。构造环境多为大陆裂谷或裂陷槽。含铂矿体赋存在岩体的下部或中部。Pt、Pd具有亲硫性，Os、Ir、Ru、Rh具有亲铁性。该类矿床多富集Pt、Pd。矿石具有海绵陨铁、斑杂状、浸染状、块状构造等。主要铂族元素矿物有砷铂矿、硫铂矿、碲钯矿、硫镍钯铂矿、硫钯矿、碲铋镍钯矿、铅钯矿、铁钯矿、黄碲钯矿等。如金川镍铜矿床、吉林红旗岭镍铜矿床等。金川镍铜矿床中含Pt 0.18×10^{-6}，Pd 0.12×10^{-6}，Os、Ir、Ru、Rh 0.13×10^{-6}。主要以砷铂矿产出（占71.4%），其次硫化物中占24.5%，Pd以化合物形式存在，占74.6%，在硫化物中占18.5%。锇、铱、钌、铑主要是呈极细小的显微包体或显微质点状态包裹于硫化物中。

（2）铬铁矿–铂族元素矿床。矿床与铁镁质–超镁铁质侵入体及蛇纹岩组合有关，属于低 Ca 高 Mg 岩浆系列早期结晶分离的产物。含矿母岩为方辉橄榄岩、纯橄榄岩、橄榄岩。含铂族矿体主要分布在岩体的中下部。矿石构造有浸染状、致密块状、网脉状、角砾状等。铂族元素 Os、Ir、Ru、Rh 与 Cr 密切共生。以 Ru、Os 硫化物、Ru–Ir–Os、Os–Ir、Pt–Pd 的金属互化物或自然元素形式出现。主要矿物有硫锇矿、硫钌矿、硫铂矿、锇铱矿、砷铂矿、钌铱锇矿等。铂族矿物以细小颗粒赋存在铬铁矿、橄榄石中。西藏罗布莎铬铁矿床中含铂族元素 $0.452×10^{-6}$，其中 Os : Ir : Ru : Rh = 40.4 : 28.9 : 28.9 : 1.8。针镍铂钯矿、硫钌矿、硫铱锇钌矿呈微粒状包裹于尖晶石颗粒及晶间空隙中。

（3）钒钛磁铁矿–铂族元素矿床。产于层状、似层状铁质基性岩超基性岩中，属岩浆中晚期结晶分离作用的产物。赋矿岩石主要为辉长岩类、辉长岩–辉石岩–橄榄岩类和橄榄岩类。矿体位于岩体的中下部或韵律旋回的底部。矿石构造有浸染状、条带状、块状、海绵陨铁等。铂族元素以 Pt、Pd 为主，其次为 Os、Ru、Ir、Rh 含量较少。铂族矿物有砷铂矿、硫锇铑矿、锇铱矿、自然铂、硫铁铂矿等。主要分布在硫化物中。如四川攀枝花矿床。

7.5.3.2　斑岩型铜钼–铂族矿床

铂族元素是斑岩型铜钼矿床的伴生有益组分，如江西德兴斑岩型铜矿床中含铂族元素 $0.01×10^{-6}$，西藏玉龙斑岩铜矿铂族金属远景储量 3400kg。铂族元素矿物主要有碲钯矿、碲钯铂矿、斜砷钯矿等，呈细粒包裹于黄铜矿、斑铜矿、黄铁矿中。

7.5.3.3　矽卡岩型铜钼铁–铂族矿床

矽卡岩型铜钼铁–铂族矿床主要是矽卡岩型铜铁矿床、铜钼矿床、钼矿床等。其中含铂族元素 $0.1×10^{-6}$。铂族矿物有碲钯矿、碲铂矿及含钯的银金矿，以包裹体或包晶形式赋存在黄铜矿中。

7.5.3.4　热液型铜–铂族元素矿床

热液型铜–铂族元素矿床主要是含铂元素的热液铜矿床。如湖北银洞山铜矿石中 Pt+Pd 平均含量为 $0.296×10^{-6}$，河北三道沟铜矿石 Pt+Pd 平均含量为 $0.5×10^{-6}$。铂族元素以铋碲银钯矿、碲铂矿、碲钯矿和砷化物形式存在，部分以类质同象出现在黄铜矿、斑铜矿、黄铁矿中。多金属硫化物–金（铜）–石英脉型矿床中也含铂族矿物，有自然铂、锑钯矿、砷铂矿、钯金矿、碲铂钯矿等。

7.5.3.5　黑色岩系型铜–铂族元素矿床

黑色岩系型铜–铂族元素矿床产于含有机质及硫化物（铁硫化物为主）的暗灰–黑色硅质岩、碳酸盐岩泥质岩及其变质岩石的组合体系中。已发现铂族元素、金、银、铜、铅锌钒等 25 种元素的富集成矿与黑色岩系有关。

7.6　稀有、稀土金属矿产资源

7.6.1　稀有金属矿产资源

稀有金属矿产资源可分为稀有轻金属，包括锂、铷、铯、铍，比重较小，化学活性强。稀有难熔金属，包括锆、铪、钒、铌、钽，熔点较高，与碳、氮、硅、硼等生成的化合物熔点也高。稀有分散金属，包括镓、铟、铊、锗、铼以及硒、碲，这些元素在地壳中含量很少，大部分赋存于其他元素的矿物中。可提取铌钽的是铌钽铁矿、烧绿石、钛铌钙铈矿、细晶石。可提取铍的是绿柱石。可提取锂的主要是锂辉石、透锂辉石、锂云母；锂还来自盐湖。可提取锆的是锆石、斜锆石。可提取铯的是氯化铯、铯榴石、含铯锂云母。可提取锶的是天青石。可提取铷的是含铷锂云母。稀有金属元素最低工业品位：铌矿石 $w(Nb_2O_5)>0.02\%\sim0.30\%$，钽矿石 $w(Ta_2O_3)>0.01\%\sim0.02\%$；铍矿石 $w(BeO)>0.05\%$，锂矿石 $w(Li_2O)>0.7\%$，锆矿石 $w(ZrO_2)>5\%$。锶矿石含天青石矿物，高于 60%。

　　我国稀有金属矿床的主要类型为花岗岩型、伟晶岩型、热液型、变质型（表7-9）。铌钽矿石主要来自花岗岩型矿床，品位高、矿化较为均匀，还可回收 Li、Be、Zr、Hf 等；其次来自花岗伟晶岩型矿床，矿物颗粒粗大，易采易选。铍、锂、铷、铯主要来自花岗伟晶岩型矿床（新疆可可托海、福建西坑等），其次是气化热液型矿床。铪主要来自花岗岩、花岗伟晶岩型矿床的综合回收。铼主要从辉钼矿回收。镓、铟、镉、锗等主要来自铅锌矿床的综合利用。锆主要来自锆石砂矿。在海滨砂矿中不仅含有锆石，还含有金红石、钛铁矿、独居石等。白云鄂博稀土-铁矿床成因复杂，有沉积变质成因、热液交代成因、喷流沉积成因等观点，目前多数研究者认为是碳酸岩岩浆成因。

　　我国稀有金属矿床主要成因类型见表7-9。

表7-9　我国稀有金属矿床主要成因类型

大类	类　　型		主要矿化	备注
内生	（碱性）钠长石花岗岩型矿床	钠长石、锂云母花岗岩型矿床	钽、铌、锂、铷、铯	江西宜春雅山
		钠长石、铁锂云母花岗岩型矿床	钽、铌	
		钠长石、白云母花岗岩型矿床	钽、铌（钨、锡）	
		钠长石、锂白云母花岗岩型矿床	钽、铌-稀土	
		钠长石、黑鳞云母花岗岩型矿床	铌铁矿	
	碱性花岗岩型矿床		铌-稀土	内蒙古巴尔哲
	火成碳酸岩（碱性岩）型矿床		铌-稀土	庙垭
	伟晶岩型矿床	花岗伟晶岩型矿床	钽、铌、锂、铷、铯、铍	可可托海
		碱性伟晶岩型矿床	铌-钍、铀	拜城
	气成热液型矿床	氟硼镁石-电气石-萤石组合类矿床（含铍条纹岩）	铍	香花岭
		矽卡岩型矿床	铍	柿竹园
		云英岩型矿床	铍	万丰山
		石英脉型矿床	绿柱石、黑钨矿、锡石	画眉坳
	火山岩型矿床		铌、铀、稀土	
	白云鄂博型矿床	碳酸岩岩浆成因	铌-稀土	白云鄂博
外生	风化壳型矿床		铌铁矿	禾尚田
	滨海砂矿			海南岛
	盐湖卤水矿床			台吉乃尔盐湖

7.6.1.1 碱性岩稀有及稀土金属矿床

碱性岩稀有及稀土金属矿床为与霞石正长岩有关的矿床，属于晚期残余岩浆矿床，可分为两个类型：钠质霞石正长岩型与云霞正长岩型稀有及稀土金属矿床。此类矿床常是锆、铌、稀土及铀、钍的综合性矿床，主要矿物为绿层硅铈钛矿、烧绿石、水锆石，其次为钍石、铌钙矿；与钠长石化、碳酸盐化关系密切。辽宁凤城赛马碱性正长岩型稀有及稀土金属矿床有 3 种主要矿化类型（亦与铀含量之增加有关）：

（1）绿层硅铈钛矿型矿化。构成矿床主体，赋存于草绿色霓霞正长岩内。工业矿物为绿层硅铈钛矿。

（2）富铀烧绿石型矿化。矿化赋存于岩体西部接触带的矽卡岩中。工业矿物为富铀烧绿石，常呈细小八面体晶体产出，粒径小于 0.02mm，为黑色到褐色，具环带结构。

（3）脉状沥青铀矿矿化。矿化赋存于岩体接触带的蚀变草绿色霓霞正长岩及部分云霞正长岩、黑色霓霞正长岩。矿脉充填于蚀变岩裂隙中。沥青铀矿呈胶状、浸染状与方解石、玉髓、萤石等组成矿脉。

7.6.1.2 碱性花岗岩型稀有金属矿床

碱性杂岩体中的暗色矿物为碱性角闪石（钠闪石、钠铁闪石）、碱性辉石（霓石）或黑云母等。稀有金属矿物在岩体内呈浸染状分布，形成浸染状矿石。这类矿床常是多种稀有金属伴生，品位富、规模大，是重要的稀有金属矿床类型。内蒙古巴尔哲碱性花岗岩型稀有及稀土金属矿床的矿体内主要稀有及稀土金属矿物是锆石、硅铍钇矿、氟碳钙铈矿、独居石、铌铁矿、烧绿石、黑稀金矿及铌金红石等。含矿岩体内稀有及稀土金属矿化普遍，分布均匀，整个岩体就是矿体。该矿床是铍、铌、钽、稀土及锆等多种金属伴生的大型综合性矿床。

7.6.1.3 花岗伟晶岩型稀有金属矿床

新疆可可托海伟晶岩型稀有金属矿床三号伟晶岩脉产于角闪辉长岩中。该伟晶岩脉属早燕山期的侵入体。规模巨大，分异良好，交代作用发育，含有多种稀有金属矿。伟晶岩具有明显的带状构造。由脉壁到中心可分成文象结构带、石英-锂辉石带、糖粒状钠长石带、白云母-长石带、块状微斜长石带、钠长石-锂云母带、石英-白云母带、石英-铯沸石带、叶钠长石-锂辉石带、块体微斜长石和块体石英带。主要稀有元素锂以锂辉石、锂云母矿物出现。铌、钽以铌钽铁矿等矿物出现。铷分散于白云母、锂云母和钾长石内，这些矿物形成愈晚含铷愈多。铯主要分散于绿柱石、白云母、锂云母和钾长石和铯沸石中。铪主要富集在锆石内，从脉壁到中心，锆石中含铪量逐渐增高。

7.6.1.4 云英岩型稀有金属矿床

云英岩型稀有金属矿床属气成热液型。该类矿床具有特殊的围岩蚀变——云英岩化，主要发生在酸性侵入体（花岗岩、石英斑岩）的顶端突出部位，以及岩体顶板的浅变质岩（板岩、千枚岩）和砂岩中。如广东万峰山云英岩型铍矿床，矿区内主要有石英斑岩及黑云母花岗岩，常见石英斑岩作为花岗岩体的顶盖存在。黑云母花岗岩受到钠长石化及云英岩化后形成钠长石化、云英岩化花岗岩及云英岩。含矿云英岩常明显沿岩体的三组节理裂隙发育，沿一组节理发育时形成脉状，在有两组节理相交处云英岩体变大并形成囊状和串珠状矿体。大的串状矿体面积可达百平方米。含铍云英岩体从中心向外具有清楚的分带性，依次为：（1）绿柱石-日光榴石带；（2）石英-云英岩带；（3）黄玉-黑云母-石英云英岩带；（4）黑云母-石英云英岩带；（5）云英岩化花岗岩带；（6）钠长石化花岗岩带；（7）未蚀变的黑云母花岗岩。

7.6.1.5　矽卡岩型铍矿床

矽卡岩型铍矿床产于花岗岩体与石灰岩接触带上的矽卡岩中。岩体一般为中小型，含 Be、Li 等稀有元素较一般花岗岩高，有时也含 F、W、Sn 等元素，常伴有明显的钠化、黄玉化、云英岩化。含铍矿物有日光榴石、塔菲石、硅铍石、金绿宝石、香花石以及含铍符山石、含铍尖晶石等。它们都与萤石、铁锂云母、电气石等矿物共生。由岩体到石灰岩有规律地从磁铁矿-符山石-石榴子石矽卡岩逐渐过渡为含铍的深色磁铁矿条纹岩、含塔菲石的深色条纹岩和含金绿宝石的白色条纹岩。这类矿床的分布尚广，含铍量高，储量大。

湖南香花岭铍矿床产于泥盆系石灰岩与花岗岩接触带的含 Be 绿色和白色条纹岩中。含铍条纹岩矿体最长约 2500m，宽数十米，产状与裂隙带产状基本一致。铍矿石 BeO 平均品位一般在 0.1%~0.2%，并伴生有锂、锡、钨、铋、硼、铅、锌、铷、铯等。矿石类型分为白色、绿色、黑色含铍条纹岩及硫化物条纹岩，矿石中的主要有用矿物有：香花石、锂铍石、金绿宝石、塔菲石、硅铍石、锂云母、萤石、方解石、氟镁石、白钨、锡石等。

7.6.2　稀土金属矿产资源

稀土金属是指元素周期表中原子序数为 57~71 的 15 种镧系元素，以及与镧系元素化学性质相似的钪（Sc）和钇（Y），共 17 种元素。其中铈族稀土（轻稀土）包括镧、铈、镨、钕、钷、钐、铕。钇族稀土（重稀土）包括钆、铽、镝、钬、铒、铥、镱、镥、钪、钇。稀土元素在自然界矿物中的分布总体上看是轻稀土多于重稀土。已经发现的稀土矿物约有 250 种，其中稀土含量 $\sum w(\text{REE}) > 5.8\%$，具有工业价值的稀土矿物有 50~65 种。稀土矿物主要是氧化物、硅酸盐、氟碳酸盐、磷酸盐矿物，缺少硫化物和硫酸盐矿。在岩浆岩及伟晶岩中以硅酸盐及氧化物为主，在热液矿床及风化壳矿床中以氟碳酸盐、磷酸盐为主。含铈族元素矿物主要有氟碳铈矿、氟碳钙铈矿、氟碳铈钙矿、氟碳钡铈矿和独居石。富钐的矿物有硅铍钇矿、铌钇矿、黑稀金矿。含钇矿物有含硅铍钇矿、磷钇矿、氟碳钇钙矿等。钇族稀土矿石含 $w(\text{Y}_2\text{O}_3) > 0.05\% \sim 0.1\%$。矿石主要来自花岗岩型和风化壳型钇族稀土矿床。花岗岩型稀土矿床与黑云母花岗岩关系密切，稀土元素矿物呈浸染状分布于花岗岩中，整个岩体普遍含有稀土元素矿物。

我国稀土矿按照成因类型可以划分为内生矿床、外生矿床以及变质矿床等三大类。根据其成矿地质特征又可划分为不同的亚类（见表 7-10）。

表 7-10　我国稀土矿床主要类型

成矿作用	矿床类型	矿床亚型	主要矿物组合	典型矿床
内生矿床	碱性岩-碳酸岩型	碳酸岩	氟碳铈矿、独居石、氟碳钙铈矿、铌铁矿、烧绿石等	白云鄂博磁铁矿-Nb-REE 矿床
		碱性花岗岩	独居石、褐钇铌矿、氟碳钙铈矿、兴安石、铌铁矿、独居石、烧绿石	广西姑婆山褐钇铌稀土矿、内蒙古扎鲁特旗巴尔哲铌钽稀土矿

成矿作用	矿床类型	矿床亚型	主要矿物组合	典型矿床
内生矿床	花岗伟晶岩型		独居石、黑稀金矿、磷钇矿、褐帘石等	广东始兴河口山稀土矿
	与碱性正长岩有关的热液型		氟碳铈矿、钛铈矿、褐帘石等	四川凉山冕宁牦牛坪稀土矿
	正长岩-碳酸岩型		独居石、氟碳铈矿、氟碳钙铈矿、烧绿石等	湖北竹山庙垭稀土矿
外生矿床	沉积型		独居石、方铈矿	贵州织金县新华稀土矿
	风化淋积型	风化壳离子吸附型	含钇型稀土	江西龙南足洞稀土矿等
	残坡积、冲积及滨海砂矿	残坡积型、冲积型滨海砂矿	独居石、褐钇铌矿、锆石、钛铁矿等	广东电白电城冲积砂矿、广东阳西南山海滨砂矿
变质矿床	变质岩型	浅粒岩-变粒岩型、混合岩-混合花岗岩型	独居石、磷钇矿、褐帘石等	广东五和稀土矿、辽宁翁泉沟硼铁稀土矿

7.6.2.1　白云鄂博含稀土磁铁矿床

白云鄂博含稀土磁铁矿床已发现 70 余种元素和 170 余种矿物。该类型矿床由碳酸岩浆或碳酸岩化作用形成。主要铁矿物有磁铁矿、赤铁矿、褐铁矿；脉石矿物有萤石、钠辉石、钠闪石。稀土矿物以氟碳铈矿、独居石为主，其次有氟碳钙铈矿、黄河矿、镧石、磷镧镨矿、铌钽铁矿、烧绿石、易解石、金红石、包头矿、铌钙矿等。矿石类型有块状铌稀土铁矿石，以铁矿物为主，萤石、稀土矿物较少。霓石型矿石以铁矿物为主，富含铌及稀土矿物；透辉石型铌稀土铁矿石以透辉石为主，铁矿物次之，铌和稀土矿物多；钠闪石型铌稀土铁矿石以铁矿物为主，萤石次之，铌矿物多而稀土矿物相对较少。如白云石型铌稀土矿石、黑云母型铌稀土矿石等。稀土矿物主要有氟碳铈矿和独居石，其比例为 3:1，都达到了稀土回收品位，故称混合矿，为世界第一大稀土矿床。

7.6.2.2　花岗岩型稀有及稀土金属矿床

花岗岩型稀有及稀土金属矿床的花岗岩形成深度较浅，含矿岩体多为复式岩体，这类岩体的 SiO_2 含量大于 73%，一般在 74%~75% 之间，碱质含量高，岩体中 Fe、Mg、Ca、Ti 等基性组分含量明显偏低，而 F 的含量明显偏高。成矿元素随着岩体的演化而逐渐增加，在晚期花岗岩中成矿元素含量特别高，属于晚期残余岩浆矿床。钠长石化强烈。组成的有用矿物有独居石、磷钇矿、褐帘石、硅铍钇矿、氟碳铈矿、氟铈镧矿、褐钇铌矿、褐钇钽矿、铌铁矿、铌钽铁矿、富钽易解石、黑稀金矿、细晶石、烧绿石等。江西宜春雅山花岗岩型细晶石、铌钽铁矿矿床是一大型的综合性稀有金属矿床，稀有金属矿物主要有富锰铌钽铁矿、细晶石、含钽锡石及锂云母等。锂、铷、铯主要赋存于锂云母中，部分铯分散于石榴石，部分铷分散在长石中。

7.6.2.3　风化壳淋积型稀土矿床

风化壳淋积型稀土矿床也称为离子吸附型稀土矿。稀土元素呈水合或羟基水合阳离子赋存在风化壳黏土矿物中，空间分布呈规律变化。矿床赋存在风化花岗岩或火山岩风化壳，矿床厚5~30m，一般为8~10m。矿化面积可达几十平方千米。稀土配分中 Y_2O_3 含量高达64.97%，为钇型离子重稀土矿床。矿石为呈黄、浅红或白色松散的沙土混合物。稀土含量0.05%~0.3%。矿石中有石英、长石等，高岭土、埃洛石、蒙脱石等黏土矿物占40%~70%。稀土元素在矿石中的赋存形式为：水合或羟基水合离子相>矿物相>胶态相>水溶相。采用常规物理选矿方法不能富集回收稀土，需要用离子交换法进行提取。主要分布在江西、广东、广西、福建、湖南、云南、浙江等地。如江西寻乌河岭稀土矿、江西信丰安息稀土矿、江西龙南足洞稀土矿等大型稀土矿床。

7.6.3　稀有放射性金属矿产资源

稀有放射性金属矿产资源包括天然存在的钫、镭、钋和锕系金属中的锕、钍、镤、铀等。目前开发利用的放射性元素矿床主要是铀矿床。潜在利用是钍。铀元素在地球中分布很不均匀，主要集中于地壳和酸性、碱性岩浆岩及含碳、磷沉积地层中，铀的地壳平均含量为 $3.5×10^{-6}$。铀矿石含铀高于0.06%。铀矿物主要是氧化物，有沥青铀矿、晶质铀矿（铀黑）和硅酸盐（铀石），另外在氧化带则呈鲜艳颜色的含水六价铀硅酸盐、磷酸盐、碳酸盐。矿床成因类型有岩浆岩型、碳硅泥岩型、砂岩型、碱质交代型等。

7.6.3.1　岩浆岩型

岩浆岩型包括伟晶岩型和热液型：

（1）伟晶岩型铀矿床兼有岩浆和热液交代特点。伟晶岩含石英25%~40%，钾长石55%~70%，少量斜长石、白云母，具有伟晶文象结构。矿体呈似层状，矿化由浸染状晶质铀矿组成，粒径0.1~0.48mm。含Th 4.3%~5.6%。主要与黄铁矿辉钼矿共生，其他矿物为黑云母、微斜长石、钠长石等。

（2）热液型铀矿床。形成与壳源型酸性花岗岩关系密切。矿床产于岩体内和岩体外的各种岩系中。矿体呈微晶石英脉、萤石脉、黏土蚀变岩等。石英脉有沥青铀矿、微晶石英、黄铁矿、胶黄铁矿、蛋白石等矿物。沥青铀矿呈微球状、斑块状分散于红色微晶石英集合体（含有水针铁矿）中。黄铁矿、胶黄铁矿和沥青铀矿呈浸染状进一步富集于黑色隐晶石英集合体中。围岩蚀变有硅化、水云母化、黏土化（蒙脱石、高岭石）等。萤石脉型产于白云母化的二云花岗岩。黑云母的白云母化导致氟的释放，形成萤石。矿石以紫黑色萤石为标志，主要矿物有沥青铀矿、黄铁矿以及石英（前期微晶石英、灰色石英，后期梳状石英等）、水云母、白云母等。

7.6.3.2　碳硅泥岩型铀矿床

碳硅泥岩型铀矿床为产于碳酸盐、硅质、泥质、细碎屑岩及其过渡性岩石中的铀矿床，储量占我国铀矿总储量的13%左右。可进一步划分为碳质板（泥）岩、硅质板（泥）岩、硅质岩、碳酸盐岩亚型铀矿床。我国的碳硅泥岩型铀矿从震旦系到二叠系都有产出。有利岩性为富含有机质、黄铁矿、磷质的泥岩、硅质岩、碳酸盐岩及它们之间的过渡层位。矿体呈层状、似层状、不规则状等。矿石矿物有沥青铀矿、钙铀云母、铁铀云母等。含有黄铁矿、方铅矿、黄铜矿以及石英、玉髓、萤石等。铀主要呈吸附状态。围岩蚀变有绿泥石化、硅化、绢云母化、黄铁矿化、萤石化、碳酸盐化等。

7.6.3.3　砂岩型铀矿床

砂岩型铀矿床产于砂岩、砂砾岩等碎屑岩中的外生后成铀矿床。砂岩型铀矿床产于陆块（地台）或中间地块上的大中型自流盆地以及造山带山间盆地的陆相、海陆交互相沉积岩中，其中以河流相和三角洲相沉积最为重要。产铀砂岩的时代主要是中新生代，少数为中元古代。砂岩型铀矿床成因上主要有层间氧化带式和潜水氧化带式。矿床中的铀矿物主要是沥青铀矿、铀黑和铀石，某些矿床中铀的次生矿物占重要地位。在 20 世纪 60 年代采用地浸技术开采砂岩铀矿获得成功，使许多不经济或次经济的砂岩铀矿床转化为经济可采铀资源。

Ⅲ　工艺矿物学方法

8　样品采集方法与试样制备

样品采集和制备是开展工艺矿物学研究的基础性工作。在科研实践和生产过程中不能将全部物料、产品都用作分析检验，也不能随意取一些物料进行分析。所以通过采集样品和适当加工，获得能够代表物料的实验样品就显得十分重要。

8.1　采集样品的基本要求

8.1.1　样品的代表性

样品的代表性，指所采集的试样与所研究的对象（原始物料）在整体性质上的一致性。样品代表性的本质，就是试样的某一特征指标的测定值与该研究对象特征指标真实值相符合的程度，两者的符合程度越高，说明试样的代表越高。

采样代表性，指所采集的样品性质能够代表该矿体或物料的整体性质。就矿床采样而言，采样是围绕着矿体进行的。组成矿体的主体部分是矿石，矿石中的矿物组分、结构构造、颗粒大小、产出特点、嵌布情况等在空间分布是有变化的。采集样品在空间分布上是局部的，数量也是有限的，因此要求通过局部且有限的样品能够体现整个矿体的变化特征。事实上，矿体或矿化体的实际变化与采样获得的结果之间存在一定程度的差异。对用于选矿研究的原矿样品，要求采集的样品能够代表原矿的可选性，即能够代表所有与选矿工艺性质有关的原矿性质。对于选矿精矿，要求采集的试样能够代表精矿的品位或品级指标。对于选矿过程的中间样品，不仅要求物质组成的代表性外，还要求试样能够体现相应的工艺性能参数，如粒度组成、矿浆浓度等。在选矿工艺过程中选择采样点时，也是通过有限的区段或点区检查整个工艺过程或某一阶段的产品性质。从统计学观点来看，这属于局部与总体关系的问题，这种差异是客观存在的。所以，样品的代表性也指采样查明的物料（矿石或选矿产品）的特点与采样对象的实际特点之间的差异程度。样品代表性愈高，意味着样品查明的物料（矿石、选矿产品）的特征与采样对象实际情况的差异程度愈小，采样结果也比较接近物料整体的真实情况。

保证样品代表性的几种措施：（1）掌握采样对象的变化规律。样品代表性程度与采样对象的变化情况密切相关。如对矿床采样就要在矿床地质研究的基础上，遵循成矿规律开展采样工作。（2）依据统计学原理。不规则形体采用规则网度进行了解，结果更接近于真实。（3）均匀、规则地采集样品可以反映出采样对象的总体特征。（4）按照相似的矿床类型。相近工艺过程用与其相应的采样密度与规格，开展采样工作。

对于选矿试验样品代表性最根本的要求是，采取和配制的矿样与今后开采时送往选矿厂选矿的矿石性质基本一致。矿样的代表性一般要求有：（1）一般情况下应采取全矿床或矿床开采范围内的具有充分代表性的矿样。（2）矿样能够代表矿床内各种类型和各种品级的矿石；要根据不同矿石类型分别采取，使矿石矿物组成、化学成分、结构构造、有用矿物嵌布粒度特征、伴生有益组分、有害组分、元素赋存状态等基本一致。（3）矿样的物理性质和化学性质（硬度、密度、脆性、抗压强度、黏度、磁性、可溶性等）以及矿样质量比（最小体重）、氧化程度等与矿床开采范围内（或开采矿山投产若干年内送选矿石）情况基本一致。（4）矿样主要组成的平均品位、品位波动、伴生有益有害成分变化、可供综合回收成分的含量，应与矿床范围内的各类型矿石的基本情况一致。

8.1.2   矿样的数量、粒度和质量要求

8.1.2.1   矿样的数量

矿样的数量一般由下述条件综合确定：

（1）大量的矿样一般是在矿床先期开采地段采取的，对后期开采地段应采取少量的验证矿样。

（2）矿样应从矿床内不同矿体、矿段分别采取，以满足不同组合的选矿试验。如不能分别开采或不需分别选矿时，可以只采取混合样，进行混合矿样的选矿试验。

（3）不同类型和工业品级的矿石，当物质组成特征和矿石性质差别较大时，应按矿石的不同类型和工业品级分别采样，以利于进行单样选矿试验或混合样试验。

（4）不同类型和工业品级的矿石，当其主要组分的平均品位以及伴生有益有害成分的含量差别较大时，应根据其品位变化特征，结合开采所划分的采区或中段分别采样，以利于分别进行单样选矿试验或混合样的选矿试验。

（5）当矿体、围岩和夹石以及脉岩中含有贵金属、稀散元素和其他可供回收的成分时，要研究这些伴生组分的赋存状态和空间分布，采取有代表性的矿样，进行综合回收的试验研究。

（6）对于矿床内存在一定数量的表外矿，应单独采样，进行选矿试验，评价其回收利用的技术性和经济性。

（7）应采取一定数量的矿体顶底板围岩和夹石样品，在选矿试验时，按矿床开采混入废石种类、成分和比例将其配入选矿试验矿样中。

（8）应根据试验研究单位的要求，采取一定数量的高品位矿样和近矿围岩，以便试验研究单位调整矿样可能出现的品位偏差或满足试验中的需要。

8.1.2.2   矿样粒度要求

试验矿样粒度一般在小于 50mm 或小于 100mm；半工业试验和工业试验矿样的粒度，应根据选矿方法、工艺流程和试验设备的要求确定。

8.1.2.3 矿样质量要求

矿样质量的要求，一般根据矿石类型与性质、试验类型、规模与深度、选矿方法、工艺流程复杂程度、试验设备、运转时间等多因素确定。矿样的质量由试验单位提出。

（1）可选性试验和实验室小型流程试验矿样的一般要求见表8-1。

表8-1 不同试验所需矿样质量

试验类别	矿石类型	选矿方法	矿样质量/kg
可选性试验	磁铁矿石	磁选	100~200
	菱铁矿、黄铁矿、铜铅锌等有色金属矿石、锡矿石、磷灰石	浮选、重选、湿磁选等	200~300
	多金属矿石、锰矿石、磷块岩、锑矿石	浮选、磁浮联合选	300~500
		重选	300~1000
实验室小型流程试验	磁铁矿石	磁选	200
	菱铁矿、黄铁矿、铜铅锌等有色金属矿石、锡矿石、磷灰石	浮选、强磁选	2000
		重选	2000
	多金属矿石、锰矿石、磷块岩、锑矿石	浮选、磁浮联合选	1000~1500
		重选、浮重联合选	2500
		选冶联合、浮磁重联合选	4000

（2）实验室扩大连续试验矿样的质量，通常有5000~1000kg。

（3）半工业试验矿样的质量，根据试验目的、试验内容、试验设备、能力和运转时间等因素具体确定。

（4）含贵金属、稀有稀土元素的试样矿样的质量，按成分含量和试验中精矿设备要求的矿量计算。

（5）采用新设备、新药剂、新工艺、新技术的试验矿样质量，由试验研究单位提出。

8.1.3 采样点布置

采样点的科学合理布置是保证矿样具有代表性的关键。要在综合研究矿床地质条件的基础上，根据矿石性质的复杂程度、不同矿石类型和工业品的矿石的空间分布、矿山开采、选矿试验对矿样的代表性、数量、粒度（块度）、质量的具体要求，并考虑采样施工条件等，合理确定采样点的数量和位置。一般应注意以下几点：

（1）采样点应分布在矿体的各个部位。

（2）应能代表不同矿石类型和工业品级，兼顾到各类型矿石的物质组成和矿石性质的一般特征，伴生组分含量及矿物种类等。

（3）采样数量应尽可能多。在品位变化复杂地段，可适当考虑一定数量的备用采样点。

（4）应充分利用已有勘探工程和采矿工程，选择其中对矿石类型和品级揭露完全的工程地段作为采样点。

（5）深部采样点应尽量布置在保留有钻孔的矿岩芯（注意：不允许将岩芯全部采走）。

（6）要求采样数量较大的扩大连续试验、半工业试验矿样石，应布置专门的采样工程点。

8.1.4　配矿计算

配矿计算是采样的重要内容。具体选定采样点和各采样点采样质量的分配都是通过配样计算进行的。配样计算有反复增减计算和优化配样计算两种方法。反复增减计算方法的一般程序如下：

（1）确定采出矿样的个数。根据选矿试验对试样个数的具体要求，确定采出矿样的个数。

（2）确定采出矿样的质量。根据选矿试验要求的矿样质量，并考虑装运损失量、加工化验消耗量以及最终配样和缩分要求等因素对需要的量进行计算，确定采出矿样的质量。采出矿样质量的一般下限是：

1）对于可选性试验采出矿样质量的下限应不少于试样矿样质量的2倍。

2）对于实验室流程试验，可按式（8-1）计算：

$$Q = Kd^2 \tag{8-1}$$

式中　Q——矿样（具有代表性）最小质量，kg；

　　　d——矿样中最大颗粒直径，mm；

　　　K——矿石性质系数，与矿石种类、有用矿物含量、嵌布粒度、密度和分布均匀程度等有关。

矿石的 K 值可通过试验方法求得。试验法求得 K 值的步骤是：取几份试样（具有同一最大粒度的平行样），按照不同 K 值破碎缩分，分别计算误差；选择品位误差不超过允许范围的最小质量，按 $Q = Kd^2$ 计算出最小 K 值，作为该矿床的 K 值。表8-2是一些试验获得的 K 值，仅供参考。

表8-2　各种矿石的 K 值

矿石类型	K 值	矿石类型	K 值	矿石类型	K 值
铁矿石均匀 极均匀分布	0.1~0.2 0.05	金矿石　颗粒<0.1nm 颗粒<0.6nm 颗粒>0.6nm	0.2 0.4 0.8~1.0	铝土矿（均一的） （非均一的）	0.1~0.3 0.3~0.5
锰矿石	0.1~0.2	铬、锂、铍、铯、铷、钪等矿石	0.2	滑石矿	0.1~0.2
铬矿石	0.25~0.3			石墨矿	0.1~0.2
铜矿石	0.1~0.5	砷矿石	0.2	明矾石	0.2
钼矿石	0.1~0.5	自然硫	0.05~0.3	萤石矿	0.1~0.2
钴矿石	0.2~0.5	磷矿石	0.1~0.2	石膏矿	0.2
硫矿石	0.1~0.2	镍矿石（硫化矿）	0.2~0.5	重晶石（均一的）	0.1
铅锌矿石	0.2	（硅酸盐矿）	0.1~0.3	（非均一的）	0.2~0.5
锑矿石	0.1~0.2	硼矿石	0.2	石英	0.1~0.2
汞矿石	0.1~0.2	白云石	0.05~0.1	长石	0.2
钨矿石	0.1~0.5	菱镁矿石	0.05~0.1	蛇纹石	0.1~0.2
锡矿石	0.2	石灰石矿石	0.05~0.1	石棉矿	0.1~0.2
稀土矿	0.2	黏土矿石	0.1~0.2	盐类矿石	0.1~0.2
铌钽矿	0.2	高岭土矿石	0.1~0.2		

注：矿石中有用矿物分布愈不均匀，K 值愈大；有用矿物嵌布粒度愈粗，K 值愈大；有用矿物密度愈大，K 值愈大；有用组分含量愈低，K 值愈大。反之亦然。

3）对于实验室扩大连续试验，应不少于试验试样质量的 1.2 倍，并可用式（8-1）验算；

4）对于半工业试验和工业试验，应不少于试验矿样质量的 1.2 倍。

（3）确定采样需要控制的因素。根据同一矿样内各种矿石的工业品级、矿石类型、嵌布粒度、主要组分的平均品位及波动特性、伴生组分的含量及分布等特征，以及对选矿试验可能产生的影响，归纳出采取矿样时需要控制的因素。

（4）配备采样点矿样的采样质量。按采样控制因素统计各类矿石不同品位区间所占储量比例，计算分配各采样点应采取的矿样质量。

（5）调整矿样主要组分平均品位。根据不同品位区间初步选定的各采样点及分配的矿样质量，用质量加权法计算全部矿样主要组分的平均品位。如果此品位与采样要求差距较大，可通过改变部分采样点位置或改变某些采样点的采取质量，重新计算调整。如此反复多次，直到使矿样主要组分的平均品位符合采样要求为止。

（6）调整矿样伴生组分的平均品位。根据上述确定的采样点和各采样点采取的质量，再根据各采样点的伴生有益、有害组分的品位，用质量加权法计算全部矿样伴生有益组分的平均品位。如果此品位与采样要求差距较大，可通过调整部分采样点的采取质量，在保证矿样主要组分平均品位符合采样要求前提下，尽量使矿样重要伴生组分的平均品位与采样范围内的伴生组分平均品位基本一致。

（7）上述 6 项是采样设计反复增加配样计算方法的一般程序。还要注意两点：

1）在采样过程中，如果各采样点采出矿样的实际品位与采样设计配样计算品位相差较大，且经过适当调整采样质量仍不能使采出矿样品位达到目的值时，应对品位超差大的采样点另行选点或补充适当采样点。

2）采样设计和采样施工中，允许有一定波动范围。对于主要有用组分，允许向下波动；对主要有害组分，允许向上波动；对于伴生有益组分，可适当放宽波动（表 8-3）。

表 8-3　矿样中主要组分及伴生组分品位允许波动范围　　　　　　　　（%）

组分品位	允许波动范围（±）	组分品位	允许波动范围（±）
>45	1.00	1~5	0.20
30~45	1.00	0.5~1	0.10
20~30	1.00	0.1~0.5	0.02~0.05
15~20	1.00	0.0~0.1	0.01
10~15	0.50	0.01~0.5	0.002~0.005
5~10	0.50	<0.01	0.001

8.1.5　采样施工

在采样施工中应注意以下事项：

（1）采样的实际位置应与采样设计布置位置一致，各采样点的矿样采出质量应与采矿设计质量基本符合。在采样施工和矿样加工过程中，应防止杂物混入矿样，不允许随意损失矿样。

（2）为了使缩分出来的矿样能充分代表采出矿样，矿样加工应按程序（破碎、筛分、混匀、缩分）进行。缩分后的矿样质量必须大于（或等于）计算的质量。

（3）矿样品位的验证和调整。应检查采出矿样品位与采样设计的矿样品位是否符合。如果相差不大，可按各采样点要求的质量进行缩分、称重；如果相差较大，则需适当调整采样点的矿样采取质量，或在同一品位区间另行选点，或补充少量采样点，直至符合采样要求为止。

（4）矿样的包装与运输。采取的矿样应按不同采样点（或不同矿石类型、不同工业品级和不同品位）分别包装。矿样包装牢固，防漏防潮和便于搬运。每件矿样包装箱内外的说明卡片和总送样单必须填写清楚。矿样说明卡要标明矿样的种类、编号、采样地点、实际质量等，并将说明书和矿样托运单发送给试验研究单位。留有备用的副样也要保存好。

8.1.6　采样说明书

采样工作完成后，应由采样单位编写详细采样说明书，其主要内容有：
（1）编制单位；
（2）试验目的和对采样的要求；
（3）矿床地质特征及矿石性质简述；
（4）矿床开采技术条件简述；
（5）采样施工方法的确定和采样点布置的原则；
（6）矿样加工流程和加工质量；
（7）配矿计算结果；
（8）矿样代表性评价；
（9）矿样包装说明；
（10）矿床采样要附有比例为 1∶1000 的采样位置分布图。

8.2　矿　床　采　样

8.2.1　矿床采样类型

矿床中采集的样品大致可分为如下几大类：

（1）岩、矿石鉴定样品。采集的样品主要用于岩石和矿石的鉴定，通过岩石学、矿物学和矿石学的方法对矿床矿石矿物成分、结构构造等进行研究，阐明矿床的基础地质特征，为矿床开发提供基础性资料。

（2）测定矿石化学含量的样品。主要是测定矿石中的有用组分、有害组分以及伴生组分的化学成分。有时采取精矿、尾矿、矿渣、废石等分别测定它们的化学成分，目的是为了确定矿石品位和资源储量估算，有益伴生组分和有害组分等。

（3）测定物理性能的样品，称为技术采样。

（4）矿石经济技术试验样品。主要是获取矿石开采、选矿、冶炼及其他加工方法的技术性能与技术经济指标的数据。

矿石经济技术试验可分为选矿与冶炼两大部分，其中以矿石可选性试验最为重要，是关系到矿床能否开发利用的决定性因素。矿石可选性试验在总体上可分为实验室试验（实验室流程式试验和实验室扩大连续试验）、半工业性选矿试验和工业性选矿试验 3 个层次。

其中工业性选矿试验主要是在选矿厂投产后进行。要根据矿石可选性试验不同层次进行样品采集工作。样品能够代表矿床整体的有用组分的平均品位与波动范围和有害组分的含量及其分配值，以利于工业部门采取技术手段进行处理。这类样品采集的件数不是很多，一个矿区最多采集 3~5 个样品，每件样品质量都较大，有的达 1000~2000kg（表 8-1）。

8.2.2 采样设计

采样设计的任务是选择和设置采样点，进行配样计算，并据此分配各个采样点的采样量。在编制采样设计之前，地质部门要提供完整的地质勘探资料，采矿部门提出矿区开采范围、开拓与采矿方案，选矿部门与选矿试验委托单位提出采样要求，确定采样的个数，矿样的质量、粒度以及包装运送等。

采样设计工作程序大致可概括为以下几点：

（1）明确采样目的。明确采集样品是用于哪一类试验，要解决什么问题。目的明确后，才能有针对性地做出相应的工作计划。

（2）采样位置的确定。当采样目的明确后，要在矿床范围内科学合理地布置采样点。采样点是在矿体中不同位置采取矿样的地点。采样点要针对矿石可选性试验的样品、矿石物理性能测定的样品，在矿区地质研究的基础上，按矿石工业类型，选择有代表性的区段进行布置。还要考虑其代表性和系统性，能保证采样的质量。采样点的选择：1）应选择在能充分代表研究的矿石特征、勘探或采矿工程好的地点；2）应选择矿石自然类型最多、勘探工程最完全的地段，可减少采样工程量；3）采样点应大致均匀分布在矿体各个部位，不宜过于集中；4）采样的数量应尽可能多些。一个自然类型的试样，采样点不能少于 3~5 个。5）采样间距或密度的确定。大多数采用方格网度。其方法是在采样区段的平面上划上格网，在格网交点上采样。格网可以是正方形、菱形、长方形等。采样点个数根据矿化均匀程度及采样面积的大小确定。矿化均匀的矿体（脉），采样点可少些，其交点距离可大些；对于矿化不均匀的矿体（脉），采样点可多些，其交点距离就小些。

（3）采样方法的选择。一是取样的技术方法；二是采样的规格、样品长度及其断面大小。采样方法的选择都要以采样目的为依据，以获得最佳效果为目的。在采样规格的选定上，要考虑矿种、矿床类型及其产出特点等因素，做到准确合理、技术可行。

（4）采样工作实施中，要将采样器具或机械设备准备就绪。

（5）样品包装、编号、登记。样品采集后应及时装入专用样品袋中，对于不易保存或易氧化的样品在现场应立即处理，装瓶、蜡封、装入密封袋等；同时要对样品进行登记、编号。

（6）采样点的编录、素描或拍照样品。采集后应对采样点的采样部位、样品分布等进行野外编录或素描，还要拍照或录像，为地质资料保存、日后综合研究所用。

（7）样品清理工作。主要对样品中混入的杂物进行清除，如刻槽取样中混入的土、砂矿、残坡积矿等。对于钻孔岩芯上的污泥也要清除。处理过程中一定要防止样品被污染或相邻样品间的混合，以及样品编号在清理中混淆的现象。

（8）样品加工处理。样品清理后有部分样品要进行加工处理，如送实验室进行化学成分分析的样品，其中钻探岩芯要进行 1/2 劈芯处理。有的样品还要进行粒度试验，确定最佳粒度，然后对样品进行过筛、缩分等一系列处理。部分测定物理性能的样品还需进行单矿物分级挑选。总之，样品处理要依据采样对象的矿化均匀程度，及样品受理单位对样品的粒度、数量等要求进行。

（9）样品送交实验室。样品处理后一定要送到有资质的实验室进行分析化验或测试。填写好送样清单，当送样清单上的样品数量和编号与实际送样的数量与编号完全对应时，可送交给实验室。从每批次送往实验室分析化验的样品中抽取 5% 左右的样品，将其一分为二，将同批次样品同时进行分析化验，以便通过分析结果的比照评定本批次分析化验的精度（俗称内检）。有时需在同批次样品中选取数量不少于 5% 的样品，往上一级中心实验室化验（俗称外检）。

（10）综合整理工作。分析化验结果出来后，依据"内检"与"外检"的资料判定该批次分析化验结果的精度与可靠性，差别较大者应予返工；符合精度要求者，及时进行整理，编制相应图件、表格；若有遗漏，应及时补采样品。要将分析化验结果填写在有关图件及附表中。

8.2.3 矿床样品的主要采样方法

8.2.3.1 剥层采样法

剥层采样法是沿着矿体出露部分，剥下一薄层的矿层或一小段细脉状矿脉作为样品。在一些矿层薄或矿脉细以及矿石品位分布不均匀的矿床，用剥层法采样可以获得较好的效果，在脉状热液型有色金属、稀有金属矿床中采用较多。在一些矿化极不均匀且矿石矿物粒度粗大的矿体、矿石矿物呈粗颗粒的网脉状矿体中，剥层法采样面积大，样品量多，可减少因个别粗颗粒矿物的加入引起的干扰，获得较为可靠的样品品位。

剥层法采样的长、宽规格一般没有严格规定。当采样的矿体厚度较薄时，取矿层面积要大些，反之亦然，一般以能获得一个样品规定的质量为准。剥层法采样在沿脉坑道中也要按一定的间隔进行，应在采样之前考虑好采样间距问题。若是矿体中存在不同矿石类型，在采用剥层法采样时应将它们区分开，分段采样，剥层深度以 25~100mm 为宜。

8.2.3.2 刻槽采样法

刻槽采样法是在矿体上开凿一定规格的样槽，将槽中凿下的全部矿石作为一个样品。当断面规格较小时，可用人工凿取。在规格较大时，可采用机械凿取，或浅眼爆破凿取。在脉状、层状矿体等暴露面积较小的情况下采用刻槽法。采集的每个样品的刻槽横断面较小，样品量有限，易受到不均匀的粗颗粒矿石矿物的影响，样品品位发生偶然性变化。采样的范围均有较严格的控制，常限定在层状矿体的顶、底板之间或脉状矿体的二侧围岩之间，不得超出边界，以免混入围岩，影响矿石品位。

在沿脉坑道（平行或沿着矿体走向掘进）中采用刻槽法采样时，刻槽方向要垂直矿体厚度方向，按一定间距进行。矿化均匀者采样间距可大些，如矿体变化性相对较稳定的脉状金属矿床，采样间距可相对放宽；矿体变化性较大的扁豆状伟晶岩型稀有金属矿床，采样间距应相对加密。目前在不同矿种、不同矿床中，采样间距往往是采用经验数据确定的，很少是通过试验结果确定的。很多矿区沿脉中采样，采样间距往往是勘探间距的偶数分之一，如 1/2、1/4、1/6 等。沿脉坑道中采样一般是在顶板或在掌子面上进行。样品采集后应在顶板采样位置上用红油漆标注样品编号，且要做到顶板采样点、装样品口袋、坑道编录图和样品登记薄上四者编号完全一致。在穿脉坑道中的刻槽采样，是在穿脉坑道的两壁或一壁一顶进行，在实际执行中一般多在一个侧壁上采样，当矿化极不均匀时采用两壁同时采样。采样要垂直于矿体厚度的方向、按不同矿石类型进行分段采样。

每个样品采样的长度一般为 1~2m，原则不能大于工业指标规定的最低可采厚度和夹石剔除厚度。刻槽断面的宽×深规格大小与不同矿种、矿床类型及其矿化均匀程度有关，大宗的铁、铜、铅、锌矿以及大部分非金属矿产等，采样断面的宽×深规格一般为 5cm×2cm，个别化较大的矿体为 10cm×3cm；金、铌、钽、铍等贵金属和稀有金属矿产，样断面的宽×深规格普遍较大，一般为 10cm×5cm，对于化较大的断面，宽×深甚至可增至 20cm×5cm。坑道采样工作通常与编录工作同时进行。

8.2.3.3 全巷法采样

全巷法采样为坑道在矿体中掘进时采用的方法，是将坑道中挖掘出来的一定长度的矿石全部作为一个样品。显而易见，全巷法采样比其他采样方法获得的样品更多。目前对固体金属矿产而言，全巷法采样主要用于矿石经济技术试验。全巷法采样既可在沿脉坑道，也可在穿脉坑道中进行，采样必须是在矿体中进行，最好是单一类型的矿石，不能混入围岩与夹石。采样长度要依工作需要和矿体实际情况确定，以满足样品所需质量为原则。样品在坑道中采集后要在现场及时包装，尽量减少中间环节。

在大型露天铁矿、铜矿山，通常采用探槽采样。即沿矿体走向布置探槽，采用人工或机械挖一定规格的探槽，取出探槽中矿石作为样品。根据需要和矿石类型变化等，可以连续取样或按一定间距取样。

8.2.3.4 钻探岩芯采样法

进行钻探岩芯采样工作应具备两个先决条件：一是岩芯保存要完整；二是要系统观察与编录。岩芯保存完整是采样的基础，既要求岩芯采取率高、岩芯实物保管、钻探编录资料完整无缺，又要求岩芯管理（岩芯编号、岩芯箱编号、储运、入库、排放等方面）等完备。在采样时，系统地观察岩芯和相关编录，是岩芯采样工作的依据。钻探岩芯的采样方法是沿着岩芯长轴方向，通过岩芯横截面的圆心，将岩芯劈分为对等的两半或 4 份，取其中一半或 1/4 作为样品。每个岩芯样品的长度按规范要求，同矿种和不同矿床类型有所不同，一般每个样品长度为 2m。在钻探岩芯采样时，岩芯劈样后，应及时将样品装入样袋中，在样袋表面写上样号。劈分后，若一个样品袋装不下一个样品，可分装在若干个样品袋中，每个分装的样品袋都应有相应的编号。样品袋上的样品号要与送样单、样品登记本和钻孔地质柱状图上的样品号完全一致。

8.2.3.5 爆破采样法

爆破采样法是在坑道内穿脉的两壁、顶板上，按照预定的规格打眼放炮，将爆破下的矿石全部或从中随机分出一部分作为矿样。爆破采样法适用于要求矿样量很大、矿石品位分布不均匀的情况。采样规格视矿体空间分布、有用组分、矿石类型等情况而定。通常长和宽为 1m，深度为 0.5~1.0m。

8.3 选矿厂采样

8.3.1 选矿试验样品的具体要求

矿石加工技术试验也称选矿试验，一般可分为矿石可选性试验、实验室流程试验、实验室扩大连续试验、半工业选矿试验和工业试验。对矿石选矿试验的采样要求是，所采取样品具有代表性。矿床中的不同矿石类型须单独采样；矿区中几种矿石类型进行混合选矿试验，要根据各矿石类型的储量比例进行混合配矿。当矿体中存在有可供利用的伴生有用组分时，采样应考虑其含量和分布情况，以便试验时研究其赋存状态及综合回收试验工作。采样单位与生产设计部门、负责试验单位，共同商量采样的原则、要求。采样方法采用剥层法、刻槽法、全巷法、岩芯取样等方法。

各级别选矿试验要求：

（1）矿石可选性试验（初步可选性试验）。是对矿石的可选性能进行初步评价。主要是进行矿石矿物组成和化学组成的研究，提出初步的选矿结果资料，如精矿和尾矿品位、回收率、伴生组分综合利用的可能性等。试样质量一般为几十到几百千克。

（2）实验室流程试验。在矿石矿物组分、化学成分以及矿石矿物粒度大小、嵌布特征等研究基础上进行的选矿工艺性能研究，大致确定精矿品位和尾矿品位及其回收率等选矿指标、选矿流程和伴生组分利用的可能性。主要是取得矿石可选性能及较为合理的选矿方法、流程的详细资料。其要求是：1）详细研究矿石中的物质组成，查明矿石中的矿物组成、粒度大小、嵌布特征、结构关系、共生关系、有用元素和有害元素的赋存状态；确定各组成矿物的百分含量和矿石氧化程度及含泥量；研究合理的综合利用和分离有害杂质的方法，并提交化学分析、光谱分析、物相分析资料。2）提出较合理的选矿方法及流程。3）确定混合处理不同类型矿石的混合比例和可选性能。4）提出可供工业利用参考的选矿指标，以及伴生组分综合利用的评价资料。5）试样的质量取决于矿石的复杂程度及试验项目的要求，一般为几百千克到1000千克。

（3）扩大连续试验。是在实验室流程式试验的基础上，为进一步检验选矿各项指标及其流程可靠性进行的连续性稳定试验，以保证工艺流程的稳定性。对于物质成分比较复杂、缺乏选矿实践的新矿石类型，为了确定合理的技术经济指标和选矿工艺流程提供基本依据，也要进行扩大连续试验。有时为了校核和验证详细可选性试验单机确定的工艺流程和选矿指标是否可靠，也需要进行模拟生产式的实验室扩大试验。试验质量根据试验设备的规模和加工流程的复杂程度确定。一般需要数吨。

（4）半工业试验。为模拟工业生产方式，需进行一定时间的连续性选矿试验，检验其实际效果。建设大型选矿厂，或对复杂难选的矿石，为确定合理选矿工艺流程和技术经济指标，也需要进行半工业试验。试验的样品质量应根据设备规格、处理能力及必须试验时间确定。

（5）工业试验。是对矿石极为复杂难选，需要建设大型选矿厂，为了确定合理的选矿工艺流程和技术指标，在工业试验厂中或已投产工厂的某个系列中进行的试验。有时为了采用新设备、新工艺也需要进行工业试验。试样质量应根据工厂生产规模以及需要试验的时间确定。当采用新设备进行工业试验时，所需试样质量按设备能力确定。

8.3.2　选矿厂采样

选矿厂采样是选矿生产管理和技术管理的重要环节，对于选矿厂实现各项技术经济指标起到及时监督、及时调整、及时改进的作用。通过取样与考察才能查明妨碍工艺工程的不利因素，采取有效技术手段完善工艺过程。根据研究和考察目的的不同，可分为选矿厂日常生产取样、全流程考察取样、磨矿回路考察取样、浮选回路考察取样、细筛作业效果考察取样、跳汰机分选效果评价取样、尾矿浓缩流程考察取样等。选矿日常取样技术检查（计算）内容主要有：（1）选矿数量指标，包括原矿处理量、精矿金属量、金属回收率；（2）选矿质量指标，包括原矿品位、精矿品位、精矿水分、尾矿品位等；（3）选矿过程工艺因素指标，包括矿石粒度、矿浆浓度和酸碱度、药剂制度等；（4）动力及原材料消耗等。不同研究和考察的目的不同，要求的采样种类和数量、样品分析测试项目等各不相同。因而，选矿厂采样需要根据具体的目的，制定科学合理的采样方案。

8.3.2.1 选矿厂采样流程和采样表

选厂采样就是用一定方法从大批物料中取出少量有代表性物料的过程。所取出的这部分物料称为试样。若干份之和称为平均试样。

选矿厂采样点的数量多，采样时间长，要根据试验和考察的目的编制采样流程和采样表，保证试样的代表性，以满足试验和考察的需要。

A 采样流程图

采样流程图是根据采样要求选取采样点后，用顺序号或符号将采样点标注在选矿工艺流程图的对应位置上，即标注了全部采样点的选矿工艺流程图。采样流程图上可标注采样点的位置与序号，对每个采样点的要求可在采样表中显示，也可直接标注出采样点及相关要求。根据需要采样流程图多为选矿全流程图，或部分流程（图 8-1）。流程图绘制后，可运用自动化技术，实现在线监测、自动取样，保证样品的代表性。

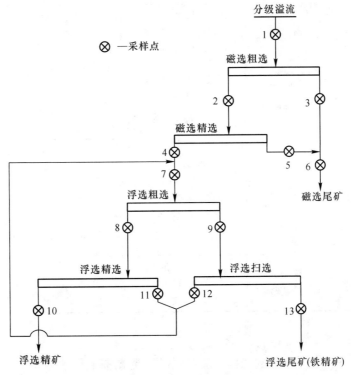

图 8-1 磁选-精矿反浮选流程的采样流程示意图

B　采样表

采样表对采样流程图作进一步补充和文字说明，使采样工作更为明确。采样表主要包括试样种类、名称、采样点、采样时间、应检查测定项目等。采样表的内容可根据不同选矿工艺流程、选厂的具体要求有所不同。表 8-4 为某磁选流程的采样表，设定采样周期为1h，采样时间24h。

表 8-4　某铁矿磁选-反浮选流程选别系列采样表

样品编号	样品名称	采样点	分析检测项目	采样周期/h	采样时间/h	采样量/kg
1	分级溢流	分级溢流堰	浓度、粒度、品位、元素分析、物相、矿物解离度	1.0	24	>20
2	磁选粗选精矿	一段磁选精矿管口	浓度、粒度品位	1.0	24	>10
3	磁选粗选尾矿	一段磁选尾矿管口	浓度、粒度、品位	1.0	24	>10
4	磁选精选精矿	二段磁选精矿管口	浓度、粒度、品位	1.0	24	>10
5	磁选精选尾矿	二段磁选尾矿管口	浓度、粒度、品位	1.0	24	>10
6	磁选尾矿	磁选尾矿排矿管口	浓度、粒度、品位、元素分析、物相分析、矿物解离度	1.0	24	>20
7	浮选给矿	浮选搅拌槽	浓度、粒度、品位、元素分析、物相分析、矿物解离度	1.0	24	>20
8	浮选粗选精矿	粗选泡沫泵池	浓度、粒度、品位	1.0	24	>10
9	浮选粗选尾矿	粗选槽尾矿溢流堰	浓度、粒度、品位	1.0	24	>10
10	浮选精矿	精矿泡沫泵池	浓度、粒度、品位	1.0	24	>10
11	浮选精矿尾矿	精选槽尾矿溢流堰	浓度、粒度、品位	1.0	24	>10
12	浮选扫矿精矿	扫选泡沫泵池	浓度、粒度、品位	1.0	24	>10
13	浮选尾矿	扫选槽尾矿溢流堰	浓度、粒度、品位、元素分析、物相分析、矿物解离度分析	1.0	24	>20

8.3.2.2　采样点的选择

选矿生产过程中，采样点的选择一般按照以下要求进行：

（1）为获取选矿产品的产量，计算和编制生产日报需用的原始资料，如原矿品位、原矿处理量、原矿水分、精矿品位、尾矿品位等，需要在磨机的给矿皮带上、分级机或旋流器溢流处、精矿槽（箱、池）、尾矿槽（箱、池）等处设立采样点。在磨机的给矿皮带上设立磨矿计量点。

（2）在影响选矿的数量、质量指标的关键作业处设立采样点，如在分级机、旋流器溢流处设立浓度、细度采样点。

（3）在容易造成金属流失的部位，如浓缩机溢流、各种砂泵（池）、磨选车间总污水排出管、干燥机的烟尘等处，设立采样点。

（4）为编制实际金属平衡表所需要的原始资料，如出水精矿水分、出厂精矿数量和质量等，在皮带运输线以及出厂精矿车辆处设立采样点等。

（5）对评价选矿工艺的数量、质量流程的采样，在全流程各作业的给矿、产品及尾矿处设立采样点。

8.3.2.3　采样方法

选矿厂采样有静置物料采样和流动物料采样。

A　静置物料的采样

静置物料有块状料堆和细磨物料堆两种。静置块状料堆有原矿堆场、废石堆。细磨料有精矿仓（堆）、车厢、尾矿场。静置物料采样方法有挖取法（舀取法）、探井法、探管法、钻孔法等。

（1）挖取法（亦称舀取法）。在物料堆表面一定地点挖坑取样。采样操作一般采用点线法或网格法布置取样点的密度。在采样堆的整个表面上先沿一个方向划出相互平行、相隔一定距离的横线；在线上相隔一定间隔处（0.5~2m）布设一个采样点。用铁锹（铲）垂直矿堆表面，挖出深为0.5m的小坑，在坑底或沿坑断面采样；并考察每个点的取样量、物料组成沿厚度方向分布的均匀程度等因素。各点采样质量应正比于各点坑至坑底的垂距。将各点采集的样品混均匀，作为该矿堆的样品。

（2）探井法。从矿堆上部的一定地点挖掘浅井采样。由于矿石堆积厚大，物料在厚度方向会发生粒度、密度偏析现象，导致从矿堆顶部到底部矿石或物料的物质组成、粒度组成有较大变化，仅从矿堆表层取样，很难保证样品的代表性。每个矿堆或物料堆的探井数目与间距应根据堆场实际情况、试验目的确定。但探井一定是从矿堆顶部垂直挖到底部。在挖井时，每进一层（1~2m），须将挖出的矿石（物料）分别堆成几个小堆，再对每个小堆用挖取法采样，然后再将它们合并成一个样品。

（3）探管法（探钎法）。指采用探管由上向下插入物料底部，矿样进入探管内，拔出探管后将管内物料取出作为样品的方法。探管采样要求采样点分布均匀，每个样点采样数量（质量）基本相等，表层和底层均要采到，采样点数目不得少于4个。该方法适用于分布均匀的静置松散粉状物料的采样。

（4）钻孔法。是在矿堆（物料堆）采用钻孔采样的方法。主要有机械钻、手钻或普通钢管人工钻孔等。钻孔采样要对矿堆进行采样网度或点线布置，确定采样网度或采样点、线间距。采样点间距一般为1~3m，对于面积较大的物料堆、尾矿库可在5~10m。采样深度要到达矿堆底部。在尾矿库取样需要注意的是，尾矿最重颗粒聚积在尾矿溜槽口附近处，采样点布置应按放射状直线排列采样点。从倾注尾矿的溜槽口开始采样，距溜槽口越远，采样间距可适当增大。

B　流动物料采样

流动物料是指运输过程中的物料，包括车辆运输的原矿、皮带运输机以及其他运输机械上的干矿、给矿机与溜槽中的料流、流动中的矿浆等。流动物料的取样采用横向截取法（横向截流法），即每间隔一定时间，垂直于物料流动方向截取少量的物料作为样品，将一定时间内截取的多个小份样品累计起来作为总试样。取样代表性主要取决于物料流组成变化、截取频率。流动物料取样方法有抽车取样、运输皮带取样、矿浆取样。

（1）抽车取样法。当原矿石是用小矿车运来选厂时，可用抽车法取样。一般间隔5车、10车、20车抽取一车。间隔多少取决于取样期间来车的总车数。为保证试样的代表性，所抽取的车数不宜太少。如果抽车所得的样品量太大，可用堆锥四分法缩分，或在转运过程中用抽铲法，即每隔若干铲抽取一铲的缩分法。

对于原矿抽车取样，实际上是从矿床取样，抽车只是一种缩分的方式。取样代表性不仅取决于抽车法操作，还与矿山运来的矿石本身代表性有关。

（2）运输皮带取样。在选矿厂对于松散物料、入选矿石，多是在皮带运输机上取样。取样方式是利用一定长度的刮板，每隔一定时间，垂直于运动方向沿料层全宽和全厚均匀地刮取一份物料作为试样。刮取间隔时间为15～30min。取样总时间为一个班次或几个班次。

（3）矿浆取样。矿浆取样包括原矿（一般取分级机溢流）、精矿、尾矿及中间产品。现场生产都用自动采样机采取一个班次样或几个班次样，供分析化验用。

人工取样的工具为各种带有扁嘴的容器（取样壶、取样勺、取样桶等）。这类容器进样速度慢、容积大，在截取时允许停留时间长些。取样时沿料流全厚与全宽取样；不能出现已接入容器的样品重新被料流冲出，影响样品的代表性。取样点设立在溢流堰口、溜槽口、管道口，不要直接在溜槽、管道或储存容器中取样。取样时应将取样口长度的方向顺着料流，以保证料流中整个厚度（深度）的物料都能截取到。把取样器垂直于料流方向匀速往复截取几次，以保证料流整个宽度的物料都能均匀地被截取到。每次取样间隔时间15～30min。取样总时间不少于一个班次。若是采取大量代表性样品室或考虑3个班次的波动时，总时间不得少于3个班次。如果物料被氧化，会影响试验，要适当缩短取样时间。在容易氧化的硫化矿浮选试样中，矿浆试样不能作为长期研究的试样。在现场实验室采取矿浆试样时，只能随取随用，采用湿法缩分不能将试样烘干。

8.4　试样的制备

在矿床、实验室、选厂中采取的原始试样都需要经过破碎、筛分、混匀、缩分等加工过程，制备出供具体分析、鉴定、试验项目使用的单份试样。

8.4.1　制备样品的一般要求

经过加工的试样不仅要满足各种具体项目的分析试验对试样质量、粒度的要求，还要在物质组成、物理化学性质方面能代表整个原始试样，因此对样品制备过程有相应的要求。

8.4.1.1 试样缩分要求

试样缩分就是采用一定方法从大量样品中分离出少量有代表性样品的过程（图 8-2）。在缩分前，要掌握此次样品所需的数量、质量、粒度等，保证制备试样能满足全部项目的分析测试、鉴定和试验项目的需要。计算出在不同粒度下为保证试样的代表性所必需的最小质量，从而确定在何种情况下可直接缩分，以及何种情况下需要破碎一定粒度后才能缩分。应尽可能在原始矿样状态下或较粗粒度下分出备用试样，以便今后需要再次制备出不同粒度的试样。在保存时应避免氧化和污染。缩分方法主要有堆锥四分法、二分器法、方格法等。

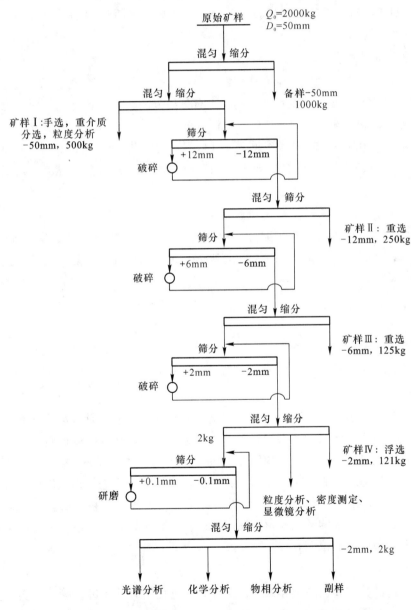

图 8-2 矿石的试样缩分流程

8.4.1.2　试样的粒度要求

矿石在可选性研究前需要准备的单份试样可分为两类：一类是物质组成研究，另一类是选矿试验研究。研究矿石中矿物嵌布粒度特征用的岩矿鉴定样品应直接采自矿床。供显微镜定量分析以及光谱分析、化学分析、物相分析等试样，可从破碎至 1~3mm 的样品中缩取。浮选和预选试样可直接从原始矿样缩分取得。重选试样的粒度，取决于预定的入选粒度。若入选粒度不能预定，则可根据矿石中有用矿物的嵌布粒度，估计可能的入选粒度波动范围。制备几种具有不同粒度上限的试样，供选矿试验方案对比使用。

实验室选矿试验（浮选和湿法磁选试验）试样应破碎到实验室磨矿机给矿粒度，一般为 1~3mm。对于易氧化的硫化物矿石的浮选试样，只能随着试验的进行，一次准备一批短时间内使用的试样。

8.4.1.3　试样质量要求

在实际工作中，总是确定一个有代表性的最小试样质量。影响最小试样质量的因素有物料的最大块度、矿物嵌布粒度特性、物料中有价组分的含量、各矿物组成密度的差异以及允许的误差等。目前采用式（8-1）确定试样的最小质量，与矿石性质有关的系数除贵金属外，一般在 0.02~0.5 之间（参见表 8-1）。若试样实际质量 $Q \geq 2Kd^2$，则试样不须破碎即可缩分。若 $Q < 2Kd^2$，则试样需要破碎到较小后才能缩分；若 $Q < Kd^2$，则试样的代表性有问题。

8.4.1.4　含泥样品在制备前要进行洗矿

因为含泥矿石黏度大，破碎和缩分都比较困难。洗出的矿泥，若经化验证明可废弃，则单独保存，不再送下一步加工和试验；否则就必须同其他选矿产品一起，分别按试验流程加工。

8.4.2　样品制备作业方法

8.4.2.1　块状试样的制备

块状试样的加工包括破碎、筛分、混匀、缩分等工序。

A　破碎

粗粒块状样品一般需要破碎，以达到试验要求的颗粒大小，或满足后续的磨矿、缩分等需要。在实验室中通常采用小型颚式破碎机、对辊机、盘磨机中进行破碎。一般采用三阶段破碎。第一段破碎机给矿最大块度在 100mm，不能超过 140mm；第二段给矿最大块度小于 100mm，排矿粒度控制在 6~10mm。第三阶段多用对辊机进行，排矿粒度可以控制在 2~3mm 以下。若要制备分析试样，破碎产品要经过盘式磨机细磨。在破碎每个样品前要清扫各个部位，以免其他的样品残留，造成混染，影响样品的代表性。不同品位矿样必须分别破碎，并先破碎低品位矿石样。

B　筛分

为了控制产品粒度和提高破碎效率，试样破碎过程中通常要进行筛分。实验室作业通常采用标准筛在振筛机上进行。随着破碎进行，逐步进行筛分。筛上物返回破碎。所有筛下物按 $Q = Kd^2$ 公式缩分到可靠的最小质量。

C 混匀

混匀是试样加工的重要工序。为获得均匀的样品，在缩分前需要细致混匀样品。常用混匀方法有以下几种：

（1）堆锥法（移堆法）。将矿样在干净的水泥地面（或铺有橡胶、钢板等的地面等）上堆成锥状的矿堆。将矿样以某一点为中心，分别把带混的矿样自中心点徐徐倒入，形成第一个圆锥形矿堆。在互成180°角度的圆锥两侧，从圆锥直径的两端用铲子由堆底铲取矿样，放置到另一中心点上。两侧以相同速度沿同一方向进行，将矿样堆成新的圆锥堆。如此反复5或7次（取单数次），即可将矿样混匀。

（2）环堆法。将第一次堆成的圆锥形矿堆，从中心向外推移，形成一个大圆环。然后可自环外部将矿样再铲往环中心点逐步倒下，堆成新的圆锥形堆。如此往复5或7次（取单数次），可将矿样混匀。

（3）滚移法（翻滚法）。将试样放置在一块橡胶布或漆布、油布中间，然后提起布的一角，让试样滚移到对角线后，再提起相对的另一角。依次四角轮流提过，即滚移一周。如此反复多次，直到试样混匀为止。一般一个试样要滚移15~20周以上。该法适用于选矿样品、细粒及量少的试样混匀。

（4）槽型分样器法。槽型分样器是专用工具。形状为长方形的槽体，中间用薄铁板间隔成一系列长方形的小槽，相邻的小槽下部排料口位于左右相反的两侧。物料由上部给入，流经小槽后分成两个部分。小槽宽度大于物料最大颗粒尺寸的3~4倍。对于少量细粒（<5mm）或砂矿样，往往可采用槽型分样器反复二等分，混匀试样。

D 缩分

常用的缩分方法有：

（1）堆锥四分法。将混匀的矿样堆成圆锥形堆，用薄板切入一定深度后，旋转薄板将矿堆展开呈平截头圆盘状，再用十字板通过中心点分隔成4份，取对角线部分合并为需要的试样。其实质是把试样一分为二进行缩分。可以如此反复进行，直到把试样缩分到所需的量。适用于细粒（<5mm）矿样的缩分。

（2）二分器法（槽型分样器法）。将矿样沿二分器上端的整个长度徐徐倒入，也可沿长度往返缓慢倒入，使样品分成两部分，取其中一部分为需要试样。如果矿样量大，可再行缩分，直至达到要求的量为止。

（3）方格法。将混匀的矿样薄薄地平铺在油布或胶布上，形状可为圆形、方形、长方形等，然后在表面上均匀地划分出小方格，用小平铲或小勺逐格采样。每小格采样量的多少根据所需确定。为保证采样的准确性，方格要划均匀，每个采样量要相等。

8.4.2.2 矿浆样品的加工

为了检验磨矿细度，评价磨矿、分级设备的效率，选厂要对磨矿机排矿、分级机或旋流器溢流进行采样，进行粒度测定。此类试样在加工过程中必须保证原物料的粒度不变。其加工工序如下：

（1）矿浆缩分。通常在矿浆缩分器或二分器中进行。注意在操作时严禁矿浆泼洒。矿样和冲洗水要均匀倒入缩分器中，使缩分后备份样品的质量相当。

（2）水筛。将矿浆缩分器中的一份试样进行湿筛。筛分时要分批投入试料（少于

100g）。检查筛分可重点放在一个装有 1/2 或 1/3 水的盆子（或槽子）中进行，在盆中进行湿筛，然后将筛子取出，检查盆中是否有筛下物。若无筛下物料或无痕迹，则表明筛分终了。由于水的浮力，可能本可以过筛的细粒物料没能过筛。因此要进行筛上物烘干，进行干筛，也叫检查筛分。

（3）干筛。筛上物烘干后，用分样板轻轻将结团压碎分开，严禁研磨。待物料冷却到室温后，再放入筛中进行干筛。在胶布、白纸或油布上检查筛分。如果 1min 内通过筛孔的物料少于筛上残留物料的 0.1%，可认为已到筛分终点。

（4）过滤。过滤前先将滤纸称重，夹好样品标签和记录滤纸质量。在过滤器铺好滤纸后，用细水流均匀打湿滤纸，并轻按滤纸与滤盘使两者接触严密。真空泵开启后（或打开真空阀门），将矿浆试样均匀缓慢倒入过滤盘内过滤。过滤后，关闭真空泵，取出滤纸，进行矿样烘干。

（5）烘干。在专用烘干箱中进行烘干。需要注意的是，烘干温度保持在 105℃ 左右，需防止烤煳或滤纸烧焦。检查样品是否烘干时，可将样品取出，放置在干燥的胶板、混凝土平台上。如果在板上或平台上没有湿的印痕，则表明烘干；也可用每隔一定时间取出样品称重，若相邻两次质量不变，说明物料已经烘干。

8.4.2.3　化学分析试样的加工

选矿厂原矿、选矿产品化学分析试样加工的具体过程是：过滤—烘干—混匀—缩分—研磨—过筛—缩分—分样（正样和副样）—装袋—送检（化学分析）。

过滤后试样的混匀和缩分，一般在胶布、油布上用滚移法进行，也可在研磨板上用移锥法进行。缩分多用薄圆盘四分法进行，取对角线的 2 份作为正样，其余 2 份为副样。样品装袋前，要标明试样名称、编号、班次、日期、要求分析元素等内容。样品加工者需在样袋上签名。送化学分析样品的质量应根据分析元素多少而定。单元素分析样品量一般为 1~30g。

9 矿石矿物显微镜鉴定

绝大多数的矿石是多种矿物紧密结合在一起的，一般用肉眼难以清晰鉴别，矿物的鉴定、粒度、矿石结构等都需采用显微镜进行鉴定。对于微细矿物还要采用电子显微镜等方法。

9.1 矿物晶体光学特征

矿物显微镜下鉴定的依据是矿物的光学性质。光是一种电磁波，其传播方向与振动方向互相垂直。从光源直接发出的自然光，是由无数方向横振动合成的复杂混合波（太阳光、灯光等）。在垂直光波传播方向的平面内，任意方向上都有振幅相等的光振动。只在垂直传播方向上的某一固定方向振动的光波称为偏振光，偏光振动方向与传播方向构成的平面称为振动面（图 9-1）。自然光经过反射、折射、双折射及选择吸收作用可成为偏振光。矿物根据晶体光学性质特征，可分为光性均质体和非均质体。

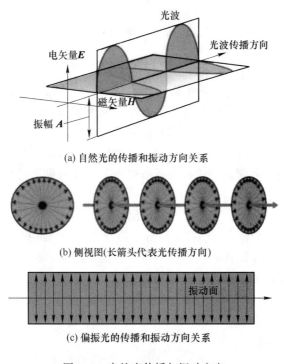

(a) 自然光的传播和振动方向关系

(b) 侧视图(长箭头代表光传播方向)

(c) 偏振光的传播和振动方向关系

图 9-1 自然光传播与振动方向

（1）光性均质体。指矿物晶体的光学性质各方向相同（传播速度、折射率、光的振动性质、颜色、光泽等），有等轴晶系的矿物。均质体的折射率不因光波在晶体中振动方向不同而改变，折射率只有一个。均质光率体是一个球体，球体半径代表该晶体的折射率

（图9-2）。不同的均质体的光学性质差异主要表现在球体半径不同，如金刚石、石榴子石、萤石、自然金等。

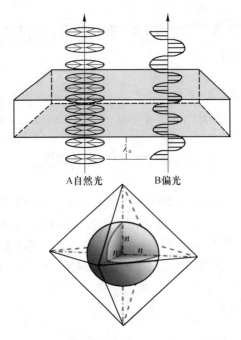

A自然光　　　　B偏光

图9-2　均质光率体与光波在均质体中传播示意图

（2）光性非均质体。指矿物晶体的光学性质因方向不同而不同，分为有中级晶族（一轴晶）和低级晶族（二轴晶）的矿物晶体。光波的传播速度因在晶体中的振动方向不同而发生改变，折射率也因光波在晶体中的振动方向不同而变化。非均质体的折射率有多个。光波入射非均质体除特殊方向外，都要分解为振动方向互相垂直、传播速度不同、折射率不等的两种偏光，这种现象称为双折射。双折射是非均质介质的普遍特征。两列振动面互相正交的偏振光的折射率的差值称为双折射率，也称为重折射率。因而有一轴晶光率体和二轴晶光率体之分。

1）一轴晶光率体。光波沿 c 轴方向射入晶体，得到一个半径为 N_o 的圆切面；光波垂直 c 轴射入晶体，得到一个包含 c 轴且半径分别为 N_e、N_o 的横切圆。联系上面两个切面特征，可以得到一轴晶光率体的构成。当光垂直于这类矿物的 c 轴（光轴）正入射时，折射形成振动面互相垂直的两列偏光，一列为常光 o，折射率为 N_o；另一列为非常光 e，折射率为 N_e。N_o、N_e 分别为该矿物折射率的最大值（或最小值），其他方向的非常光的折射率值递变在两者之间记为 N_e'。一轴晶的光率体为一旋转椭球体，$N_o>N_e$ 为正光性，反之为负光性（图9-3、图9-4）。

2）二轴晶的光率体。三轴不等长椭球体（图9-5），长轴、中轴、短轴分别为 N_g、N_m、N_p，决定着光率体的形状与大小，也称为二轴晶的光学主轴，且三者之间互相垂直，与所属晶系无关。3个主折射率有 $N_g>N_m>N_p$；3个主轴面包含主轴且彼此之间互相垂直。有2根光轴 OA；光轴面（AP）为包含2根光轴的切面；光轴角（$2V$）为2根光轴所夹的锐角，当 $V<45°$ 时为正光性；锐角等分线（B_{xa}）：两光轴所夹锐角的等分线；钝角等分线

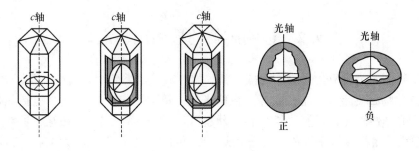

图 9-3 一轴晶光率体

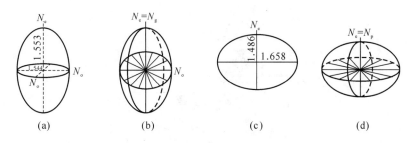

图 9-4 石英（a，b），方解石（c，d）光率体示意图

(B_{xo})：两光轴所夹钝角的等分线；正光性：（+）$N_g-N_m>N_m-N_p$ 或 $B_{xa}=N_g$；负光性（-）：$N_g-N_m<N_m-N_p$ 或 $B_{xo}=N_g$。

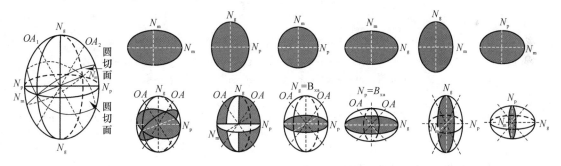

图 9-5 二轴晶光率体及其主切面特征

二轴晶晶体的 3 个光轴长度不同，代表了不同方向的折射率不同，从而显示出矿物晶体的不同光学特征。如橄榄石二轴晶主切面不同，显示不同的颜色、突起等光学性质（图 9-6）。

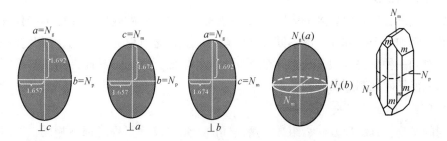

图 9-6 橄榄石二轴晶光率体主切面特征

9.2   透明矿物的显微镜鉴定

透明矿物多数为含氧盐大类的硅酸盐类矿物、碳酸盐类矿物、硫酸盐类矿物、硼酸盐类矿物、氧化物石英族、尖晶石族等。在偏光显微镜下鉴定矿物形态（包括晶形、解理、双晶等）和光学性质（如颜色、多色性、吸收性以及折射率、突起、边缘、贝克线、色散）等。偏光显微镜由机械部分和光学部分组成（图9-7）。机械部分有载物台、镜筒、镜臂组成。光学部分有反光镜、下偏光镜、锁光圈、聚光镜、物镜、目镜、上偏光镜、勃氏镜等。

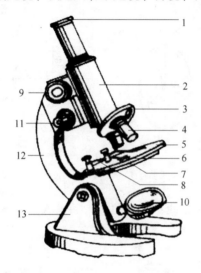

图9-7   显微镜构造示意图

1—目镜；2—镜筒；3—转换器；4—物镜；5—载物台；6—通光孔；7—滤光器；8—压片夹；
9—粗焦螺旋；10—反光镜；11—细准焦螺旋；12—镜臂；13—镜座

将磨制的矿物薄片（25mm×50mm、厚0.03mm）置于偏光显微镜下，观察矿物的光学特征。

9.2.1   透明矿物在单偏光镜下的光学性质

在单偏光镜下进行观察时，可以观察晶体的形状、颗粒大小、显微结构、解理、颜色、多色性、吸收性、突起、糙面、贝克线等现象，以及测定折射率。

9.2.1.1   晶形

在矿石或岩石薄片中看到的矿物晶形，是某一方向切面的轮廓，往往不能代表整个矿物的形态。例如一个四方柱，沿不同方向的切片，其形态可以完全不同。因此在确定晶体形态时，对同一种矿物必须多观察几个不同方向的切面，并结合晶面夹角、解理等特征综合考虑，方能正确地判断晶体的形态。

9.2.1.2   解理及其夹角

不同的矿物，其解理方向、组数、解理间的夹角以及完善程度都不相同，同时，解理面还往往与晶面、晶轴有一定的联系。解理可以作为测定矿物某些光学常数的辅助条件或依据。

在切片中，矿物的解理表现为平行的细裂纹，裂纹之间的距离大致相等。解理的完善程度不同，解理纹的表现情况亦不同。根据解理的完全程度可分为如下三级：

（1）极完全解理。解理纹细、密、长，呈连续的长线状贯穿整个晶体，如云母。

（2）完全解理。解理纹清楚较稀，但不甚连续，不能贯穿整个晶体。如角闪石、辉石等（图9-8）。

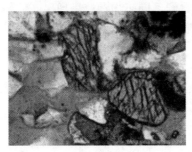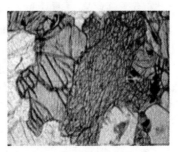

(a) 角闪石（解理夹角56°）　　　　　(b) 辉石（解理夹角87°）

图9-8　透明矿物镜下鉴定

（3）不完全解理。解理纹断断续续，有时仅见痕迹。能勉强分辨大致方向。如橄榄石。

两组解理的夹角称为解理角。在测量解理夹角时，由于切片方向不同，其角度大小有一定的差别。只有同时垂直于两组解理的切片，才是两组解理真正的夹角。

9.2.1.3　颜色及多色性

颜色及多色性是光波通过晶体后发生吸收作用的结果。当白光通过矿物薄片时，若对白光中七色光波吸收的程度相同，则白光通过矿片后仍为白光，只是亮度减弱，矿物薄片不具颜色，称为无色矿物。如果矿物薄片对白光中七色光波的吸收能力不同，选择吸收，则各色光波透过矿物的多少不一，透过矿物的各色光波混合起来，便构成了矿物在薄片中的颜色。

非均质矿物对不同色光选择性吸收的强弱，又因入射光波在晶体内部不同方向上的振动不同而不同，表现在旋转载物台上时，矿物颗粒发生色调及颜色的深浅变化。这种颜色的变化称为多色性，颜色深浅的变化叫吸收性。均质体矿物各个方向上吸收的程度一样，只有一种颜色，故无多色性。

一轴晶矿物晶体其光率体主轴为 N_o 及 N_e，有两个颜色，故称为二色性。例如在单偏光镜下观察黑电气石平行 c 轴的切面，当 c 轴（即晶体的延长方向与 N_e 一致）平行于下偏光镜的振动方向时，矿物呈浅紫色；旋转载物台90°，此时晶体中 N_o 的方向与下偏光镜振动方向平行，矿物呈深蓝色；当晶体 c 轴与下偏光镜振动方向斜交时，则颜色呈深蓝色与浅紫色之间的过渡色。电气石多色性的记录公式是：

$$N_o = 深蓝色，N_e = 浅紫色 \qquad （多色性公式）$$

因为 N_o 颜色比 N_e 深，表示入射光波沿晶体的 N_o 方向振动时，吸收强度大，故吸收性公式是：$N_o > N_e$（吸收性公式）。

二轴晶有 3 个主折射率 (N_g、N_p、N_m），故有 3 个主要颜色，称为三色性。例如角闪石，多色性公式为 N_g=深绿色，N_m=绿色，N_p=黄色。

吸收性公式 $N_g>N_m>N_p$。

为确定二轴晶矿物的多色性，须找一个平行光轴的切面，测得 N_g 及 N_p 的颜色；再找一个垂直光轴的切面，若此切面颜色不变化，可测定 N_m 的颜色。

9.2.1.4 突起、糙面、贝克线及色散效应

（1）突起。在镜下观察岩石薄片时，会看到不同矿物颗粒呈现出高低不平的状况，这就是突起。一个薄片中产生这种高低不平的感觉是相邻物质折射率不同而引起的。如果以 N 代表树胶的折射率（$N=1.540$），N_1 和 N_2 代表两种晶体的折射率，所有矿物的突起都以树胶为标准。当矿物的折射率 N_1 大于树胶折射率 N 时，该矿物的突起为正突起；若矿物的折射率 N_2 小于树胶折射率 N 时为负突起。正、负突起的划分，还需根据贝克线的移动规律等来判断。根据突起的明显程度，可分为如下四类：

第一类负突起，折射率<1.540，如萤石、钾长石。

第二类低正突起，折射率 = 1.540~1.600，如石英、白云母。

第三类中正突起，折射率 = 1.600~1.660，如磷灰石、角闪石。

第四类高正突起，折射率>1.660，如橄榄石、石榴石。

均质体矿物只有一个折射率，突起高低无方向性的变化；非均质矿物的折射率因方向而不同，故突起高低亦随方向而有所变化，称为闪突起，如方解石。

（2）糙面。在单偏光镜下观察矿物的表面，发现有些矿物表面较为光滑，有些矿物表面较为粗糙，好像皱皮一样。这种现象称为糙面。

糙面产生的原因，是矿物薄片表面具有一些显微状的凹凸不平，盖于其上的加拿大树胶与矿物的折射率不同，光通过其间发生折射和反射，使矿物表面上光线集中与分散不一，故显现出明暗不同，给人以粗糙的感觉。

显然，糙面的明显程度取决于矿物折射率与树胶折射率的差值大小及薄片表面的磨光程度。一般是差值越大，表面磨光程度越差，糙面越明显。

（3）贝克线。当提升或下降镜筒时，在晶体的边部往往见到一条与晶体轮廓平行的亮带移动，此亮带称为贝克线。

产生贝克线的原因主要是由于相邻物质折射率不等，光通过接触界面时，发生折射、反射作用的结果。贝克线的移动规律是：提升镜筒，贝克线向折射率高的物质移动；下降镜筒，贝克线向折射率低的物质移动。根据贝克线的移动规律，可以确定相邻两物质相对折射率的大小。观察贝克线时，应把两物质的接触界线置于视域中心，适当缩小光圈，一般在中倍物镜下观察更为清楚。

（4）色散反应。在鉴定岩矿时，常遇到折射率比较接近，又无色透明的矿物，如长石、石英，要比较两者折射率的相对大小，采用色散效应可以准确地判断。其现象是在相邻介质接触处，贝克线两侧显橙色和蓝色，称为贝克线色散效应。在折射率较低的一边为橙色光带，折射率较高的一边为蓝色。观察色散效应时宜缩小物台下之光圈，并换用中倍物镜，否则不易分辨。

9.2.2 透明矿物在正交偏光镜下的光学性质

在显微镜中加进下偏光镜，再推入上偏光镜，同时，使上下偏光镜的振动方向垂直，

叫做正交偏光。若将矿物薄片置于正交偏光镜间，因矿物切片性质不同而发生消光和干涉现象，成为正交偏光镜下研究矿物的重要依据。

9.2.2.1　消光及消光位

入射光通过下偏光镜和矿片后，进入上偏光镜中而消失，致使矿物呈现黑暗的现象，称为矿物的消光。在正交偏光镜下，观察均质体或非均质体垂直光轴的矿片时，由于这两种矿片的光率体切面皆为圆切面，光可以沿任意方向透出，不发生双折射，亦不改变原来的振动方向。光不能透过上偏光镜使视域黑暗。旋转物台360°，消光现象不改变，这样的消光称为全消光。

非均质矿物的其他方向切片，其光率体切面均为椭圆，自下偏光镜透出的偏光射入其中，必然发生双折射，产生振动方向平行于椭圆长短半径的两种偏光。只有当椭圆的长短半径与上下偏光镜的振动方向平行时，下偏光才能直接透过矿片而不发生双折射，不改变原来的振动方向。显然，下偏光透不过上偏光镜使视域变成黑暗，旋转物台360°，光率体椭圆切面的长短半径共有4次平行于上下偏光镜的振动方向，所以会发生4次黑暗，即有4次消光。

矿物在消光时的位置称为消光位。矿物在消光位时，其光率体椭圆半径与上下偏光镜振动方向平行。一般以目镜十字丝代表上下偏光镜的振动方向。所以当矿物在消光位时，目镜十字丝方向可代表矿片上光率体椭圆半径方向。由于各晶系晶体的光率体的解理缝、双晶缝、晶体轮廓等与结晶轴之间有一定的联系，因此，非均质体矿片的消光类型是根据矿片消光时矿片上解理缝、双晶缝、晶体轮廓与目镜十字丝的关系进行划分的，共有三种类型。

（1）平行消光。矿片消光时，解理缝、双晶缝或晶体轮廓与目镜十字丝之一平行。如云母、磷灰石等。

（2）对称消光。矿片消光时，目镜十字丝为2组解理缝或2个晶面迹线夹角的平分线。如角闪石垂直两组解理的切面。

（3）斜消光。矿片消光时，解理缝、双晶缝或晶体轮廓与目镜十字丝斜交。此时，光率体椭圆半径与解理纹、双晶纹之间的夹角称为消光角。具体表现为矿片消光时，目镜十字丝与解理纹、双晶纹等之间的夹角。

9.2.2.2　干涉色

在正交偏光镜下，非均质矿片不在消光位时呈现的颜色，称为干涉色。这是光的干涉作用产生的结果。

一般光源是由7种不同波长的单色光波混合而成的白光。在正交偏光镜间，通过矿片时两偏光的光程差不可能等于所有各单色光波半波长的偶数倍或奇数倍。这样就出现了某些单色光被加强，某些单色光被削弱或消失，干涉结果就形成了由一部分色光所组成的混合色。这就是干涉色。

由光程差的公式

$$R = d\ (n_1 - n_2) \tag{9-1}$$

可知光程差的大小 R 与薄片厚度 d 及矿物的双折射率 $(n_1 - n_2)$ 成正比。矿片影响干涉色的变化，可用石英楔在正交偏光镜间呈现的干涉色变化来说明。

在正交偏光间，将石英楔由薄的一端徐徐插进镜筒上的试板孔（与上下偏光镜成45°）中，由于不断插进，石英楔厚度增加，光程差就加大，视域中的颜色不断变化，成为一种连续变化的色带，并重复出现。将这些连续重复出现的色带大致以红色为标准划分成不同的级别，这就是干涉色的级序。每级干涉色里出现的颜色顺序大致是红、紫、蓝、青、绿、黄、橙、红等色。其特点为：

（1）一级干涉色较暗，二、三级干涉色最鲜艳，级序越高，干涉色越浅，级序很高时就近于白色，这时称为高级白色。

（2）一级干涉色没有紫、蓝、青、绿，其他级没有黑、灰、白色。

干涉色级序的高低，还取决于薄片厚度及双折射率大小与矿物本性及切片方向。一轴晶矿物垂直光轴的切面，双折射率为零，全消光，不显干涉色；平行光轴的切片，双折射率最大，所以干涉色也最高；其他方向的切片，干涉色变化于二者之间。同理，二轴晶垂直光轴切片全消光，平行光轴切片的干涉色最高，其他方向切片的干涉色变化在全黑与最高干涉色之间。不同矿物的双折射率不同，干涉色也有差异。因此，干涉色是鉴定矿物的根据之一。在测定矿物干涉色时，只有选择干涉色最高的切片，才具有鉴定意义。

9.2.2.3　双折射率的测定

矿物的双折射率是指该矿物的最大折射率与最小折射率之差。根据光程差公式：$R=d(n_1-n_2)$，就可求出双折射率。因为薄片的厚度 d 一般为 0.03mm，光程差可根据所呈现的干涉色来确定。所以测定双折射率，首先应测定干涉色级序。

测定干涉色的级序时，首先应该选择平行光轴（一轴晶）及光轴面（二轴晶）的切面，这些切面是同种矿物切面中具有最高干涉色者。当矿物颗粒选定后，转至消光位置，然后再从这个位置转45°（这时矿物的干涉色最显著），由薄至厚缓缓插入石英楔，观察矿片干涉色的变化，可能有两种情况：

（1）随着石英楔的插入，矿片的干涉色逐渐升高，证明石英楔与矿片上光率体椭圆切面同名半径平行。这时必须使物台转90°，使两者异名半径平行，再进行测定。

（2）随石英楔的慢慢插入，矿片的干涉色级序降低，说明石英楔与矿片的异名半径平行。当石英楔插入到与矿片光程差相等处时，矿片消色而黑暗（往往不全黑）；再慢慢抽出石英楔，矿片干涉色又逐渐升高，到石英楔全部抽出时，矿片显示出原来的干涉色。在抽出石英楔的过程中，注意观察视野内出现红色带的次数，如果出现一次红色，则矿片的干涉色为三级；若经过 n 次红色，则矿片干涉色为 $(n+1)$ 级。测定时，若一次观察结果不清楚，可反复操作。

当干涉色的级序及颜色确定之后，即可在干涉图表中根据干涉色级数及颜色大致确定光程差的大小，这时即可由公式 $R=d(n_1-n_2)$ 求出双折射率值；也可由干涉表中读出双折射率的数值，这个数值即为所求的最大双折射率。

9.2.2.4　消光角的测定

不是各晶系的矿物都要测定消光角，一轴晶及斜方晶系矿物中斜消光少见，一般不测消光角。单斜及三斜晶系的矿物中以斜消光为主，因此，测定消光角是鉴定这类矿物的特征之一。但同一矿物切片方向不同，其消光角也不同，故只有在定向切片上测定消光角才有鉴定意义。一般是选择干涉色最高的切面来测定消光角。如单斜晶系矿物可以选择平行

（010）切片测定其消光角。如在普通辉石的平行（010）切片中，解理纹平行 c 轴，c 轴（解理纹）与 N_g 的交角为 44°，其测定步骤如下：

（1）在正交偏光镜间，选择干涉色最高的切面，移到十字丝中心，使其 c 轴（解理纹方向）与十字丝平行或重合。记下载物台的刻度数 α。

（2）旋转物台，使矿物消光位，记下载物台读数 β。上述二读数之差，即为消光角。消光角 $=\beta-\alpha$。

为了使消光角测得准确，矿物到达消光位时，需小幅度地慢慢来回转动，直到达到最暗时为止。

（3）确定此消光角是 N_g 与 c 轴的夹角，还是 N_p 与 c 轴的夹角。从消光位转 45°，使光率体椭圆半径与目镜十字丝成 45°，插入试板，根据补色原理，确定光率体椭圆半径的名称。在此切片中，长半径为 N_g，短半径为 N_p，故普通辉石在（010）切面中的消光角可写成 $c \wedge N_g = 44°$。

9.2.2.5 晶体的延性符号

晶体的延性符号，是呈一向延伸的矿物晶体的一个光学特征，所以晶体延性符号只能应用于这一类矿物。如晶体的延长方向平行 N_g 或与 N_p 夹角小于 45°，称正延性；若晶体的延长方向与 N_p 平行或其夹角小于 45°时，称为负延性。

9.2.2.6 双晶的观察

矿物的双晶在正交偏光镜间很容易认识，当旋转载物台时，往往可见双晶中的一个单体明亮，另一个消光的现象。这是由于构成双晶的单体中，其光率体椭圆半径的方位不同，所以消光位不同，使双晶两部分的分界线很清楚。这条分界线称为双晶纹。它是双晶结合面与薄片平面的交线。当双晶结合面与薄片平面垂直时，双晶纹最细、最清楚；当双晶结合面与薄片平面倾斜时，双晶纹逐渐变宽而模糊。倾斜到一定程度后，则看不见双晶纹。

应在锥光下研究透明矿物晶体的轴性、光性符号、光轴角大小等。所谓锥光，是在正交偏光镜的基础上，加上一个聚光镜，把通过下偏光镜平行入射的偏光收敛成锥形偏光。这种锥形偏光射入矿片，除中央一条光线垂直射入矿片外，其余各条光线都倾斜射入矿片；而且外倾角越大，在矿片中所经过的距离也越长，当到达上偏光镜后，发生干涉的结果形成一些特殊的图形，称为干涉图。一轴晶矿物与二轴晶矿物各有不同特点的干涉图，由于切片方位不同，干涉图的形状也不同。因此，可以利用干涉图来区别轴性、光性，确定光率体方位等。

9.3 不透明矿物在矿相显微镜下的鉴定

观察和研究不透明矿物的仪器是矿相显微镜。它是在偏光显微镜的基础上，加一个专门的垂直照明器构成的。矿相显微镜的机械系统与偏光显微镜完全相同。它的光学系统主要由光源、垂直照明器、物镜和目镜等 4 部分组成，物镜和目镜的种类和构造原理与偏光显微镜基本相同，仅由于反光显微镜观察的对象是无盖片的矿物磨光面，物镜在设计上与偏光显微镜略有不同。

9.3.1　不透明矿物的光学特征

不透明矿物在矿相显微镜下的光学性质，主要有反射率、反射色、双反射、双反射色、偏光性、内反射等。

9.3.1.1　垂直入射自然光及平面偏光下的观察

A　反射率

将矿物光片置于反光显微镜载物台上，观察垂直入射到光面上的光线（自然光或平面偏光），不同矿物有不同的光亮程度。这就是矿物的反射力给予人的视觉感受。反射力指矿物对投射在其晶面或磨光面上光线的反射能力，其大小用反射率 R 表示。即反射光强度 I_r 与入射光强度 I_i 的百分比：

$$R = (I_r/I_i) \times 100\% \tag{9-2}$$

矿物反射率（R）与折射率（N）及吸收系数（K）之间存在下列关系：

$$R = \frac{(N-n)^2 + K^2}{(N+n)^2 + K^2} \tag{9-3}$$

式中　n——光传播时介质的折射率。

介质通常为空气或浸油。介质为空气时，$n=1$，上式写为：

$$R = \frac{(N-1)^2 + K^2}{(N+1)^2 + K^2} \tag{9-4}$$

对于透明矿物，吸收系数 $K=0$，公式可写为：

$$R = \frac{(N-n)^2}{(N+n)^2} \tag{9-5}$$

对于不透明矿物，R、N、K 三者之间存在下列关系：当 $K<0.5$ 时，R 主要取决于 N；$K=0.5\sim2.0$ 时，R 同时取决于 N 和 K；当 $K>2.0$ 时，R 主要取决于 K，此时 R 大于38%。

反射率与矿物的透明度有关，透明度愈大，反射率愈小；反之，矿物愈不透明，反射率愈大。反射率是矿物本身固有的属性。不同的矿物具有不同的反射率值。同样，在不同光波下，矿物的反射率值也不同（表9-1）。

表9-1　几种矿物反射率　　　　　（%）

矿物名称	蓝光（470nm）	绿光（546nm）	黄光（589nm）	红光（650nm）	白光
自然银	92.2	94.3	95.1	94.8	95
黄铁矿	45.6	52.0	53.4	54.3	53
方铅矿	46.3	42.7	42.2	41.7	43
黝铜矿	31.6	32.2	31.8	30.2	30
闪锌矿	17.7	16.6	16.4	16.1	17
萤石	3.0	3.0	3.0	3.0	3.0

均质性矿物在任何方向上的反射率都一样，非均质性矿物的反射率随切面方向不同而不同，即使是同一切面上（垂直光轴方向切面除外），不同方向的反射率也不同。

最常见的测量不透明矿物的反射率的方法是光电光度法。光电光度法是把光度（照度）转变为电信号（如电流）加以测量和观察。根据光电效应的基本原理，有些物质被光照射后会发射电子，并且发射的电子数与入射光的强度成正比。光电光度法按照采用光电元件的种类不同，可分为光电池光度计和光电倍增管光度计两种。

（1）光电池光度计所用光电元件采用硒光电池和检流计（灵敏度应高于 10^{-9} A）相连，并把光电池装在显微镜目镜上。从矿物光面上反射的光线经过显微镜射到光电池上的感应层引起光电流，进入到检流计使其中的指针偏转，因而在分度尺上可读出刻度，检流计的刻度数与反射率成正比的。

设标准反射面的光电流刻度为 I_s，再将待测矿物放在显微镜下测定其反射光强度，设其刻度数为 I_n，设标准反射面（矿物或物质）的反射率为 R_s，则待测矿物反射率 R_n 可由下式求得：

$$R_n = R_s \times I_n / I_s \tag{9-6}$$

硒光电池的缺点是灵敏度不高，故不能使用弱的单色入射光测量矿物的反射率，也不能测定微小面积的矿物反射率。

（2）光电倍增管的特点是灵敏度高，能测定微小面积的矿物，并能在弱的入射光中使用。这不仅有利于测定微粒矿物，选择光片中抛光优良部位测定，而且可以使用波段狭窄的纯净单色光源，使测定更为准确。

常用简易比较法确定待测矿物反射率所在的范围（如大于某种矿物和小于某种矿物）。简易比较法是选用一组常见的、均质性的、反射率较稳定的矿物作为比较"标准"。极高反射率矿物的 $R>53\%$，如黄铁矿（白光中 54.5%，以下同）；高反射率矿物为 $53\%>R>43\%$，如方铅矿（43.2%）；中-高反射率矿物为 $43\%>R>29\%$，如黝铜矿（30.7%）；中-低反射率矿物为 $29\%>R>17\%$，如闪锌矿（17.5%）；低反射率矿物的 $R<17\%$。在显微镜同一观察条件下，将待测矿物光面的反射率依次与各"标准"矿物光面的反射率相比较，就可以确定待测矿物反射率范围。

B　反射色

反射色是指矿物光面对垂直入射光反射时呈现的颜色，反射色的产生是由于矿物表面选择反射色光的结果。反射色是不透明矿物的重要鉴定特征。定性鉴定矿物的反射色通常采用对比法——将待测矿物的反射色与已知矿物的反射色进行对比。例如取待测矿物与白色的方铅矿、毒砂，或黄色的黄铁矿进行对比。观察反射色要注意光片磨光质量、氧化薄膜、周围矿物颜色的影响。当被观察的矿物与不同反射色的矿物连生时，由于人眼主观因素的影响，会发生矿物反射色略有改变的现象，这叫视觉色变效应。如磁铁矿通常呈灰白带淡红棕色，若与带蓝灰色的赤铁矿连生则红棕色更显著，与玫瑰色的斑铜矿连生时呈现纯白色。矿物的反射色随浸没介质不同而变化。其原因主要是介质折射率不同时，矿物的反射率会改变，但不同波长的色光反射率变化比例不一样，故呈现不同的反射色。

C　双反射和双反射色

在单偏光镜下观察非均质性矿物光片，旋转载物台时矿物亮度发生变化的现象叫做双反射。有些非均质性矿物，在单偏光镜下旋转载物台时，不仅有亮度变化，而且反射色也有变化，这种颜色（或浓淡色调）的变化叫做双反射色。

双反射现象的产生，是由于非均质性矿物的反射率随切面方位不同而不同，同一切面不同方位的反射率也不同。在单偏光镜下旋转载物台，当切面中的大反射率方向平行前偏光镜振动方向时，视域中最亮；当小反射率方向平行前偏光镜振动方向时，视域中最暗，故旋转载物台时可见亮度变化。

双反射的大小可用双反射率 δR（双反射率绝对值）及相对双反射率 ΔR 来表示，δR 等于矿物晶体中最大反射率（R_g）与最小反射率（R_p）的差值，即

$$\delta R = R_g - R_p \tag{9-7}$$

而

$$\Delta R = (R_g - R_p) / \left[\frac{1}{2}(R_g + R_p)\right] = 2\delta R / (R_g + R_p) \tag{9-8}$$

矿物的双反射现象是否明显，主要取决于 ΔR，虽与 δR 有关系，但关系不大。如辉锑矿 $R_g = 40.4\%$，$R_p = 30\%$，$\delta R = 10.4\%$，$\Delta R = 29.5\%$；

方解石 $R_g = 6\%$，$R_p = 4\%$，$\delta R = 2\%$，$\Delta R = 40\%$。

由于方解石的 ΔR 大于辉锑矿的 ΔR，故辉锑矿的 δR 虽比方解石的 δR 大很多，但它的双反射现象却没有方解石明显。

双反射色是由于矿物不同方向对色光的选择反射能力不同。即矿物的不同方向，反射力色散曲线形态不同，故呈现不同颜色。铜蓝在空气中置于旋转载物台时，铜蓝反射色会由天蓝变为淡蓝白，双反射色非常显著。无论在空气或油中，磁黄铁矿的 R_o、R_e 二方向的反射率色散曲线都近乎平行，故双反射色都很不明显。

双反射与双反射色总是同时呈现，不过有时矿物的双反射色变化比双反射更易分辨而已。经常遇到的矿物切面方位很少平行于晶体中最大和最小主反射率的方向，故应观察若干颗粒的切面后，才能断定此种矿物的双反射现象是否显著。

常见的具有双反射和双反射色的矿物列举如下：

铜蓝：//c 轴，深蓝、蓝紫；⊥c 轴，蓝白。

石墨：//c 轴，浅灰棕；⊥c 轴，蓝灰灰黑。

辉钼矿：//c 轴，白；⊥c 轴，暗灰带蓝。

辉锑矿：//c 轴，白；//b 轴，棕灰；//a 轴，暗灰白。

软锰矿（晶质的）：//c 轴，灰；⊥c 轴，黄白（在油浸下观察）。

硬锰矿：//c 轴，白；⊥c 轴，暗灰，蓝灰。

雌黄：//c 轴，灰白；//b 轴，灰带红；//a 轴，白。

9.3.1.2　正交偏光镜下的观察

A　偏光性质

等轴晶系矿物的任意方向切面和非均质性矿物垂直光轴的切面，在正交偏光镜下旋转载物台 360°时，光面的黑暗程度或微弱的明亮程度不变，此种性质叫作均质性。非均质性矿物的任意方向切面（不包括垂直光轴的切面）在正交偏光镜下，旋转载物台 360°时，发生四明四暗有规律的交替变化现象，并且明暗之间相间 45°。在明亮时可能呈现的各种颜色叫作偏光色。矿物的这种明暗程度和颜色变化的性质叫作非均质性。

矿物的均质性和非均质性统称为偏光性质。观察矿物的偏光性时，首先必须将显微镜各个部件进行检查和调节，尤其是偏光镜正交位置调节和物镜应变的检查及其消光位的调节显得特别重要。观察偏光性时需用强光照明。金属矿物的非均质性按照颜色和亮度变化的明暗程度可分为以下几种：

（1）特强。在正交偏光镜下，转动载物台一周，四明四暗显著，偏光色很鲜明，如铜蓝、石墨、辉钼矿。

（2）显著。在正交偏光镜下，转动载物台一周，四明四暗清楚可见，如磁黄铁矿、毒砂等。

（3）清楚。在正交偏光镜下，转动载物台一周，四明四暗不明显，在不完全正交偏光镜下则清楚可见，如钛铁矿等。

（4）微弱。在正交偏光镜下，转动载物台一周，几乎看不见明暗程度的变化；在不完全正交偏光下，只有粒状集合体晶粒界限才隐弱可见，如黄铜矿等。

在高倍物镜下观察细粒矿物的非均质性，由于高倍物镜的聚敛作用强，边缘部分的光线倾斜厉害，故为避免干扰非均质性观察，应适当缩小口径光圈和视域光圈。

B　内反射

当一光束照射到矿物光面上时，常有部分光折射透入矿物内部，透射光遇到矿物体内的解理、裂隙、空洞、包裹体等不同介质分界面时，光线反射透出光面呈现的现象，称为内反射。内反射呈现的颜色，称为内反射色。内反射是光线在矿物内部发生的反射，所呈现的内反射色是矿物的体色。反射色是矿物的表色，两者互为补色。

矿物有无内反射，决定其透明度，愈透明者内反射愈强。矿物的内反射与反射率也有关系。凡反射率大于40%的矿物，因不透明而无内反射，如黄铁矿、黄铜矿等无内反射；反射率在40%~30%之间者，有少数矿物有内反射；反射率在30%~20%之间者，大多数矿物有内反射；反射率在20%以下者，都是透明或半透明矿物，都有显著的内反射。

内反射在显微镜下的视觉特征是有立体透视感，内反射色的深淡和透明度分布不均匀。内反射的观察方法主要有以下三种：

（1）斜照光法。将矿物光面在垂直照射光下对准焦距，然后取下照明灯，使灯光从侧面直接照射在光面上，斜射角为30°~45°（图9-9）。只有矿物内部倾斜度适合的界面反射的光线才会射入物镜，故在视域中只能看到内反射。

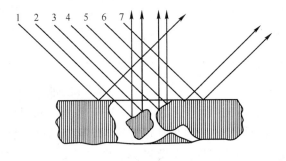

图9-9　斜照法示意图

（2）观察粉末的方法。用钢针或金刚石笔（刻划特别硬矿物）刻划矿物光面，在刻痕两侧堆有矿物粉末，用斜照光观察这些矿物粉末（如果用暗视域照明装置观察，则效果更佳）。凡粉末为黑或灰黑色者，可认为矿物无内反射。只有少数矿物须将其粉末置油浸物镜下观察，才可确定其有无内反射。

（3）正交偏光法。用正交偏光观察矿物的内反射，若为均质性矿物，表面反射光基本上是平面偏光，因其振动方向与上偏光镜垂直，故被阻断不能干扰内反射的观察；若为非均质性矿物，则在正交偏光镜下产生非均质现象，干扰内反射的观察，在此情况下应将矿物转到消光位置再观察内反射。正交偏光观察的有利条件是可以用油浸物镜观察粉末，是确定矿物有无内反射的精确方法。

    C   矿物的偏光图

    矿物在正交偏光镜下加上勃氏镜或去掉目镜时所显现的图像为偏光图。不同矿物的偏光图特征是不同的。如软锰矿和硬锰矿的镜下特征相似，两者的偏光图刚好相反。软锰矿的正交偏光图中双曲线暗带凹部都是蓝色，凸部都是红色；而硬锰矿双曲线暗带凹部是红色，凸部是蓝色。

    （1）均质矿物的偏光图，在正交偏光下，加上勃氏镜或取走目镜，均质矿物显示"黑十字"偏光图（图9-10左）；且任意转动物台，黑十字不变化。当旋转上偏光镜，使其离开与前偏光镜正交位置，均质矿物的黑十字偏光图将分解成"双曲线形"（图9-10右）。一些均质不透明矿物的双曲线形偏光图会出现红、蓝色边，称为反射旋转色散，对矿物鉴定有实际意义（表9-2）。

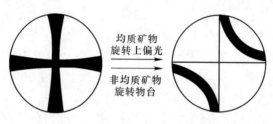

图9-10 聚敛偏光图典型图像示意图

表9-2 一些均质不透明矿物的反射旋转色散类型

反射旋转色分类	矿 物
红>蓝型（凹侧红、凸侧蓝）	自然铁、辉银矿、砷黝铜矿、蓝辉铜矿
蓝>红型（凹侧蓝、凸侧红）	黄铁矿、紫硫镍矿、黝铜矿、斑铜矿
红≈蓝型（看不出色边）	自然铂、磁铁矿、方铅矿、闪锌矿

    （2）非均质矿物的偏光图。非均质矿物也有黑十字和双曲线形态的偏光图。当非均质矿物处于消光位时（垂直光轴的切面），呈现与均质矿物相同的黑十字偏光图。当旋转载物台使矿物处于非消光位或用任意方位的切面观察时，将呈现双曲线偏光图。由于不同矿物具有不同的色散类型，非均质矿物的偏光图具有鉴定意义（表9-3）。

表9-3 一些非均质不透明矿物的旋转色散类型

矿物	反射旋转色散	反射旋转和非均质旋转的综合色散	非均质旋转色散
赤铁矿	红>蓝	蓝>红	红≈蓝
软锰矿	红≈蓝	红>蓝	红>蓝
硬锰矿	红≈蓝	蓝>红	蓝>红
磁黄铁矿	蓝>红	蓝>红	蓝>红

矿物	反射旋转色散	反射旋转和非均质旋转的综合色散	非均质旋转色散
辉铜矿	红>蓝	蓝>红	红>蓝
黄铜矿	蓝>红	红>蓝	蓝≈红
辉锑矿	蓝≈红	蓝>红	蓝>红
毒砂	蓝>红	蓝>红	蓝>红

9.3.2　不透明矿物的其他物理性质

在矿相显微镜下鉴定的矿物其他性质有结晶习性特征、解理与裂开、硬度等。脆性、可塑性、磁性、导电性等也是矿物的重要物理性质，但因显微镜下鉴定工作的条件限制，往往不方便测定。矿物的挥发性和可熔性，是利用高频电弧烧灼光面中的矿物，待测矿物必须有一定暴露面积，同时矿物被烧灼后也被破坏了。这些性质只是在一定条件下作为鉴定矿物的辅助特征。

9.3.2.1　晶体形态和结晶习性

各种矿物晶粒的结晶习性在光面上的表现大致可分为等轴形（两向相等）和延伸形（两向不等）两类。等轴晶系矿物晶形的切面常呈等轴形，如黄铁矿立方体和五角二面体，方铅矿的立方体。三斜、单斜、斜方、三方、四方、六方等晶系的矿物晶形的切面多为延伸形，如黑钨矿、赤铁矿的板状，硫锑铅矿、脆硫锑铅矿的针状或柱状，辉钼矿、石墨、镜铁矿的片状。但垂直某些柱状、针状晶体延长方向或垂直片状矿物 c 轴方向的切面也可呈等轴形。

矿石中大多数矿物颗粒都缺乏完好的晶形，根据光面上晶体切面外形研究矿物的晶形，对鉴定矿物有很大都助。较硬矿物常发育成完好的晶形，如黄铁矿、赤铁矿、黑钨矿、毒砂、磁铁矿。硬度中等的矿物只在自由生长时才发育成自形晶，如黄铜矿、方铅矿、黝铜矿等。但是有些硬度下矿物也可显示接近自形的晶体形态，如辉钼矿等。

在光片中所看到的晶体形态只是晶体的一个切面，同一晶形，由于切面方位不同可出现不同的形态。如立方体，在光面上可出现三角形、矩形、正方形和六边形等切面形态。因此某一矿物的完整晶形，必须观察一系列的切面形状，才能在想象中恢复其立体形态。譬如光面中某矿物晶形切面的形状有三角形、四边形、五边形、六边形，且大多数颗粒是等轴形，便可以大体确定此矿物晶形属等轴晶系。如某一矿物晶形的切面形状为四边形、五边形、六边形，则此晶形为八面体；若某一矿物晶形的切面出现有三角形、四边形、五边形、六边形和七边形，则此晶形为五角十二面体；再如某矿物有三角形、四边形、五边形、六边形、七边形及矩形切面，便可确定此矿物的晶形为六方柱。

9.3.2.2　解理和裂开

矿物的解理和裂开在光面中表现为一组或几组平行的裂隙，有时清晰，有时模糊，这是由光片表面非晶质的掩盖与充填作用造成的。矿物的胶固、磨制和抛光所采用的方法越好，越不利于光面中解理的显露。

矿物光面上出现的裂隙组数，主要取决于矿物解理的组数和切面的方位。若矿物存在3组或3组以上的解理，由于各组解理互相截交，截交部分的矿物在磨光时就容易崩碎脱落，则在光面上可能出现平行于一个面或几个面的一排排黑色的三角形或四方形陷穴。方铅矿、碲铅矿、硒铅矿、辉砷镍矿等经常显示三角形陷穴，可作为这些矿物的鉴定特征。

风化和交代作用常沿矿物的解理进行，如方铅矿氧化成铅矾或白铅矿，通常沿其立方体解理进行，致使在光面中显露出解理的存在。由固溶体分离作用形成的包裹体也会沿主晶的解理方向作定向排列，使矿物光面显露出解理。有些矿物受力后易塑性变形，解理纹发生弯曲现象，亦可作为这些矿物的鉴定特征，如辉钼矿、石墨、雌黄、方铅矿等。

裂开对某些矿物来说可作为重要的鉴定特征。例如赤铁矿菱面体（1011）和底轴面（0001）的裂开，晶质铀矿的立方体（100）裂开，磁黄铁矿平行底轴面（0001）的裂开。塑性矿物受力变形后裂开纹亦发生弯曲现象。

9.3.2.3　矿物的硬度

反光显微镜下测试矿物硬度的方法常用的有刻划硬度、抗磨硬度（抛光硬度）和压入硬度等三种。

（1）刻划硬度。一般是用铜针和钢针作为标准，将矿物的硬度分为低、中、高三个等级。能被铜针刻伤的矿物，属低硬度；铜针不能刻伤，而能被钢针刻伤的矿物，属中硬度；钢针不能刻伤者属高硬度矿物。铜针相当于摩氏硬度 3，钢针相当于 5，因而低硬度相当于 3 以下，中硬度相当于 3~5，高硬度相当于 5 以上。

（2）抗磨硬度。矿物抵抗研磨作用的能力称为抗磨硬度。如果光片中有几种矿物连生，故各矿物抗磨能力不一样，软矿物抗磨能力小，硬矿物抗磨能力大。虽同样得到磨光，但磨光结果显示硬矿物凸起，软矿物凹下，在硬软矿物之间接触处形成一小倾斜面（图 9-11），由此导致细小亮线的产生，据此可确定两个相邻不透明矿物的相对抗磨硬度。为了确定两矿物颗粒的相对硬度，应首先将两颗粒的倾斜界面移至视域中心，并准焦和缩小口径光圈，而后缓慢升降镜筒，此时可见一条亮线在两矿物颗粒间往返作有规律的移动。当从准焦位置提升镜筒时，亮线总是向软矿物一边移动；反之，下降镜筒时，向硬矿物一边移动。根据升降镜筒亮线移动的方向，便可知相邻两矿物的相对硬度。此法的优点是操作简便，易于观察，尤其是对细小矿物的测试特别有利，可保证光面不受损坏。

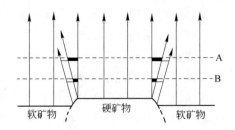

图 9-11　垂直入射光线在不同凸起矿物光面的反射示意图

（3）抗压硬度。矿物抵抗压入作用力的能力为抗压硬度。在反光显微镜下测定不透明矿物的抗压硬度时，采用金刚石锥在一定负荷下压入矿物光面，根据压痕的大小、形状及压入深度来测量矿物抗压硬度的绝对数值（也称压入硬度）。压痕的深浅可由压痕的两对角线长度反映出来，即压痕越深，压痕面积越大，两对角线越长；反之，压痕越浅，压痕面积越小，对角线愈短。压痕对角线长度在一定重量负荷下和矿物硬度值成反比，矿物硬度愈大，压入的程度愈浅；硬度愈小则压入愈深。

压入硬度的数值以压痕中单位面积承受的重量计算，即以锥体上所加的重量除以压痕中各曲面的面积和，硬度值的单位用"kg/mm²"表示。

维克硬度用的是金刚石正方锥，即维克锥，锥底为正方形，两相对面之间的夹角为136°（图 9-12（a））。若以 P 表示锥体上所承受的重量，d 表示压痕表面对角线长度，则维克硬度值 HV 可按下式计算。

$$HV = \frac{P}{d^2 / \left[2\sin\left(\frac{136°}{2}\right) \right]} = 1.854P/d^2 \qquad (9-9)$$

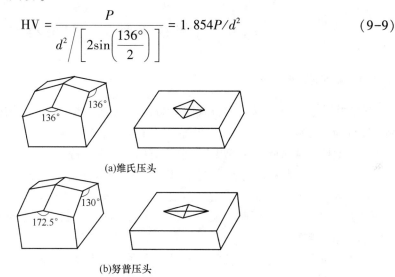

(a)维氏压头

(b)努普压头

图 9-12　维氏压头和努普压头及其压痕示意图

反光显微镜下测定不透明矿物的压入硬度时，锥体上所加压力（重量）属小负荷，一般以 100g 左右为宜。

努普硬度（Knoop）所用的压头为金刚石菱形锥体。锥体两相邻面之间的夹角分别为130°和 172.5°，压痕为长的菱形（图 9-12（b））。设负荷重为 P（kg）时，长菱形压痕的长对角线长度为 d（mm），则努普硬度值（H_k）的计算公式为：

$$H_k = 试验力 / 投影面积 = P/A_p$$

$$A_p = d^2 \times c_p$$

式中，c_p 为与压痕投影面积和长对角线长度的平方之比有关的压头常数，c_p =（tan130°/2)/2（tan172°30′/2）= 0.07028。

$$H_k = \frac{P}{0.07028d^2} = 14.229P/d^2 \qquad (9-10)$$

10 矿物嵌布粒度及矿物解离度分析

10.1 矿物嵌布特征与粒度分析

10.1.1 矿物嵌布特征

矿石中多种矿物按着一定方式镶嵌结合成一个整体。在矿石结构中，矿物的颗粒依结晶程度分为自形粒状、半自形粒状、它形粒状等。在机械粉碎时，矿石中矿物各自分离成单一的矿物颗粒，从而彼此分离出来。分析有用矿物嵌布特征，就是研究矿石中有用矿物的颗粒大小、形状、与脉石矿物的结合关系以及空间分布特征（分散、集结、均匀程度等）。

矿物颗粒大小：矿物学所指的颗粒大小是指一个单体矿物颗粒大小。工艺矿物学所指的颗粒大小是，凡属相同矿物聚合一起占据的空间，划归为一个颗粒中。这种颗粒范围既可能是一单体矿物，也可能是若干个同种矿物单体的集合。

矿物颗粒形状：主要是粒状和非粒状两种。非粒状又分为不规则颗粒、针状、柱状、薄层状颗粒等。

结合关系：矿物之间结合界面特征，有光滑平直和不规则结合面。不规则结合面有港湾状、锯齿状等结合面。

空间分布：矿物在矿石中分布的均匀程度可用矿物在矿石中分布的稠密度表征。矿物稠密度是指相邻两个矿物单体（包体）中心间的平均距离与矿物单体（包体）的平均直径之比。稠密度>30 为单一矿物单体；10~30 为极稀疏单体（包体）；4~10 为稀疏单体（包体）；2~4 为密的单体（包体）；1.5~2 为稠密单体（包体）；1~1.5 为极稠密单体（包体）。

10.1.2 矿物粒度

矿物颗粒的大小称为粒度，是对矿物几何形态大小的度量。在破碎、磨碎和选别过程中处理的物料，都是粒度不同的各种矿粒的混合物，参数有单晶粒度、集合体粒度、工艺粒度和标准粒度。

（1）单晶粒度。矿物单体占有的空间尺度。在单晶粒度范围内的矿物，具有单一结晶习性、相同的物理化学性质。矿石中自形程度高的矿物有立方体的方铅矿、黄铁矿、板状黑钨矿、柱状辉锑矿、片状辉钼矿、石墨等。

（2）集合体粒度。矿石中若干个矿物单晶集合而成的集合体占有的空间尺度。集合体中矿物具有相同的物理化学性质，但其组成单晶体的结晶方位不同。矿石中结晶能力强、自形程度低的矿物，如黄铜矿、磁黄铁矿等，通常呈集合体粒状出现。

（3）标准粒度。矿物颗粒是填充于自身组织系统中的几何实体。每个颗粒都占有一定大小的体积空间（V）。颗粒形状如何体积（V）是占有空间大小的真实数据。当用线性值

D 标定颗粒大小时，$D=\sqrt[3]{V}$ 为它的标准粒度。立方体颗粒的标准粒度等于它的边长。直径为 $d_{(V)}$ 的球形颗粒的标准粒度

$$D = \sqrt{\frac{\pi}{6}} d_{(V)} = 0.806 d_{(V)} \tag{10-1}$$

（4）工艺粒度。进入破碎、磨矿作业的矿石粉碎时，组成矿物分离成为单一成分的最大颗粒尺寸。其大小与矿物集合体的标准粒度相当。工艺粒度界定的颗粒，形状趋于呈各向等长的不规则粒状。图 10-1 所示为光片中任意 4 种矿物的颗粒切面。当选定横向为粒度测定方向时，矿物颗粒的 l_1、l_2、l_3、l_4 分别代表各自的工艺粒度。

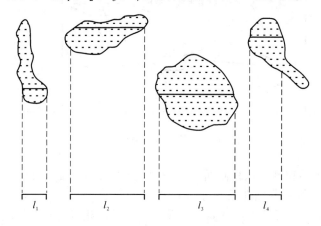

图 10-1　粒状颗粒的工艺矿物粒度值

对于不规则形态的矿物颗粒，可在矿物颗粒出露面上截得 l_1, l_2, l_3, $\cdots$, l_n 不同长度。即将这个大颗粒划分为几个小颗粒，它们各自的工艺粒度分别用 l_1, l_2, l_3, $\cdots$, l_n 代表（图 10-2）。

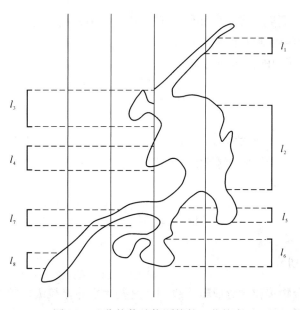

图 10-2　非粒状矿物颗粒的工艺粒度

（5）视粒度。在矿物颗粒组织系统的切割面上出露的矿物颗粒截面尺寸。形态不规则的颗粒截面是形态多变的面。在同一颗粒截面可量测到几种不同的视粒度（图10-3）。

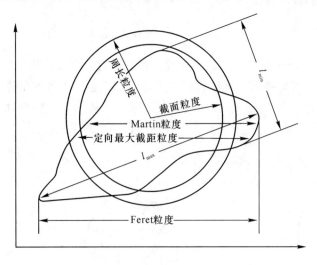

图 10-3　颗粒截面各种视粒度

1）定向最大截距粒度。颗粒截面在某一固定方向上所能截取的最大长度。

2）Feret 粒度。颗粒截面在某一方向上投影长度。

3）Martin 粒度。平行某固定方向将颗粒截面积分成相等部分的线段长度。

4）截面粒度。与颗粒面积相等圆的直径 $\left(l_n = 2\sqrt{\dfrac{A}{\pi}} \right)$（$A$ 为颗粒截面积）。

（6）周长粒度。与颗粒截面积周长相等圆的直径 $\left(l_c = \dfrac{c_i}{\pi} \right)$（$c_i$ 为颗粒截面周长）。在图像分析上测定。

（7）平均粒度。研究对象组织系统中所有颗粒大小的代表值，是一类矿物颗粒大小的标志，分为算术平均粒度和几何平均粒度。

1）正态分布系统中的算术平均粒度：

$$\overline{D_{\mathrm{h}}} = \frac{\sum D_i N_i}{\sum D_i} \tag{10-2}$$

式中，$\overline{D_{\mathrm{h}}}$ 为平均粒度；D_i 为矿物某一颗粒粒度；N_i 为颗粒数。

2）几何平均粒度。是所观测到的 N 个颗粒粒度值的乘积开 N 次方。在对数正态分布系统中，几何平均粒度：

$$\lg \overline{D_1} = \frac{\sum \lg D_i N_i}{N} \tag{10-3}$$

10.1.3　颗粒粒级划分

把矿物颗粒混合物按粒度分成若干级别，这些级别称作粒级。粒级划分与分选工艺的筛析粒级一致。有泰勒筛制和国际标准化组织 ISO 656-1972 的主序列筛制。泰勒筛制是用 200 目筛网作为基筛，以 $\sqrt{2}=1.414$ 为公比的等比数列。国际标准筛制用的是 1mm 筛网基筛，以 $(\sqrt[20]{10})^3=1.414$ 为筛比的等比数列。在矿物粒度观测统计时，可分别采用两套不同系列的粒级，分别与泰勒筛制和国际标准筛制相比照（表 10-1）。

表 10-1　矿物粒度区间的划分

颗粒分级	粒级范围/mm	公比为 $\sqrt{2}$ 时粒级的粒度值/mm	公比为 $(\sqrt[20]{10})^3$ 时粒级的粒度值/mm
极粗粒	>10		
粗粒	1~10	6.680, 4.699, 3.327, 2.362, 1.651, 1.168	5.380, 3.840, 2.740, 1.960, 1.400, 1.00
中粒	0.1~1.0	0.833, 0.589, 0.417, 0.295, 0.208, 0.147, 0.104	0.714, 0.510, 0.364, 0.260, 0.186, 0.133, 0.095
细粒	0.01~0.1	0.074, 0.053, 0.037, 0.026, 0.019, 0.013, 0.009	0.068, 0.048, 0.035, 0.025, 0.018, 0.013, 0.009
微粒	0.003~0.01	0.007, 0.005, 0.003	0.006, 0.005, 0.003
极细粒	<0.003	<0.003	<0.003

10.1.4　粒度测量的基本数据

粒度测量中需要测量对象的基础数据包括：颗粒交汇点数 P，颗粒线长 L，平面面积 A，颗粒数 N，颗粒体积 V，曲面面积 S 等。

这些数据代表测试用器件的交汇点数、线长、面积、体积。粒度测定中得到的量要表示为被测矿物的量与测试用器件刻度的比值，并在下标位置标出测试器件的刻度符号。如 V_V 表示的是在测试器件单位体积中被测矿物所占的体积。P_L 表示单位测试长度上的交汇点数，这些点是测试线与所测矿物颗粒边界的交叉点。N_A 表示测试器件单位面积中被测矿物的颗粒数，既可以是单体晶粒数，也可以是同一矿物集合体的个数。某个数据的平均值可在某符号上面加横线表示，如颗粒的平均体积可用 "$\overline{V}$" 表示（表 10-2）。

表 10-2　基本符号与组合记号（引自周乐光）

基本符号	组　合　记　号
P 测试交汇点数	$P_P=\dfrac{P}{P_T}$，P_T：测试器件的交叉点数，P 是落在被测试矿物上的点数，
	$P_L=\dfrac{P}{P_T}$，单位测试线长度上的交汇点数
	$P_A=\dfrac{P}{P_T}$，单位测试面上待测矿物的交汇点数
	$P_V=\dfrac{P}{A_T}$，单位测试体积中的交叉点数
L 交截线或测试线长度	$L_L=\dfrac{L}{L_T}$，待测矿物在单位测试长度上的交截线长度
	$L_A=\dfrac{L}{A_T}$，待测矿物在单位测试面积上的交截线长度
	$L_V=\dfrac{L}{V_T}$，待测矿物在单位猜测是体积中的交截线长度

续表 10-2

基本符号	组　合　记　号
A 交截待测矿物的平面面积	$A_A = \dfrac{A}{A_T}$，单位测试面积上的被测矿物面积
S 表面积或界面面积	$S_V = \dfrac{S}{V_T}$，单位测试体积内的待测矿物表面面积
V 矿物三维空间体积	$V_V = \dfrac{V}{V_T}$，单位测试器件体积内的待测矿物体积
N 待测矿物点数	$N_L = \dfrac{N}{L_T}$，落在单位测试线长度上的待测矿物数
	$N_A = \dfrac{N}{A_T}$，落在测试单位面积上的待测矿物数
	$N_V = \dfrac{N}{V_T}$，单位测试体积内的待测矿物数

10.1.5　基本公式

在矿石磨光面上各种矿物颗粒的几何数据，有的可直接测量，有的不能直接测量。如矿物截面长度、矿物颗粒的周长等就不能直接测量。对于不能直接测量的矿物颗粒几何数据，可通过直接测量的相关数据加以推算。表 10-3 中列出了一些相关基本数据之间的关系。相关的推算公式见表 10-4。

表 10-3　一些基本量之间关系

量纲	mm	mm^{-1}	mm^{-2}	mm^{-3}
点	P_P	P_L	P_A	P_V
线	L_L	L_A	L_V	
面	A_A	S_V		
体	V_V			

注：圆圈中数据可直接测量，方框中数据可以是推算出来

表 10-4　计算粒度的公式

$V_V = A_A = L_L = P_P$	(mm^6)
$S_V = \dfrac{4}{\pi} L_A = 2P_L$	(mm^{-1})
$L_V = 2P_A$	(mm^{-2})
$P_V = \dfrac{1}{2} L_N L_A = 2P_A P_L$	(mm^{-3})

$V_V = A_A = L_L = P_P$，该式表明矿石中该矿物的体积分数 V_V 等于在任意界面上该矿物的面

积分数 A_A，等于在该截面上该矿物在随意测试上所占线段分数 L_L，等于在截面上随意放置的测试格点落在该矿物上点的数目与矿石中测试点数之比 P_P。

采用公式 $S_V = \dfrac{4}{\pi} L_A = 2P_L$，可求出单位体积中待测矿物的界面面积或单位面积内待测矿物的线长度 $L_V = 2P_A$。L_V 为单位体积内待测矿物的线性长度，$2P_A$ 为矿石中待测矿物交汇点落在测试网格单位面积中的数目。

在公式 $P_V = \dfrac{1}{2} L_N L_A = 2P_A P_L$ 中，P_V 为单位体积矿石中的粒状待测矿物数。对于较小的粒子，就成为测定 N_V。

10.2　矿物粒度基本量的测量

在光片或薄片方式获取粒度测定所需要的基本量，常采用面测法、线测法、点测法。

10.2.1　显微镜下矿物嵌布粒度的测量

10.2.1.1　矿物粒度分析

对矿石进行破碎，螺旋分离机将矿物分离。将破碎不同细度的样品置于载物台（有的载物台可不断运移）上，在显微镜下观察矿物，以定向最大截距法和定向随机截距法测量矿物粒度。

（1）定向最大截距法。指沿一定方向测得的颗粒最大直径。该方法适用于粒状矿物颗粒或集合体粒径的测定（图 10-4）。

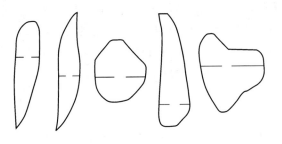

图 10-4　定向最大截距法测量

（2）定向随机截距法。对于非粒状矿物颗粒或集合体，若为脉宽变化较为均匀的脉体，测其宽度作为粒径。若为片状矿物（如石墨、白云母、滑石等），测其解理面上的长轴作为划分粒级的粒径。对于特长纤维状矿物（如石棉），一般测其纤维长度作为划分粒级的粒径。若矿物颗粒为不规则体，通常用"定向随机截距"来表示其粒径，根据等间距的定向测线所截的长度，即定向随机截距 d_1、d_2、d_3、d_4、d_5、d_6 等来表示其粒径（图 10-5）。

10.2.1.2　采用目镜微尺进行显微镜下颗粒长度的测量

测量矿物粒度通常采用在带测微尺的目镜进行。矿物粒度可采用目镜格微尺测定。在接目镜的前焦平面上装一块在 1mm 长度上刻有 100 分格标尺的小圆玻璃片，即为微尺目

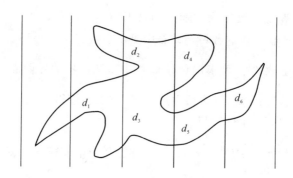

图 10-5　显微镜下颗粒长度的测量

镜。目镜测微尺所能度量的对象是在目镜焦点平面上已经放大的像，而不是实物本身大小。采用显微镜测量颗粒的粒度前，需要对不同的物镜-目镜组合标定目镜测微尺的格值。

　　目镜测微尺的标定是借助物台微尺进行的。在目镜-物镜组合方式下，在显微镜载物台上置以物台微尺（通常在 1mm 长度上刻有 100 个分格，每个分格的长度为 0.01mm），使目镜微尺与物台微尺准焦重合算出目镜微尺在该目镜-物镜组合方式下的格值。设目镜微尺与物台微尺准焦重合后，目镜微尺的 80 小格与物台微尺 56 小格相当，则

$$目镜微尺的格值 = \frac{(物台微尺格数)}{(目镜微尺格数)} \times 0.01(\text{mm}) = (56/80) \times 0.01(\text{mm}) = 0.007\text{mm}$$

　　需要注意的是，目镜微尺的格值是随着目镜-物镜组合而改变的。根据实测矿物粒径的目镜微尺格数，须乘以目镜-物镜组合的格值才能得到实际长度。如标定目镜微尺格值为 0.07mm，目镜微尺测得 9 格，其实际粒度为 9×0.07mm＝0.63mm。

　　知道了目镜每一个的尺度大小，就可直接测定矿物颗粒大小。对于等粒矿物晶体可测定其平均直径；对于柱状、板状、针状矿物，可测定最长直径和最短直径。其方法是移动薄片上矿物颗粒转动物台，对准颗粒长短直径测量，读出与矿物直径相当的目镜测微尺的格数，再乘以目镜测微尺实际长度，得到矿物颗粒的直径。

10.2.2　面测法

　　面测法也称为横尺面测法，适用于粒状颗粒的测量（图 10-6）。该方法借助于目镜微尺、机械台和分类计数器（若无分类计数器用笔记录也可），三者配合进行。将目镜微尺东西横放视场中，利用机械台移动尺将光片按一定间距向测线作南北向移动，使 a、b 线范围内的颗粒均逐渐通过微尺。当每一个颗粒通过微尺时，根据该颗粒的"定向（东西向）最大截距"刻度数确定属于哪一粒级，即认为是该粒级的颗粒；并按动分类计数器记录该粒级的相应按钮，以便累加该粒级的一个颗粒。这样将依次通过微尺的颗粒测记下来后，再测另一毗邻纵行。为免除多测横跨在指定范围边界上的颗粒造成人为的误差，可规定只测左边竖 a 线上和 a、b 线间的颗粒，对横跨（交切）右边线上的颗粒不予测算。该法及以下各法，对粒径相差不大的标本，即粒径分布范围较窄时，一般须测 500 个

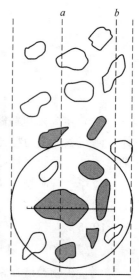

图 10-6　面测法

颗粒左右；若粒径相差悬殊，即粒径分布范围较宽时，所测颗粒数还须增加，才能保证必要的精度。也可用逐步试算法来具体确定所需测定的颗粒数。

利用面测法可分别测定 P_A、N_A、A_A（图 10-7）。P_A 是指单位测试面积上的结点数。把矿物 3 个颗粒边界的交汇点称为一个结点，如在一个测网内查到结点 $P = 65.5$，测微网格面积是 100mm^2，则 $P_A = \dfrac{65.5}{100} = 0.655\text{mm}^{-2}$，表示在这个视域内单位中，每 1mm^2 有 0.655 个结点。在查结点时，如果测试网格的边界恰好穿切结点，这个结点以 $\dfrac{1}{2}$ 计入。N_A 是单位测试面积上待测矿物颗粒数。在网格边框线上的颗粒以 $\dfrac{1}{2}$ 计。如有 4 个基角截获颗粒，每个按 $\dfrac{1}{4}$ 计入。如在网格视域内查到颗粒数 $N = 36.75$，则 $N_A = \dfrac{36.75}{100} = 0.3675\text{mm}^{-2}$。$A_A$ 是单位测试面积上待测矿物颗粒所占面积。

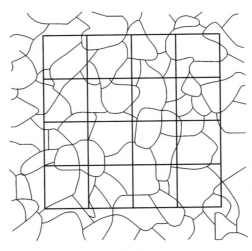

图 10-7 面测法求 P_A 和 N_A

10.2.3 线测法

线测法包括横尺线测法和顺尺线测法两种。

(1) 横尺线测法（图 10-8（a））是测量一定间距（距离以较大一些为好，以免重测粗粒径的颗粒）测线上所遇到的粒状颗粒数目。测法是将目镜微尺横放，即与测线垂直，对通过十字丝中心的颗粒借助于目镜微尺进行垂直测线方向的"定向最大截距"的测量，并利用分类计数器分别记录各级别所测的颗粒数。逐条测线地测完预计测量的测线和颗粒数后，进行整理计算。由于该法是沿测线测量，较易漏掉粒径较小的颗粒，因而，与横尺面测法相比，用该法测量的结果，粗粒级偏高、细粒级偏低。

(2) 顺尺线测法（图 10-8（b））适用于非粒状的不规则颗粒。测法也是测量按一定间距分布的测线上所遇到的颗粒数目，但由于颗粒的形状极不规则，不能测其"定向最大截距"，而只能测其与测线平行交切的"定向随机截距"。目镜微尺平行测线方向放置，测量和记录微尺所切的"定向随机截距"。以随机截距为粒径,将不同的随机截距分别记录在不同的粒级中;每一随机截距算一个颗粒数。测完预计测量的测线和截距数后,进行整理和计算,算出各粒级的体积或质量分数。

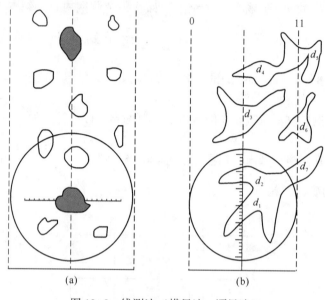

图 10-8　线测法(横尺法,顺尺法)

(3)线测法(图 10-9)。在目镜筒中装入目镜测微尺,观测待测矿物的 P_L、N_L、L_L。P_L 是单位长度测试线上,测试线与待测矿物颗粒的交点数。对测微尺端点所在的颗粒边界点以 $\frac{1}{2}$ 点计。若端点落在 3 个颗粒的三叉结点上,则以 $\frac{3}{2}$ 点计。

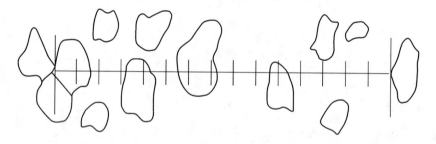

图 10-9　线测法测量 L_L

在图 10-9 中,设定测微尺长 $L=10\text{mm}$,则待测矿物的交点 $P=7+\frac{1}{2}+\frac{3}{2}=9$,$P_L=\frac{9}{10}=0.9\text{mm}^{-2}$。$N_L$ 是指单位长度测试线上查到的待测矿物颗粒数。如查到待测矿物颗粒数为 4.5,则 $N_L=\frac{4.5}{10}=0.45\text{mm}^{-2}$;$L_L$ 是指单位测试线上待测矿物颗粒所占的随机截距长度,$L_L=\frac{3.7\text{mm}}{10}=0.37$。

10. 2. 4　点测法

点测法也称网格计点法（图 10-10）。该法主要适用于粒状颗粒，借助于目镜微尺（垂直测线方向横放）与电动计点器（电动求积台）配合进行，用以沿测线通过十字丝交点的作等间距分布，测量测点上的各粒级矿物点的数目。

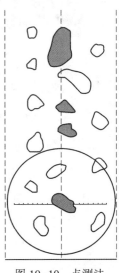

测量时视落入十字丝交点的待测有用矿物属何粒级（从横放的目镜微尺上测量其垂直测线方向的最大截距），便按动该粒级的计数按钮，记下此粒级的一个点数；若跳动一定距离后仍在此较大颗粒中，则再按此粒级的计数按钮一下，再记下一个点；如若跳入另一粒级的颗粒中，则按动另一粒级的计数按钮，记下另一粒级的一个点数；若跳入其他伴生矿物或脉石矿物中时，则按动"空白"按钮，使之往前跳动，但不予记数。直至测完欲测测线、点数或光片为止。若是非粒状颗粒，可按十字丝交点处的垂直测线方向的"横向随机截距"作为其粒径来加以计算。

图 10-10　点测法

利用点测法测定 P_P（图 10-11）。P_P 是在截面上随意放置的测试格点落在该矿物上点的数目与矿石中测试点数之比。利用目镜筒中的方格测微网。查数落在待测矿物颗粒上的点数。物镜放大倍数的选择应使得在一个颗粒上不同时落入 2 个格点。以图 10-11 为例，该网格有 30 个格点，$P_T = 30$，落在待测矿物颗粒的格点 $P = 5.5$（格点落在颗粒边界上以 $\left(\dfrac{1}{2}\right)$ 点计，则 $P_P = \dfrac{5.5}{30} = 18\%$。

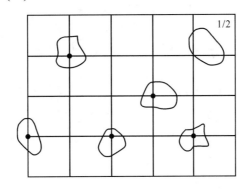

图 10-11　点测法求 P_P

10. 2. 5　测量计算方法

10. 2. 5. 1　直径测量计算方法

在光片上首先测量出最大的截图直径 $d_{(A)\max}$，再把大小不同的界面分为 k 组，组距（也称步长）为 Δ，有 $\Delta = \dfrac{d_{(A)\max}}{k}$，可得到 $d_{(A)1} = 1\Delta$，$d_{(A)2} = 2\Delta$，$d_{(A)3} = 3\Delta$，$d_{(A)i} = i\Delta$，$d_{(A)\max} = k\Delta$。

对于矿物球形颗粒的空间直径 $d_{(V)}$ 也可分成 k 组，也有 $d_{(V)\max} = d_{(A)\max}$，$d_{(V)1} = 1\Delta$，$d_{(V)2} = 2\Delta$，$d_{(V)\max} = k\Delta$。

单位体积内直径等于的 $d_{(V)}$ 的球形颗粒的个数（N_V），可由下式计算：

$$(N_V)_i = \frac{N_{(A)ij}}{F_{ij}d_{(V)j}} \tag{10-4}$$

式中，F_{ij} 为光片截到 $d_{(V)j}$ 球时，得到 $d_{(A)j}$ 截圆的概率。

$$(N_A)_i = \sum_{j=1}^{i} = (N_A)_{ij}，\qquad (N_A)_i = F_{ij}d_{(V)j}(N_V)_j \tag{10-5}$$

式中，i，j 为选定；$(N_A)_{ij}$ 为可以测量的二维特征参数。

在单位面积内计数 $d_{(A)ij}$（$i \leqslant j$）截圆的个数，解联立方程组可得到 $(N_V)_j$。

10.2.5.2　面积测量法的粒度测量与计算

在图像分析仪下，测量矿物在光（薄）片 A_T 面积内各个颗粒的截面积 A_i，测视域面积 A_r 的大小与直径法确定原则相同。一般取 $1 \sim 2\text{cm}^2$ 的方形或矩形，边界长度可用推进尺或目镜尺标定。将其中最大截面积 $A_{\max}$ 与最小截面积 $A_{\min}$ 的比值按 0.6310 的等比级数分组。即：$\dfrac{A_{\max}}{A_{\min}} = (0.6310)^k$（$k$ 为截面面积分组组数）。在确定了 A_r 和 A_T 面积内不同截面分组里的颗粒数 N_i 后就相应可求得各组的 $(N_A)_i$。并以此和 $d_{(V)j} = \sqrt{\dfrac{4A_i}{\pi}}$ 为据，计算 $(N_V)_i$：

$$(N_V) = \sum ((N_V)_i，d_{(V)}) \tag{10-6}$$

10.3　粒度分布表达方式

粒度分布的测量结果可用列表和作图表示。列表方法根据泰勒序列或国际序列作出。

粒度分布曲线具有直观特点。作粒度分布曲线时，以纵坐标自然数表示含量，横坐标采用对数表示颗粒粒度。将各粒级百分含量按相应比例标示在坐标图内，绘成直方图或曲线图。对于累积含量则可以柱状直方图为基础逐段累积，将各累积点顺次用曲线连结，即成为粒度分布的累积曲线（图10-12）。这样作图的好处是，横坐标上相邻粒级间的距离，细级别部分被拉长，粗粒级别部分相应有所缩短。可以根据粒级划分的 $\sqrt{2}$ 或 $(\sqrt[20]{10})^3$ 为公比序列，粒级相邻粒度的对数值差彼此相等。如以 φ 代表粒级间的公比值，则可以写出表10-5中所列公式。

表10-5　粒级相邻粒度的对数值差公式

粒度尺寸	粒度尺寸对数	相邻级别粒度对数差
D_1	$\lg D_1$	
$D_1\varphi$	$\lg D_1 + \lg\varphi$	$(\lg D_1 + \lg\varphi) - \lg D_1 = \lg\varphi$
$D_1\varphi^2$	$\lg D_1 + 2\lg\varphi$	$(\lg D_1 + 2\lg\varphi) - (\lg D_1 - \lg\varphi) = \lg\varphi$

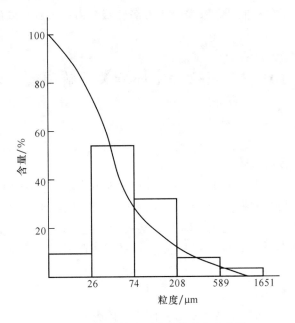

图 10-12　某铁矿石矿物粒度分布曲线

粒级间的距离等于 lgφ，在绘制粒度分布曲线时，可以取任意长度作为 lgφ，使分布曲线能够清晰地表征出矿物的粒度分布状况。

粒度分布曲线有以下 4 种类型（图 10-13）：

（1）均匀粒度曲线。矿物粒度绝大部分集中在某一个粒级上，呈曲线①的分布态势。

（2）粗粒不均匀粒度分布曲线。在各种粒级的颗粒中，粗粒是主要部分，呈曲线②的分布态势。

（3）细粒不均匀粒度分布曲线。矿物颗粒以细粒为主，曲线③的形态明显弯向细粒区。

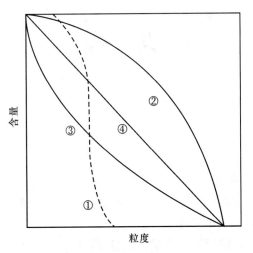

图 10-13　矿物嵌布粒度分布曲线类型

（4）极不均匀粒度分布曲线。矿物颗粒在各粒级中占有大致相同的含量，构成平直的曲线④。

10.4　矿物连生体分类与解离度

10.4.1　矿物连生体的分类

10.4.1.1　单体与连生体

矿石经过粉碎后，根据颗粒的组成特点可划分为单体颗粒和连生体颗粒。把只含有一种矿物的颗粒称为单体颗粒或单矿物颗粒。由两种或两种以上矿物组成的颗粒称为连生体颗粒。根据连生体颗粒的矿物组成，称为"某-某矿物连生体"。如方铅矿-闪锌矿连生体、黄铜矿-闪锌矿连生体、黄铁矿-自然金连生体等。随着矿石磨细，产物中的单体颗粒量增加，连生体量逐渐下降。

10.4.1.2　连生体类型

根据连生体的连生比和矿物共生划分不同连生体类型。

（1）按连生比划分。连生比是指连生体颗粒中各组成矿物的含量比。按有用矿物在连生体颗粒中所占的体积比划分为 7/8、3/4、1/2、1/4、1/8、1/16 等。将有用矿物体积比 ≥1/2 者划为富连生体，有用矿物<1/2 者为贫连生体。

（2）按照矿物共生类型划分。基于连生体的分选性质和组成矿物解离难易，将含有两种矿物的连生体分为Ⅰ、Ⅱ、Ⅲ、Ⅳ四种不同的共生类型（图 10-14）。Ⅰ型为毗邻型：两种矿物连生边界平直、舒缓、边界线呈线状弯曲型。Ⅱ型为细脉型：一种矿物呈细脉穿插在另一种矿物中。Ⅲ型为壳层型：在连生颗粒中，含量较低矿物以薄厚不均的似壳层状环绕在主体矿物外周边，局部被外壳矿物覆盖。Ⅳ型为包裹型：一种矿物（有用矿物）以微包体形式镶嵌在另一种矿物（载体）中，包体粒径在 5μm 以下，有用矿物含量不及总量的 1/20，如自然金被包裹在黄铁矿中。

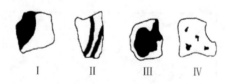

Ⅰ　　　　　Ⅱ　　　　　Ⅲ　　　　　Ⅳ

图 10-14　连生体四种类型

10.4.2　矿物解离度

10.4.2.1　矿物单体解离度

通过选矿将有用矿物富集起来，需要将有用矿物从矿石中解离。因此，矿物解离性的好坏在很大程度上影响矿石的可选性。

单体解离指矿石经过破碎后，组成矿石的各种矿物相互分离为单体的过程。矿物的单体解离度指的是某种矿物解离为单体矿物的程度，采用该矿物的单体解离颗粒数与该矿物的颗粒总数（包括单体解离颗粒数与连生体中该矿物折合成的颗粒数）的比值表示：

$$F = \frac{f}{f + f_i} \times 100\% \tag{10-7}$$

式中　F——矿物单体解离度，%；

f——矿物单体含量（质量分数或体积分数），%；

f_i——矿物呈连生体形式的含量（质量或体积分数），%。

矿物单体解离度越高，其解离性越好；反之，矿物单体解离度越低，其解离性就越差。在碎矿、磨矿过程中，只有将有用矿物充分解离出来，才能提高有用矿物的回收率和精矿的质量。在流程产物的分析中，通常都要了解主要产物中矿物的单体解离度，以便检查碎矿、磨矿和选别作用的效果，找出进一步提高选矿指标的措施。

10.4.2.2　矿物嵌布特征分选类型

（1）易解离易选型。这种嵌布特征的矿石受到机械粉碎后，聚合在一起的矿物较容易得到分离。矿物具有结晶颗粒粗大、晶形较完整、有用矿物含量较高、矿物组成较单一等特点。

（2）易解离难选型。矿石中有用矿物和脉石矿物容易分离。由于有用矿物与脉石矿物存在性质的差异，使有用矿物的浮选性受到影响。如产于断层破碎带中的钼矿石，辉钼矿与绿泥石、云母、滑石易于解离，但它们都易于泥化，导致辉钼矿选矿回收率不高。

（3）难解离易选型。此类矿石比较典型的是固溶体分解结构、细粒浸染型结构等。有用矿物以极其微细的矿物镶嵌在载体矿物中。用机械粉碎的办法一般很难使两者分离，故属于难解离型。如方铅矿中的辉银矿、黄铁矿中的自然金等。但从选矿工艺来说，选取载体矿物的方法相对容易实现，后续采用冶炼工艺可直接从载体矿物中获得这些有用元素。具有固溶体分解结构、微细浸染型和反应边结构的矿物，多属于此类型。如由高中温热液作用形成的黄铜矿矿石，黄铜矿中含有闪锌矿固溶体、构成乳滴状、格子状结构，两者相对密度、硬度、脆韧性等性质相近，机械分离较难，且浮选性质的相近，在精矿中常彼此混杂。

10.4.2.3　影响矿物解离的因素

（1）矿物的嵌布粒度、含量和磨矿细度。粉碎解离是矿物解离的主要形式，粉碎过程是将矿物颗粒体积逐渐减小过程。矿物嵌布粒度愈大，磨矿细度愈小，愈有利于矿物解离。在矿石中含量高的矿物，同种矿物集合体出现的机会愈多，形成的集合体工艺粒度必然愈大。

（2）矿物相对可磨性及矿物颗粒强度。易解离、强度小、低硬度矿物，在磨矿细度较粗的条件下，可迅速实现相当完全的解离。如果继续再次细磨，随着产物磨矿细度下降，只会使矿物在粗粒级的解离度持续减小。难磨矿物在磨矿初始阶段不能有明显的解离。在产物磨矿细度因再次磨矿而下降时，随着连生体中矿物的解离，粗粒级中这类矿物的单体解离度将随之上升。

（3）矿物界面结合强度。矿石组成矿物的颗粒界面结合强度小于颗粒自身强度，破碎颗粒受外力作用时，优先从矿物界面分离。磨矿产物较粗粒级的矿物解离度，随着产物磨矿细度的下降而上升。当颗粒界面结合强度大于颗粒自身强度时，对产物再次细磨，首先被粉碎的将是已解离的矿物单体。连生体由于界面结合强度较高而较多地保留。较粗粒级的矿物解离，将随着产物磨矿细度的下降而下降。

10.5　矿物解离度测定

测定有用矿物从矿石或选矿产品中解离成单体的程度，是一种工艺矿物学研究方法。测定结果可为选矿提供破碎、磨矿界限的基本参数。测定方法可分为矿物分离法和仪器测定法两类。矿物分离法包括重液分离法、重物梯度分离法、磁分离法、磁流体分离法以及选矿实验室的分离方法等，可用于有用矿物和脉石矿物物性差较大的矿石，这些方法操作较麻烦，结果不够准确，一般作为辅助方法使用。矿物单体解离度的显微镜测定是常用方法。

A　样品制备

对所观察的样品进行筛析或水析，分成若干粒级，并将各粒级样品进行烘干、称重，接着进行单元素的化学分析；然后，将不同粒级样品磨制成砂光片或砂薄片，在显微镜下进行单体、连生体的测量，测定各粒级的单体解离度。

为了定量描述连生体颗粒中有用矿物的含量，通常按照有用矿物在整个连生体颗粒中所占体积比（或面积比），将连生体划分为不同类型，如3/4、2/4、1/4连生体，分别说明在该连生体颗粒中，有用矿物所占比例分别为3/4、2/4、1/4。也可进一步细分为7/8、6/8（3/4）、5/8、4/8（1/2）、3/8、2/8（1/4）、1/8等类型。

B　单体解离度的测量方法

采用带网格的目镜分别统计单体颗粒和不同类型连生体颗粒的含量。测定方法有面测法（统计待测颗粒所占网格数）、线测法（统计待测颗粒所占线段长度）、点测法（统计待测颗粒所占点数），分别测量出单体颗粒和连生体颗粒的体积含量。根据单体颗粒体积含量与待测矿物颗粒总体积含量（单体颗粒体积含量+连生体颗粒体积含量）的比值，计算样品中该矿物的单颗粒解离度。

a　面测法

面测法采用带方格网的目镜进行测量，详见10.2.2小节。在显微镜下所观察到的矿物颗粒上叠置一个方格网。测量时，通常按照一定间距移动载物台，将整个矿片表面测完，分类统计不同类型颗粒（单体颗粒、不同类型连生体颗粒）的面积（用所占网格数），并将测量结果记录在表10-6中。将各视域测量结果进行累计，可计算出不同类型待测矿物颗粒在该矿片中的体积含量。

表 10-6　矿物解离度测定记录表

（样品名称_____；粒级_____）

颗粒种类	单体颗粒数	连生体颗粒数		
		1/4	2/4	3/4
网格数	n_0	n_1	n_2	n_3
折算待测物测网格数	$N_0 = n_0$	$N_1 = n_1 \times 1/4$	$N_2 = n_2 \times 2/4$	$N_3 = n_3 \times 3/4$
单体解离度%	$L = 100 N_0 / \sum N_i$			

例如，对某铜矿床矿石采用面测法测得黄铜矿在-0.147～+0.074mm粒级中的单体、

连生体数据（表 10-7），计算黄铜矿在该粒级的解离度为 88.71%。

表 10-7   某矿石中黄铜矿粒级

颗粒种类	单体颗粒数	连生体颗粒数		
		1/4	2/4	3/4
颗粒数 折算黄铜矿颗粒数	503 503×1＝503	114 114×0.25＝28.5	32 32×0.5＝16	26 26×0.75＝19.5
黄铜矿单体解离度%	$L=100×503/(503+28.5+16+19.5)=88.71$			

进一步对 0.589~0.074mm 各粒级黄铜矿的单体解离度依次测定，可根据各粒级的产率与解离度测定结果计算全样的单体解离度（表 10-8）。各粒级黄铜矿单体解离度的测定结果表明，该样品中黄铜矿的单体解离度为 84.5%。

表 10-8   某矿床中黄铜矿单体解离度

粒级/mm	产率/%	单体颗粒数	连生体颗粒数			折算黄铜矿颗粒数	单体解离度/%
			1/4	2/4	3/4		
−0.589+0.295	8.2	242	84	44	76	100	70.76
−0.295+0.147	33.6	302	108	54	32	78	79.47
−0.147+0.074	40.1	503	24	12	26	64	88.71
−0.074+0	18.1	322	24	12	28	33	90.70
全样	100						84.5

b   线测法

线测法是通过目镜上的直线测微尺，测量不同矿物所占线段截距长度的尺寸。采用带直线侧微尺的目镜，矿片表面的矿物颗粒上就会叠置直线测微尺。测量时，按一定方向和间距，通过机械台左右移动，统计测微尺在不同类型矿物颗粒表面的线段截距长度。线测法数据的统计和计算方法与面测法相同，将网格数更换为线段长度即可（详见 10.2.3）。

c   点测法

测量时利用带微测网的目镜，以测微网格交点在矿片上颗粒表面分布的多少，测定不同类型矿物颗粒的含量。测量时，在目镜筒中装入测微网，将视域中不同类型矿物颗粒表面分布的交叉点分别统计。点测法的统计和计算方法与面测法相同，将网格数更换成点数即可。点测法对于粗细不均匀嵌布和细粒嵌布的矿石样品的测定误差较大（详见 10.2.4）。

对于颗粒粒度均匀的窄粒级的分级样品，可采用统计不同类型颗粒数量的方法进行解离度的测量和计算。此种情况可大致认为不同颗粒的大小基本相同。

10.6   矿物解离分析与选矿指标预测

10.6.1   铁矿床的矿物嵌布粒度与解离度分析

某鞍山式铁矿床赋存在太古代变质岩系。矿体厚大，呈似层状。围岩为磁铁石英岩、片岩、变粒岩等。矿石化学分析表明，矿石中 TFe 平均含量 55.36%。经过岩矿鉴定，矿石有用矿物主要由磁铁矿、磁赤铁矿、褐铁矿组成。脉石矿物主要有石英、辉石、石榴石，以及少量的角闪石、透闪石、方解石、斜长石等，为低硫、低磷、高硅富铁矿。

取碎矿后矿样 500g 加清水 150mL，经过 2.5min、3.5min、4.5min、6min、8min 磨矿，然后用 0.074mm 筛子筛分称重流程如图 10-15 所示。对计算值和实验值进行对比，结果见表 10-9。

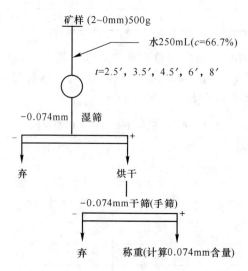

图 10-15　磨矿试验流程

表 10-9　某铁矿石磨矿时间与磨矿细度关系

磨矿时间/min		0	2.5	3.5	4.5	6	8
-0.074mm 含量/%	实验值	12.40	54.72	64.70	73.74	83.32	94.06
	计算值	12.41	54.55	65.07	73.43	83.41	94.07
	绝对误差	0.01	-0.17	0.37	-0.31	0.09	-0.01
	相对误差/%	0.08	0.31	0.57	0.42	0.11	0.01

为了确定合理的磨矿段数与磨矿细度，对表 10-9 所示的 5 种磨矿细度下磨矿产品中的矿物解离特性和粒度组成进行分析。首先根据矿石的组成情况，确定各种单体以及连生体的密度；然后根据各类连生体的密度计算它们中磁铁矿、黄铁矿、脉石的质量百分含量；最后根据各种连生体中磁铁矿、黄铁矿、脉石的质量百分含量以及各种矿物中 TFe、MFe 和 S 的含量，进一步计算出各类连生体中的 TFe、MFe 以及 S 的品位；结合镜下观察各种粒级产物中的单体和连生体的情况，确定出合适的磨矿细度以及预测出理想选别指标。

（1）各种连生体密度的确定。对表 10-9 所示的各种磨矿细度下的产品进行镜下观察，分析各种磨矿产品中矿物的连生情况。根据各种连生体中磁铁矿、黄铁矿、脉石矿物的体积含量可以计算出各种连生体的密度，计算结果见表 10-10（注：TFe 代表全铁，MFe 代表磁性铁，S 代表硫）。

表 10-10　各连生体及其密度测定

连生体编号	各种连生体中的矿物体积含量/%			各种连生体的相对密度	各连生体质量含量/%			各连生体 TTe、MFe、S 的品位/%		
	磁铁矿	黄铁矿	脉石		磁铁矿	黄铁矿	脉石	TFe	MFe	S
1	100	0	0	5.1	100.00	0	0	72.36	72.36	0
2	0	100	0	5.1	0	100.00	0	46.55	0	53.45
3	0	0	100	3.53	0	0	100.00	18.45	0	0
4	75	25	0	5.1	75.00	25.00	0	65.91	54.27	13.36
5	75	12.5	12.5	4.90	78.00	13.00	9.00	64.15	56.44	6.95
6	75	0	25	4.71	81.25	0	18.75	62.25	38.79	0
7	50	50	0	5.1	50.00	50.00	0	59.46	36.18	26.72
8	50	25	25	4.27	59.77	29.89	10.34	59.07	43.25	15.97
9	50	12.5	37.5	4.51	56.53	14.13	29.34	52.89	40.90	7.55
10	50	0	50	4.32	59.10	0	40.90	50.31	42.76	0
11	25	75	0	5.1	25.00	75.00	0	53.00	18.09	40.09
12	25	50	25	4.71	27.08	54.17	18.75	48.27	19.60	28.95
13	25	37.5	37.5	4.51	28.26	42.39	29.34	45.60	20.45	27.66
14	25	25	50	4.32	29.55	29.55	40.90	42.68	21.38	15.79
15	25	0	75	3.92	32.50	0	67.50	35.97	23.52	0

（2）确定各类连生体中矿物的质量百分含量。在获得各类连生体中各种矿物的体积含量之后，根据各种矿物的密度，可以计算出各类连生体中磁铁矿、黄铁矿、脉石的重量百分含量，将计算结果列于表 10-10。

（3）各类连生体中 TFe、MFe、S 品位的确定。根据表 10-10 以及各种矿物中 TFe、MFe 和 S 的含量可以进一步计算出各类连生体中的 TFe、MFe 以及 S 的品位，并将计算结果列于表 10-10 中。

（4）产物单体解离度及元素品位测定。对不同磨矿细度下的磨矿产品进行筛分分析，确定它们的粒度组成，并在镜下对各种粒度的产品进行观察，得出各种矿物的单体解离度，结合表 10-10，计算出各种产品中铁的品位及产率分布（表 10-11）。

表 10-11　不同磨矿细度下各粒级的单体解离度、铁的品位及产率分布

-0.074/%	粒　度		产率/%	$w(\alpha TFe)$ /%	$w(\alpha MFe)$ /%	$w(fMFe)$ /%	$w(\alpha S)$ /%	$w(fS)$ /%	$w(fQ)$ /%
	mm	目							
	+0.10	+150	36.30	57.52	50.40	80.04	0.07	80.00	67.72
55.94	-0.1~+0.074	-150~+200	7.76	56.80	49.51	85.35	0.36	100.00	80.41
	-0.074	-200	55.94	56.01	48.28	83.86	0.09	100.00	84.09
	合　计		100.00	56.62	49.15	82.59	0.11	92.74	77.87

| -0.074/% | 粒 度 | | 产率/% | w(αTFe) | w(αMFe) | w(fMFe) | w(αS) | w(fS) | w(fQ) |
	mm	目		/%	/%	/%	/%	/%	/%
71.59	+0.10	+150	23.41	57.02	49.47	80.07	0.10	100.00	71.05
	-0.1~+0.074	-150~+200	5.00	57.09	50.08	84.19	0.19	91.43	75.54
	-0.074	-200	71.59	56.65	49.24	84.98	0.17	89.93	82.76
	合　计		100.00	56.76	49.33	83.79	0.16	92.36	79.65
80.69	+0.10	+150	13.95	56.25	48.53	83.56	0.30	68.41	81.63
	-0.1~+0.074	-150~+200	5.36	55.25	48.06	86.24	0.10	100.00	80.88
	-0.074	-200	80.69	55.81	48.26	85.74	0.16	100.00	85.53
	合　计		100.00	55.84	48.29	85.46	0.18	95.60	84.74
87.41	+0.10	+150	12.35	58.99	54.31				
	-0.1~+0.074	-150~+200	0.24						
	-0.074	-200	87.41	56.35	50.71				
	合　计		100.00						
94.30	+0.10	+150	3.46	58.07	51.14	82.85	0.10	100.00	73.45
	-0.1~+0.074	-150+200	2.24	58.76	52.22	84.09	0.04	100.00	73.61
	-0.074	-200	94.30	56.12	49.03	87.91	0.16	100.00	85.19
	合　计		100.00	56.19	49.10	87.65	0.16	100.00	84.52

分析该铁矿矿石有用矿物的粒度、解离度，得出以下结论：

（1）各粒级矿物单体解离度：黄铁矿>磁铁矿>脉石，表明在该矿石中，黄铁矿最容易解离，脉石矿物最难解离，磁铁矿的可磨性介于黄铁矿和脉石之间。随粒级变粗，三种矿物的单体解离度差别增大。

（2）各粒级中的 TFe 和 MFe 分布比较均匀，没有明显的富集与贫化现象，因此必须全粒级入选。

（3）随着磨矿细度的增加，铁精矿的品位和回收率都略有提高，但是变化不明显，在磨矿细度-0.074mm 由 55.94%增加到 94.80%（-0.074mm）时，铁精矿品位的提高并不明显；另外铁回收率的变化也不明显，因此磨矿细度不必很细，这也符合前面解离度部分的分析。

（4）当磨矿细度-0.074mm 达到接近 95%时，磁铁矿的单体解离度近 88%，脉石单体解离度还不到 85%。即使磨矿细度-0.074mm 达到 95%以上，磁铁矿和脉石矿物的解离度也达不到 90%。随着磨矿细度的增加，磁铁矿的单体解离度变化很小。从节省能量的角度考虑，磨矿细度 65%已经足够。

10.6.2　榴辉岩型金红石矿床矿石工艺矿物学研究

10.6.2.1　矿石特征

某榴辉岩型金红石矿床产于早元古代榴辉岩、片麻岩组成的变质带中。矿体呈似层状、偏豆状。矿石为榴辉岩-金红石型，具有片麻状构造、粒状变晶结构等。主要矿物有石榴子石、绿辉石、角闪石、金红石等。化学分析结果（%），SiO$_2$：44.14，Al$_2$O$_3$：14.93，TFe：10.46，CaO：12.44，MgO：8.20，Na$_2$O：1.94，K$_2$O：0.19，TiO$_2$：1.51%。钛是主回收元素，主要有害元素为硫0.012%、磷0.098%。

矿石中主要矿物有石榴子石（51%左右）、绿辉石（23.7%左右）和绿泥石（6.2%左右）、角闪石（7%左右）、金红石（1.40%左右）、钛铁矿以及榍石。其他矿物有黄铁矿、磁铁矿、斜长石、黑云母等。对钛的物相分析表明，以金红石形式存在的钛矿物占86.75%，以钛铁矿、榍石等形式存在的钛矿物占13.25%。

矿石的结构有自形晶、半自形晶结构、包含结构、碎裂结构、连生结构等。自形-半自形晶结构中，金红石、石榴子石、磷灰石呈自形晶、半自形晶分布在矿石中。

（1）包含结构的石榴子石中包含金红石、锆石；绿辉石中也包含金红石、磷灰石。包裹体金红石粒度小于0.06mm。

（2）碎裂结构中，石榴子石的裂理十分发育，沿三组裂理裂开，呈碎粒状石榴子石，碎粒的石榴粒度为50~20μm。

（3）连晶结构，是金红石与钛铁矿呈连晶共生。金红石中有钛铁矿的片晶分布，有时分布在金红石连缘呈镶边状。

（4）交代结构中，绿帘石交代石榴子石、绿辉石，可见绿帘石分布在石榴子石中或边缘，保留石榴子石形态。绿泥石呈细叶片状交代角闪石、绿辉石。矿的构造为块状构造，石榴子石与绿辉石相间分布呈片麻状构造、浸染状构造。

10.6.2.2 主要矿物嵌布特征

金红石、钛铁矿、磷灰石呈粒间分布为主，主要分布在石子榴石、绿辉石矿物粒间。石榴子石与绿辉石也是相间分布。有用矿物均以粒间分布为主，相对来讲，是比较易解离的。有部分金红石、钛铁矿包裹在石榴石中。因粒度均小于0.06mm，这部分金红石是赋存在石榴子石、绿辉石中的。有细粒石榴子石包裹在绿辉石中，细粒绿辉石也包裹在石榴子石中。矿物以包裹形式存在是很少一部分。

10.6.2.3 主要矿物工艺特征金红石

金红石是矿石中主要的钛矿物。相对含量为1.40%。

金红石呈自形晶、半自形、柱状、棒状、粒状。金红石主要呈粒状分布在矿物粒间。少量细粒金红石被石榴子石和绿辉石包裹。金红石与钛铁矿常为连晶集合体。金红石单矿物化学分析结果为：TiO$_2$含量96.11%；Fe$_2$O$_3$含量2.17%。

样品中金红石的原生粒度测定见表10-12。分析结果显示-0.0732mm占43.56%，最大粒径0.5mm以下，但很少，88.31%富集在0.2mm以下。

表 10-12 矿石金红石原生粒度测定统计表

粒度/mm	颗粒数/个	粒径长度/mm	粒径/%	累计/%
0.0244	196	4.7824	1.53	1.53
0.0366	511	18.7026	5.98	7.51
0.0488	715	34.892	11.15	18.66
0.061	744	45.384	14.50	33.16

续表 10-12

粒度/mm	颗粒数/个	粒径长度/mm	粒径/%	累计/%
0.0732	442	32.3544	10.40	43.56
0.0854	312	26.6488	8.51	52.07
0.0976	259	25.2784	8.08	60.15
0.1098	116	12.7368	4.07	64.22
0.122	127	15.494	4.95	69.17
0.1342	84	11.2728	3.60	72.77
0.1464	83	12.1512	3.88	76.65
0.1568	56	8.8816	2.84	79.49
0.1708	46	7.8568	2.51	82
0.183	42	7.686	2.46	84.46
0.1952	31	6.0512	1.93	86.39
0.2074	29	6.0146	1.92	88.31
0.2196	26	5.7096	1.82	90.13
0.23186	6	1.3808	0.45	90.58
0.244	13	3.172	1.01	91.59
0.2562	3	0.7686	0.24	91.83
0.2684	21	5.6364	1.80	93.63
0.2826	1	0.2826	0.10	93.73
0.2928	6	1.7568	0.56	94.29
0.305	2	2.6100	0.20	94.49
0.3294	11	10.3334	3.36	97.79
0.3416	6	2.0496	0.70	98.49
0.4026	2	0.8052	0.26	98.75
0.4514	5	2.2570	0.72	99.47
0.4636	3	1.3908	0.44	99.91
0.5856	1	0.5856	0.09	100
合计	3899	312.9324	100	

对磨矿细度为 -0.074mm 占 37.03% 的样品中金红石的单体解离度分析结果见表 10-13、表 10-14。

表 10-13   金红石单体解离情况   （%）

矿物	<20%连体	20%~40%连体	40%~60%连体	60%~80%连体	80%~95%连体	单体解离度
金红石	5.45	3.39	3.06	6.07	18.16	63.87
石榴子石	0.44	0.64	1.23	2.4	8.31	86.97

表 10-14　与金红石连体矿物的分布　　　　　　　　（%）

与金红石连体的矿物	两相连体	三相连体
榍石	1.40	0.70
钛铁矿	9.62	1.22
石榴子石	9.96	1.53
绿辉石	7.53	1.71
钠长石	0.59	0.48
绿泥石	0.10	0.09
角闪石	0.09	0.09
磁铁矿	0.02	0.07
斜长石	0.20	0.08
白云母	0.10	0.06
磷灰石	0.00	0.06
石英	0.02	0.04
黑云母	0.00	0.02
高岭石	0.15	0.00
钾长石	0.14	0.04
重晶石	0.00	0.01

从分析结果可以看出，矿石中金红石单体解离度较低，未解离的金红石主要与石榴子石、绿辉石和钛铁矿连体。

石榴子石是矿石中主要组成矿物。从分析结果可以看出，矿石中石榴子石元素组成变化不大，以铁铝榴石为主。石榴子石为自形晶，一般粒度在 0.4~0.8mm 之间，大部分粒度在 0.1~0.4mm 之间；只有极少数是大于 1mm 的单体。石榴子石的裂理发育，并将石榴子石切割成 0.02~0.06mm 的细粒，裂理缝中充填着绿泥石、绿帘石、石英、碳酸盐等矿物。在磨矿细度为-0.074mm 占 37.03% 的样品中石榴子石的单体解离情况见表 10-14。从分析结果可以看出，样品中石榴子石多已经单体解离或以富连体的形式存在，有利于其选矿富集。

该矿床的矿石磨矿细度为-0.074mm 占 37% 时，主要矿物的解离度分别为：石榴子石解离度 87%，绿辉石解离度 81%，金红石解离度 64%。就金红石矿物来说，原生粒度的变小和同一磨矿细度条件下矿物解离度的降低，会部分影响金红石最终回收指标。

11 矿石的矿物组成定量分析

11.1　矿石化学成分分析

矿石化学成分分析的目的是确定矿石中元素种类和含量，进而确定矿石的主要成分和次要成分、有益组分和有害组分的种类和含量，为矿物加工工艺技术提供基础数据。常用的化学成分分析方法有化学分析、原子吸收光谱分析等。

11.1.1　化学分析法

化学分析是以物质的化学反应为基础的成分分析方法。化学分析是定量的，其根据样品的量、反应产物的量或所消耗试剂的量及反应的化学计量关系，通过计算获得待测组分的含量。

根据化学分析项目的类别，可将化学分析分为化学全分析、化学多元素分析。化学全分析是对矿石中全部化学成分的含量进行分析，所得到的化学成分结果之和为 100%。通过化学全分析可以掌握矿石中全部化学组成的种类和含量。一般是先进行光谱分析，查出元素种类，确定分析项目。化学多元素分析是对矿石中的多个重要或较重要元素的定量化学分析。化学多元素分析用于对原矿和主要选矿产品（精矿、尾矿）的分析，包括主要有益元素、有害元素以及造渣元素等。如铁矿石分析全铁（TFe）、可溶性铁、氧化亚铁、S、P、SiO_2、Al_2O_3、K_2O、Na_2O、CaO、MgO 等。

化学分析根据操作方法有滴定分析法和重量分析法。

（1）滴定分析方法也称容量分析法，根据滴定消耗标准溶液的浓度和体积以及被测物质与标准溶液进行的化学反应计量关系，求出被测物质含量。滴定分析是依据溶液酸碱（电离）平衡、氧化还原平衡、络合平衡、沉淀溶解平衡的化学原理，进行元素定量分析，以此分为酸碱滴定法、氧化还原滴定法、络合滴定法、沉淀滴定法等不同方法。

（2）重量分析方法是根据物质化学性质，选择合适的化学反应，将被测组分转化成一种组成固定的沉淀或气体形式，通过钝化、干燥、灼烧或吸收剂的吸附等一系列处理后精确称重，求出被测组分的含量。

对矿物的化学分析，一般需要质量 500mg 的纯度高的单矿物粉末。该方法准确度高、灵敏度不高，适用于矿物常量组分的定性与定量分析，新矿物种的化学成分的确定和组成可变的矿物成分变化规律的研究；不适用稀土元素的分析。

11.1.2　光谱分析法

11.1.2.1　原子吸收光谱分析

原子吸收光谱分析指基于试样蒸气相中被测元素的基态原子对由光源发出的该原子的

特征性窄频辐射产生共振吸收，其吸光度在一定范围内与蒸气相中被测元素的基态原子浓度成正比，以此测定试样中该元素含量的一种仪器分析方法。所用仪器为原子吸收谱仪。样品用量仅需数毫克。具有灵敏度高干扰少、快速准确的特点，可测试 70 余种元素。主要用于 10^{-6} 数量级微量元素和 10^{-9} 数量级痕量元素的定量测定。对稀土元素和 Th、Zr、Hf、Nb、Ta、W、U、B 等元素的测定灵敏度较低，对卤素元素、P、S、O、N、C、H 等还不能测定或效果不佳。

11.1.2.2　X 射线荧光光谱分析

X 射线荧光光谱分析指利用原级 X 射线光子或其他微观粒子激发待测物质中的原子，使之产生次级的特征 X 射线（X 光荧光）从而进行物质成分分析和化学态研究的方法。不同元素具有波长不同的特征 X 射线谱，各谱线的荧光强度又与元素的浓度呈一定关系，测定待测元素特征 X 射线谱线的波长和强度，可进行定性和定量分析。X 射线荧光分析分为能量色散和波长色散两类。通过测定荧光 X 射线的能量实现对被测样品的分析的方法称为能量色散 X 射线荧光分析，相应的仪器为能谱仪。通过测定荧光 X 射线的波长实现对被测样品分析的方法称为波长色散 X 射线荧光分析，相应的仪器为光谱仪。该法具有谱线简单、准确度高、分析速度快、测量元素多、能进行多元素同时分析、不破坏样品等优点。可分析元素的范围为 $^9F \sim ^{92}U$。样品要求 10g 以下较纯单矿物粉末。用于常量元素和微量元素的定性和定量分析。对稀土元素、稀有元素的定量分析有效。

11.1.2.3　等离子体发射光谱分析

等离子体（plasma）是一种由自由电子、离子、中性原子与分子组成的在总体上呈中性的气体。等离子体焰炬呈环状结构，有利于从等离子体中心通道进样并维持火焰的稳定；较低的载气流速（低于 1L/min）便可穿透 ICP，使样品在中心通道停留时间达 2～3ms，可完全蒸发、原子化。ICP-AES 法是一种发射光谱分析方法，可同时测定多元素，分析元素除 He、Ne、Ar、Kr、Xe 惰性气体外可达 78 个。检测下限为 $1 \times 10^{-10} \sim 10 \times 10^{-9}$。样品最少可以数毫微克粉末，或液态样品。适用于矿物常量元素、微量元素、痕量元素的定性或定量分析。

11.2　分离矿物定量法

分离矿物定量法是利用矿石中待测矿物与其他矿物性质的差异，将待测矿物从矿石中分离出来，从而进行定量分析的一种方法。该方法适用于某些易于分选且嵌布粒度较大的矿物定量。

该方法大致分为试样准备、矿物分离和计算结果三个步骤：

（1）试样准备。从选矿大样中按四分法或网格法均匀采取一定量的矿样，一般采取 1kg 左右的矿样。根据矿石特征、矿物嵌布特征、拟定分离方法要求，将样品破碎至一定粒度，破碎后筛分，并分级称重。

（2）分离。运用某种机械、仪器或工具，辅以适当方法，将样品中某种或某几种矿物分别选取，使之成为单矿物。分离时要将原样已筛分的各级产品混均匀，然后分别从各级矿样中称取一定量的矿样予以分离。一般分离的矿样量在 100g，少者可在几克。

（3）结果整理计算。通过对分离过程的原料及各种产品进行计量，计算出待测矿物在样品中的含量。

基本程序如下：

（1）将试样送交化验室进行化学全分析，了解矿石中存在的元素种类及其含量。由此即可初步掌握矿石中可能有利用价值的元素种类。

（2）鉴别试样中的组成矿物类别，并测定各组成矿物的相对含量。

（3）分离提纯单矿物。

（4）查明目的元素在各单矿物中的百分含量。

（5）计算有益（有害）元素在试样各组成矿物中的配分比。

常用矿物分离定量方法包括重力分离法、重液分离法、介电分离、磁力分离、高压静电分离和选择性溶解法。

11.2.1　重力分离法

重力分离法是根据不同矿物的密度差异进行矿物分离的方法。在水或其他介质中，在外力作用下促使矿样产生不同的运动效果，由于不同密度的矿物构成不同层次或条带，故可达到矿物分离目的。不同密度矿物重力分离的难易程度采用以下公式确定：

$$E = \frac{\rho_2 - \rho}{\rho_1 - \rho} \tag{11-1}$$

式中　ρ_1——轻矿物密度，g/cm^3；

　　　ρ_2——重矿物密度，g/cm^3；

　　　ρ——分离介质密度，g/cm^3。

（1）$E>5$：极易分离的矿石；除极细的矿泥（小于 $5\sim10\mu m$）以外，对各种粒度的物料均可使用。

（2）$5>E>2.5$：易处理矿石，有效分离粒度的下限为 $38\mu m$ 左右。

（3）$2.5>E>1.75$：较易处理矿石，有效分离的粒度下限为 $75\mu m$。

（4）$1.75>E>1.5$：较难处理矿石，有效分离粒度下限 0.5mm。

（5）$1.5<E<1.25$：难处理矿石，有效分离粒度下限为几毫米；分离效率较低。

（6）$E<1.25$：极难处理矿石，不适用重力分离。

重力分离设备有以下几种：

振摆溜槽。由分选槽、传动装置、坡角、给水系统的调节装置等组成（图 11-1）。设备启动后，振动流槽在前后方向不对称往复变速运动，加之左右方向的往复均匀运动，使槽面上的物料在振动、摆动和水流冲击的共同作用下，造成不同密度矿物的分层和分带。分层后调整坡角，使矿物按密度分带，重矿物向槽头运动，轻矿物则随水流由槽尾排出。振动流槽每次最大处理量为100g。最佳分选粒度为 $0.15\sim0.074mm$。

机动淘洗盘。由淘洗盘、传动装置、调坡、供水装置等组成（图 11-2）。设备开启后，将矿样以固液比 1:9 的浓度注入淘洗盘。淘洗盘呈水平状态作前后变速摆动和 3r/min的转动，摆动角 $15°$。矿样集中于吸盘中心部位并分层，密度大的矿物沉聚在盘底。在盘身转动、摆动和补给水的协调作用下，矿浆继续分层，并向出矿端移动，分带密度大的矿物集中于矿带尾部，轻矿物向出矿端滚动并集中于矿带头部。可选粒度为 $0.15\sim0.02mm$。对密度大于1的矿物选别效果较好。

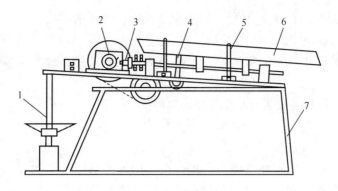

图 11-1　振摆溜槽结构示意

1—调节坡度装置；2—凸轮；3—顶杆；4—偏心装置；5—给水管；6—分选槽；7—机架

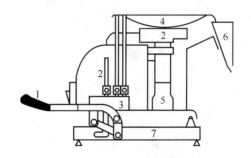

图 11-2　机动淘洗盘结构示意

1—调坡手柄；2—传动系统；3—给水管；4—淘洗盘；5—主轴；6—排矿漏斗；7—机座

11.2.2　重液分离法

重液分离法利用浮沉原理，采用密度较大液体作为分离介质，使密度大于分离介质的矿物颗粒下沉，密度小于分离介质的矿物颗粒上浮，达到矿物分离的目的。多用于分离少量的非电磁性矿物。样品粒度以不小于 0.1mm 为宜。颗粒太小，重液表面张力影响太大，不利于矿物分离。矿物投入重液中，密度大于重液者下沉至容器底部；密度小的上浮至液体表面；与重液密度接近的矿物，则在液体中呈悬浮状态。分离应尽量选用化学性质稳定，不与矿物发生反应，透明度强，黏度低的液体。重液种类分为有机重液、无机盐溶液、熔盐。常用的有三溴甲烷（$CHBr_3$，密度 2.89）、四溴乙烷（$C_2H_2Br_4$，密度 2.953）、杜列重液（$HgI_2 + KI$，密度 3.2）、二碘甲烷（CH_4I_2 密度 3.308）、克列里奇液（$CH_2(COO)_2Tl_2 + HCOOTl$，密度 4.25）。为获得不同密度的重液可用难溶于水易溶于挥发的有机溶剂（如酒精、苯、甲苯等）稀释。重液分离的操作方法与试样的黏度、质量及重液类型有关。

采用双开关分液漏斗进行测定（图 11-3），操作步骤为：

（1）将分液漏斗竖直固定在支架上，打开分液漏斗的上开关，下开关闭紧；把配置好的重液倒入漏斗中，然后将矿样缓慢倒入漏斗中；用玻璃棒搅拌均匀，静置几分钟，使轻矿物上浮，重矿物下沉。

（2）关闭上开关，打开下开关，将重矿物和轻矿物分别排放到带有滤纸的过滤漏斗中。

（3）将过滤漏斗中收集的重矿物和轻矿物分别进行洗涤、过滤、烘干、称重。

分离矿样要在通风橱中进行。操作要迅速准确。

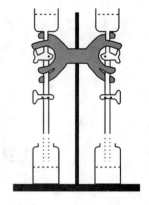

图 11-3　双开关分液漏斗

11.2.3　电磁重液分离

电磁重液分离是以顺磁性液体为介质，在非均匀磁场中按矿物的密度和磁化率的差别分离非磁性与部分弱磁性矿物。用于电磁重液分离的仪器是电磁液体分离仪。它由电磁铁、分离槽、矿样振动装置与直流稳流器4部分组成。如图11-4所示。

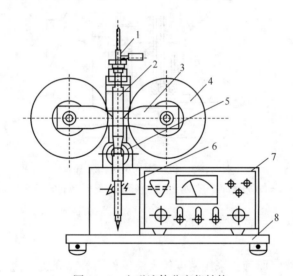

图 11-4　电磁液体分离仪结构

1—矿样振动及照明装置；2—分离槽；3—磁极；4—线圈；5—蜗轮箱；6—蜗轮箱座；7—直流稳流器；8—底座

电磁铁在磁极间隙形成不均匀磁场，分离槽置于不均匀磁场中，分离时顺磁性液体呈静止状态，矿物颗粒同时受到向下的重力和向上的磁力作用，当两力相等时，该颗粒即在分离槽的某一高度上悬浮于液体中。高度不同，磁场梯度和磁场强度不同，矿物受到的向上磁力不同。不同密度和比磁化系数的矿物，在顺磁性液体中具有不同的悬浮高度，从而可达到矿物分选的目的。

分离槽中的顺磁性液体应磁化系数大、无色透明、黏度小、无毒。分离的矿物粒度范围在 0.5~0.038mm。

11.2.4　磁力分离

磁力分离是利用矿石不同矿物间磁性的差异进行矿物分离。适用于强磁性矿物和弱磁性矿物。强磁性矿物有磁铁矿、磁赤铁矿、钛磁铁矿、磁黄铁矿等；弱磁性矿物有赤铁矿、镜铁矿、菱铁矿、软锰矿、钛铁矿、铬铁矿、黑钨矿等。按磁场强度的大小可分为弱磁选分离和强磁性分离两种方法，按分离介质条件可又分为干法和湿法。

11.2.4.1 弱磁分离

用于矿物弱磁性分离时，采用永久磁块和磁选管。

（1）永久磁块分离法。常用的永久磁块磁场强度为（2200~2500）×79.5775A/m，主要用于分离磁铁矿、磁黄铁矿、钛磁铁矿。磁铁的形状有马蹄形、条形、圆筒形等。

操作方法有干法和湿法。干法操作适用于粒度较粗的矿石（大于0.2mm）。操作方法为：用塑料薄膜或稠布将磁块包裹，然后在摊平样品表面来回移动，将磁性颗粒吸附于磁块上；磁块吸满后，将磁块移到收样盘，将包裹的塑料或稠布取下，将磁块吸附的颗粒抖落到收样盘中，如此反复操作，即可将磁性颗粒分离。

湿法操作适用于粒度较细的原料（小于0.1mm）的分离。操作方法为：将待测样品置于200mL的烧杯中，加水调制10%左右的矿浆浓度，摇匀。然后将磁块紧贴烧杯底部，磁性颗受磁块吸引沉聚于底部，非磁性颗粒悬浮于水中；将上部悬浮液缓慢倒出或用虹吸法吸出，使磁性颗粒仍留在烧杯中。如此反复操作即可将磁性颗粒从原料中分离出来。

（2）磁选管分离法。该法适用于细粒强磁性矿物分离。在C形铁心上绕线圈，通以直流电，产生（1600~2400）×79.5775A/m磁场强度。玻璃管用支架支撑于磁极中间，与水平方向呈45°，通过适当的传动转动装置，用电动机带动支架上的圆环（套在玻璃管外）使玻璃管作往复的上下移动和转动。进行分离时，将样品装入小烧杯中。将水引入玻璃管内，使玻璃管内水的流量保持稳定，水面高于磁极30mm左右。接通电流，设定电流值，开始给矿。磁性颗粒在磁力作用下，被吸引在磁极间的管内壁上；非磁性矿物则随冲洗水从玻璃管下端排出。矿样给完后，继续保持玻璃管开动一段时间，使磁性颗粒受到更好的冲洗。在非磁性矿物颗粒冲洗干净后（管内水变清为止），停止供水，放出管内水。切断直流电源，将管内的磁性矿物冲洗出来，完成分离过程。将产品分别过滤、烘干、称重，即可计算磁性矿物的含量。

11.2.4.2 强磁选分离

强磁性分选用于对弱磁性矿物的分离定量。干法分离使用自动磁力分析仪完成。磁场强度在（1000~20000）×79.5775A/m范围内可调节。粒度在0.074~1.0mm。湿法分离采用小型湿式强磁分选仪，其磁场强度调节范围在（1500~23000）×79.5775A/m，可用于0.1~0.074mm以下原料分离。在进行强磁分离前，需要将原料中的强磁性矿物余项分离出来，以免干扰强磁分离的效果。

11.2.5 介电分离法

介电分离法是利用矿物介电常数的差异进行分离矿物的方法。它是在一定介电常数的介电液中进行的。介电分离仪的电磁振荡电极插入介电液中，在电极周围形成一个交变的非均匀电场，电场强度自电极向外逐渐减弱。将适量的样品放入介电液中，启动介电分离仪，则介电常数大于介电液的矿物颗粒被吸附于电极，介电常数小于介电液的矿物颗粒被电极排斥，从而使介电常数不同的矿物彼此分离。对于密度、磁性相近但介电常数差别大的矿物有效。

介电分离仪器使用中频介电分离仪，当两种矿物的介电常数相差1.5~2.0时可有效分离。可根据分离的矿物不同，选择不同介电液。主要有四氯化碳（介电常数 2.24）和甲醇（32.5）的混合液、煤油（2.0）和乙醇（24.5）、硝基苯（36.0）等介电液。后者选择其中两种配制适当的介电液。

矿物介电常数的大小是判定矿物导电性质的主要依据。通常将介电常数大于 12 的矿物称为导体矿物；小于 12 的称为非导体矿物。介电常数的大小与测定的电源频率有关。物料在低频时测定出的介电常数大，在高频时测定出的介电常数小，与测量的电场强度的大小无关。现在资料介绍的各种矿物的介电常数，都是在 50Hz 或 60Hz 的交流电源条件下测出的。

11.2.6　高压静电分离法

高压静电分离法是利用矿物电性的差异进行矿物分离的方法。高压静电分离通常使用鼓式高压电选机进行，主要由高压直流电源和主机两大部分组成。将常用的单相交流电升压后半波或全波整流形成高压直流电源，供给主机。电压一般在 20~40kV。主机包括转鼓、电极、毛刷、给矿斗、接矿斗以及分矿板等几部分。

电晕电场的作用是在高压直流电下释放负电荷，产生电晕电场。偏转电极的作用是使电晕电极释放的负电荷在静电场的作用下向转鼓表面的矿粒上辐射。处于电晕电场中的矿物颗粒，无论导体和非导体均能获得负电荷。吸附于导体颗粒表面的电荷能在颗粒表面自由移动；而吸附于非导体颗粒表面的电荷不能自由移动。若将转鼓接地成为接地极（正极），则导体颗粒表面所吸附的电荷在极短时间内（1/40~1/1000s）即可经过接地极传走，表面不再留有电荷。非导体则不然，由于其导电性很差或不导电，表面吸附的电荷不能传走或要比导体至少长 100~1000 倍的时间才能传走一部分，表面会留有大量负电荷。在电晕电场中非导体由于表面留有电荷，与转鼓（接地正极）相吸引。采用毛刷将其从转鼓上刷下，导体颗粒在重力和转鼓离心力的作用下，脱离转鼓表面，与非导体颗粒分离。

电选法处理的原料必须充分干燥。潮湿对物料的导电性影响较大。原料粒度一般在 0.04~0.5mm，且预先筛选为窄粒级，粒度过细和粒级太宽均不利于分离。同时在转鼓内设有加热装置，保持转鼓表面温度在 60~80℃。

11.2.7　选择性溶解法

利用矿物化学性质的差别，将矿物放在酸、碱或其他试剂中，使其中某些矿物被溶解掉，剩下需要获得的目的矿物（或者相反，将目的矿物溶解掉，而将其他矿物留下），从而达到分离矿物目的。如硫化物矿石中的石英，如已暴露出来，可用 HF 处理；如被硫化物包围，可用 HNO_3 把硫化物溶解掉，然后测定残留石英的量。用 $FeCl_3$ 与 NaCl 处理方铅矿也很有效。针对不同矿物选择性溶解，有多种不同的溶剂可供选择。

选择性溶解法因处理的原料不同，具体处理方法和过程差别很大。分离程序的几个步骤如下：（1）用精密天平（千分之一或万分之一）称得混合样品质量；（2）将混合样品倒入坩埚中；（3）将 2 倍于样品体积的酸或碱倒入坩埚中；（4）将坩埚置于温火上加热并用棒不断搅动；（5）溶解作用完毕后，用冷水清洗数次，烘干，并称取残留物质量。

注意：溶剂的选择一定要严格遵守只溶解样品中一种矿物的要求，而对其他矿物基本不溶的原则。过滤要彻底，称重要准确，整理计算（矿样中各矿物相对含量及损耗）结果准确无误。

11.3　显微镜下矿物定量的测定方法

显微镜矿物定量法是在显微镜下对矿石中的矿物种类与含量、矿物粒度、嵌镶关系以及矿石在破碎过程中的连生、解离度的定量分析方法。限于显微镜放大倍数和分辨率，对微粒微量矿物的鉴定和定量有些难度。

11.3.1　显微镜定量法原理

显微镜下矿物定量是在光片或薄片上进行的。测试方法有点测法、线测法、面测法。在光片或薄片上的矿物颗粒只显示出二维尺寸的大小，而不能直接观测到立体三维尺寸，因此，须将显微镜下测定的二维数据转变为三维数据。

A. Delesse（1848）在假设矿物在岩石中呈无规律分布的条件下，证明了在岩石切片上矿物的面积百分比等于矿物的体积含量百分比。A. Rosiwal（1898）证明了在不规则分布的情况下，岩石切片上某矿物的线段截距的百分含量等于体积百分含量。对于那些矿物呈定向排列或规律分布的岩石，如片岩、片麻岩、沉积岩等，为了测定其中某种矿物的体积百分比含量，需要在垂直岩石破碎延伸方向的切片上进行测定。Thompson（1930）和Glagolav（1934）分别证明了采用点测法测定的点数百分含量等于体积百分含量。因此，用点测法、线测法、面测法所获得的点百分含量（P_P）、线段百分含量（P_L）、面积百分含量（P_A）与体积百分含量（P_V）之间存在以下关系：

$$P_P = P_L = P_A = P_V \tag{11-2}$$

E. R. Weibel（1963）用数学分析的方法证明了这一原理。

用点测法、线测法、面测法测定出矿物的体积含量后，即可按式（11-3）计算矿物的质量分数（w）。

$$w = P_P(\rho_1/\rho) = P_L(\rho_1/\rho) = P_A(\rho_1/\rho) = P_V(\rho_1/\rho) \tag{11-3}$$

式中，ρ_1 为待测矿物的密度，g/cm^3；ρ 为原料（矿石）的密度，g/cm^3。

11.3.2　显微镜下目估定量

显微镜下目估是一种粗略的定量方法。该方法使用立体显微镜对粉状样品直接测定，可利用反光显微镜对光片和薄片进行鉴定。通过不同视域的观察和测量统计工作，借助参考图，可大致确定待测矿物的含量。尽管测量精度差，但速度快，可作参考。

通常要设计一套标准图作为比较标准，用于和显微镜下观察到的视域中待测矿物的分布情况进行比较。标准图的做法如图11-5所示：首先在白纸上画12个直径为20cm的圆；然后在彩色纸上分别以1cm，3cm，5cm，10cm，15cm，…，90cm的平方根为半径画12个小圆，并将这些小圆分别剪碎成不规则等粒小碎片；最后分别将这12份小碎片均匀地粘贴在硬白纸上的12个大圆中。这样做成的12个圆即表示矿物百分含量分别为：1%、3%、5%、10%、…、90%。

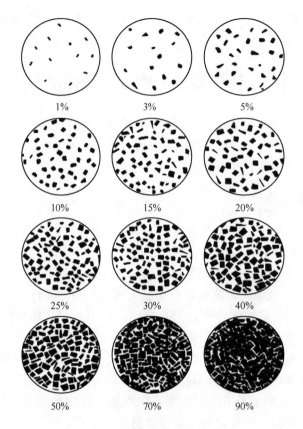

图 11-5　矿物百分含量比对图

11.3.3　面积法

　　面积法定量测定矿物是根据光片或薄片中各矿物所占的面积百分含量，等于矿物在原料中所占体积百分含量的基本原理来测定矿物的含量。通常采用带方格网的目镜进行测量，此时在显微镜下观察到的矿物颗粒上就叠置一个方格网（图 11-6），以该方格网为尺度来测量不同矿物所占的面积大小。目镜微测网格面积为 1cm²，有 100 格，每小格面积为 0.01mm²。以这个网格测量矿物的面积越大，其在光片的体积也越大。

　　测量时，通常是按照一定的间距左右移动载物台，将整个矿片表面全部测完，按视域分类统计不同矿物的面积（所占网格数），并将测量结果记录在记录表中，最后将各视域测量结果进行累计，计算出待测矿物在该矿片中的体积含量。如果矿片中 3 种待测矿物 No1、No2、No3 所占网格数的累计值分别为 N_1、N_2、N_3，则它们在矿石中的质量分数可按下式计算：

$$w_i = N_i \rho_i / (N_1 \rho_i + N_2 \rho_2 + N_3 \rho_3) \qquad (11-4)$$

式中，w_i 为第 i 种矿物在原料中的质量分数，%；N_i 为第 i 种矿物在切片中所占网格数；ρ_i 为第 i 种矿物的密度，g/cm³。

　　当矿石的矿物组成较为简单时，可分别统计不同矿物的网格数，并按式（11-4）一次计算出若干种矿物的质量分数。测量时，可将网格叠置的视域选光片的某一基角，然后

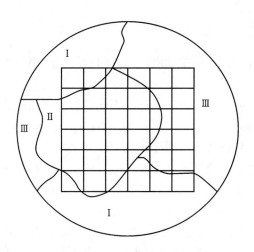

图 11-6 面测法矿物定量示意图

按照相互平行的路线逐个观测每个视域不同矿物所占的小方格数,将数值填入表 11-1。如图 11-6 中,矿物 I 占有 5.8 格,矿物 II 占 21 格,矿物 III 占 9.2 格。一个视域测完后,移动光片进入下一个紧邻的视域。移动时既不能有脱节,也不能有过多重叠。所有平行线上的视域测定完毕,即可得到该光片中所观测矿物分别所占的总格子数,最后统计计算,可得到各矿物的相对含量比。

表 11-1 计算矿石的各个视域中每种矿物所占小方格的数量

视 域	矿物所占小方格数目		
	第一种矿物 N_I	第二种矿物 N_{II}	第三种矿物 N_{III}
1	5.8	21	9.2
2			
⋮			

例如,对矿物 I、II、III 如果各自查数到的累计格子数分别是 N_I、N_{II}、N_{III},则矿物 I 在矿石中的质量分数为:

$$w_I = \frac{N_I \rho_I}{N_I \rho_I + N_{II} \rho_{II} + N_{III} \rho_{III}} \qquad (11-5)$$

式中,ρ_I、ρ_{II}、ρ_{III} 为矿物 I、II、III 的相对密度。

当矿石的矿物组成复杂,难以对各种矿物分别统计时,或仅需要测定某一种矿物的含量时,则统计某种待测矿物的网格数和测到的所有矿物颗粒所占总网格数即可。在这种情况下,该待测矿物在矿石中的质量分数可按下式计算:

$$w = 100 \times n \times \rho_i / (N \times \rho) \qquad (11-6)$$

式中,n,N 为待测矿物所占网格数和测定的总网格数;ρ_i,ρ 为待测矿物的密度和矿石密度。

为保证测量结果的精度,测量的视域数目不能太少。每块光片测定观测 10~20 个视域,可保证 1.0%~1.5% 的精度。对于矿物呈不均匀分布的矿物原料,测定的视域数目还要更多;对于矿物呈极不均匀分布的原料,还需要对多个矿片进行测定。

11.3.4　线测法

线测法的原理是矿片表面不同矿物沿一定方向直线上线段截距的长度百分含量与其在原料中的质量分数相等。

线测法是通过目镜上的直线测微尺来测量不同矿物所占线段截距长度的大小。测量时采用带直线测微尺的目镜，测微尺长度一般为 1cm，等分为 100 个小格，一个小格长0.1mm。将待测矿片（光片或薄片）置于载物台上并夹紧，调好焦距后，在矿片表面的矿物颗粒上就会叠置上一个直线测微尺（图 11-7）。测量时，移动物台将要查测的第一个视域移至光片某一基角，开始查数各个矿物在目镜尺上截取的格子数。一条直线上一个视域接着一个视域查数。测完一条线后。移动物台光片一个 Δ 距离（该距离取估计颗粒平均粒径值，在 1~2mm）继续测定第二条直线上各个矿物的截线距，直到光片全部测完。一次测量不少于 10~20 个视域。按一定方向和间距，通过机械台左右移动矿片，以测微尺为单位统计测微尺在不同矿物表面的线段截距长度，某矿物表面所占的线段长度越长，说明该矿物的含量越高。

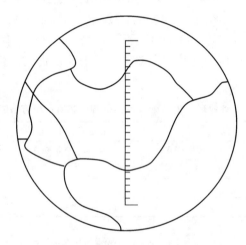

图 11-7　线测法矿物定量示意图

线测法数据统计和计算方法与面测法相同，只是将网格数更换成线段长度即可。

线测法更适合于细粒矿物原料的测定，对于细粒嵌布的矿石，若采用面测法会因颗粒细小占不满一格而难以统计，且会造成测量精度的降低，而线测法则可避免。

若矿石中矿物种类不多，在测定矿物体积含量后，可根据各矿物的相对密度计算各矿物的质量分数。计算公式如下：

$$w_{\mathrm{I}} = \frac{L_1\rho_1}{(L_1\rho_1 + L_2\rho_2 + L_3\rho_3)} \times 100\% \qquad (11\text{-}7)$$

式中，w_{I} 为矿物Ⅰ在矿石中的质量分数；L_1、L_2、L_3 为矿物Ⅰ、Ⅱ、Ⅲ的线长；ρ_1、ρ_2、ρ_3 为矿物Ⅰ、Ⅱ、Ⅲ的相对密度。即某矿物质量分数 $= \dfrac{\text{某矿物体积分数} \times \text{相对密度}}{\sum \text{各矿物体积分数} \times \text{相对密度}} \times$ 100%。

例如，已知某矿石中含有的黄铜矿、黄铁矿、石英，计算各矿物的质量分数。通过对矿石的线测法测量后，获得各矿物的体积分数列入表 11-2 中。

表 11-2 某矿石组成矿物质量分数的计算

组成矿物	体积分数/%	相对密度	体积分数×相对密度
黄铜矿	0.086	4.22	0.36
黄铁矿	0.737	5.12	3.77
石英	0.177	2.65	0.47
总计	1		4.60

由此计算黄铜矿的质量分数 $= \dfrac{0.36}{4.60} = 7.8\%$；黄铁矿的质量分数为 $\dfrac{3.77}{4.60} = 8.19\%$；石英的质量分数 $= \dfrac{0.47}{4.60} = 10.2\%$。

11.3.5 点测法

点测法的原理是矿片上各种矿物表面所占点数之比与各矿物在原料中的体积之比相等。测量时利用带测微网的目镜，以测微网格的交点在矿片上矿物表面分布的多少来测量矿物的含量。

测量时，首先在目镜筒中装入测微网，将视域中不同矿物表面分布的交点数分别统计下来。矿片上出露面积大的矿物占有的交点数就多。如图 11-8 所示，矿石光片上有 4 种矿物，它们分别占有的网格交结数为 n_{I}、n_{II}、n_{III}、n_{IV}；各矿物的相对密度分别为 ρ_{I}、ρ_{II}、ρ_{III}、ρ_{IV}，则矿物 I 在矿石中的质量分数 w_{I} 为：

$$w_{\mathrm{I}} = \frac{n_{\mathrm{I}}\rho_{\mathrm{I}}}{n_{\mathrm{I}}\rho_{\mathrm{I}} + n_{\mathrm{II}}\rho_{\mathrm{II}} + n_{\mathrm{III}}\rho_{\mathrm{III}} + n_{\mathrm{IV}}\rho_{\mathrm{IV}}} \times 100\% \qquad (11-8)$$

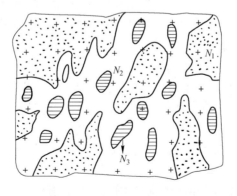

图 11-8 点测法矿物定量示意图

点测法适用于矿物嵌布粒度均匀的矿物原料。对于粗细不均匀嵌布的原料，会漏测细小颗粒，造成测量不准确。

矿石中的其他矿物质量分数也可按类似方法计算。

11.4 化学分析矿物定量法

11.4.1 化学分析定量法的基本原理

化学分析定量法是利用矿石（或矿物原料）的化学成分与组成矿物化学成分的相关性，通过一定的数学运算来进行矿物定量的。该方法不受矿物粒度大小影响，计算结果取决于矿石和组成矿物的化学成分。化学分析矿物定量需要大量分析数据，工作量大，定量精度高，分析成本也高。

为了测定矿石中所用的矿物的含量，需要的基本数据包括：矿石的化学分析结果，矿石的所有组成矿物种类，各组成矿物的化学成分分析结果。根据以上分析数据，可通过列联立方程等数学方法，求出各组成矿物的含量。矿石化学分析提供了某元素在矿石中的总含量，某元素在矿石中的含量由该元素在各矿物中的含量和各种矿物在矿石中的含量确定。因而，利用化学分析法进行矿物定量实际上是对化学分析过程的逆运算。

对于由 n 种矿物 m 种元素组成的矿石（或矿物原料）根据元素平衡可建立如下线性方程组：

$$\alpha_{11}\omega_1 + \alpha_{12}\omega_2 + \alpha_{13}\omega_3 + \cdots\alpha_{1j}\omega_j + \cdots + \alpha_{1n}\omega_n = \alpha_1$$
$$\alpha_{21}\omega_1 + \alpha_{22}\omega_2 + \alpha_{23}\omega_3 + \cdots\alpha_{2j}\omega_j + \cdots + \alpha_{2n}\omega_n = \alpha_2$$
$$\vdots$$
$$\alpha_{i1}\omega_{i1} + \alpha_{i2}\omega_2 + \alpha_{i3}\omega_3 + \cdots\alpha_j\omega_{ij} + \cdots + \alpha_{in}\omega_n = \alpha_i$$
$$\alpha_{m1}\omega_1 + \alpha_{m2}\omega_2 + \alpha_{m3}\omega_3 + \cdots\alpha_{mj}\omega_j + \cdots + \alpha_{mn}\omega_n = \alpha_m$$

式中 α_{ij}——第 i 种元素在第 j 种矿物中百分含量，%；

ω_j——第 j 种元素在矿石中百分含量，%；

α_i——第 i 种元素在矿石中百分含量，%。

上述方程组中，第 i 种元素的元素平衡方程式为线性方程组的通式。其中 $1 \leqslant i \leqslant m$；$1 \leqslant j \leqslant n_\mu$。按照一般数学表达，可将方程组归纳为以下数学表达式：

$$\sum_{j=1}^{n} \alpha_{ji}\omega_j = \alpha_i, \quad i = 1, 2, 3, \cdots, m \tag{11-9}$$

矿石中的矿物种类（n_μ）可采用显微镜、X 射线等方法确定。各矿物某种元素 α 可通过单矿物化学分析、电子探针微区成分分析获得。将已知数据带入方程组中，即可求出矿石中各矿物的含量 ω。

在化学分析矿物定量实际计算过程中，需要注意以下几点：（1）矿物的元素含量值（α_{ij}）应采用该矿物在物料中矿物化学成分的实际真实值，不能简单使用晶体化学结构式的理论值。矿物中类质同象和胶体吸附使矿物的实际元素含量与理论值有着或大或小的偏差。偏差的出现导致矿物定量有较大误差。如闪锌矿（ZnS）理论值的 Zn 含量的 67.10%，而自然界中的闪锌矿含有多少不等的 Fe、Cd、In 等元素，导致 Zn 的含量低于理论值。如吉林某铅锌矿中闪锌矿 Zn 含量为 61.37%，矿石多元素分析 Zn 为 59.11%。如果用闪锌矿理论值计算，闪锌矿量为 88.70%；实际情况是，矿石的闪锌矿含量为 $\dfrac{59.11}{61.37}=$

96.32%，两者误差较大。（2）要选取含量稳定、测试简单可靠的元素分析值作为方程组系数（α_{ji}）。这些元素多属于主元素，类质同象和胶体吸附的微量元素不宜选择为方程组的系数（α_{ji}）。（3）由 n 种矿物组成的矿石，方程组特征元素个数也有 n 个。（4）当利用联立线性方程组不能对矿物进行定量计算时，可利用元素的物相分析对矿物进行方柱定量。若矿石中某一元素仅赋存在一种矿物中，则可将该元素作为该种矿物的特征元素，分析该元素在矿石中和矿物中的含量，直接计算出该种矿物含量。

化学分析定量法根据矿物性质不同，其分析和计算方法有一定差异。

11.4.2 硫化物矿物计算

硫化物矿物的主元素组成简单、含量稳定，与矿物相关性强。在矿物原料中硫化物定量计算较为简单。例如，某硫化物矿石的化学分析结果为：Cu：0.997%，Zn：39.164%，Fe：23.652%，S：33.508%。主要硫化物矿物有闪锌矿、黄铜矿、黄铁矿、磁黄铁矿。求矿石中硫化物矿物的含量。

（1）单矿物的元素含量。闪锌矿：$w(Zn)=56.7\%$，$w(Fe)=10.0\%$，$w(S)=33.3\%$；黄铜矿：$w(Cu)=34.6\%$，$w(Fe)=30.4\%$，$w(S)=34.9\%$；黄铁矿：$w(Fe)=46.5\%$，$w(S)=53.5\%$；磁黄铁矿：$w=(Fe)$ 63.5%，$w(S)=36.5\%$。

（2）列线性方程组。设矿石中黄铜矿的质量分数为 w_{Cp}，闪锌矿质量分数 w_{Sp}，黄铁矿的质量分数为 w_{Py}，磁黄铁矿的质量分数为 w_{Pyr}。建立在元素平衡基础上的线性方程组为：

$$\begin{cases} 34.6w_{Cp}=0.997 \\ 56.7w_{Sp}=39.164 \\ 30.4w_{Cp}+10w_{Sp}+46.5w_{Py}+63.5w_{Pyr}=23.652 \\ 34.9w_{Cp}+33.3w_{Sp}+53.5w_{Py}+36.5w_{Pyr}=33.508 \end{cases}$$

（3）求解方程组得到：$w_{Cp}=2.88\%$，$w_{Sp}=69\%$，$w_{Py}=1.32\%$，$w_{Pyr}=24\%$。

11.4.3 碳酸盐、含 H_2O 和 [OH] 矿物的计算

矿物成分特点是含有在加热时能挥发的 CO_2、H_2O 和能转变成 H_2O 的 $[OH]^-$。某些碳酸盐矿物（如方解石、白云石、菱镁矿）有相近的矿物学性质，在显微镜下不宜区分。在氧化矿石中，也可以有含 H_2O 和 [OH] 的有用矿物。差热分析时，在这些含有挥发分组分的矿物中，每种矿物在其分解温度点能产生吸热反应并放出气体，表明采用示差热天平可对这类矿物进行定量分析。在矿石中用示差热天平测定出 800℃分解产生 $w(CO_2)=$ 18.5%，960℃分解产生 $w(CO_2)=21.90\%$，现已知白云石中的 $MgCO_3$ 的分解温度为800℃，900℃是白云石中 $CaCO_3$ 或独立 $CaCO_3$（方解石）的分解温度，则样品中独立 $CaCO_3$（方解石）的 $w(CO_2)=21.9\%\sim18.5\%$。矿石样品中方解石的量 $=(21.9-18.5)\times$ $\dfrac{CaCO_3}{CO_2}=3.4\times\dfrac{100}{44}\times100\%=7.72\%$；矿石样品中白云石的量 $=18.5\times\dfrac{CaCO_3}{CO_2}+\dfrac{MgCO_3}{CO_2}=18.5\times$ $\left(\dfrac{100}{44}+\dfrac{84}{44}\right)\times100\%=77.33\%$。

对于矿石中某些含水矿物的测定，可采用示差热分析方法，分别测定矿石在不同温度下分解产生的结构水量，计算出不同矿物含量。绿泥石、蛇纹石、滑石的分解温度见表11–3。如含有绿泥石、滑石、蛇纹石等的矿石，在不同温度下测定结果为：650℃时含水量为1.5%，760℃含水量3.1%；960℃时含水量0.8%。据此计算三种矿物含量为：绿泥石11.54%，蛇纹石23.775%，滑石16.8%。

表11–3 绿泥石、蛇纹石、滑石的分解温度

矿物	分子式	分解温度	产生气相
绿泥石	$5MgO \cdot Al_2O_3 \cdot 3SiO_2 \cdot 4H_2O$	650℃	H_2O 含量 13.00%
蛇纹石	$6MgO \cdot 4SiO_2 \cdot 4H_2O$	760℃	H_2O 含量 13.04%
滑石	$3MgO \cdot 4SiO_2 \cdot H_2O$	960℃	H_2O 含量 4.76%

褐铁矿（$Fe_2O_3 \cdot nH_2O$）在 125~150℃ 时分解出胶体水，在 300~360℃ 时 FeOOH 破坏逸出水。矾类矿物（如胆矾（$CuSO_4$）$5H_2O$）和含（OH）的碳酸盐矿物（如孔雀石、蓝铜矿、水锌矿（$Zn_5(CO_3)_2(OH)_3$））等，都可以采用示差热分析方法测定分解温度和逸出水量。

11.4.4 孔雀石和蓝铜矿的计算

某铜矿床氧化矿石含有孔雀石、蓝铜矿、硅孔雀石、赤铜矿和自然铜等。经过测定在400℃时分解产生 $\varphi(H_2O) = 1.2\%$，在1100℃分解产生 $\varphi(CO_2) = 4.1\%$。求孔雀石和蓝铜矿的量。

400℃和1100℃是两者的分解温度。孔雀石化学式为 $CuCO \cdot Cu(OH)_2$，有 1 个 CO_2 和 1 个 H_2O。蓝铜矿的化学式为 $2CuCO_3 \cdot Cu(OH)_2$，有 2 个 CO_2 和 1 个 H_2O。设矿石中孔雀石和蓝铜矿含量的分子数比为 1：φ_m，则矿石中孔雀石和蓝铜矿析出 $\varphi(H_2O)$ 和 $\varphi(CO_2)$ 的比为：

$$\frac{\varphi(H_2O)}{\varphi(CO_2)} = \frac{(1+\varphi_m) \times H_2O}{(1+\varphi_m) \times CO_2} = \frac{(1+\varphi_m) \times 18}{(1+2\varphi_m) \times 44} = \frac{1.2}{4.1}$$

$\varphi_m = 0.64$，这里是分子数比，不是质量比。

$$孔雀石量 = 孔雀石产生 \varphi(H_2O) \times \frac{CuCO_3Cu(OH)_2}{H_2O}$$

$$= 矿石 400℃ 时产生 \varphi(H_2O) \times \frac{1}{1+\varphi_m} \times \frac{123.55+97.55}{18} = 8.99\%$$

$$蓝铜矿的量 = 孔雀石量 \times \frac{蓝铜矿相对分子质量}{孔雀石相对分子质量} \times \varphi_m = 8.99\% \times \frac{334.65}{221.1} \times 0.64 = 8.7\%$$

从上述计算可知，孔雀石和蓝铜矿含量近似为18%。分解产生的水却仅1.2%。若差热分析试样质量为0.1g，则 $\varphi(H_2O) = 1.2\%$ 的体积仅占1.49mL。因此气体体积测定上稍有出入就可能造成较大误差。故而在应用此法确定孔雀石和蓝铜矿含量时需慎重，或增加试样质量到1g，或先用标样确定仪器精度等减少误差。

11.4.5　不含水硅酸盐矿物的计算

对于不含水的硅酸盐矿物可以结合不同矿物化学成分特点，在矿石化学分析基础上分别定量计算。例如某矿石的矿物种类主要有硅灰石（$CaO \cdot SiO_2$）、方解石（$CaO \cdot CO_2$）、透辉石（$CaO \cdot MgO \cdot 2SiO_2$）、钙铝榴石（$3CaO \cdot Al_2O_3 \cdot 3SiO_2$）、石英（$SiO_2$）、磁铁矿（$Fe_3O_4$）和少量硫化物矿物，矿石的化学成分总量为 98.52%，各分析组分分别为：CaO：42.66%，MgO：1.45%，Al_2O_3：1.23%，SiO_2：29.28%，CO_2：17.15%，Fe：4.89%，S：0.53%。不同矿物的成分按照分子式的理论成分计算，要求计算不同矿物的含量。

为简化计算，不考虑硅酸盐矿物中可能的微量类质同象形式的 Fe，将 Fe 含量全部计入磁铁矿中。不同矿物的含量计算如下：

（1）根据矿石中（CO_2）含量，计算方解石含量及其所占 CaO 的量。方解石含量 $= w(CO_2)$（化验值）$\times \dfrac{CaCO_3 \text{相对分子质量}}{CO_2 \text{相对分子质量}} = 17.5\% \times \dfrac{100}{44} = 39.77\%$；方解石中 CaO 含量 $= w(CO_2)$（化验值）$\times \dfrac{CaO \text{相对分子质量}}{CO_2 \text{相对分子质量}} = 17.5\% \times \dfrac{56}{44} = 22.27\%$。

（2）根据矿石中 MgO 含量，计算透辉石含量及占有的 CaO 和 SiO_2 量。透辉石中 CaO、MgO 和 SiO_2 的分子数比为 $1:1:2$。透辉石含量 $= w(MgO)$（化验值）$\times \dfrac{\text{透辉石相对分子质量}}{MgO \text{相对分子质量}} = 1.45\% \times \dfrac{56+40+(2 \times 60)}{40} = 7.83\%$；透辉石占有 CaO 量 $= w(MgO)$（化验值）$\times \dfrac{CaO \text{相对分子质量}}{MgO \text{相对分子质量}} = 1.45\% \times \dfrac{56}{40} = 2.03\%$；透辉石占有 SiO_2 量 $= w(MgO)$（化验值）$\times \dfrac{2 \times Si_2 \text{相对分子质量}}{MgO \text{相对分子质量}} = 1.45\% \times \dfrac{(2 \times 60)}{40} = 4.35\%$。

（3）根据矿石中 Al_2O_3 含量，计算钙铝榴石含量及其占有的 CaO 和 SiO_2 含量，钙铝榴石中 CaO、Al_2O_3、SiO_2 量的分子数比值为 $3:1:3$。钙铝榴石 $= w(Al_2O_3)$（化验值）$\times \dfrac{\text{钙铝榴石相对分子质量}}{Al_2O_3 \text{相对分子质量}} = 1.23\% \times \dfrac{(3 \times 56)+102+(3 \times 60)}{102} = 5.43\%$；钙铝榴石占有 CaO 量 $= w(Al_2O_3)$（化验值）$\times \dfrac{3 \times CaO \text{相对分子质量}}{Al_2O_3 \text{相对分子质量}} = 1.23\% \times \dfrac{(3 \times 56)}{102} = 2.03\%$；钙铝榴石占有 SiO_2 量 $= w(Al_2O_3)$（化验值）$\times \dfrac{3 \times SiO_2 \text{相对分子质量}}{Al_2O_3 \text{相对分子质量}} = 1.23\% \times \dfrac{(3 \times 60)}{102} = 2.17\%$。

（4）根据剩余 CaO 含量，计算硅灰石量及其占有的 SiO_2 量。硅灰石中 CaO 量 $= CaO$ 总量－方解石占有量－透辉石量占有量－钙铝榴石占有量 $= 42.66\% - 21.83\% - 2.3\% - 2.03\% = 16.5\%$。

硅灰石中 CaO 与 SiO_2 物质的量之比为 $1:1$。

硅灰石的量 $=$ 硅灰石占有 CaO 量 $\times \dfrac{CaSiO_3 \text{相对分子质量}}{CaO \text{相对分子质量}} = 16.77\% \times \dfrac{56}{60} = 15.65\%$；

硅灰石占有 SiO_2 量 $=$ 硅灰石占有 CaO 量 $\times \dfrac{SiO_2 \text{相对分子质量}}{CaO \text{相对分子质量}} = 16.77\% \times \dfrac{60}{56} = 17.97\%$。

（5）根据剩余 SiO_2，计算游离石英的含量。石英含量 = SiO_2 总量 – 硅灰石、透辉石、钙铝榴石占有 SiO_2 之和 = 29.285% – 17.97% – 4.35% – 2.17% = 4.79%。

（6）根据含铁量，计算磁铁矿含量。将矿石中全部铁计入磁铁矿，则磁铁矿含量 = 矿石中 Fe（化验值）$\times \dfrac{\text{磁铁矿相对分子质量}}{3\times\text{Fe 相对原子质量}}$ = 4.89% $\times \dfrac{(3\times55.85)+(4\times16)}{3\times55.85}$ = 6.75%。

通过以上计算结果，矿石中方解石为 39.77%，透辉石为 7.83%，钙铝榴石为 5.43%，硅灰石为 15.65%，石英为 4.79%，磁铁矿为 6.75%，矿物总量为 98.51%。

11.5　仪器定量分析

11.5.1　激光显微光谱矿物定量

激光显微光谱（laser micro-spectrography）分析仪由显微镜、激光器、电源和摄谱仪等四部分组成。它是以激光作能源在显微镜下使样品气化的一种光谱分析方法。通过显微镜观察到的矿物光性和物性特征，加上激光激发矿物所测定的成分，就能准确无误地鉴定各种矿物。对稀有元素矿物的鉴定尤为有效。对于大多数稀有元素矿物，可根据矿物元素的谱线特征区分。如砷钇矿以砷和钇的谱线为特征，并且 As Ⅰ 278.02nm 和 Y Ⅱ 280.1nm 黑度相等。钛铁矿以钛和铁的谱线为特征，并且 Ti Ⅱ 307.52nm 和 Fe Ⅱ 275.57nm 或 Ti Ⅱ 284.19nm 和 Fe Ⅱ 285.83nm 黑度相等。

定量测定的矿石样品，需要预先经过破碎、系统筛分和分离。样品破碎粒级、破碎方法和系统筛分级数，要根据待定矿物粒度变化与工作目的确定。破碎后应使研究的矿物在矿石中最大限度地解离，并尽量使单体矿物的晶体不受破坏。筛分级数一般为：0.019 ~ 0.037mm，0.037 ~ 0.074mm，0.074 ~ 0.104mm，0.104 ~ 0.147mm，0.147 ~ 0.208mm 和大于 0.208mm 数级。激光测定取样量较少，几毫克到几百微克即可。要求所取样品确保有一定代表性。缩分的样品采用四分法，经过几次缩分后，剩下约 300 颗矿物，即可做激光测定。

激光显微光谱定量测定采用数粒法和测粒度法。

（1）数粒法就是统计定量样品中各种矿物的颗粒百分数，依次代表它们各自的体积分数。在映谱仪下观察各个矿物的光谱带特征，确定每颗矿物名称和样品中矿物种类。将同一种矿物颗粒数累计相加，得出各种矿物的颗粒数，以进行测定的全部矿物颗粒总数去除，即得出样品里各种矿物的颗粒百分数。数粒法简便、快速，在矿物粒级划分比较细的情况下，用它来测定矿物量能够获得较高的准确度。

（2）测粒度法是在逐个对每颗矿物用激光激发摄谱时，测出每颗矿物的粒度大小，精确到 0.001mm，逐个计算每颗矿物体积。如果矿物是正方形或球体，则只测矿物的一个边长或直径；如果矿物是柱状，需测出矿物的长和宽；如果矿物是板状，需测出矿物的长、宽和厚度，由此计算出每颗矿物的体积。将同一种矿物的所有颗粒的体积累积相加，得出重砂样品中该矿物的体积。分别计算出样品里各种矿物的体积后，用所有矿物体积总和去除各种矿物的体积，就相应得到各类矿物的体积分数。

11.5.2　自动图像分析仪矿物定量

自动图像分析仪（automatic unit for stereometric image analysis）由探测成像系统、数据

处理系统、显示系统等组成。测试时，将磨制成光薄片的样品置于样品台上，通过成像系统的显微镜，将待测物像放大 3.2~100 倍（显微镜的分辨率 1μm）。扫描器的光导摄像管安装在显微目镜上，用它对显微镜视域进行系统扫描。扫描时根据各矿物物像亮度不同将物像转换成不同电平的脉冲信号。每类电频脉冲的宽度取决于每个矿物颗粒面积中的图像点数。面积愈大，点数愈多，该电频脉冲宽度愈宽（一个光导摄像管面上约有 $6×10^4$ 个图点）。将光导摄像管（扫描器）取得的电信号同时分别输送到荧光屏和选平不见探头上。进入荧光屏的扫描视频信号经过放大 30 倍后转换成样品物像呈现于荧光屏上。探头利用自身一个可调节的电阻（阈值）来圈定图像中待测矿物的边界。方法是选取一个电压（阈值），用它与扫描视频信号进行比较，其交点就是该待测矿物的边界。进行矿物定量测定时，对阈值的控制分别依次检测矿石光片上各种矿物，直到全部测试完毕。数据处理系统根据预先编制的程序，对探头传送过来的矩形脉冲进行积分，就可得到待测矿物的面积值。

自动图像分析仪对于矿石矿物组成简单（如对条带磁铁矿石）、黑白分明、反差大的矿物，测定效果较好。

11.5.3　全自动矿物解离分析仪

全自动矿物解离分析仪（mineral libeiration analyser，MLA）是工艺矿物学参数自动定量分析测试系统由扫描电镜、EDAX 能谱以及工艺矿物参数自动分析软件等组成。利用背散射电子图像区分不同物相，可以分析快速、全面准确鉴定矿物。其充分利用现代图像分析技术获取工艺矿物学参数，能够获得矿物嵌布粒度分布、目标矿物解离度（基于目标矿物质量百分数）、目标矿物与其他矿物连生及程度分布、产品磨矿粒度分布以及欲回收目标矿物计算的精矿品位与回收率关系曲线等，集扫描电镜和能谱分析仪于一体，快速测定矿物解离度是该系统的主要分析功能之一。

在测试过程中，利用扫描电镜和能谱分析仪可以将连生的矿物相分离：扫描电镜电子束照射到不同的矿物相时，不同矿物的背散射电子图像有清晰的明暗变化，利用这种差异即可将连生的矿物相分离；如果某些矿物相平均原子序数相近甚至相同时，则用能谱仪对连生的矿物相进行密集打点，采集成分信息，利用成分的不同分离连生的矿物相（图 11-9）。

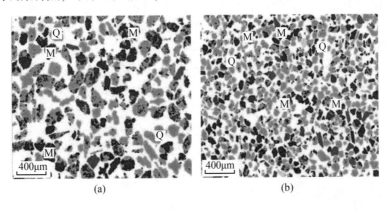

(a)　　　　　　　　　　　(b)

图 11-9　某铁矿床磁铁矿石 MLA 自动分析仪扫描图像

Q—石英；M—磁铁矿

将矿物相分离后，利用能谱仪采集矿物相的能谱谱图，与数据库中的谱图比对，从而确定矿物相的种类。利用背散射电子图像区分不同物相，用能谱快速鉴定矿物并采集相关信息，使解离度的测定实现了自动化，其测定结果的准确性和可重复性得到很大的提高。MLA 的扫描电镜功能可对不同粒度下矿物的解离情况进行对照，直观清晰地显示矿物的解离度、粒度和形态。

11.5.4　差热分析

差热分析（differential thermal analysis，DTA）是一种重要的热分析方法，是在程序控温下，测量物质和参比物的温度差与温度或者时间关系的一种测试技术。该法广泛应用于测定物质在热反应时的特征温度及吸收或放出的热量，包括物质相变、分解、化合、凝固、脱水、蒸发等物理或化学反应。

差热分析是根据不同温度下出现不同热反应的原理对矿物进行鉴定。矿物在加热过程中会出现两种热反应：一种是放热反应，在加热矿物样品时发生重结晶形成新矿物，发生氧化还原反应；另一种是吸热反应，在加热矿物样品时发生脱水、分解、多晶转变及晶体结构破坏等化学反应。在测试过程中，将会发生热反应的待测矿物与不会发生热反应的某种一致标样（标准矿物或中性体）一同放在加热炉中加热升温或降温。当加热或冷却到某个温度点时，待测样品由于发生热反应使它与标样之间温度不一致。

如果待测样品中发生吸热反应，则待测样品在热反应时因吸收一定热量，使得它的升温速度比标样相对缓慢，待测试样的温度比标准试样的温度低；如果待测试样发生放热反应，则待测试样的升温速度相对于标样要快，待测试样的温度比标样的温度要高。由于试样与标样之间在某温度点下存在着固有的温度差，可将它们的温度差绘成差热曲线。在矿物鉴定时，将试样的差热曲线与查阅的有关手册中的已知矿物差热曲线进行对比，如果相互之间能吻合，即可确定待测样品的矿物名称。

样品要求：要有一定细度，为 -0.075mm。样品过筛后，在低于 100℃下干燥。样品尽可能提纯，对于小于 5% 含量矿物不能鉴定。分析对象是含水矿物、易分解，如碳酸盐、黏土矿物等。

热重分析法（thermal gravimetry，TG）是通过测定矿物在加热过程中重量变化鉴定矿物的方法。许多矿物如黏土矿物碳酸盐矿物等，在加热过程中会脱水，放出二氧化碳等气体，或有机物燃烧，而使试样的重量减少。有些矿物在受到氧化时，使试样的重量增加。热重分析法就是根据这些特点达到鉴别矿物的目的。

热重分析使用热天平、扭力天平和石英弹簧法。使用最多的是热天平法。在矿物鉴定时，可将热重分析与差热分析配合使用，将热重曲线与差热曲线结合一起进行综合分析。热重曲线是以重量变化为纵坐标，以温度或时间变化为横坐标，作图得到重量-温度变化曲线。矿物中的吸附水脱水温度低于 110℃，结晶水在 200～500℃逸出，结构水在 500～900℃逸出。

12 元素赋存状态分析

元素在矿石中的存在形式有三种：独立矿物、类质同象、离子吸附。元素赋存状态分析的主要内容：（1）查明有益、有害元素的存在形式；（2）查明元素在矿物中的分布、配分及其比值；（3）为有价元素和矿物的利用提供必要的数据；（4）查明矿石结构构造矿物共生组合的关系；（5）根据元素赋存状态的研究资料，拟定合理的分选流程，预测合理的回收指标。

从当前工艺处理来看，微细矿物或矿物包裹体、类质同象、离子吸附这三种元素存在形式有其相似之处，故有时又将它们统称为矿石中的"分散量"。它们与选别工艺处理关系极大。构成独立矿物的有用元素，当结晶粒度大于 0.02mm 时，基本可用现行的机械分选手段予以有效回收；粒度 10μm 以下，一般难以用现有的机械选矿方法回收（当前浮选的有效粒度是 5μm），对于这种极其细微的独立矿物可以通过火法冶金改变其结晶状态，或者用湿法冶金予以处理。至于以类质同象方式存在于载体矿物中的有用元素，通常采取的办法是选取载体矿物，然后从载体矿物的精矿中去回收。对离子吸附状态存在的元素，一般不列入选矿工艺加工对象中，而要单独采用一些特殊手段来解决。

元素赋存状态研究的基本步骤为：

（1）运用显微镜、扫描（透射）电镜进行矿石矿物组分鉴定；

（2）作光谱分析、化学分析，准确测定矿石、矿物的化学成分；

（3）将矿石进行分选，并对各分选产品进行化学分析，以查定该元素在各分选产品中分散或集中的情况；

（4）采用物相分析等手段查明元素在矿石中的赋存形式，测定该元素所有载体矿物在矿石中的含量；

（5）挑选出单矿物作化学定量分析，进行晶体化学计算，确定元素的矿物中的含量；

（6）对于微细矿物可采用电镜、电子探针等仪器查明元素的存在形式；

（7）进行元素在矿石原料中不同矿物的配分和平衡计算；

（8）将该元素在各矿物中的总含量与矿石品位对比，若低于矿石品位，则说明尚有部分有益元素存在于未被发现的矿物，还需用其他方法补充查定；

（9）编制元素赋存状态报告。

12.1　元素在矿石中的存在形式

12.1.1　独立矿物形式

元素呈独立矿物存在时，该元素是矿物的主要和稳定的组成成分之一，并占据矿物晶体结构位置；在一定物理化学条件下，具有相对稳定性。独立矿物在矿石中的赋存状态从结晶程度上可分为结晶质、隐晶质、胶体，从颗粒大小可以划分出由肉眼或显微镜下可以鉴定的矿物（矿物颗粒粒径>0.001mm）。微细矿物是以微小颗粒（粒度小于 $3\sim5\mu m$）分布在矿石中，或以包裹体形式存在于其他矿物中。贵金属元素、铂族元素、稀土元素矿物多数呈微细矿物赋存在矿石中。

形成独立矿物与元素的丰度有关：常量元素一般都能形成它们的独立矿物，微量元素则视其晶体化学性质是否与某些常量元素相同而异。（1）如果相同，则微量元素势必以类质同象混入物的形式分散在常量元素的矿物晶格中，无法达到饱和，也就不能形成它们自己的独立矿物；（2）如果不同，则该微量元素在常量元素逐渐晶出之后，能够相对富集并形成自己的独立矿物。

铷和铯就是一对很典型的例子。地壳中铷的丰度为 90×10^{-6}，铯的地壳丰度为 20×10^{-6}。铯有时可形成自己的独立矿物，如铯榴石，铷则全部分散在含钾的矿物晶格中。这是因为铷的晶体化学性质与钾非常近似，与钾呈类质同象。铯的离子半径大，不容易进入其他元素的矿物晶格中。

12.1.2　类质同象形式

矿物类质同象是很普遍的一种现象。类质同象是矿物晶格中相类似的元素相互代替而不改变晶体结构的现象。呈类质同象的元素与独立矿物形式不同，通常不是矿物晶格中的主要和稳定成分，以次要或微量组分的形式进入矿物晶格。呈类质同象的元素与主要组成元素在地球化学性质相似。如稀有分散元素多以类质同象赋存在氧化物矿物中。含有所研究元素的矿物称为某种元素的载体矿物。如方铅矿、闪锌矿等是元素 Ga、In、Cd 的载体矿物（表 12-1）。在我国一些铅锌矿床、钼矿床、多金属硫化物矿床中，赋存有稀有金属，具有重要的综合利用价值（表 12-2）。

表 12-1　稀有分散元素常见载体矿物

载体矿物	含有的稀散元素
辉钼矿（MoS_2）	Re、Se
黄铜矿（$CuFeS_2$）	Te、Se
黄铁矿（FeS_2）	Te、In
方铅矿（PbS）	Cd
橘色闪锌矿（ZnS）	Tl、Ge、Ga
褐色闪锌矿（ZnS）	In、Ga、Se
密黄色闪锌矿（ZnS）	Te、Nb
深-蓝色闪锌矿（ZnS）	Ta、In
锡石（SnO_2）	Ge、Hf、In
锆石（ZrO_2）	Sc
黑钨矿（Fe，Mn）WO_4	Ta、Nb
磷灰石（Ca）PO_4	Th（稀土，主要是 Ce）
萤石（CaF_2）	Y、Rb
正长石（天河石）	Cs、Rb
光卤石、钾盐	Cs

表 12-2　部分矿床中的共生元素

矿　床	主要金属元素	共生分散元素
金顶铅锌矿	Pb、Zn	Cd、Tl
凡口铅锌矿	Pb、Zn	Cd、Ga、In、Ge、Tl
水口山铅锌矿	Pb、Zn	Cd、Se、Te、Tl
青城子铅锌矿	Pb、Zn	Ga、In、Ge
个旧锡多金属矿床	Sn、Zn、Cu	In、Cd、Ga、Ge
大厂锡多金属矿床	Sn、Zn、Pb、Sb	In、Ga、Ge、Cd
都龙锡多金属矿床	Sn、Zn	In、Cd
城门山铜多金属矿床	Cu、Zn	Se、Te、Tl、Ga
七宝山铁铜矿床	Fe、Cu、Pb、Zn	Ga、Ge、In、Cd、Te
德兴铜矿床	Cu、Au	Re、Co
金川铜镍矿床	Cu、Ni	铂族元素
山门银矿床	Ag、Zn、Pb	Cd、Se、Te
破山银矿床	Ag、Pb、Zn	Cd、Se
杨家杖子钼矿	Mo	Re
栾川钼矿	Mo	Re
万山汞矿	Hg	Te、In、Tl、Se、Cd
公馆汞锑矿床	Hg、Sb	Tl、In、Se、Te、Cd、Ga、Ge
箭猪坡锑多金属矿床	Sb、Sn、Zn	Cd、Tl、In、Ga、Ge、Se、Te
高松山金银矿床	Au、Ag、Cu	Se、Te

　　类质同象是微量元素分配结合的规律，遵循戈尔德施密特法则和电负性法则。戈尔德施密特法则考虑电价、半径因素，适用于结晶过程中的离子键化合物。（1）若两种离子电价相同、半径相似，则半径较小的离子优先进入晶格。较小离子半径的元素集中于较早期结晶的矿物中，而较大离子半径的元素集中于较晚期结晶的矿物中。如 Mg、Fe；Mn 进入角闪石、黑云母等较晚结晶矿物中。（2）若两种离子半径相似而电价不同，则较高价离子优先进入晶格，集中于较早期结晶的矿物中，称为"捕获"；而较低价离子集中于较晚期结晶的矿物中，称为"容许"。（3）隐蔽法则：若两种离子电价相同、半径相似，则丰度高的主量元素形成独立矿物，丰度低的微量元素将按丰度比例进入主量元素的矿物晶格，即微量元素被主量元素所隐蔽。

　　林伍德的电负性法则适用于非离子键性化合物。（1）当阳离子的离子键成分（键强弱）不同时，电负性小的离子优先进入晶格，形成较强的、离子键成分较多的键。例如：Zn^{2+} 半径 0.083nm，电负性 857.7kJ/mol；Fe^{2+} 半径 0.083nm，电负性 774kJ/mol；Mg^{2+} 半径 0.078nm，电负性 732kJ/mol；三者中 Mg^{2+} 的半径小、电负性小，最先进入硅酸盐矿物晶格，如橄榄石；Fe^{2+} 的半径与 Zn^{2+} 相同，但电负性较小，在 Mg^{2+} 后进入硅酸盐矿物晶格，如橄榄石、辉石等；Zn^{2+} 因电负性较大，难进入早期硅酸盐矿物晶格。（2）内潜同晶。两种离子浓度大致相等，一种元素以分散量进入另一元素的晶格内，可以分出主要元素和次要元素时，次要元素就隐蔽在主要元素。（3）内潜同晶链。多个性质相似的元素依次连续地内潜同晶称为内潜同晶链，如钛铌钙铈矿 $(Na, Ce, Ca)(Ti, Nb)_2O_6$。

微量元素在地球系统各体系中的含量低小于 0.1%，常不能形成自己的独立矿物，而是分散在其他元素构成的矿物晶格中。类质同象对微量元素的分配、结合具有特殊的意义：

（1）类质同象制约了岩石中微量元素与主量元素的共生组合。例如 Ni、Co 等元素集中在超基性岩中，与这些元素和 Fe、Mg 主量元素呈类质同象有联系。

（2）类质同象制约了元素在共生矿物间的分配。一种元素在同一岩（矿）石各组成矿物间的分配往往极不均匀，这种不均匀分配受结晶化学和热力学多方面的控制，但主要受类质同象规律和分配定律的制约。如 Ba、Rb、Pb 在硅酸盐矿物中主要类质同象 K，因此在富 K 的长石和黑云母中 Ba、Rb、Pb 的含量也高。贫 K 矿物斜长石等 Ba、Rb、Pb 的含量则低。

（3）支配微量元素在交代过程中的行为：在交代过程中系统往往是开放的，在主量元素发生迁移的同时，与主量元素发生类质同象的微量元素也会发生类似的迁移。如钾长石交代钠长石时，Sr^{2+} 随 Na^+ 从晶格迁出，而 Rb^+ 则随 K^+ 带入。

（4）类质同象的元素比值可作为地质作用过程和地质体成因的标志。例如黄铁矿中的 Co/Ni 可以确定矿床成因，Co/Ni = 0.28；$(w(Co)/w(Ni)) > 1$ 为岩浆热液成因矿床；$(w(Co)/w(Ni)) < 1$ 为沉积成因矿床。

（5）类质同象的标型元素组合。同一种矿物在不同成因条件下往往有不同特征的类质同象元素组合，据此可以推测矿物的形成环境。例如，磁铁矿 $(Fe^{2+}O \cdot Fe_2^{3+}O_3)$ 有两个类质同象系列：

1）Fe^{2+} 类质同象系列。Mg^{2+}、Co^{2+}、Ni^{2+}、Zn^{2+}、Cu^{2+}、Cr^{3+} 等，富 Mg^{2+}、Co^{2+}、Ni^{2+}、Cr^{3+}、V^{3+}——基性超基性岩，富 Mg^{2+}、Zn^{2+}、Cu^{2+}、Ga^{3+}——接触交代变质型碳酸岩。

2）Fe^{3+} 类质同象系列。Al^{3+}、Sn^{4+}、V^{3+}、Ge^{4+}、Mn^{3+}、Ti^{4+} 等，富 Al^{3+}、Sn^{4+} 而贫 Mg^{2+}——酸性岩，富 V^{3+}、Ge^{4+}、Mn^{2+}——沉积变质岩。

（6）类质同象影响微量元素的集中和分散。在岩浆结晶分异过程中，能够与主量元素发生类质同象的微量元素会"晶体化学分散"。例如 Rb 因与 K 呈类质同象而分散。不能与主量元素发生类质同象的微量元素，则在残余熔体中富集，有可能在适当的条件下形成副矿物，或者转入岩浆期后热液中富集成矿，即"残余富集"。例如，Be（半径 0.035nm）有两种形式：Be^{2+} 与 $(BeO_4)^{6-}$。在碱性岩中，Be^{2+} 的丰度较大，为 $(7\sim9)\times10^{-6}$，富 K^+、Na^+ 和高价 REE^{3+}、Ti^{4+} 等离子；在碱性介质中，酸根形式存在的 $(BeO_4)^{6-}$ 与 $(SiO_4)^{4-}$ 发生类质同象而分散。如在长石中，$(BeO_4)^{6-} + REE^{3+} \rightarrow (SiO_4)^{4-} + (K、Na)^+$；在辉石中，$(BeO_4)^{6-} + Ti^{4+} \rightarrow (SiO_4)^{4-} + Mg^{2+}$。在酸性岩中，Be 的丰度较小，为 $(3\sim5)\times10^{-6}$，以 Be^{2+} 形式存在，不与主量元素 Si 发生类质同象，而可富集成矿，如绿柱石。

自然界中大量稀有、稀土元素均呈类质同象赋存于其他矿物中，尤其是在含 Ca 的造岩矿物中。稀有、稀土元素的类质同象多是不等价置换的，也有部分矿物中含有较高的稀有、稀土元素，并非都是类质同象，而是可能含有稀有、稀土独立矿物的细微包裹体。分散在某些工业矿物中的稀有、稀土元素具有综合利用的价值。

12.1.3　离子吸附形式

离子吸附是指元素呈吸附状态存在于某种矿物中。根据吸附性质可分物理吸附、化学吸附和交换吸附三种。被吸附的元素可以是简单阳离子、络阴离子或胶体微粒。其载体矿物主要与黏土矿物有关。吸附状态的形成主要是原生矿物因物理风化作用被磨蚀分解，在一定条件下形成荷电的胶体质点，或因化学风化作用分解成离子或分子状态，荷电的离子或胶体质点吸附于荷异电的矿物中。

在风化壳中稀有、稀土元素可以被胶体矿物——蒙脱石、多水高岭石、铁和锰的氢氧化物所吸附，在风化壳中富集。稀有、稀土元素被黏土矿物吸附的能力随原子序数的增加和半径的减小而减弱，即 ΣCe 被吸附的能力大于 ΣY。呈离子状态被黏土矿物吸附的稀有、稀土元素，可以富集成规模巨大的离子吸附型矿床。

12.2 矿物微区分析

矿物微区分析是对矿物的某一微小区域进行成分分析、形貌观察、结构测定和其他物理性质测定。矿物微区分析的特点是微区、微粒、微量；采用仪器在微米范围内（电子探针和离子探针分析区域在 1 或几个平方微米）对颗粒直径在微米级的矿物微粒进行鉴定，样品用量少（可以达 $10^{-9}g$），简便快捷；可直接在光薄片上进行分析，与矿物的光学性质密切结合；制样和分析程序简单，不需要提取纯矿物，特别是对难以分离的微细、杂和连生体矿物的分析更是有效；计算机分析程序可自动进行分析结果，减少人为误差。

矿物微区分析测试技术有电子探针、离子探针、质子探针、扫描电子显微镜、透射电子显微镜、激光显微发射光谱仪等。其共同特征是根据波谱学电子光学、激光光学的基本原理对矿物微区内形态、成分、结构进行分析。对矿物的化学成分测定时，采用电子探针的精度较好，离子探针的灵敏度最高（10 亿分之一）。对矿物微区的结构分析，可测定微区范围内的晶体的晶格缺陷、固溶体的离溶、双晶、相变以及各种包裹体的结构等。采用扫描电镜（SEM）和透射电镜（TEM）可直接观察微区范围内的细分散物质的形貌。电子探针与扫描电镜结合可对微粒、微量和连生体矿物进行观察和成分鉴定。

12.2.1 透射电子显微镜分析

透射电子显微镜（transmission electron microscope，TEM），采用电子束作光源，用电磁场作透镜。透射电子显微镜的工作原理是一单色、单向、均匀且高速的微电子束与薄试样相互作用时，束中的部分电子激发出与试样相关的二次电子、背散射电子、特征 X 射线和俄歇电子等信息。穿过试样的电子束被散射偏离原有方向的叫作散射电子束，未被散射的叫作透射电子束。这两类电子束皆可用于成像。能获得衬度完全相反的两种像——取透射电子束经过物镜聚焦的像叫明场像；取散射电子束经过物镜聚焦的像叫暗场像。经过中间镜和投影镜的多级放大后，最终将要观测的图像呈现在荧光屏上（图 12-1）。

透射电镜主要由光学成像系统、真空系统、电气系统组成。透射电镜镜筒是显微镜成像系统的核心部分，镜筒内安装有电子照明系统、样品室、透镜成像放大体系和观察照相室。利用透射电子显微镜可进行高分辨矿物图像观察，研究矿物的形貌、晶格缺陷、超显微结构等。配有能谱仪或波谱仪的透射电显微镜可以进行微区元素成分分析，同时用电子衍射花样标定晶体的结构参数和晶体取向等，放大倍数为 20 万倍，分辨率在 0.1~0.2nm，特别适合于微细矿物、隐晶质、超细粉体的形貌与结构分析。

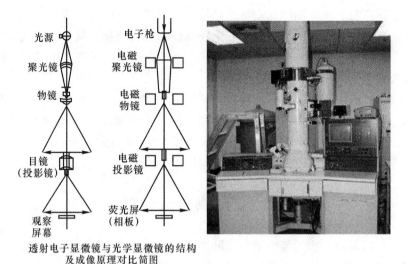

透射电子显微镜与光学显微镜的结构
及成像原理对比简图

图12-1 透射电镜工作原理示意图

测试样品可采用粉末、超薄片样品。对于粉末样品，如黏土矿物及其他超细粉末等粒径为微米的粉末，在测试前先用超声波分散器将待观察的粉末置于与试样不发生作用液态试剂中，并使之充分分散，制成悬浮液。取几滴分散的悬浮液滴在覆盖有一层碳加强的火棉支持膜的电镜铜网上，待干燥后，可送入样品室观察，分析粉末的形貌、结构构造以及化学成分。

超薄片样品制备：对块状岩矿石样品，先在磨片机上磨制成厚度小于0.03mm的薄片；将磨好的薄片放到离子减薄机中，在真空下用高能量的氢离子轰击薄片，使样品中心穿孔。样品穿孔周围的厚度极薄，当对电子束透明时，即可进行观察。对超薄试样的观察内容包括晶体形貌显微结构、晶界特点、晶体缺陷、结构和成分分析。

12.2.2 扫描电子显微镜分析

扫描电子显微镜（scanning electron microscope，SEM）主要是利用二次电子信号成像来观察样品的表面形态，即用极狭窄的电子束去扫描样品，通过电子束与样品的相互作用产生各种效应，其中主要是样品的二次电子发射。二次电子发射能够产生样品表面放大的形貌像，这个像是在样品被扫描时按时序建立起来的，即使用逐点成像的方法获得放大像。当一束高能的入射电子轰击物质表面时，被激发的区域将产生二次电子、俄歇电子、特征X射线和连续谱X射线、背散射电子、透射电子，以及在可见、紫外、红外光区域产生电磁辐射；同时，也可产生电子-空穴对、晶格振动（声子）、电子振荡（等离子体）。扫描电子显微镜正是根据上述不同信息产生的机理，采用不同的信息检测器，使选择检测得以实现。对二次电子、背散射电子的采集，可得到有关物质微观形貌的信息；对X射线的采集，可得到物质化学成分的信息。扫描电子显微镜的主要功能是利用二次电子进行高分辨的表面微观形貌观察，也可进行微区的常量元素的点、线、面扫描定性和定量分析，查明元素赋存状态。扫描电镜可清晰观察粒径为微米级的矿物（最小可至1μm），同时能够分析出矿物的主要化学元素组分。

用扫描电镜可获得二次电子像和背散射电子像。二次电子像是样品的表面的形貌特征，具有分辨率高、无明显阴影效应、场深大、立体感强的优点。背散射电子像与样品原子序数有关，可用于对矿物的成分分析。背散射像的分辨率在 50~200nm。

扫描电镜放大倍率高，放大倍数为 10 倍~30 万倍，连续可调。分辨率高（分辨率是指能分辨的两点之间的最小距离。），可达到 3~6nm，有的可达 1nm。

样品可以是光片、薄片、粉末。扫描电镜试样制备：试样大小为几毫米到 20mm。只作形貌观察的样品表面可不做抛光；做成分析时，表面需抛光。如果试样不导电（岩矿样），需要在表面蒸镀导电碳膜（或金、铂）。

12.2.3 激光显微光谱分析

激光显微光谱分析是以激光作能源在显微镜下使样品气化的一种新的光谱分析法。目前用于光谱分析的激光源可由红宝石或钕玻璃受激产生，输出波长分别为 694.3nm（红光）和 1060nm（红外光）。激光具有能量高度集中、单色性高和定向性极好等特点，通过适当的光学系统加以聚焦后，可以获得极小的光斑和高温。可以直接在光片和薄片上轰击试样，而不致涉及其周围的矿物，从而能解决微细矿物鉴定问题。激光显微光谱分析仪由激光器、显微镜、辅助放电器和摄谱仪等四部分组成。由于它具有较高的灵敏度，分析元素不受原子充数的限制，设备简单和操作方便等优点，现已广泛用来解决各种微区分析、微量分析和表面分析等任务，成为矿物学研究中一种快速有效的分析手段。

12.2.4 电子探针微区分析

电子探针微区分析（electron probe micro-analysis，EPMA）是将电子光学技术和 X 射线光谱技术结合起来，使矿物中元素定性与定量分析的空间分辨率达到微米级水平。基本原理是，用聚焦电子束（电子探测针）照射在试样表面待测的微小区域上，激发试样中不同波长（或能量）的特征 X 射线。根据特征 X 射线的波长（或能量）进行元素定性分析，根据特征 X 射线的强度进行元素的定量分析。对需要探测矿物微区的化学成分，使用波谱仪和能谱仪检测试样发射出的特征 X 射线。波谱仪是通过检测不同元素产生的特征 X 射线波长，对样品中的元素进行定性和定量分析。波谱仪分析的元素范围为原子序数 $Z \geq 4$，探测极限小、分辨率高，适用于精确的元素定量分析。能谱仪是通过检测不同元素产生的特征 X 射线强度，对样品中元素进行定性和定量分析。能谱仪分析元素范围原子序数 $Z \geq$ 11，探测极限大、分辨率低。

用于电子探针的试样，要求大小合适并要有良好的导电性。对于不导电试样，所蒸镀的导电层元素应该是该试样中没有的。应严格保证试样表面清洁和平整。对于定量分析试样表面须经仔细抛光并防止污染。

电子探针分析有定点分析、线扫描分析和面扫描分析。

（1）定点分析是对试样某一定点进行成分及含量的分析。对荧光屏上显示的图像选定要分析的点，使聚焦电子束射在该点上，激发试样元素的特征 X 射线，用波谱仪或能谱仪测定该点的元素组成和含量，可在直径为 $1\mu m$ 微区范围内测定。

（2）线扫描分析是入射电子束在样品表面沿选定的直线轨迹扫描，使波谱仪或能谱仪固定监测所含某一元素的特征 X 射线信号，并将其强度显示在荧光屏上，系统取得有关元素在线上分布均匀或不均匀数据。

（3）面扫描分析是入射电子束在样品表面进行二维面扫描，能谱仪固定接受某一元素特征 X 射线信号，在荧光屏上得到由许多亮点所组成的图像，称为 X 射线面扫描或元素面分布图像。图像亮点较密区是样品表面该元素含量较高的区段。

面扫描分析可以提供元素浓度的面分布不均匀的数据，可以与矿物的显微结构联系起来。面扫描分析对于分析矿物固溶体结构、矿物微细包裹体等有效。

12.2.5　等离子体发射光谱分析

等离子体，是一种由自由电子、离子、中性原子与分子所组成的在总体上呈中性的气体。电感耦合等离子体（inductive coupled plasma，ICP）是由高频电流经感应线圈产生高频电磁场，使工作气体形成等离子体，并呈现火焰状放电（等离子体焰炬），达到 10000K 的高温，是一个具有良好的蒸发—原子化—激发—电离性能的光谱光源。等离子体焰炬呈环状结构，有利于从等离子体中心通道进样并维持火焰的稳定；较低的载气流速（低于 1L/min）便可穿透 ICP，使样品在中心通道停留时间达 2~3ms，可完全蒸发、原子化。ICP 环状结构中心通道的高温高于任何火焰或电弧火花的温度，是原子、离子的最佳激发温度。分析物在中心通道内被间接加热，对 ICP 放电性质影响小；自吸现象小，且系无电极放电，无电极沾污。ICP-AES（inductively coupled plasma-atomic emission spectrometer）法是一种发射光谱分析方法，可同时测定多个元素。分析元素除 He、Ne、Ar、Kr、Xe 惰性气体外，可达 78 个；检测下限 $1×10^{-10}~10×10^{-9}$，样品最少可为数毫微克粉末或液态样品；适用于矿物常量元素、微量元素、痕量元素的定性或定量分析。

12.2.6　X 射线衍射分析

X 射线衍射分析（X-ray diffraction analysis，XRD）是基于 X 射线与晶体物质相遇时能发生衍射现象的一种分析方法。其中用于成分分析的 X 射线荧光法和用于结构分析的 X 射线衍射法应用较为广泛。

用于晶体结构测定的 X 射线波长与晶体内部原子间距大致相当。如 $CuK_\alpha=0.154nm$，$MoK_\gamma=0.070nm$，$FeK_\gamma=0.19373nm$。当 X 射线射到晶体上时，大部分透过，小部分被吸收散射。晶体衍射方向就是 X 射线射入周期性排列的晶体中原子、分子产生散射后次生 X 射线干涉、叠加相互增强的方向。X 射线在晶体中的衍射现象实质上是大量的原子散射波互相干涉的结果。每种晶体产生的衍射花样都反映出晶体内部的原子分布规律。X 射线衍射像在空间的分布反应晶胞大小、形状和位向，衍射线束的强度反映原子种类及在晶胞中的位置。衍射 X 射线满足 Bragg 方程：

$$2d_{(hkl)}\sin\theta_n = n\lambda \qquad\qquad (12-1)$$

式中，n 为整数；λ 为 X 射线的波长；θ_n 为衍射角；$d_{(hkl)}$ 为衍射面网间距，等于 $d_{(hkl)}/n$。

波长 λ 可用已知的 X 射线衍射角测定，进而求得面间隔，即结晶内原子或离子的规则排列状态。任何矿物晶体的衍射数据 d 和 $\dfrac{I}{I_0}$（衍射强度）是晶体结构的必然反映。根据

d、$\dfrac{I}{I_0}$ 数据可鉴定矿物相（图 12-2）。

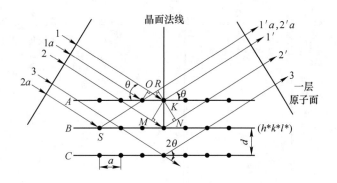

图 12-2　相邻面网间距 d、衍射角

X 射线衍射晶体结构测定有三个主要内容：（1）通过 X 射线衍射数据，根据衍射线的位置（θ 角），对每一条衍射线或衍射花样进行指标化，可以确定晶体所属晶系，推算出单位晶胞的形状和大小；（2）根据单位晶胞形状大小、矿物化学成分、体积密度，可计算单位晶胞的原子数；（3）根据衍射强度、衍射花样，可推断各原子在单位晶胞中的位置。

将求出的衍射 X 射线强度和面间隔与已知的表对照，即可确定试样结晶的物质结构，此即定性分析。比较衍射 X 射线强度，可进行定量分析。

国际上已建立五大晶体学数据库。（1）剑桥结构数据库（the cambridge structural database，CSD）（英国）；（2）蛋白质数据库（the protein data bcmk，PDB）（美国）；（3）无机晶体结构数据库（the inorganic structure database，ICSD）（德国）；（4）NRCC 金属晶体学数据库（加拿大）；（5）粉末衍射文件数据库（JCPDS-ICDD）（美国）。

XRD 物相分析：将待测的单相或多相物质进行 X 射线测试，得到衍射花样或衍射的有关数据。对衍射花样或数据与标准物质或标准矿物的衍射卡片进行对比，从而达到确定单相或多相物质的目的。定性分析是确定样品有哪些矿物，定量分析要确定各组成矿物含量。试样中存在 2 种或 2 种以上的矿物晶体，每种矿物所特有的衍射花样不变，多相试样的衍射花样是由所含多相物质衍射花样机械叠加而成。

矿物物相定量方法有内标法、K 值法等。内标法是在试样中加入某种纯物质 s 相作为标准物质，求得原试样中各物相含量的方法。内标物应是将原试样中没有的纯物质（α-Al_2O_3 等）、待测相与基体（单相或多相）以及内标相共同组成一个多相混合物，测定各物相和内标物的特定衍射峰强度，分别计算每一物相和内标相的特定衍射线强度比，获得不同矿物的百分含量（图 12-3）。

K 值法是通过引入常数 K 消除基体效应。如以刚玉作普适内标时，K 值是待测相 j 的纯样与纯刚玉等质量混合时两相最强线的强度比，是广泛采用的参比强度 $K_C^j = I/I_C$，一般由 PDF 卡片或索引得到。

通常物相分析采用计算 2θ 值或晶面间距 d 值，软件自动搜索（可以指定所含元素或者不含元素等），根据搜索到的卡片数据与扫描图谱进行对比，确定所含物相。

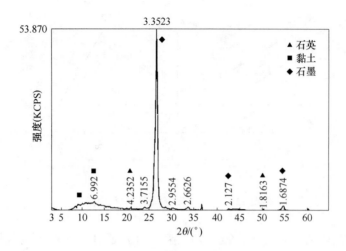

图 12-3　石英、石墨 X 射线衍射图

12.3　化学物相分析

12.3.1　晶体化学分析法

分析矿物中元素呈类质同象形式的主要方法是晶体化学分析。该法把大量的化学分析数据用数理统计方法进行综合、整理、计算，运用所获得的有关数据，对矿石中元素赋存状态加以定性或定量判断。

表 12-3 为某黄铁矿固定阴离子化学式（$Fe_{0.9914}Co_{0.0005}Ni_{0.0002}$）$S_2$ 计算的结果。

表 12-3　某地黄铁矿晶体化学计算

元素	含量（质量分数)/%	修正后含量/%	相对原子质量	原子数	原子数比
S	53.41	53.65	32.06	1.6734	2
Fe	46.11	46.32	55.84	0.6295	0.9914
Co	0.021	0.021	58.93	0.0004	0.0005
Ni	0.009	0.009	56.71	0.0002	0.0002
合计	99.55	100.00			

12.3.2　化学物相分析

化学物相分析是基于各种矿物中化学元素的性质不同，利用化学分析方法，研究物相组成和含量。化学物相分析的基础是根据矿物在化学溶剂中的溶解度和溶解速度的差异，利用选择溶解的方法，分别测定样品中某一元素呈各种矿物（或化合物）形式存在的含量。矿物的选择性溶解过程是一个物理化学过程，既取决于该矿物的晶体结构、化学组成等，也与溶解条件、溶剂种类有关。

根据研究对象的不同，化学物相分析需要配合一定矿物分离程序。化学物相分析与岩矿鉴定配合，可以比较准确地确定有用元素在矿石中的赋存状态，确定各种状态（独立矿物、类质同象、离子吸附等）的含量。在选矿和冶炼工艺的研究及生产实践中，物相分析不仅能够指示出原矿或原料中有用元素的各种矿物（或化合物）所占的比率，为制定选冶工艺方案提供依据，而且还能指出尾矿或矿渣中有用元素损失的状态和含量，从而为资源综合利用提供依据。

12.3.2.1 铁的物相分析

铁矿石的物相分析是测定铁元素的含量（TFe 全铁）、磁铁矿、氧化亚铁、磁性铁、硫化铁、硅酸铁、碳酸铁的种类及其含量。铁的化学物相分析中，磁性铁（磁铁矿）的分离采用磁选方法。对磁性铁的测定是加一定量的浓盐酸，在低温下分解试样 20min，以重铬酸钾容量法测定磁性铁中铁的含量。用化学方法测定磁铁矿需要阻止赤铁矿的溶解，用有向缩合磷酸-乙醇非水溶剂中加入络合剂或氧化剂来阻止赤铁矿的溶解；也可采用选择性溶解方法，如利用缩合磷酸-溴-乙醇非水溶剂的选择性增效作用分离磁铁矿。

对碳酸铁的测定是将非磁性部分试样移至 300mL 烧杯中，加入冰乙酸溶液，在沸水浴上浸取 1.5h，搅拌、过滤，用水洗残渣 6~7 次。滤液加入 10mL 高氯酸，加热蒸干后，加入 20mL 浓盐酸低温加热至盐类融解，用氯化亚锡还原，以重铬酸钾容量法测定菱铁矿中的铁含量。

对赤（褐）铁矿的测定一般采用差减计算和流程分析法来实现。差减计算法是以全铁减去其他各相铁来测定赤褐铁。流程分析法是先分离掉碳酸铁、磁铁矿后，在余下的矿物中加入盐酸及氯化亚锡（$HCl-SnCl_2$），在水浴上浸取 1~2h，搅动、过滤，用 5%盐酸溶液洗涤。滤液浓缩至 50mL，滴加高锰酸钾溶液至出现粉红色。煮沸后加入 5%氯化亚锡还原，以重铬酸钾测定赤褐铁中的铁含量。

硫化铁的测定：将浸取赤褐铁后的不溶残渣放入坩埚中灰化，将沉淀移入烧杯中，加王水 15mL，加热使试样完全分解。取下过滤，滤液用 100mL 容量瓶，分取部分溶液，用黄基水杨酸法测定硫化铁；也有用赤褐矿后的残渣，采用氧化性溶剂溶解黄铁矿，如溴-甲醛法、饱和溴汞法、饱和氨水法等测定硫化铁。

硅酸铁的测定方法：有化学分离法、重液分离法、选择还原法（如氢气还原法）和选择氧化法等。氢气还原法的应用原理是氢气可以在适宜的温度条件下将氧化铁矿还原为金属铁，这一过程中硅酸盐矿物质存在的铁不会发生还原反应，采用这一方法就可以对硅酸铁做出相应的测定。具体测定过程中，首先需要将待测的样本放入石英坩埚中，并对其进行灼烧处理；当灼烧达到规定的时间之后，要把样本取出并放置在 U 形石英管中；之后，再利用橡皮塞将 U 形石英管堵紧，然后通入氢气把 U 形石英管中原来的空气排出；一段时间之后，将样本取出并放置在锥形瓶中，并加入适量的亚硫酸钠混合溶液，这一过程中要对锥形瓶进行持续的摇动，在亚硫酸钠混合溶液的作用下，金属铁会发生溶解现象，当观察到溶解过程结束后，测定人员需要利用滤纸开展过滤工作；当滤液不再变黄时，还需要使用清水进行反复清洗，通过滤纸过滤得到的残渣便是硅酸铁。在对残渣进行测定时，需要用全铁量减去可溶铁的质量，两者之间的差值就是硅酸铁的含量。分析流程见图 12-4。

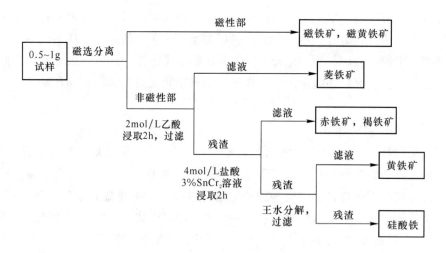

图 12-4　铁物相系统分析流程

12.3.2.2　金的化学物相分析方法

金矿石比较通用的基本分相模式是单体金、连生金、硫化矿包裹金和硅酸盐包裹金、黏土吸附金等。选择溶解法是选择溶解金的载体矿物而不溶解金。载体矿物溶解后，测定溶液及残渣中的金，从而获得晶格金和自然金的各自含量。控制溶解法是取一组含金单矿物，控制矿物的溶解程度，分析溶液中的金和载金矿物的溶解是否成比例，以此判断该矿物中是否有晶格金。电渗析法是根据晶格金和胶体金所带电荷的不同测定黏土表面吸附金的存在形式。

对金的化学物相分析通常采用碘-溴-高氯酸-盐酸浸取法，具体步骤是：先用 I_2-KI(NH_4I) 溶液浸取裸露与半裸露的自然金；残渣用 $HClO_4$ 溶液先溶解碳酸盐，其包裹的自然金用 I_2-KI(NH_4I) 溶液溶解分离；残渣用溴-甲醇浸取铜铅锌硫化物包裹的自然金；残渣用含有 $SnCl_2$ 的 HCl 溶液（1+1）溶解褐铁矿，用 I_2-KI(NH_4I) 溶液浸取被包裹的自然金；残渣经灰化，于 480~500℃ 焙烧 1h，用 I_2-KI(NH_4I) 溶液浸取被包裹的自然金；最后的残渣为石英和硅酸盐包裹金。其他还有混汞-碘浸取法、混汞-硫脲-碘浸取法、混汞-溴-碘浸取法、氰化法、硫代硫酸钠-亚硫酸钠浸取法、盐酸-EDTA-H_2O_2 浸取法等。

国内难处理金矿资源可分为 3 种主要类型：

（1）高砷、碳、硫类型金矿石；

（2）金以微细粒和显微形态包裹于脉石矿物及有害杂质中的金矿石；

（3）金与砷、硫嵌布关系密切的金矿石，其特点是毒砂和黄铁矿是"不可见金"的主要载体矿物。毒砂中的含金量一般高于黄铁矿中的含金量，富砷的黄铁矿比贫砷的黄铁矿含金性好。

研究不可见金赋存状态的方法有化学法、微束（区）分析技术和波谱法。微束分析技术主要有电子探针（EMPA）、扫描电镜（SEM）、高分辨透射电子显微镜（TEM）、二次离子质谱（SIMS）以及质子探针（SPM）等微束分析手段。波谱法主要有 X 射线光电子谱（XPS）、X 射线吸收精细结构谱（XAFS）和穆斯鲍尔谱、电子顺磁共振谱（EPR）等。

12.3.3 矿石元素配分分析

元素的配分计算是分析目的元素在矿石各矿物中的分配比例。此法能定量地说明被研究元素在矿石中的分布规律，而不涉及这些元素在矿物中以何种形式存在。具体运算步骤如下。

首先求出矿石中各组成矿物的百分含量及各矿物中该元素的百分含量。

（1）某元素在原料中各矿物的配分量：

$$C_i = w_i A_i \tag{12-2}$$

式中　　C_i——目的元素在某一矿物中的配分量，%；

　　　　w_i——原料中某一矿物的相对含量，%；

　　　　A_i——目的元素在该矿物中的含量，%。

（2）某元素在原料中的配分比：

$$P_i = 100 C_l \Big/ \sum C_i \tag{12-3}$$

式中　　P_i——目的元素分配到各矿物中的配分比；

　　$\sum C_i$——矿石中各矿物目的元素配分量之和。

（3）计算配分平衡系数。从理论上讲，计算出的 $\sum C_i$ 应等于原料中该元素含量的分析值。但由于矿物定量和分析上的误差，两者常有一定偏差。需要采用配分平衡系数或配分误差，检验定量结果的精确度。

配分平衡系数（P）是指某元素的配分计算值 $\sum C_i$ 与该元素的化学分析值之间的符合程度，一般用下式表示：

$$P = \left[\sum C_i / A_0 \right] \times 100\% \tag{12-4}$$

式中　　P——配分平衡系数，%；

　　　　A_0——目的元素在原料中的含量（化学分析），%，一般要求在 90%~110% 之内。

（4）配分相对误差。配分相对误差指配分计算值 $\sum C_i$ 与该元素的化学分析值之间的相对误差，用下式计算：

$$K = \left[\left(\sum C_i - A_0 \right) / A_0 \right] \times 100\% \tag{12-5}$$

式中　　K——配分相对误差，%；

　　　　A_0——目的元素在原料中含量的分析值，%。

配分相对误差一般要求在 5%~10%。

（5）计算目的元素的集中系数。目的元素在原料中既可以呈独立矿物，也可以类质同象。在矿物加工过程中，只能使呈独立矿物形式的元素得到有效富集。对于呈类质同象的无法通过常规的矿物加工方法分离回收。集中系数是指在原料中呈独立矿物形式存在的元素占该元素在原料中总量的百分数。有时可以指元素在某种可回收目的矿物中的集中程度。可以借助目的元素的集中系数，判断某元素通过矿物加工方法可能富集回收的最大数量。

$$K_c = 100A_m/A_0 \tag{12-6}$$

式中，A_m 为以独立矿物形式存在的元素含量；A_0 为元素在原料中的含量。

【计算实例1】　铁矿石中铁主要分布在磁铁矿、赤铁矿、菱铁矿中。3种矿物中配分率分别为73.75%、19.14%、5.12%，采用弱磁选工艺，铁的最大回收率为73.75%（在磁铁矿中的集中系数）（表12-4）。弱磁和强磁联合的最大回收率为92.89%，相当于回收磁铁矿和赤铁矿。则配分相对误差为：

$$(31.95-31.87)/31.95 = 0.26\%$$

表12-4　某铁矿中铁矿物配分分析

矿物	含量/%	铁品位/%	配分量/%	配分比/%
磁铁矿	33.38	69.37	23.50	73.75
菱铁矿	4.00	40.79	1.63	5.12
赤铁矿	11.55	52.81	6.10	19.14
铁白云石	1.28	15.68	0.2	0.63
黄铁矿	0.21	46.96	0.10	0.31
磁黄铁矿	0.16	57.93	0.09	0.29
镁铁闪石	0.36	30.67	0.11	0.35
石英	47.26	0	0	0
合计	100.00		31.87	100.00
原矿分析/%	31.95			

【计算实例2】　某铅锌矿床中钴的配分计算。某铅锌矿床中钴的配分计算结果见表12-5。该矿石中钴在含钴毒砂和镍黄铁矿的配分比为57.8%，在黄铁矿中为39.6%，在闪锌矿中为2.1%。计算结果表明，钴以毒砂和镍黄铁矿的形式为主，钴在这两种矿物中的含量最高（13.49%），是回收钴的主要目的矿物。

表12-5　某含钴铅锌矿中钴的配分计算

矿物	矿物量/%	Co品位/%	配分量/%	配分比/%
方铅矿	2.3	0.0031	0.00007	0.1
闪锌矿	9.7	0.01	0.00097	2.1
黄铜矿	0.6	0.032	0.00019	0.4
黄铁矿	21.5	0.086	0.01849	39.6
毒砂+镍黄铁矿	0.2	13.49	0.02698	57.8
菱铁矿	17.9	微量		
脉石矿物	47.8	微量		
总计	100.00		0.0467	100.00
原矿分析 Co/%	0.046			
配分相对误差/%	1.52			

12.4 稀土元素、铂族、金赋存状态研究

12.4.1 矿石中铌元素赋存状态

我国白云鄂博磁铁矿-稀土元素矿床中的铌资源储量巨大。Nb_2O_5 的远景储量超过 700 万吨。铌不仅在铁矿体中富集，在矿体上盘、东部接触带、西矿白云岩中也含有铌。铁矿石含铌品位低。主、东矿铁矿体矿石中含 Nb_2O_5 0.068%~0.14%；东部接触带 2 号矿体矿石中含 Nb_2O_5 0.2%~0.25%。各矿段铌矿物嵌布粒度普遍小于 $20\mu m$，部分小于 $3\mu m$。铌的分散程度较高。约有 15% 的铌呈类质同象或极小的包裹体赋存于铁矿物、稀土矿物和含铌硅酸盐矿物中。

通过显微镜、电子显微镜、矿物定量分析等方法，在矿石中已鉴定出有 18 种含铌矿物，分别是铌铁金红石、铌铁矿、铌锰矿、黄绿石、易解石、钕易解石、铌易解石、铌钕易解石、富钛钕易解石、铌钙矿、褐铈铌矿、β-褐铈铌矿、褐钕铌矿、β-褐钕铌矿、钕褐钇铌矿、褐钇铌矿、β-褐钕钛矿、包头矿等。从目前在工业上可利用角度，独立铌矿物包括铌铁矿（Nb_2O_5 66%~77%）、黄绿石（Nb_2O_5 56%~64%）、铌钙矿（Nb_2O_5 75.04%）、铌锰矿（Nb_2O_5 77%），其他矿物为类质同象系列矿物，但其中铌元素的含量差别较大。可以进一步划分为以下类型：

（1）含铌-稀土矿物。包括褐铈铌矿、β-褐铈铌矿、β-褐钕铌矿、钕褐钇铌矿、褐钇铌矿、β-褐钕钛矿等，这 6 种含铌稀土矿物中的 Nb_2O_5 含量和稀土含量见表 12-6。这些铌矿物中稀土含量高于铌含量，应属于含铌稀土矿物。

表 12-6 白云鄂博矿床含铌稀土矿物中 Nb_2O_5 与稀土元素含量

矿物	褐铈铌矿	β-褐铈铌矿	β-褐钕铌矿	钕褐钇铌矿	褐钇铌矿	β-褐钕钛矿
Nb_2O_5/%	42.98	42.12	41.00	42.11	46.55	17.41
REO/%	46.88	48.50	55.00	58.06	51.88	39.40

（2）含铌-钛矿物。铌铁金红石（Nb_2O_5 5.47%~17.17%，含 TiO_2 58.74%~88.65%），应属含铌钛矿物。

（3）含铌-钡矿物。包头矿（Nb_2O_5 10.80%~11.50%，含 BaO 36.25%~38.60%）。

（4）铌-稀土复合型矿物。易解石、钕易解石、铌易解石、铌钕易解石、富钛钕易解石等，含 Nb_2O_5 15.52%~41.00%，含 REO 15.56%~35.00%。

白云鄂博矿床铌物相分析：对白云鄂博矿床不同矿体、围岩中的铌矿物进行物相分析，结果表明（表 12-7），主矿、东矿矿体中铌矿物主要是铌铁矿、铌铁金红石、易解石，西矿矿体以及西矿围岩、板岩中铌矿物主要是铌铁矿，东部接触带矿体铌矿物主要是黄绿石和铌钙矿。对铌物相的分析为铌资源回收利用提供了工艺矿物学基础。

表 12-7 不同矿体矿石中含铌矿物的 Nb_2O_5 占有率 （%）

矿体	铌铁矿	铌铁金红石	易解石	黄绿石	铌钙矿	包头矿	褐铈铌矿
主矿与东矿体	22.08~25.22	26.31~28.05	23.68~27.06	3.88~10.22	0.56~0.68	0.09~0.91	

续表 12-7

矿体	铌铁矿	铌铁金红石	易解石	黄绿石	铌钙矿	包头矿	褐铈铌矿
西矿矿体	42.66	4.60	16.55	11.22	12.43	6.07	
东部接触带 1 矿体	4.51	0.13	22.20	29.36	21.02	0.02	4.71
东部接触带 2 矿体	3.92	0.07	5.00	33.12	41.43	0.01	2.50
东部接触带 3 矿体	6.65	0.40	15.33	36.79	26.74	0.01	1.18
西矿围岩	42.66	4.60	16.65	11.22			
西矿板岩	72.55	1.46	10.22	11.80	0.67		

12.4.2 矿石中铂族元素赋存状态研究

对某铜铂矿床中的铂族元素含量、矿石矿物、矿物嵌布粒度以及赋存特征的研究，为该矿床铂族元素的综合利用提供了工艺矿物学依据。

12.4.2.1 矿石中铂族元素分析

化学分析：对矿石样品采用电感耦合等离子体质谱仪（ICP-MS）分析化学组成和 Pt、Pd、Os、Rh 等。同时也分析 Au、Cu、Ag 等组分。

12.4.2.2 矿石矿物成分分析

该矿床铂族元素以独立矿物、类质同象和分散相分布在矿石中。矿石类型有含铂的铜镍矿石、含铂的磁铁矿石、铬铁矿石等。铂族元素矿物主要有铂钯矿等。

12.4.2.3 化学物相分析

对某含铂族元素的同矿床的矿石进行化学物相分析。称取一定量样品（20g），加入醋酸、双氧水和 EDTA，在 40℃ 水浴中振荡 3h，离心上清液，ICP-MS 测定硫化矿赋存相中 Pt、Pd；残渣中加入硫酸和氢氟酸，在 70℃ 水浴振荡 2 h，离心上清液，ICP-MS 测定类质同象相中 Pt、Pd；残渣用锡试金-ICP-MS 测定独立矿物相中 Pt、Pd。分析表明有 3 个相态：硫化物相、类质同象相、独立矿物相，见表 12-8。

表 12-8 某含铂族元素矿床的样品相态分析结果

样品	元素	硫化物相		类质同象		独立矿物相		总和
		测定值 /10^{-9}	占有率 /%	测定值 /10^{-9}	占有率 /%	测定值 /10^{-9}	占有率 /%	测定值 /10^{-9}
样品 1	Pt	1049	22.10	734	15.4	2963	62.43	4746
	Pd	219	18.00	114	9.37	884	72.64	1217
	Rh	2.86	33.69	3.98	46.88	1.65	19.43	8.49
	Ir	1.97	39.01	1.24	24.55	1.84	36.44	5.05
	Au	83.2	11.65	383	53.63	246	34.72	714.2
样品 2	Pt	147	10.20	70.9	4.92	1223	84.87	1441
	Pd	40.5	8.72	196	42.20	228	49.09	464.5
	Rh	3.84	32.05	4.52	37.73	3.62	30.11	11.98
	Ir	11.1	31.28	7.68	21.65	16.7	47.07	35.48
	Au	57.4	23.64	142	58.48	43.4	17.87	242.8

12.4.2.4 扫描电镜分析铂族矿物

在扫描电镜下观察铂族元素矿物的形貌、颗粒结构以及化学组成。可以确定铂族元素矿物的种类。如某铜矿的矿石中发现自然铂、砷铂矿、砷钯铂矿、砷铂钯矿、钯铂铜矿或铂钯铜矿。铂铁矿表面有微孔结构，钯铂铜矿呈葡萄状，砷铂钯矿有砷铂矿环边等现象。绝大多数铂族矿物呈它形粒状，只有少量砷铂矿晶形较好，呈自形－半自形。多数为曲线接触，少数为直线接触。

12.4.2.5 X 射线能谱分析

X 射线能谱点分析不仅能对铂族矿物进行定性及定量分析，还能对铂族矿物中类质同象元素的含量进行分析。对 63 颗矿物颗粒，根据主要元素含量及原子数比例综合判断出17 种铂族矿物，分别是自然铂（14 粒，占 22.22%）、砷铂矿（15 粒，占 23.81%）、砷钯铂矿或砷铂钯矿（9 粒，占 14.29%）、钯铂铜矿或铂钯铜矿（9 粒，占 14.29%）、铜钯铂矿（1 粒，占 1.59%）、承铂矿（2 粒，占 3.17%）、黄铋碲钯矿（1 粒，占 1.59%）、铋碲铂矿（2 粒，占 3.17%）、砷碲铜铂矿（1 粒，占 1.59%）、铋碲钯铂矿（2 粒，占3.17%）、锑钯矿（1 粒，占 1.59%）、铜锑钯矿（1 粒，占 1.59%）、碲铂钯矿（1 粒，占1.59%）、铂铁矿（1 粒，占 1.59%）、铜铁钯铂矿（1 粒，占 1.59%）、红石矿（1 粒，占1.59%）、铜铅铂矿（1 粒，占 1.59%）。可以看出铂族矿物中铂族元素主要是铂和钯。

12.4.2.6 铂族元素的赋存状态特征

粒度及嵌布状态分析对观察到的铂族矿物进行了粒度统计，结果见表 12-9 和表 12-10。

表 12-9 铂族矿物粒度统计结果

粒径/μm	颗粒数 n	含量/%	平均粒径/d	颗粒数 n×平均粒径 d	近似面积含量/%
-40~+20.0	10	15.87	24.13	241.30	33.90
-20.0~+10	21	33.33	14.31	300.51	42.22
-10~+5.0	18	28.57	7.11	127.98	17.98
-5.0~+2.5	14	22.22	3.00	42.00	5.90
合计	63	100		711.79	100

表 12-10 某铂矿床铂族矿物嵌布粒度统计结果

类　型	嵌布状态	颗粒数	含量/%	各类含量/%
被包裹铂族矿物	被包裹在褐铁矿中	8	12.70	52.38
	被包裹在石英中	15	23.80	
	被包裹在铜矿物中	9	14.29	
	被包裹在其他铂族矿物中	1	1.59	
粒间铂族矿物	石英粒间	19	30.16	47.62
	石英与铜矿物粒间	4	6.35	
	铜矿物粒间	1	1.59	
	石英与铂族矿物之间	6	9.52	
合　计		63	100	100

将粒度划分为 4 个级别，每个级别颗粒数相差不悬殊，含量 15.87%～33.33%；但近似面积相差较大，含量 5.90%～42.22%，含量较多的是−20.0～+10.0 级和−40.0～+20.0级，分别占 42.22% 和 33.90%；其次是−10.0～+5.0 级，占 17.98%，最少的是−5.0～+2.5 级，占 5.90%。

铂族矿物主要有包裹和粒间两种嵌布状态：包裹的铂族矿物占 52.39%，粒间铂族矿物占 47.62%。

包裹铂族矿物的矿物有褐铁矿、石英、铜矿物。粒间铂族矿物分布在石英颗粒间、石英与铜矿物粒间、铜矿物粒间、石英与铂族矿物粒间等。

12.4.3 金的赋存状态分析

在金矿床中，金以独立矿物、类质同象、离子吸附状态出现，对金矿石的选矿影响很大。

12.4.3.1 金矿物类型

在金矿床中已发现的金矿物有自然金（Au）、金银系列（Au，Ag），围山矿（Au，Ag）$_3$Hg$_2$；四方铜金矿 CuAu。以及金碲化物类、金硒化物类、金铋化物类矿物，有碲金矿 AuTe$_2$；碲金银矿 Ag$_3$AuTe$_2$；针碲金矿（针碲金银矿 AuAgTe$_4$）；硒金银矿 Ag$_3$AuSe$_2$；黑铋金矿 Au$_2$Bi；硫金银矿（Ag$_3$Au）$_4$S$_2$ 等。

金和银形成 Au-Ag 连续类质同象系列。对金矿床中金矿物进行电子探针微区分析，确定金矿物类型（表 12-11）。

表 12-11 金-银系列矿物分类

金银矿物	含金量/%	金成色/‰
自然金	Au100%～95%，Ag<5%	>950
含银自然金	Au95%～85%，Ag5%～15%	>850
银金矿	Au85%～50%，Ag15%～50%	>500
金银矿	Au50%−15%，Ag50%～85%	500～250
含金自然银	Au5%～15%，Ag 85%～95%	<150
自然银	Au<5%，Ag>95%	

对于金碲化物、硒化物、铋化物类矿物，由于颗粒微细，主要是以微区分析方法鉴定。如在黑龙江某低温热液型金矿中，采用高倍显微镜和扫描电镜+电子探针鉴定出针碲金矿等金矿物。

12.4.3.2 金矿物的粒度分析

金矿物粒度特征是影响金矿石选矿工艺的一个重要因素，很大程度上决定选矿厂磨细度和选矿方法的选择。在矿物学上金的粒度可划分为：（1）明金，粒度在 100μm 以上；（2）显微金，粒度 0.2～1.0μm，在反光显微镜下观察到。（3）次显微金，粒度在 0.01～0.02μm，需要在电子显微镜下鉴别。（4）超显微金（纳米金），粒度小于 0.01μm，大于 0.288nm，采用超高压透射电镜才能观察；（5）晶格金（原子金），金以原子或离子状态在其他矿物中呈类质同象出现，也称固溶体金，其粒度与原子直径属同一数量级，

≤0.288nm。

在选矿工艺上采用巨粒金（>0.3mm）、粗粒金（0.3~0.074mm）、中粒金（0.074~0.037mm）、细粒金（0.037~0.01mm）、微粒金（0.01~0.001mm）和次显微金（<0.001mm）。对某金矿床的矿石中金的粒度分析结果表明（表12-12），金以中细粒金为主，微细金在有的矿石中高达48.86%。表明微细粒金的分布不均匀。

表12-12　山东某金矿床金矿石金矿物粒度分布统计　　　　　　　　　（%）

矿床编号	巨粒金	粗粒金	中粒金	细粒金	微粒金	次显微金
1	3.79	15.11	18.72	41.49	20.74	0.15
2	2.56	20.97	27.51	36.61	12.21	0.14
3	4.47	9.98	20.79	43.33	20.78	0.65
4	0	2	10.36	38.72	48.86	0.06
5	2.32	18.63	31.77	29.11	17.83	0.34

12.4.3.3　金矿物在矿石中赋存状态分析

矿床中金矿物与石英、黄铁矿、闪锌矿、方铅矿等矿物共生，这些矿物成为金的载体矿物。按照金矿物与载体矿物的共生关系，可将金的赋存状态分为以下几种（图12-5）：

（1）晶隙金。金矿物分布于载体矿物的颗粒间，也称粒间金。

（2）裂隙金。金分布于载金矿物的微裂隙中。

（3）包体金。金矿物呈包裹体形式分布于载金矿物颗粒中。

(a)黄铁矿-闪锌矿接触带内的自然金

(b)闪锌矿内的自然金

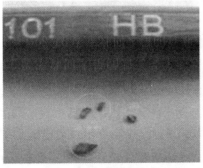

(c)自然金矿颗粒

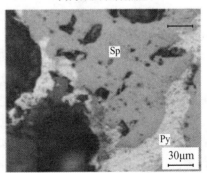

(d)黄铁矿-闪锌矿接触带内的自然金

图12-5　金的主要赋存状态

（4）吸附金。金呈次显微胶体或配阴离子形式吸附于其他矿物颗粒表面、边缘、裂隙中。

12.4.3.4 金矿物的解离度划分

根据金矿石破碎后金矿物的解离情况，可将金矿物分为单体金和连体金。两者的相对比例与磨矿细度密切相关。金矿石的品位低、金矿物粒度细，采用常规光学显微镜难以准确测定金矿物的解离度，故采用扫描电镜等图像分析、激光粒度分析仪进行分析，同时采用化学分析方法。对某金矿的金矿物解离度分析采用以下几种方式表示（结果见表 12-13）：

（1）矿石采用 I_2-NH_4I 溶液可直接浸取裸露与半裸露金；

（2）残渣用稀 $HClO_4$ 先溶出碳酸盐，其包裹的自然金再用 I_2-NH_4I 溶液溶解测定；

（3）残渣用溴-甲醇浸取铅锌铜硫化物包裹金；

（4）残渣用含有 $SnCl_2$ 的 HCl（1∶1）溶液溶去褐铁矿后，用 I_2-NH_4I 溶液浸取褐铁矿包裹的金；

（5）残渣经灰化，在 480～500℃灼烧 1h 后，再用 I_2-NH_4I 溶液浸取黄铁矿包裹金；最后残渣为石英和硅酸盐包裹金。

表 12-13 某金矿床矿石不同细度下金矿物解离性分析

磨矿细度 (-0.074mm)/%	裸露金		硫化物包裹金		硅酸盐矿物包裹金	
	含量/10^{-6}	分布率/%	含量/10^{-6}	分布率/%	含量/10^{-6}	分布率/%
34.78	2.18	63.19	0.80	23.19	0.47	13.62
43.97	2.54	73.62	0.58	16.81	0.33	9.57
53.71	2.79	80.87	0.52	15.07	0.14	4.06
61.64	2.83	82.03	0.49	14.20	0.13	3.77
68.21	2.86	82.90	0.46	13.33	0.13	3.77
74.63	2.89	83.77	0.44	12.75	0.12	3.48
76.70	2.92	84.64	0.41	11.88	0.12	3.48
80.49	2.94	85.22	0.40	11.59	0.11	3.19

注：金品位 3.45×10^{-6}。

12.4.3.5 次显微金研究

次显微金（<0.01μm）分布在载金矿物黄铁矿、石英、毒砂、方铅矿等矿物中，颗粒细小、赋存状态复杂，需采用多种手段综合研究。主要的方法有：

（1）扫描电镜和透射电镜。经数千至数万倍的放大倍数系可以观察到金矿物的赋存状态。在扫描电镜下可以直接观察到次显微金呈细小球状、串珠状、链状等形态充填在黄铁矿、毒砂、方铅矿、石英等的裂隙中、晶面上（图 12-6）。进一步将载金矿物表面的小圆球状金颗粒用 1∶1 硝酸腐蚀光片后，经覆膜萃取制样，用高分辨透射电镜选取电子衍射分析，可获得电子衍射环。计算各晶面的 d 值，与金矿物晶体的相应晶体结构面网的 d 值进行比对，可以证明这些小圆球等颗粒为哪一种金矿物（自然金、银金矿等）。

（2）化学浸出法。采用适当的溶剂（该溶剂对金没有溶解或溶金能力极弱）使载金

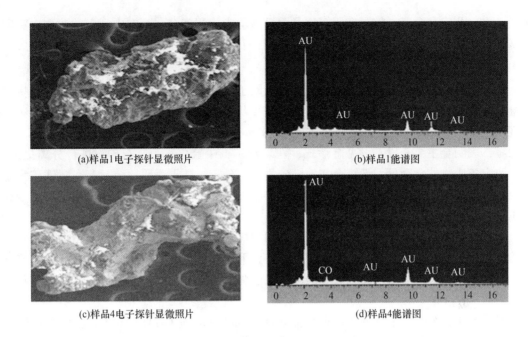

(a)样品1电子探针显微照片　　　(b)样品1能谱图

(c)样品4电子探针显微照片　　　(d)样品4能谱图

图 12-6　某金矿自然金扫描电镜图像和成分

矿物溶解，通过分析浸出液中的含金量来判断金的赋存状态。有试验研究表明，采用溶剂（30% H_2O_2 +3% HCl+10% NaCl+30% 醋酸乙酯）溶解含金方铅矿，随着方铅矿的溶解，铅的浸出率随时间增加逐渐上升，金的浸出率接近于零，显示方铅矿中次显微金以独立金矿物存在。对含金矿物粉末样品用 X 光衍射分析，获得载金矿物和自然金的衍射谱线，可证实金是否以独立矿物的次显微金形式存在。

12.4.3.6　晶格金或固溶体金的研究

金元素以类质同象或固溶体形式分布于黄铁矿、毒砂、黄铜矿等载金矿物中。此类形式的金采用电子显微镜、电子探针等方法分析，会以均匀分布在载金矿物中难以确定是固溶体还是晶格金，还需要借助酸浸法和电渗析法进行综合分析。

（1）采用酸浸法。对含金矿物进行扫描电镜分析后，采用酸浸（1% HCl + 30% H_2O_2），如在黄铁矿中出现 Au 的浸出率和 Fe 的浸出率同步增长，且两者浸出率接近，则据此可判断黄铁矿中金以类质同象（晶格金）形式出现。

（2）电渗析法。电渗析是基于在外加直流高压电场的作用下，将矿物中呈吸附状态的离子解吸下来，并向极性相反的电极迁移。从矿物中迁移到水中的离子浓度与矿物中该种元素总量之比，称为该元素的渗析率（以 η 表示）。根据 η 的数值大小可判定元素的赋存状态。

12.4.3.7　黏土吸附金离子分析

对黏土矿物吸附金采用电渗析法。将含金黏土矿物加工成 -0.045mm 细度的矿粉，加入蒸馏水配制成低浓度悬浮液，添加于渗析槽中。在电位差的作用下，呈离子吸附状态的金离子进入溶液，并穿透隔膜向极性相反的阳极渗透，聚集在阳极板附近。对含金黄铁矿采用 10% 硝酸浸取后，放入电渗析仪中，通入电流，每隔 1h 在阴极室和阳极室分别取渗析液一次，测定金含量。如果在阴极室和阳极室均未检测到金，而在中间室的滤渣中有明显富集，说明该矿物中金不是以离子状态存在，而是以固溶体分散金形式存在。

12.4.3.8 胶体吸附金分析

胶体吸附金是金以次显微荷电胶粒形式吸附于高岭石等黏土矿物晶体边缘。我国贵州某金矿床中矿石品位为 Au 31×10^{-6}，金矿物粒度细小，几乎全部以不可见金形式存在，未发现可见金。采用 I_2+KI 溶液对原矿石（-0.075mm 占 95%）进行直接浸取，金浸出率接近为零，表明金主要是以不可见金形式存在。对矿石中硫化物和脉石矿物进行分离提纯，分别测定各矿物的含金量，计算金在不同矿物中的分布。结果表明，金赋存在黄铁矿为主的硫化物中仅占 5%，石英占 1.57%，黏土矿物中占 93.21%，说明黏土矿物是金的主要载体矿物。

为查明金在黏土矿物中的赋存状态，采用扫描电镜对黏土矿表面进行面扫描，未发现金的富集点位，显示金在黏土矿物中均匀分布。采用 I_2+KI 溶剂浸出，用氰化溶液和硫脲溶液直接浸出，金的浸出率在<1%范围内，表明黏土矿物中的金不是以单质形式存在和简单吸附形式存在的。

对黏土矿物金进行解吸分析，查明胶体金 $\{[m\mathrm{Au}+n\mathrm{Au(OH)}_3+\mathrm{Au(OH)}_4]\}$ 存在的可能性。采用带正电荷的明胶作解吸剂，解吸后进行浮选，浮选精矿的金品位达到 175.32g/t，回收率达 70.58%，说明该金矿石中金主要以胶体吸附形式存在于黏土矿物中。进一步采用焙烧-氰化试验，在 500℃ 时金的浸出率达到 89.83%；在 500℃ 时，水云母等黏土矿物处于失去结构水（OH⁻），但晶体结构不变。显然金是处于黏土矿物晶体结构之外，以胶体金形式存在。当胶体的氢氧根和黏土的结构水（OH⁻）通过加热去除后，消除了金被黏土矿物吸附的能力，也清除了金的氰化屏障，促使金的浸出率提高。

参考文献

[1] 潘兆橹. 结晶学与矿物学 [M]. 北京：地质出版社，1987.

[2] 王濮，潘兆橹，翁玲宝. 系统矿物学（上、中、下册）[M]. 北京：地质出版社，1982，1984，1987.

[3] 罗谷风. 基础结晶学与矿物学 [M]. 南京：南京大学出版社，1993.

[4] 王恩德，付建飞，王丹丽. 结晶学与矿物学教程 [M]. 北京：冶金工业出版社，2019.

[5] 郑辙. 结构矿物学导论 [M]. 北京：北京大学出版社，1992.

[6] （苏）马尔福宁 A.S. 矿物物理学导论 [M]. 北京：地质出版社.

[7] 中国地质科学院地质矿产所. 金属矿物显微镜鉴定 [M]. 北京：地质出版社，1978.

[8] 张振儒. 近代岩矿测试新技术 [M]. 长沙：中南工业大学出版社，1987.

[9] 王德滋，谢磊. 光性矿物学 [M]. 3版. 北京：科学出版社，2008.

[10] 周乐光. 工艺矿物学 [M]. 北京：冶金工业出版社，1990.

[11] 吕宪俊. 工艺矿物学 [M]. 长沙：中南大学出版社.

[12] 周剑雄. 矿物微区分析概论 [M]. 北京：科学出版社，1980.

[13] 邱柱国. 矿相学 [M]. 北京：地质出版社，1982.

[14] 张志雄. 矿石学 [M]. 北京：冶金工业出版社，1981.

[15] 中国矿床编委会. 中国矿床（上中下册）[M]. 北京：地质出版社，1988，1993.

[16] 北京矿冶研究院. 化学物相分析 [M]. 北京：冶金工业出版社，1979：105~118，165~169.

[17] 胡熙庚. 有色金属硫化矿选矿 [M]. 北京：冶金工业出版社，1987：54~63.

[18] 蒋有义，杨永革，王忠红，等. 鞍山地区铁矿石工艺矿物学研究 [J]. 矿业工程，2005（4）：26~28.

[19] 鲁荣林. 东鞍山铁矿矿石工艺矿物学特征研究 [J]. 金属矿山，2004（9）：40~42.

[20] 袁帅，刘杰，李艳军，等。辽宁本溪思山岭铁矿石工艺矿物学 [J]. 东北大学学报，2016（10）：1455~1459.

[21] 于宏东，王丽，曲景奎，等. 中国典型钒钛磁铁矿的工艺矿物学特征与矿石价值 [J]. 东北大学学报，2020（2）：275~281.

[22] 李亮，罗建林. 攀枝花地区某钒钛磁铁矿工艺矿物学研究 [J]. 金属矿山，2010（4）：89~109.

[23] 朱俊士. 钒钛磁铁矿选矿及综合利用 [J]. 金属矿山，2000（1）：1~4.

[24] 胡厚勤. 攀枝花钒钛磁铁矿中硫化物的工艺矿物学研究 [J]. 钢铁钒钛，2015（5）：57~62.

[25] 马建青，刘星. 甘肃金川铜镍矿石中 MgO 对浮选的影响 [J]. 2005（4）：402~406.

[26] 廖乾，冯其明，欧乐明，等. 金川低品位镍矿石工艺矿物学特性研究 [J]. 2011（3）：5~10.

[27] 贾木欣. 国外工艺矿物学进展及发展趋势 [J]. 矿冶，2007，16（2）：95~98.

[28] 王炳恩，王泽利，秦宽. 吉林省红旗岭矿区磁黄铁矿-镍黄铁矿矿石建造特性及其成因分析 [J]. 矿物岩石，1997（6）：22~27.

[29] 库建刚，刘殿文，张文彬. 我国西部地区镍资源的开发利用及展望 [J]. 矿产保护与利用，2003（5）：35~37.

[30] 李艳峰，费涌初. 金川二矿区富矿石选矿的工艺矿物学研究 [J]. 矿冶，2006，15（3）：98~101.

[31] 赵毕文. 某低品位铜镍矿工艺矿物学研究 [J]. 金川科技，2008（1）：7~10.

[32] 朱训，崇轲，宗瑶. 德兴斑岩铜矿 [M]. 北京：地质出版社，1983.

[33] 田旭芳，李兵. 江西德兴铜矿富家坞矿床钼、铼、硒赋存状态及其分布规律 [C]. 江西地学新进展，2016：41~45.

[34] 高知睿，常玉，赵元，等. 德兴铜矿矿石浮选的工艺矿物学研究 [J]. 矿物岩石地球化学通报，

2018（3）：540~553.

［35］林春生，华龙. 德兴铜矿钼的工艺矿物研究［J］. 铜业工程，2003（4）：14~16.

［36］吴贤，李来平，张文钲，等. 铼的性质及铼资源分布［J］. 矿业快报，2008，24（11）：67~69.

［37］孙爱祥. 德兴铜厂铜矿床伴生金银的赋存状态及分布规律［J］. 铜业工程，1995（3）：28~34.

［38］钟文慧. 提高德兴铜矿硫精矿品位的研究［J］. 有色金属（选矿部分），2012（3）：7~9.

［39］王宗学，都安治，孙爱祥. 德兴铜矿南山矿区伴生金的工艺矿物学研究［J］. 矿产与地质，1994
（4）：245~251.

［40］赵海，赵可广，王龙振，等. 新城金矿床中上部矿石金工艺矿物学研究［J］. 有色矿冶，1999：
5~17.

［41］王烨，仇云华，张慧. 细粒锡石浮选的试验研究和工业化应用［J］. 有色金属（选矿部分），2019
（2）：41~45.

［42］许霞，苏敬韧. 广西某金矿工艺矿物学研究［J］. 矿业工程，2016（1）：22~24.

［43］王力军，刘春谦. 难处理金矿石预处理技术综述［J］. 黄金，2000，21（1）：38~45.

［44］傅贻谟. 焦家金矿工艺矿物学研究［J］. 矿冶，2000（3）：39~45.

［45］李厚民，王瑞江，肖克炎，等. 中国超贫磁铁矿资源的特征、利用现状及勘查开发建议——以河北
和辽宁的超贫磁铁矿资源为例［J］. 地质通报，2009，28（1）：85~90.

［46］张冬清，李运刚，张颖异. 国内外钒钛资源及其利用研究现状［J］. 四川有色金属，2011（6）：
1~6.

［47］赵一鸣，吴良士，等著. 中国主要金属矿床成矿规律［M］. 北京：地质出版社，2004.

［48］夏庆霖，汪新庆，常力恒，等. 中国锡矿床时空分布特征与潜力评价［J］. 地学前缘，2018，
25（3）：59~66.

［49］陈郑辉，王登红，盛继福，等. 中国锡矿成矿规律概要［J］. 地质学报，2015，89（6）：
1026~1037.

［50］许霞，苏敬韧. 广西某金矿工艺矿物学研究［J］. 矿业工程，2016，14（1）：22~24.

［51］王宗学，都安治. 德兴铜矿南山矿区伴生金的工艺矿物学研究［J］. 矿产与地质，1994，8（4）：
245~251.

［52］刘四清，宋焕斌. 含砷金矿工艺矿物学特征及其应用［J］. 昆明理工大学学报，1998，23（2）：
20~24.

附　　录

附录 1　元素周期表

族\周期	I A 1	II A 2	III B 3	IV B 4	V B 5	VI B 6	VII B 7	VIII 8	9	10	I B 11	II B 12	III A 13	IV A 14	V A 15	VI A 16	VII A 17	O 18
1	1 H 氢																	2 He 氦
2	3 Li 锂	4 Be 铍											5 B 硼	6 C 碳	7 N 氮	8 O 氧	9 F 氟	10 Ne 氖
3	11 Na 钠	12 Mg 镁											13 Al 铝	14 Si 硅	15 P 磷	16 S 硫	17 Cl 氯	18 Ar 氩
4	19 K 钾	20 Ca 钙	21 Sc 钪	22 Ti 钛	23 V 钒	24 Cr 铬	25 Mn 锰	26 Fe 铁	27 Co 钴	28 Ni 镍	29 Cu 铜	30 Zn 锌	31 Ga 镓	32 Ge 锗	33 As 砷	34 Se 硒	35 Br 溴	36 Kr 氪
5	37 Rb 铷	38 Sr 锶	39 Y 钇	40 Zr 锆	41 Nb 铌	42 Mo 钼	43 Tc 锝	44 Ru 钌	45 Rh 铑	46 Pd 钯	47 Ag 银	48 Cd 镉	49 In 铟	50 Sn 锡	51 Sb 锑	52 Te 碲	53 I 碘	54 Xe 氙
6	55 Cs 铯	56 Ba 钡	57~71 镧系	72 Hf 铪	73 Ta 钽	74 W 钨	75 Re 铼	76 Os 锇	77 Ir 铱	78 Pt 铂	79 Au 金	80 Hg 汞	81 Tl 铊	82 Pb 铅	83 Bi 铋	84 Po 钋	85 At 砹	86 Rn 氡
7	87 Fr 钫	88 Ra 镭	89~103 锕系	104 Rf 𬬻	105 Db 𬭊	106 Sg 𬭳	107 Bh 𬭛	108 Hs 𬭶	109 Mt 鿏	110 Ds 𫟼	111 Rg 𬬭	112 Cn 鿔	113 Nh 鿭	114 Fl 𫓧	115 Mc 镆	116 Lv 𫟷	117 Ts 鿬	118 Og 鿫

亲氧元素 □　　亲铁元素 ▨
亲硫元素 □　　惰性气体 ▨

镧系	57 La 镧	58 Ce 铈	59 Pr 镨	60 Nd 钕	61 Pm 钷	62 Sm 钐	63 Eu 铕	64 Gd 钆	65 Tb 铽	66 Dy 镝	67 Ho 钬	68 Er 铒	69 Tm 铥	70 Yb 镱	71 Lu 镥
锕系	89 Ac 锕	90 Th 钍	91 Pa 镤	92 U 铀	93 Np 镎	94 Pu 钚	95 Am 镅	96 Cm 锔	97 Bk 锫	98 Cf 锎	99 Es 锿	100 Fm 镄	101 Md 钔	102 No 锘	103 Lr 铹

附录2　矿物鉴定表

矿物鉴定是利用未知矿物的鉴定特征同已知矿物的鉴定特征进行对比，以确定未知矿物的名称。为了在鉴定矿物时便于应用众多已知矿物的各种鉴定特征，快速有效地给未知矿物定名，必须将各种矿物的鉴定特征按一定的规律编制成表（称为矿物鉴定表）。鉴定矿物时，可按鉴定表的格式，逐一测定未知矿物的鉴定特征，直至能根据鉴定表确定未知矿物。

本书用矿物的反射率和硬度编制鉴定简表。根据黄铁矿、方铅矿、黝铜矿和闪锌矿4种标准矿物，将反射率分为5级，每一级又划出高硬度、中硬度和低硬度3个硬度级别。这样，总共就有15个级别，分别为15个鉴定分表，为了查对方便，将各分表中出现的矿物汇总成索引表（附表2-1）。鉴定矿物时，只需测出矿物的反射率和刻划硬度，就能根据附表2-1确定它属于哪一鉴定表，从而大大缩小鉴定范围，继而根据矿物的其他性质，便可对照附表2-2~附表2-16中相应的鉴定表，实现未知矿物的定名。

附表2-1　矿物鉴定索引表

反 射 率	硬度	鉴定表编号	矿 物 名 称
R>黄铁矿	高硬度	附表2-2 第1鉴定表	毒砂，黄铁矿，白铁矿，红砷镍矿
	中硬度	附表2-3 第2鉴定表	自然铂，针镍矿
	低硬度	附表2-4 第3鉴定表	自然银，银金矿，自然金，自然铋，自然铜
黄铁矿>R>方铅矿	高硬度	附表2-5 第4鉴定表	辉砷钴矿，硫钴矿
	中硬度	附表2-6 第5鉴定表	镍黄铁矿，黄铜矿，红锑镍矿
	低硬度	附表2-7 第6鉴定表	辉铋矿，方铅矿，辉锑矿
方铅矿>R>黝铜矿	高硬度	附表2-8 第7鉴定表	软锰矿，硬锰矿
	中硬度	附表2-9 第8鉴定表	紫硫镍矿，方黄铜矿，磁黄铁矿，黝铜矿，砷黝铜矿
	低硬度	附表2-10 第9鉴定表	脆硫锑铅矿，车轮矿

续附表 2-1

反 射 率	硬度	鉴定表编号	矿 物 名 称
黝铜矿>R>闪锌矿	高硬度	附表 2-9 第 10 鉴定表	赤铁矿，磁赤铁矿，金红石，磁铁矿，黑锰矿，锌铁尖晶石，钛铁矿，铌铁矿-钽铁矿，纤铁矿，黑钨矿
	中硬度	附表 2-11 第 11 鉴定表	黄锡矿，赤铜矿，黑铜矿，斑铜矿，水锰矿，闪锌矿，纤锌矿
	低硬度	附表 2-12 第 12 鉴定表	辉铜矿，辉钼矿，深红银矿，辰砂，淡红银矿，雄黄，雌黄，铜蓝，石墨，墨铜矿
R<闪锌矿	高硬度	附表 2-13 第 13 鉴定表	晶质铀矿，针铁矿，沥青铀矿，铬铁矿，锡石，菱锌矿，石英
	中硬度	附表 2-14 第 14 鉴定表	红锌石，白钨矿，白铅矿，菱铁矿，菱锰矿，孔雀石，蓝铜矿，方解石，萤石
	低硬度	附表 2-15 第 15 鉴定表	自然硫，黄钾铁矾，铅矾

附表 2-2　第 1 鉴定表　R>黄铁矿的高硬度矿物

矿物名称	化学组成	晶系	反射率/%	摩氏硬度 显微硬度	1. 反射色； 2. 双反射（反射多色性）； 3. 内反射（内反射色）	均质性与 非均质性 （偏光色）	浸蚀鉴定 其他特征
毒砂 Arsenopyrite	FeAsS	单斜	51.5~55.7	6.5 870~1168	1. 白微带玫瑰黄； 2. 可见（微蓝-淡橘色）； 3. 无	强非均质 （蔷薇-蓝绿）	HNO_3 慢泡、晕色；切面常程菱形
黄铁矿 Pyrite	FeS_2	等轴	54.5	6~6.5 1452~1626	1. 淡黄色； 2. 无； 3. 无	均质	HNO_3 慢泡；立方体晶形最常见
白铁矿 Marcasite	FeS_2	斜方	48.9~55.5	6~6.5 1097~1682	1. 浅黄白微带粉红色； 2. 可见（黄白-黄绿）； 3. 无	强非均质 （黄-绿-紫）	HNO_3 慢泡；染褐至晕色；常与黄铁矿伴生
红砷镍矿 Niccolite	NiAs	六方	45~50.5	5~5.5 308~533	1. 浅玫瑰微带黄色； 2. 可见（玫瑰-棕色）； 3. 无	强非均质 （蔷薇-黄绿）	HNO_3 发泡、染黑，$HgCl_2$ 晕色、染褐；可塑性很好

附表 2-3　第 2 鉴定表 *R*>黄铁矿的中硬度矿物

矿物名称	化学组成	晶系	反射率/%	摩氏硬度 显微硬度	1. 反射色； 2. 双反射（反射多色性）； 3. 内反射（内反射色）	均质性与 非均质性 （偏光色）	浸蚀鉴定 其他特征
自然铂 Platinum	Pt	等轴	70.0	4~4.5 122~129	1. 亮白微带蓝或黄色； 2. 无； 3. 无	均质	王水显结构；可见双晶和内部环带结构
针镍矿 Millerite	NiS	六方	54.0~60.0	3~3.5 196~222	1. 黄色略显乳黄； 2. 无； 3. 无	强非均质 （稻草色-蓝紫色）	HNO_3 慢泡、染色，$HgCl_2$ 染褐；多呈针状晶体

附表 2-4　第 3 鉴定表 *R*>黄铁矿的低硬度矿物

矿物名称	化学组成	晶系	反射率/%	摩氏硬度 显微硬度	1. 反射色； 2. 双反射（反射多色性）； 3. 内反射（内反射色）	均质性与 非均质性 （偏光色）	浸蚀鉴定 其他特征
自然银 Silver	Ag	等轴	95.0	2.5~3 80~87	1. 亮白微带乳黄色； 2. 无； 3. 无	均质	HNO_3、HCN、$FeCl_3$、$HgCl_2$ 均染色，HNO_3 发泡；强导电性
银金矿 Electrum	AuAg	等轴	83.0	2~3 61~67	1. 乳白或淡黄白色； 2. 无； 3. 无	均质	HCN 和 $HgCl_2$ 染黑；多为粒状集合体
自然金 Gold	Au	等轴	74.0	2.5~3 53~58	1. 金黄色； 2. 无； 3. 无	均质	HCN 染黑；延展性极好
自然铋 Bismuth	Bi	六方	67.9	2~2.5 15~18	1. 乳白色； 2. 无； 3. 无	弱非均质	HNO_3、HCl、$FeCl_3$、$HgCl_2$ 均染褐；塑性好
自然铜 Copper	Cu	等轴	81.2	2.5~3 96~103	1. 铜红色； 2. 无； 3. 无	均质	6 种试剂均染色；塑性和导电性好

附表 2-5　第 4 鉴定表 黄铁矿>*R*>方铅矿的高硬度矿物

矿物名称	化学组成	晶系	反射率/%	摩氏硬度 显微硬度	1. 反射色； 2. 双反射（反射多色性）； 3. 内反射（内反射色）	均质性与非均质性（偏光色）	浸蚀鉴定 其他特征
辉砷钴矿 Cobaltite	CoAsS	斜方	52.7	5.5 1187~1246	1. 白色微带粉红等色； 2. 无； 3. 无	弱非均质	HNO₃ 晕色、发泡；性脆
硫钴矿 Linnaeite	Co₃S₄	等轴	46	4.5~5.5 351~566	1. 白色微带乳色； 2. 无； 3. 无	均质	HNO₃ 和 HgCl₂ 晕色；常呈八面体自形晶

附表 2-6　第 5 鉴定表 黄铁矿>*R*>方铅矿的中硬度矿物

矿物名称	化学组成	晶系	反射率/%	摩氏硬度 显微硬度	1. 反射色； 2. 双反射（反射多色性）； 3. 内反射（内反射色）	均质性与非均质性（偏光色）	浸蚀鉴定 其他特征
镍黄铁矿 Pentlandite	(Fe，Ni)₉S₈	等轴	52.0	3.5~4 198~409	1. 浅黄白微带棕色； 2. 无； 3. 无	均质	HNO₃ 染褐；常呈火焰状、羽毛状或星状集合体
黄铜矿 Chalcopyrite	CuFeS₂	四方	42.0~46.1	3.5~4 183~276	1. 铜黄色； 2. 无； 3. 无	弱非均质	HNO₃ 薰污；常呈它形粒状集合体
红锑镍矿 Breithauptite	NiSb	六方	45.3~54.6	5.5 459~579	1. 粉红微带紫色； 2. 明显（粉红-紫红）； 3. 无	强非均质（蓝绿-紫红）	HNO₃ 和 FeCl₃ 晕色；常有内部环带结构

附表 2-7　第 6 鉴定表 黄铁矿>*R*>方铅矿的低硬度矿物

矿物名称	化学组成	晶系	反射率/%	摩氏硬度 显微硬度	1. 反射色； 2. 双反射（反射多色性）； 3. 内反射（内反射色）	均质性与非均质性（偏光色）	浸蚀鉴定 其他特征
辉铋矿 Bismuthinite	Bi₂S₃	斜方	42.0~48.7	2~2.5 110~136	1. 白色微带淡黄色； 2. 明显（淡黄白-灰白）； 3. 无	强非均质（灰-黄-紫）	HNO₃ 慢泡、染黑、显结构，HCl 薰污

续附表 2-7

矿物名称	化学组成	晶系	反射率/%	摩氏硬度 显微硬度	1. 反射色; 2. 双反射（反射多色性）; 3. 内反射（内反射色）	均质性与 非均质性 （偏光色）	浸蚀鉴定 其他特征
方铅矿 Galena	PbS	等轴	43.2	2~3 59~72	1. 纯白色; 2. 无; 3. 无	均质	HNO_3 和 HCl 染褐、晕色，$FeCl_3$ 晕色；常见黑三角孔
辉锑矿 Stibnite	Sb_2S_3	斜方	30.2~40.0	2~2.5 71~86	1. 白至灰白色; 2. 明显（灰白-灰褐-白）; 3. 无	强非均质 （灰白-红棕）	HNO_3 晕色、KOH 橘黄色沉淀物；常见聚片双晶

附表 2-8　第 7 鉴定表 方铅矿>R>黝铜矿的高硬度矿物

矿物名称	化学组成	晶系	反射率/%	摩氏硬度 显微硬度	1. 反射色; 2. 双反射（反射多色性）; 3. 内反射（内反射色）	均质性与 非均质性 （偏光色）	浸蚀鉴定 其他特征
软锰矿 Pyrolusite	MnO_2	四方	30.0~41.5	6 129~243	1. 白微带乳黄; 2. 明显（黄白-蓝灰）; 3. 无	强非均质 （黄绿-蓝绿-粉红）	H_2O_2 发泡；常具肾状和结核状构造
硬锰矿 Psilomelane	$(Ba, H_2O)_2Mn_5O_{10}$	单斜、斜方、四方	27~28.4	4~6 203~813	1. 灰白微带蓝色; 2. 明显（灰白-蓝灰）; 3. 可见（油中偶见褐色）	强非均质 （白-灰白）	HNO_3、HCl 和 $FeCl_3$ 染褐，H_2O_2 发泡；常具胶状、变胶状构造

附表 2-9　第 8 鉴定表 方铅矿>R>黝铜矿的中硬度矿物

矿物名称	化学组成	晶系	反射率/%	摩氏硬度 显微硬度	1. 反射色; 2. 双反射（反射多色性）; 3. 内反射（内反射色）	均质性与 非均质性 （偏光色）	浸蚀鉴定 其他特征
紫硫镍矿 Violarite	$(Ni, Fe)_3S_4$	等轴	39	4.5~5.5 241~373	1. 白色微带紫色; 2. 无; 3. 无	均质	HNO_3 发泡，染紫褐 $HgCl_2$ 染淡褐；立方体褐八面体解理发育

矿物名称	化学组成	晶系	反射率/%	摩氏硬度 显微硬度	1. 反射色; 2. 双反射（反射多色性）; 3. 内反射（内反射色）	均质性与非均质性（偏光色）	浸蚀鉴定 其他特征
方黄铜矿 Cubanite	$CuFe_2S_3$	斜方、等轴	40.0~42.5	3.5 247~287	1. 乳白微带玫瑰色; 2. 无; 3. 无	强非均质	HNO_3 染褐;常呈叶片状固溶体分离物出现
磁黄铁矿 Pyrrhotite	Fe_nS_{n+1}	单斜、六方	38.0~42.5	4 373~409	1. 乳黄色; 2. 明显（乳黄-淡红褐）; 3. 无	强非均质（黄灰-绿灰-蓝灰）	HNO_3 染褐,KOH 晕色;具磁性
黝铜矿 Tetrahedrite	$(Cu，Fe)_{12}Sb_4S_{13}$	等轴	30.7	3.5~4 285~380	1. 灰白微带浅棕色; 2. 无; 3. 无	均质	HNO_3 晕色
砷黝铜矿 Tennantite	$(Cu，Fe)_{12}As_4S_{13}$	等轴	28.9	3.5~4.5 297~354	1. 灰白微带绿色; 2. 无; 3. 无	均质	HNO_3 晕色

附表 2-10　第 9 鉴定表 方铅矿>R>黝铜矿的低硬度矿物

矿物名称	化学组成	晶系	反射率/%	摩氏硬度 显微硬度	1. 反射色; 2. 双反射（反射多色性）; 3. 内反射（内反射色）	均质性与非均质性（偏光色）	浸蚀鉴定 其他特征
脆硫锑铅矿 Jamesonite	$4PbS·FeS·Sb_2S_3$	单斜	36.0~40.0	2~3 113~117	1. 白色; 2. 明显（黄白-白）; 3. 无	强非均质（灰黄绿-白带灰绿）	HNO_3 和 KOH 晕色,王水发泡;常呈针状晶体

续附表 2-10

矿物名称	化学组成	晶系	反射率/%	摩氏硬度 显微硬度	1. 反射色; 2. 双反射（反射多色性）; 3. 内反射（内反射色）	均质性与非均质性（偏光色）	浸蚀鉴定 其他特征
车轮矿 Bournonite	PbCuSbS₃	斜方	36.0~38.2	2.5~3 176~205	1. 灰白色微带绿色; 2. 无; 3. 无	强非均质（灰-黄褐-紫褐）	HNO₃ 染褐，王水迅速染黑；两组双晶常正交呈交织状

附表 2-11　第 10 鉴定表 黝铜矿>R>闪锌矿的高硬度矿物

矿物名称	化学组成	晶系	反射率/%	摩氏硬度 显微硬度	1. 反射色; 2. 双反射（反射多色性）; 3. 内反射（内反射色）	均质性与非均质性（偏光色）	浸蚀鉴定 其他特征
赤铁矿 Hematite	Fe₂O₃	六方	25.0~30.0	6 973~1114	1. 浅灰白微带蓝色; 2. 无; 3. 明显（红色）	弱-强非均质（蓝灰-灰黄）	常规试剂均无反应
磁赤铁矿 Maghemite	γ-Fe₂O₃	等轴	25.0	5 1150~1246	1. 蓝灰色; 2. 无; 3. 明显（棕红色）	均质	常规试剂均无反应；具强磁性
金红石 Rutile	TiO₂	四方	20.0	6~7 1132~1187	1. 灰微带蓝色; 2. 可见; 3. 明显（黄、棕红）	强非均质	常规试剂均无反应
磁铁矿 Magnetite	Fe₃O₄	等轴	21.1	5.5 585~698	1. 灰色微带褐色; 2. 无; 3. 无	均质	HCl 有时薰污、染褐；强磁性
黑锰矿 Hausmannite	MnO·Mn₂O₃	四方	16.0~19.0	5~5.5 536~566	1. 灰微带棕和蓝色; 2. 可见; 3. 明显（血红色）	强非均质（黄灰-黄棕）	常规试剂均无反应
锌铁尖晶石 Franklinite	(Zn, Fe, Mn) O·(Fe, Mn)₂O₃	等轴	18	5.5 667~847	1. 灰微带绿色; 2. 无; 3. 明显（深红色）	均质（可显非均质效应）	HCl 有时薰污

矿物名称	化学组成	晶系	反射率/%	摩氏硬度 显微硬度	1. 反射色; 2. 双反射(反射多色性); 3. 内反射(内反射色)	均质性与非均质性(偏光色)	浸蚀鉴定 其他特征
钛铁矿 Ilmenite	FeTiO$_3$	六方	17.8~21.1	5~6 473~707	1. 灰带浅棕; 2. 可见; 3. 富镁时可见棕色	弱-强非均质(绿灰-灰棕)	常规试剂均无反应
铌铁矿-钽铁矿 Columbite-Tantalite	(Fe,Mn)(Nb,Ta)$_2$O$_4$	斜方	16.3~18.0	6 599~649	1. 灰微带棕色; 2. 无; 3. 可见(黄棕-红棕)	弱非均质	常规试剂均无反应
纤铁矿 Lepidocrocite	γ-FeO(OH)	斜方	15.8~25.0	5 464~514	1. 灰色; 2. 可见; 3. 明显(淡红色)	强非均质(浅灰-暗灰)	SnCl$_2$ 显结构; 常为针状、板状晶体
黑钨矿 Wolframite	(Fe,Mn)WO$_4$	单斜	16.2~18.5	4.5~5.5 312~342	1. 灰色; 2. 无; 3. 可见(棕红色)	弱非均质	常规试剂均无反应

附表 2-12 第 11 鉴定表 黝铜矿 > R > 闪锌矿的中硬度矿物

矿物名称	化学组成	晶系	反射率/%	摩氏硬度 显微硬度	1. 反射色; 2. 双反射(反射多色性); 3. 内反射(内反射色)	均质性与非均质性(偏光色)	浸蚀鉴定 其他特征
黄锡矿 Stannite	Cu$_2$FeSnS$_4$	四方	28.0	4 152~216	1. 黄灰带橄榄绿色; 2. 无; 3. 无	弱-强非均质	HNO$_3$ 晕色至黑色,显结构,可见黑三角孔
赤铜矿 Cuprite	Cu$_2$O	等轴	27.1	3~4 179~218	1. 浅灰微带浅蓝色; 2. 无; 3. 明显(深红色)	均质	HNO$_3$ 发泡、有铜模, HCl 白色沉淀

续附表 2-12

矿物名称	化学组成	晶系	反射率/%	摩氏硬度 显微硬度	1. 反射色; 2. 双反射（反射多色性）; 3. 内反射（内反射色）	均质性与非均质性（偏光色）	浸蚀鉴定 其他特征
黑铜矿 Tenorite	CuO	单斜	20.0~26.9	3.5 304~339	1. 灰色; 2. 明显（灰-灰白）; 3. 无	强非均质（蓝-淡蓝灰）	HNO_3 薰污、染褐，$FeCl$ 染色
斑铜矿 Bornite	Cu_5FeS_4	四方、等轴	21.9	3 101~174	1. 玫瑰色; 2. 无; 3. 无	均质、弱非均质	HNO_3 发泡、染褐黄，KCN 染褐，$FeCl_3$ 染橙；易氧化成晕色
水锰矿 Manganite	$MnO(OH)$	单斜	14.0~20.0	4 698~772	1. 灰微带棕色; 2. 无; 3. 可见（红色）	强非均质（黄-蓝灰-紫灰）	常规试剂均无反应
闪锌矿 Sphalerite	$(Zn,Fe)S$	等轴	17	3.5 189~279	1. 灰带淡蓝或淡棕色; 2. 无; 3. 明显（黄褐色）	均质	王水发泡、染褐，HI 显结构
纤锌矿 Wurtzite	ZnS	六方	17	3.5~4 146~264	1. 灰微带蓝色; 2. 无; 3. 明显（黄褐色）	弱非均质	HNO_3 染淡褐，HCl 液黄，塑性极好

附表 2-13　第 12 鉴定表　黝铜矿>R>闪锌矿的低硬度矿物

矿物名称	化学组成	晶系	反射率/%	摩氏硬度 显微硬度	1. 反射色; 2. 双反射（反射多色性）; 3. 内反射（内反射色）	均质性与非均质性（偏光色）	浸蚀鉴定 其他特征
辉铜矿 Chalcocite	Cu_2S	斜方、六方	32.2	2.5~3 67~87	1. 淡灰微带蓝色; 2. 无; 3. 无	弱非均质	HNO_3 发泡、染蓝，KCN 染黑、显结构

矿物名称	化学组成	晶系	反射率/%	摩氏硬度 显微硬度	1. 反射色; 2. 双反射（反射多色性）; 3. 内反射（内反射色）	均质性与 非均质性 （偏光色）	浸蚀鉴定 其他特征
辉钼矿 Molybdenite	MoS_2	六方、三方	15.0~37.0	1.5 32~33	1. 灰白色; 2. 明显（灰白-蓝灰）; 3. 无	强非均质	常规试剂均无反应，具弱导电性
深红银矿 Pyrargyrite	Ag_3SbS_3	六方	28.4~30.8	2 66~87	1. 浅蓝灰白色; 2. 可见; 3. 可见（红色）	强非均质 （灰-黄白-蓝白）	6种试剂均无反应
辰砂 Cinnabar	HgS	六方	28	2~2.5 51~98	1. 灰白微带蓝色; 2. 无; 3. 明显（朱红色）	强非均质 （偏光色受内反射干扰）	王水发泡、晕色
淡红银矿 Proustite	Ag_3AsS_3	六方	25.0~27.7	2 128~143	1. 蓝灰色; 2. 可见（蓝灰-乳白）; 3. 明显（血红、砖红）	强非均质 （黄-蓝灰）	KCN、$FeCl_3$、$HgCl_2$、KOH染色
雄黄 Realgar	AsS	单斜	18.5	1.5 50~52	1. 灰色微带紫; 2. 无; 3. 明显（橙红色）	弱非均质至强非均质	HNO_3发泡，KOH迅速染黑
雌黄 Orpiment	As_2S_3	单斜	20.3~25.0	1.5 31~50	1. 浅灰色; 2. 可见（灰白-灰）; 3. 明显（稻草黄）	强非均质 （偏光色被内反射掩盖）	$HgCl_2$黄色沉淀，KOH迅速污黑褐
铜蓝 Covellite	CuS	六方	7.0~22.0	1.5~2 128~138	1. 蓝色; 2. 明显（蓝-白）; 3. 无	强非均质 （火红-蔷薇-红棕）	KCH染色、显结构; 塑性极好
石墨 Graphite	C	六方	6.0~17.0	1~2 12~16	1. 浅灰棕色; 2. 可见（棕灰-蓝灰）; 3. 无	强非均质 （橙黄-火红）	常规试剂均无反应; 强导电性

矿物名称	化学组成	晶系	反射率/%	摩氏硬度 显微硬度	1. 反射色; 2. 双反射（反射多色性）; 3. 内反射（内反射色）	均质性与 非均质性 （偏光色）	浸蚀鉴定 其他特征
墨铜矿 Vallerite	$Cu_2Fe_4S_7$	六方、 斜方	9~16	1 30	1. 褐色-青铜色; 2. 可见（淡玫瑰-蓝灰）; 3. 无	强非均质 （蓝灰-黄白）	$HgCl_2$ 染褐黑

附表2-14　第13鉴定表 *R*<闪锌矿的高硬度矿物

矿物名称	化学组成	晶系	反射率/%	摩氏硬度 显微硬度	1. 反射色; 2. 双反射（反射多色性）; 3. 内反射（内反射色）	均质性与 非均质性 （偏光色）	浸蚀鉴定 其他特征
晶质铀矿 Uraninite	$U_{1-x}O_2$	等轴	16.8	4~6 743~920	1. 灰色微带淡棕色; 2. 无; 3. 无	均质	HNO_3 和 $FeCl_3$ 有时染褐; 强放射性
针铁矿 Goethite	α-FeO(OH)	斜方	16.1~18.5	5 464~627	1. 灰色微带淡蓝; 2. 无; 3. 可见（红褐色）	弱非均质	常规试剂均无反应; 常呈胶状、球粒状
沥青铀矿 Pitchbiende	$U_{1-x}O_2$	等轴	16.0	3~6 476~766	1. 灰色微带棕色; 2. 无; 3. 可见（黄褐色）	均质	HNO_3 染褐, 有时发泡, $FeCl_3$ 有时染褐; 强放射性
铬铁矿 Chromite	(Fe, Mg) (Cr, Al)$_2$O$_4$	等轴	12.1	5.5 1332	1. 灰色微带棕色; 2. 无; 3. 可见（粉末棕红色）	均质	常规试剂均无反应
锡石 Cassiterite	SnO_2	四方	11.2~12.8	6.5~7.0 1168~1332	1. 灰色带棕色; 2. 无; 3. 可见（黄褐色）	弱-强非均质	HCl 加锌粉后出现金属锡沉淀
菱锌矿 Smithsonite	$ZnCO_3$	三方	5~9	5 383~519	1. 深灰色; 2. 可见（深灰-灰色）; 3. 明显（白色）	强非均质	除 $HgCl_2$ 外均有反应

矿物名称	化学组成	晶系	反射率/%	摩氏硬度 显微硬度	1. 反射色; 2. 双反射（反射多色性）; 3. 内反射（内反射色）	均质性与非均质性（偏光色）	浸蚀鉴定其他特征
石英 Quartz	SiO$_2$	六方	4.5	7 763～1140	1. 暗灰色; 2. 无; 3. 明显（乳黄等色）	显均质性	常规试剂均无反应，HF 可浸蚀

附表 2-15　第 14 鉴定表 _R_<闪锌矿的中硬度矿物

矿物名称	化学组成	晶系	反射率/%	摩氏硬度 显微硬度	1. 反射色; 2. 双反射（反射多色性）; 3. 内反射（内反射色）	均质性与非均质性（偏光色）	浸蚀鉴定其他特征
红锌矿 Zincite	(Zn，Mn) O	六方	11.2	4 189～219	1. 灰带玫瑰棕色; 2. 无; 3. 明显（枯黄、红色）	强非均质（被强烈内反射掩盖）	除 KOH 外，均能染色
白钨矿 Scheelite	CaWO$_4$	四方	10.0	5 387～407	1. 灰色; 2. 无; 3. 明显（白-淡黄）	弱非均质	HNO$_3$ 有时染色，HCl 有时显结构；荧光下显浅蓝色或黄色
白铅矿 Cerussite	PbCO$_3$	斜方	10.0	3～3.5 140～254	1. 灰色; 2. 无; 3. 明显（乳白、淡黄）	强非均质（常被内反射掩盖）	除 KCN 外，发泡或显结构
菱铁矿 Siderite	FeCO$_3$	三方	6～10	3.5～4 330～371	1. 深灰色; 2. 可见（深灰-灰）; 3. 明显（淡黄-红褐）	强非均质	HNO$_3$、HCl 溶解、变糙、显结构
菱锰矿 Rhodochrosite	MnCO$_3$	三方	5～8	3.5～4 232～245	1. 深灰色; 2. 可见（深灰-灰）; 3. 明显（褐-玫瑰色）	强非均质	

续附表 2-15

矿物名称	化学组成	晶系	反射率/%	摩氏硬度 显微硬度	1. 反射色; 2. 双反射（反射多色性）; 3. 内反射（内反射色）	均质性与非均质性（偏光色）	浸蚀鉴定其他特征
孔雀石 Malachite	$CuCO_3 \cdot Cu(OH)_2$	单斜	黄: 6~9	3.5~4	1. 灰微带红色; 2. 可见; 3. 明显（翠绿色）	强非均质（被强烈内反射掩盖）	HNO_3 发泡、显结构，$FeCl_3$ 发泡、黄色沉淀; 塑性很好
蓝铜矿 Azutite	$2CuCO_3 \cdot Cu(OH)_2$	单斜	黄: 7~9	3.5~4 161~253	1. 灰微带红色; 2. 可见; 3. 明显（蓝色）	强非均质（被强烈内反射掩盖）	HNO_3、HCl 发泡、显结构; 塑性很好
方解石 Calcite	$CaCO_3$	三方	4~6	3 76~140	1. 深灰色; 2. 可见; 3. 明显（乳白-棕色）	强非均质（浅灰-暗灰）	HNO_3、HCl 发泡; 具板状双晶
萤石 Fluorite	CaF_2	等轴	3	4 135~196	1. 深灰色; 2. 可见; 3. 明显（淡绿、淡紫）	均质	常规试剂均无反应

附表 2-16　第 15 鉴定表 R<闪锌矿的低硬度矿物

矿物名称	化学组成	晶系	反射率/%	摩氏硬度 显微硬度	1. 反射色; 2. 双反射（反射多色性）; 3. 内反射（内反射色）	均质性与非均质性（偏光色）	浸蚀鉴定其他特征
自然硫 Sulphur	S	斜方、单斜	黄: 11.6	1.5~2.5 24~45	1. 灰色; 2. 可见; 3. 明显（白-淡黄）	强非均质	常规试剂均无反应
黄钾铁矾 Jarosite	$KFe(SO_4)(OH)_4$	六方	9~10	2.5~3.5	1. 暗灰色; 2. 无; 3. 明显（淡黄）	强非均质	HNO_3 和 HCl 变糙

矿物名称	化学组成	晶系	反射率/%	摩氏硬度 显微硬度	1. 反射色； 2. 双反射（反射多色性）； 3. 内反射（内反射色）	均质性与非均质性（偏光色）	浸蚀鉴定其他特征
铅矾 Anglesite	$PbSO_4$	斜方	9.5	3 106~128	1. 暗灰色； 2. 无； 3. 明显（白色）	显均质效应	HNO_3 显结构

　　为了节省篇幅，本书附录 2 中的矿物鉴定表，只列出一些最常见矿物的重要鉴定特征，反射率或硬度介于两表之间的矿物没有重复列出。查表时如在一个表中未找到欲测矿物，可到按顺序排列的上表或下表中去查找。在实际工作中，可查阅更详细的专业鉴定表。

附录3 矿物图片

自然元素矿物

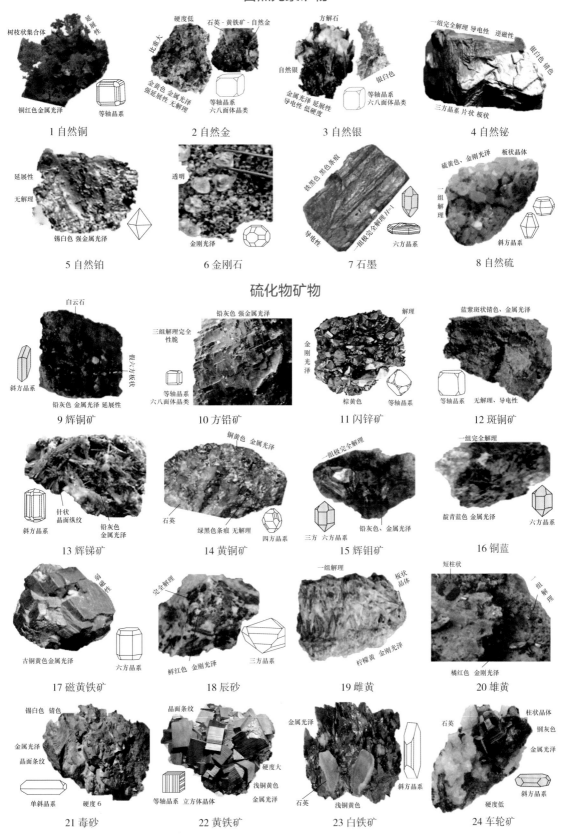

1 自然铜
2 自然金
3 自然银
4 自然铋
5 自然铂
6 金刚石
7 石墨
8 自然硫

硫化物矿物

9 辉铜矿
10 方铅矿
11 闪锌矿
12 斑铜矿
13 辉锑矿
14 黄铜矿
15 辉钼矿
16 铜蓝
17 磁黄铁矿
18 辰砂
19 雌黄
20 雄黄
21 毒砂
22 黄铁矿
23 白铁矿
24 车轮矿

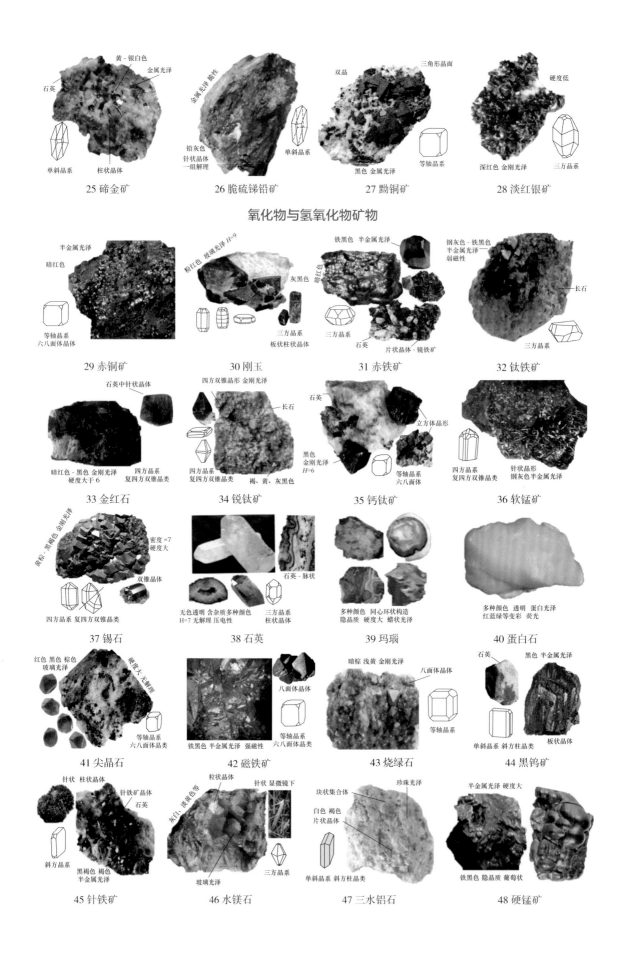

黄 - 银白色
金属光泽
石英
单斜晶系　柱状晶体

25 碲金矿

金属光泽 脆性
铅灰色
针状晶体
一组解理
单斜晶系

26 脆硫锑铅矿

双晶
三角形晶面
等轴晶系
黑色 金属光泽

27 黝铜矿

硬度低
深红色 金刚光泽
三方晶系

28 淡红银矿

氧化物与氢氧化物矿物

半金属光泽
暗红色
等轴晶系
六八面体晶体

29 赤铜矿

粉红色 玻璃光泽 H=9
灰黑色
三方晶系
板状柱状晶体

30 刚玉

铁黑色 半金属光泽
暗红色
三方晶系
石英
片状晶体 - 镜铁矿

31 赤铁矿

钢灰色 - 铁黑色
半金属光泽
弱磁性
长石
三方晶系

32 钛铁矿

石英中针状晶体
暗红色 - 黑色 金刚光泽
硬度大于 6
四方晶系
复四方双锥晶类

33 金红石

四方双锥晶形 金刚光泽
长石
四方晶系
复四方双锥晶类
褐、黄、灰黑色

34 锐钛矿

石英
立方体晶形
黑色 金刚光泽
H=6
等轴晶系
六八面体

35 钙钛矿

四方晶系
复四方双锥晶类
针状晶形
钢灰色半金属光泽

36 软锰矿

褐棕 - 黑褐色 金刚光泽
密度 =7
硬度大
双锥晶体
四方晶系 复四方双锥晶类

37 锡石

无色透明 含杂质多种颜色
H=7 无解理 压电性
石英 - 脉状
三方晶系
柱状晶体

38 石英

多种颜色 同心环状构造
隐晶质 硬度大 蜡状光泽

39 玛瑙

多种颜色 透明 蛋白光泽
红蓝绿等变彩 荧光

40 蛋白石

红色 黑色 棕色
玻璃光泽
硬度大 无解理
等轴晶系
六八面体晶类

41 尖晶石

八面体晶体
铁黑色 半金属光泽 强磁性
等轴晶系
六八面体晶类

42 磁铁矿

暗棕 浅黄 金刚光泽
八面体晶体
石英
等轴晶系

43 烧绿石

黑色 半金属光泽
单斜晶系 斜方柱晶类
板状晶体

44 黑钨矿

针状 柱状晶体
针铁矿晶体
石英
斜方晶系
黑褐色 褐色
半金属光泽

45 针铁矿

粒状晶体
针状 显微镜下
灰白、浅黄色等
三方晶系
玻璃光泽

46 水镁石

块状集合体
珍珠光泽
白色 褐色
片状晶体
单斜晶系 斜方柱晶类

47 三水铝石

半金属光泽 硬度大
铁黑色 隐晶质 葡萄状

48 硬锰矿

含氧盐矿物

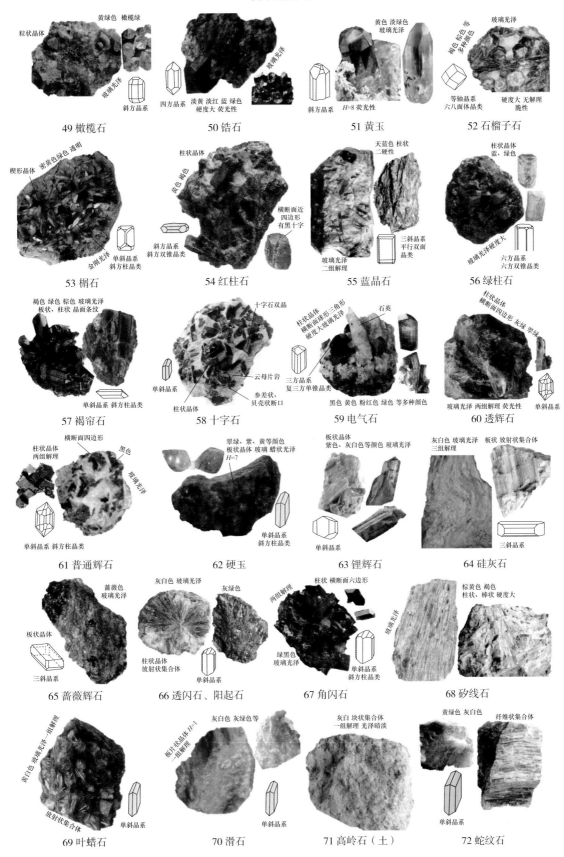

49 橄榄石 — 粒状晶体 黄绿色 橄榄绿 玻璃光泽 斜方晶系

50 锆石 — 四方晶系 淡黄 淡红 蓝 绿色 硬度大 荧光性 玻璃光泽

51 黄玉 — 黄色 淡绿色 玻璃光泽 斜方晶系 H=8 荧光性

52 石榴子石 — 褐色 棕色 等 多种颜色 玻璃光泽 等轴晶系 六八面体晶类 硬度大 无解理 脆性

53 榍石 — 楔形晶体 蜜黄色绿色 透明 斜方晶系 斜方柱晶类 金刚光泽 单斜晶系

54 红柱石 — 柱状晶体 灰色 褐色 横断面近四边形 有黑十字 斜方晶系 斜方双锥晶类

55 蓝晶石 — 天蓝色 柱状 二硬性 玻璃光泽 二组解理 三斜晶系 平行双面晶类

56 绿柱石 — 柱状晶体 蓝、绿色 玻璃光泽硬度大 六方晶系 六方双锥晶类

57 褐帘石 — 褐色 绿色 棕色 玻璃光泽 板状、柱状 晶面条纹 单斜晶系 斜方柱晶类

58 十字石 — 十字石双晶 云母片岩 参差状、贝壳状断口 单斜晶系 柱状晶体

59 电气石 — 柱状晶体 横断面球形三角形 硬度大玻璃光泽 石英 三方晶系 复三方单锥晶类 黑色 黄色 粉红色 绿色 等多种颜色

60 透辉石 — 柱状晶体 横断面四边形 灰绿 翠绿 玻璃光泽 两组解理 荧光性 单斜晶系

61 普通辉石 — 柱状晶体 两组解理 黑色 玻璃光泽 单斜晶系 斜方柱晶类

62 硬玉 — 翠绿、紫、黄等颜色 板状晶体 玻璃 蜡状光泽 H=7 单斜晶系 斜方柱晶类

63 锂辉石 — 板状晶体 紫色、灰白色等颜色 玻璃光泽 单斜晶系

64 硅灰石 — 灰白色 玻璃光泽 三组解理 板状 放射状集合体 三斜晶系

65 蔷薇辉石 — 蔷薇色 玻璃光泽 板状晶体 三斜晶系

66 透闪石、阳起石 — 灰白色 玻璃光泽 灰绿色 柱状晶体 放射状集合体 单斜晶系

67 角闪石 — 柱状 横断面六边形 两组解理 绿黑色 玻璃光泽 单斜晶系 斜方柱晶类

68 矽线石 — 棕黄色 褐色 柱状、棒状 硬度大 玻璃光泽

69 叶蜡石 — 黄白色 玻璃光泽 一组解理 放射状集合体 单斜晶系

70 滑石 — 板片状晶体 H=1 一组解理 灰白色 灰绿色等 单斜晶系

71 高岭石（土） — 灰白 块状集合体 一组解理 光泽暗淡

72 蛇纹石 — 黄绿色 灰白色 纤维状集合体 单斜晶系

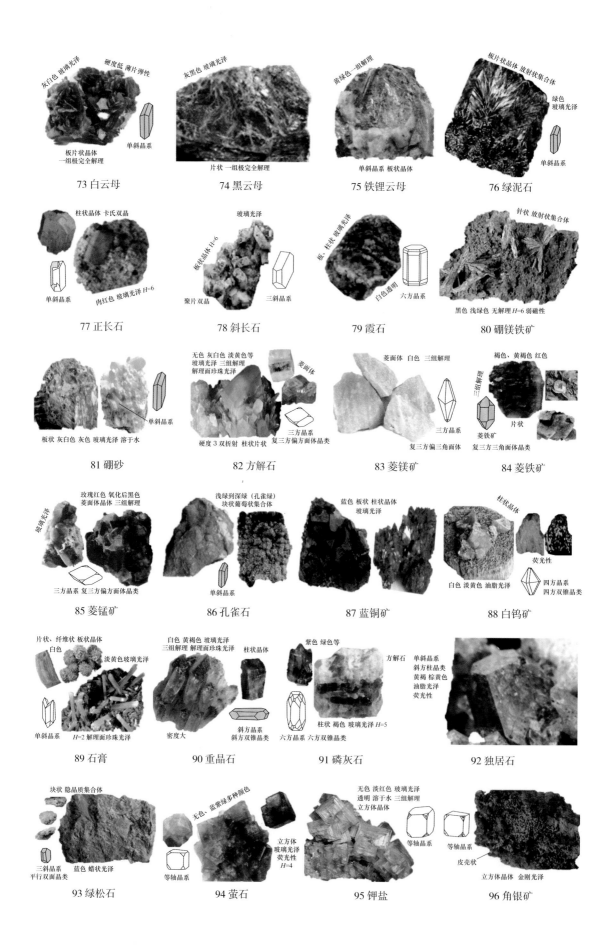

灰白色 玻璃光泽　硬度低 薄片弹性　灰黑色 玻璃光泽　黄绿色 一组解理　板片状晶体 放射状集合体

绿色 玻璃光泽

板片状晶体 一组极完全解理　单斜晶系　片状 一组极完全解理　单斜晶系 板状晶体　单斜晶系

73 白云母　　74 黑云母　　75 铁锂云母　　76 绿泥石

柱状晶体 卡氏双晶　玻璃光泽　板状晶体 H=6　板、柱状 玻璃光泽　针状 放射状集合体

单斜晶系　肉红色 玻璃光泽 H=6　聚片双晶　三斜晶系　白色透明　六方晶系　黑色 浅绿色 无解理 H=6 弱磁性

77 正长石　　78 斜长石　　79 霞石　　80 硼镁铁矿

单斜晶系

无色 灰白色 淡黄色等 玻璃光泽 三组解理 解理面珍珠光泽　菱面体　菱面体 白色 三组解理　褐色、黄褐色 红色　三组解理

板状 灰白色 灰色 玻璃光泽 溶于水　硬度 3 双折射 柱状片状　三方晶系 复三方偏方面体晶类　三方晶系 复三方偏三角面体　片状 菱铁矿 复三方三角面体晶类

81 硼砂　　82 方解石　　83 菱镁矿　　84 菱铁矿

玫瑰红色 氧化后黑色 菱面体晶体 三组解理　浅绿到深绿（孔雀绿）块状葡萄状集合体　蓝色 板状 柱状晶体 玻璃光泽　柱状晶体

玻璃光泽

荧光性

三方晶系 复三方偏方面体晶类　单斜晶系　　白色 淡黄色 油脂光泽　四方晶系 四方双锥晶类

85 菱锰矿　　86 孔雀石　　87 蓝铜矿　　88 白钨矿

片状、纤维状 板状晶体　白色 黄褐色 玻璃光泽 三组解理 解理面珍珠光泽　柱状晶体　紫色 绿色等　方解石　单斜晶系 斜方柱晶类 黄褐 棕黄色 油脂光泽 荧光性

白色　淡黄色玻璃光泽

单斜晶系　H=2 解理面珍珠光泽　密度大　斜方晶系 斜方双锥晶类　柱状 褐色 玻璃光泽 H=5 六方晶系 六方双锥晶类

89 石膏　　90 重晶石　　91 磷灰石　　92 独居石

块状 隐晶质集合体　无色、蓝紫绿多种颜色　无色 淡红色 玻璃光泽 透明 溶于水 三组解理 立方体晶体　　立方体 玻璃光泽 荧光性 H=4

三斜晶系 平行双面晶类　蓝色 蜡状光泽　等轴晶系　等轴晶系　等轴晶系　皮壳状 立方体晶体 金刚光泽

93 绿松石　　94 萤石　　95 钾盐　　96 角银矿

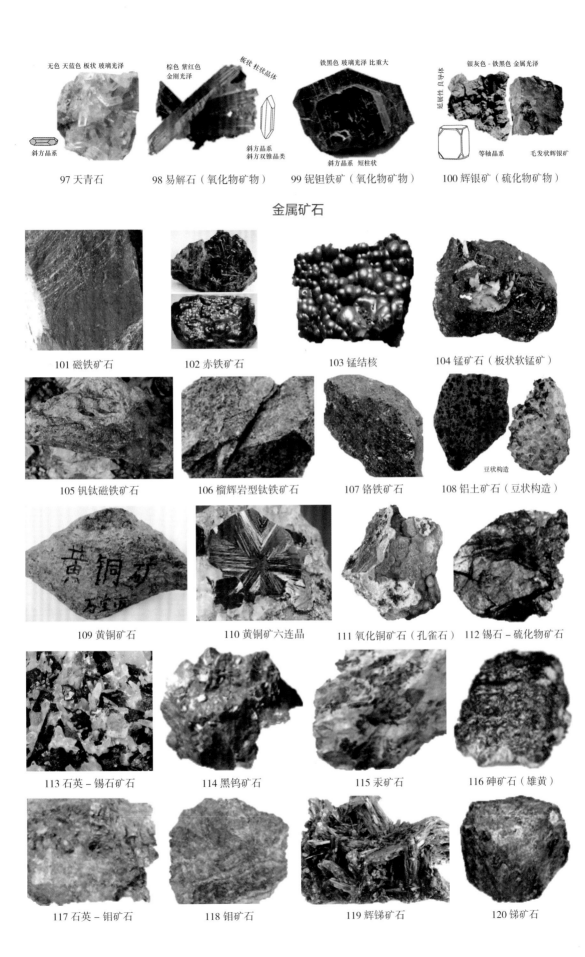

无色 天蓝色 板状 玻璃光泽

斜方晶系

97 天青石

棕色 紫红色
金刚光泽

板状 柱状晶体

斜方晶系
斜方双锥晶类

98 易解石（氧化物矿物）

铁黑色 玻璃光泽 比重大

斜方晶系 短柱状

99 铌钽铁矿（氧化物矿物）

银灰色 - 铁黑色 金属光泽

延展性 良导体

等轴晶系

毛发状辉银矿

100 辉银矿（硫化物矿物）

金属矿石

101 磁铁矿石

102 赤铁矿石

103 锰结核

104 锰矿石（板状软锰矿）

105 钒钛磁铁矿石

106 榴辉岩型钛铁矿石

107 铬铁矿石

豆状构造

108 铝土矿（豆状构造）

黄铜矿

石英源

109 黄铜矿石

110 黄铜矿六连晶

111 氧化铜矿石（孔雀石）

112 锡石 - 硫化物矿物

113 石英 - 锡石矿石

114 黑钨矿石

115 汞矿石

116 砷矿石（雄黄）

117 石英 - 钼矿石

118 钼矿石

119 辉锑矿石

120 锑矿石

121 镍矿石　　　　　122 红土镍矿石　　　　123 碳酸钴矿石　　　　124 硫钴矿石

125 石英脉型金矿石　　126 石英脉型金矿石　　127 蚀变岩型金矿石　　128 硫化物－石英脉金矿石

129 银矿石（辉银矿）　130 金刚石矿石（金伯利岩）　131 伟晶岩型稀有金属矿石　　132 铀矿石

133 钠闪石型铌稀土矿石　134 钽铁矿石　　135 白云石型铌稀土矿石　　136 铌钽矿石

137 钼矿石　　　　　138 钼矿石　　　　　139 方铅矿石　　　　　140 闪锌矿石

141 钒钛磁铁矿石　　142 石英－硫化物金矿石　143 石英－硫化物矿石　144 黄铁绢英岩型金矿石
　　　　　　　　　　　（夹皮沟）　　　　　　　　　　　　　　　　　（三山岛金矿）

典型矿石结构、构造

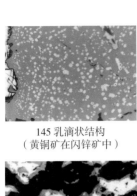

145 乳滴状结构
（黄铜矿在闪锌矿中）

146 叶片格子结构－黄铜矿
叶片状分布

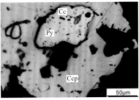

147 交代残余结构（黄铜矿
内残留黄铁矿）

148 格子结构（黄铜矿
在斑铜矿中）

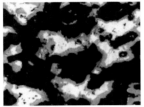

149 镶边结构（斑铜矿（灰色）
在黄铜矿（黄色）镶边）

150 固溶体分解结构－钛铁矿
（白色）在磁铁矿裂理中

151 包裹结构－自然金被包
裹在黄铁矿

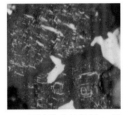

152 固溶体出溶结构－黄
铜矿在闪锌矿（灰色）

153 定向变形结构黄铁矿

154 环带结构

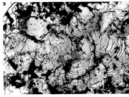

155 变胶状结构黄铁矿

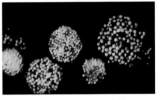

156 黄铁矿草莓状结构

157 变晶结构－磁铁矿

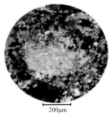

158 核幔结构－石英

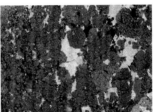

159 海绵陨铁结构

160 碎裂结构（黄铁矿）

161 解理结构－方铅矿解理

162 骸晶结构（黄铁矿骸晶）

163 填隙结构（黄铜矿（黄色））

164 增生结构（黄铁矿增生边缘）

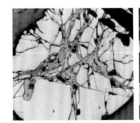

165 网脉状结构（黄铜矿
沿黄铁矿裂隙分布）

166 网状结构（黄铜矿（黄色）
沿黄铜矿网状裂隙分布）

167 脉状穿插结构（赤铁矿（灰色）
沿黄铁矿（黄白色）、黄铜矿
（黄色）分布）

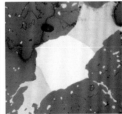

168 共结边结构（方铅矿
（白色）与辉银矿（灰白）
接触平直）

169 浸染状构造－铬铁
矿石（岩浆岩型）

170 豆状构造－铬铁矿

171 浸染状构造－黄铜矿、
方铅矿辉钼矿矿石

172 角砾状构造－汞矿石

173 脉状构造－石英闪锌
矿脉穿插早期闪锌矿

174 网脉状构造－闪锌
矿锡石（暗色）穿插

175 细脉状构造－黄铁矿
闪锌矿呈细脉状

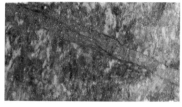
176 脉状构造（硫化物（黄色）呈脉状）

177 蜂窝状构造－赤铁矿石

178 葡萄状构造－孔雀石矿石

179 鲕粒构造

180 团块状构造－黑钨矿石

181 条带状构造－磁铁矿石

182 网脉状构造

183 斑杂状构造

184 角砾状构造

185 鲕状构造

186 梳状构造

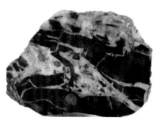
187 角砾、脉状构造

188 蜂窝状构造

189 结核状构造

190 层纹状构造（黄铜矿
黄铁矿（黄色）与方铅矿
闪锌矿（黑色）相间层纹
状分布）

191 条纹状 构造（黄铜矿呈条纹
状分布）

192 斑点状构造（辉钼矿呈斑
点状分布）